国外数字系统设计经典教材系列

用于逻辑综合的 VHDL

(第 3 版)

VHDL for Logic Synthesis, Third Edition

[美]Andrew Rushton 著
刘雷波　陈英杰　译
夏宇闻　审校

北京航空航天大学出版社

内容简介

本书侧重于介绍面向逻辑综合的VHDL程序的编写方法，全面介绍了可综合的VHDL语法条款。但是，考虑到测试工作的重要性，本书也介绍了一部分最为实用的与编写测试平台有关的VHDL语法。

本书的读者对象是数字系统设计工程师和正在学习逻辑综合技术的硕士研究生。

图书在版编目(CIP)数据

用于逻辑综合的VHDL：第3版／(美)拉什顿(Rushton，A.)著；刘雷波，陈英杰译. -- 北京：北京航空航天大学出版社，2014.1

ISBN 978-7-5124-1366-5

Ⅰ.①用… Ⅱ.①拉… ②刘… ③陈… Ⅲ.①VHDL语言—程序设计 Ⅳ.①TP312

中国版本图书馆CIP数据核字(2014)第009850号

用于逻辑综合的VHDL(第3版)

VHDL for Logic Synthesis, Third Edition

［美］Andrew Rushton 著

刘雷波　陈英杰　译

夏宇闻　审校

责任编辑　卫晓娜

*

北京航空航天大学出版社出版发行

北京市海淀区学院路37号(邮编100191)　http://www.buaapress.com.cn

发行部电话：(010)82317024　传真：(010)82328026

读者信箱：emsbook@gmail.com　邮购电话：(010)82316936

涿州市新华印刷有限公司印装　各地书店经销

*

开本：710 mm×1 000 mm　1/16　印张：29.25　字数：623千字

2014年1月第1版　2014年1月第1次印刷　印数：3 000册

ISBN 978-7-5124-1366-5　定价：89.00元

译者序

硬件工程师在用 VHDL 语言进行电路设计的时候，都非常关心自己所编写的程序是否是可综合的，即是否能够被 EDA 工具自动综合成所希望的逻辑电路。市面上的其他针对 VHDL 语言的专业书籍通常将该硬件编程语言的所有细节都介绍得非常详细。这让一部分没有经验的硬件工程师很难判断出哪些内容对设计出一个优秀的逻辑电路有直接的帮助，哪些语法要素跟逻辑综合相关，哪些无关，从而变得无所适从。本书侧重于介绍面向逻辑综合的 VHDL 程序的编写方法，全面介绍了可综合的 VHDL 语法条款。但是，考虑到测试工作的重要性，本书也介绍了一部分最为实用的与编写测试平台有关的 VHDL 语法。这部分内容通常是不可综合的。

本书的翻译过程中，我们根据自己的硬件设计经验，在不改变作者本意的前提下，用中文尽量把原书中文字的具体含义表达清楚。但是，考虑到译者水平有限，难免会出现不恰当，甚至错误的方，希望读者谅解并指正。

参与本书的翻译工作的，除本人以外，还有清华大学的在读硕士研究生任彧、清华大学的硬件工程师陈英杰，以及北京航空航天大学的夏宇闻教授。非常感谢以上各位对本书翻译工作的大力支持。最后，我还非常感谢我的爱人在本书翻译出版过程中给我的支持和鼓励。

刘雷波

清华大学

2013 年 10 月 26 日

序　言

当初我学习 VHDL 时，找不到有关逻辑综合的书籍，于是萌生了编写本书的想法。另外，还发现大多数 VHDL 书籍都有一个共同的弱点，即它们以一种无差别的方式来描述语法的所有细节，并让读者自己分辨哪些语法与逻辑综合有关，可用于逻辑综合。通过这种途径来判断可综合子集是极其困难的。

本书从硬件设计师的视角，全面介绍了逻辑综合工作者必须知道的 VHDL 语法要点。用硬件专业术语，对 VHDL 每款语法做出相应的解释，并画出 VHDL 语句的硬件对照图。由于本书只介绍可综合的语法条款，所以不要将可综合与不可综合的语法条款混为一谈。

本书只介绍可综合语法，但测试平台这一章例外。硬件工程师通常只使用可综合的语法来生成相应的逻辑，但他们也不得不编写测试平台，以验证自己完成的设计是正确的，因为测试平台并非一定要能被综合成电路，所以在设计过程中，整个语法体系都变得有用(但未必每条语法都有用)。所以，在测试平台那一章还介绍了与编写测试平台有关的和有用的那部分(不可综合的)语法。

编写本书是十分有必要的，原因是 VHDL 是一个非常庞大和笨拙的语言体系。这种语言在初创时曾遭受到设计委员会的百般挑剔和磨难，从而造成学习难度大的后遗症，而且语言体系中存在许多无用的语法条款。根据我自己的经验：VHDL 极难实现其初创时设定的目标。我不是 VHDL 的拥护者，但我认识到它仍然可能是用于逻辑综合的最好的硬件描述语言。我在学习 VHDL 语言以及编写可综合代码过程中获得了不少知识和经验，希望能与读者分享，以避免许多易犯的错误。

我对 VHDL 持有这样的观点，是因为我的职业生涯始于电子工程师，专门从事数字系统设计多年，并在 1983 年和 1987 年分别获得英国南安普顿(Southampton)大学电子系的理学学士学位和博士学位。后来进入软件工程行业，从事电子设计自动化行业内的软件开发，但这项工作需要用到硬件背景。自从 1988 年以来，我一直在研究和学习 VHDL，并使用 VHDL 从事电子设计自动化软件设计的专业工作。

刚参加工作时,我的任务是逻辑综合系统的改进,起先是为 Plessey Research Roke Manor 公司工作,它现在是西门子公司英国分公司的一个部门。接着,在 1992 年,当时的项目经理是 Jim Douglas,他买下我们已成功开发的综合技术的控股权,组建一家新公司,成为公司的 CEO,这次收购得到了 MTI 合作伙伴的风险投资支持。从此, TransEDA 有限公司诞生了。他带走了该项目的主要工程师,因此我成为 TransEDA 公司的创始成员之一,是新公司的研发经理,继续从事逻辑综合项目的开发。我们的目标是将公司内部的逻辑综合工具发展成商业标准,并以 TransGate 品牌出售。我首批任务之一是帮助开发 VHDL 语言的前端工具,来替代当时现成的专有语言的前端工具。对当时取得的成果非常自豪,TransGate 对 VHDL 语言的支持非常全面,可与市场上最好的逻辑综合工具竞争,性能远优于大多数工具。

TransGate 第一次发布时,期望工程师们能很容易地掌握 VHDL 的使用,所以把研发重点放在综合算法的纯技巧方面。然而,反馈回来的信息表明,用户在应用 VHDL 语言编写可综合的逻辑代码时遇到了许多问题,学习进展十分缓慢,这是由于工程师们需要接受一个全新的硬件设计规范造成的。意识到这个问题后,我于 1992 年开办了一个新的培训课程,以公开课或者现场讲课的方式提供。该课程的名称为'用于硬件设计的 VHDL'。这个课程的内容是根据我所了解的综合器是如何解释 VHDL 代码的知识编写的,其中有参与解决客户实际问题的经验,这是公司客户支持计划的一部分。本书的第一版源自那个培训课程,由 McGraw－Hill 于 1995 年出版。许多段落和一些实例直接取自那个课程。然而,一本书包括的内容可以远远超过 3 天培训课程所能涵盖的范围,所以本书涵盖了更多的资料,远比以前培训课程提供的内容详实得多。

在编写第 1 版时,国际标准化组织正努力定义一套标准化的算术程序包和用于逻辑综合的 VHDL 常用子集和详解。当时该项工作的标准化尚未完成,尽管如此,在有关 VHDL 逻辑综合的某些方面已有了广泛的共识,这些共识为编写本书提供了有用的资料。

重返 TransEDA 公司,我们发现逻辑综合市场空缺不仅早已被占领,而且是被信誉卓著的公司全面占领,而我们在销售自己的综合工具中却没有取得什么进展。幸亏我们另辟蹊径,开发了代码覆盖工具,并在这个市场中为自己开创了一片天地。我成为开发 VHDL 覆盖系统的首席系统设计师。这个项目涉及与许多客户的合作,通过这个项目,我获得了大规模可综合的 VHDL 设计的丰富经验,这些设计是由上百个设计师以许多不同风格完成的。

公司方面的变化对本书的第 2 版(1998 年,由 John Wiley 和 Sons 出版社出版)有非常大的影响。3 年过去了,标准委员会终于批准了综合程序包的标准。而且,由于工作关系,我接触到许多其他设计师的工作,对综合器的使用和它在设计周期中的位置有了一个更宽阔的视野,这使得本书比第 1 版更好地面向编写可综合代码的读者;第 1 版确实把太多的精力放在解释综合器的工作原理上了。我认为,本版重点的改变，尽管改变并不大，却显著地改进了读者阅读本书的感觉。

1999 年，我离开了 TransEDA 公司，自从我离开后，该公司就破产了，不得不解散开发团队。然而，代码覆盖技术和公司名已被其他公司收购，所以 TransEDA 仍然在销售 VHDLCover（一种 VHDL 代码覆盖检查工具），但目前以 VN－Cover 的名义销售。

离开 TransEDA 之后，我加入了南安普顿（Southampton）大学，并成为该大学派生出的 Leaf－Mould Enterprises（LME）公司的创始人。成立 LME 公司的宗旨是基于我以前所在的电子与计算机科学系的研究课题，期望能开发出一套有商业价值的可把 VHDL 行为描述自动转换为逻辑电路的综合系统。由我负责设计 VHDL 库管理器、编译器和汇编器，以及编写汇编器生成并发的汇编代码，实现汇编代码执行相应的操作，并把 VHDL 行为模型综合成逻辑网表。不幸的是，由于资金问题，LME 公司于 2001 年倒闭。

从那以后，我成为一名自由职业者，在多个领域工作，担任过程序设计师、网络应用设计师、系统工程师和顾问。

本书第 2 版的发行已有 12 年了，观察综合技术领域中发生的变化是很有趣的。主要的变化是设计师们开始尝试系统级综合，系统级综合使用类 C 语言，如 SystemVerilog、SystemC 和 Handel－C。然而，这一点十分清楚：随着综合工具向更抽象的高层次行为发展，对于那些需要对设计的具体电路进行人为干预的设计者而言，用 VHDL 的逻辑综合仍然十分有用。现在，无论对 ASIC 和 FPGA 设计而言，可用的逻辑综合工具实在太多了。

然而，大部分时间里，VHDL 本身几乎没有发生改变，只在 2000 年和 2002 年，这个语言有一些小的改动。然后，在 2008 年，VHDL 发布了重大更新声明，这些更新涉及的范围很广，甚至涉及随 VHDL 语言发布的已递交的预定义的程序包范畴。这些更新中的许多地方影响到综合。所以，需要编写本书的第 3 版来反映这些改变的时机已经到来。我已对整本书做了全面更新，以反映当前的形势，目前完全符合 VHDL—2008 标准要求的仿真或综合的商业工具还尚未面世，但其中一些与综合有关的特性逐渐成熟，已被纳入综合工具，或者作为可下载的附件，供用户使用。

Andrew Rushton，伦敦，2010

目　录

第1章 引言

本章重点介绍 VHDL 在数字系统设计中的使用方式、创建 VHDL 的历史原因，以及有关 VHDL 语言维护和升级的国际(合作)项目。

1.1 VHDL 设计周期

从概念上说，VHDL 旨在支持硬件设计周期中的每个阶段。读者可以从 VHDL 语言参考手册(IEEE-1076, 2008)(以下简称 LRM)的序言中清楚地看到这一点，该手册对 VHDL 做了如下定义(引文来自 LRM)：

VHDL 是一种专门用于电子系统设计每个阶段的正规的表示方法。因为它具有机器可读性和人类可读性，所以 VHDL 支持硬件设计的开发、验证、综合和测试；支持硬件设计数据的交流；支持硬件的维护、修改和采购。

关键词是'每个阶段'。这就意味着，VHDL 旨在覆盖从系统规范的制订到网表产生的整个设计周期中的所有阶段，所以 VHDL 语言体系相当庞大而且冗长。然而，学习 VHDL 未必困难。读者可以将 VHDL 看作是一种适用于设计周期中一个或多个设计阶段，包含了多阶段子语言的混合体，每个阶段都有各自适用且能有效覆盖该阶段描述需求的子语言，而该阶段的子语言又是 VHDL 语言体系的一个子集。假如读者能对 VHDL 各阶段子集的内容做一个明确的说明，则每个子集的学习都会变得相对容易。

理想的设计过程通常使用 3 个子集—— 因为有 3 个阶段需要使用 VHDL。这 3 个阶段分别是：系统建模(规范阶段)，寄存器传输级(RTL)建模(设计阶段)和网表(实现阶段)。除了这些基于 VHDL 的阶段外，还有一个初始需求描述阶段，它通常使用通俗易懂的人类语言。因此，每个设计都有 3 个阶段的转换：从需求到规范，从规范到设计，从设计到实现。前两个阶段由设计师完成，最后一个阶段目前主要由综合器来完成。图 1.1 说明了这个理想的设计周期。

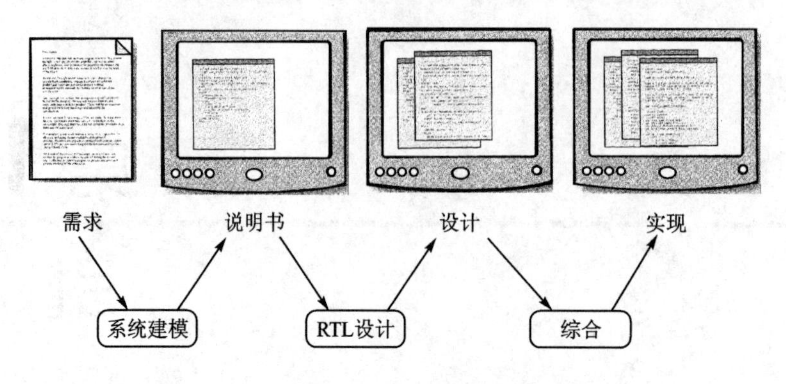

图 1.1 基于 VHDL 的硬件设计周期

通常,系统模型是一个 VHDL 模型,该模型表示的是想要实现的算法,并非具体硬件的实现,目的是创建一个仿真模型,用来替代正规的设计说明书。通过在仿真器中运行该仿真模型,以检查设计的功能是否已经完全满足用户的需求。

系统模型随后被转换成寄存器传输级(RTL)设计,以便为综合成具体电路做准备。转换的目标是实现特定的硬件,但在这个阶段,实现的只是粗粒度级的硬件结构块。该阶段需要确定以时钟周期为基准的时序细节。此外,还需要在块级层次指定实现中要用到的特定硬件资源。

设计周期的最后阶段是对 RTL 设计进行综合,产生出一个网表,这个网表应能满足对实现电路的面积约束和时序需求。当然,实际情况可能并非如此,通常还需要进行修改,这将对设计过程的起始阶段产生影响。以上这几个阶段是使用 VHDL,通过逻辑综合设计电路过程中最基本的、理想的步骤。

1.2 VHDL 的起源

VHDL 源自美国国防部。美国国防部以前采购的一些设计是用私有产权的硬件描述语言编写的,这样,不仅不能将设计资料转给二级承包商生产,而且还不能保证在该硬件的生命周期内,描述该硬件的语言是否还能继续存在。解决的办法是采用一种有发展前景的单一的、标准化的硬件描述语言。该语言的细则起源于 20 世纪 80 年代初期提出的超高速集成电路计划(英文缩写为 VHSIC),属于其中的一部分工作。为此,该语言后来被命名为 VHSIC 硬件描述语言(英文缩写为 VHDL)。

如果该语言仅仅满足美国国防部采购的需求,它很可能只是一个对国防部承包商有利益的晦涩语言。然而,更大的电子工程团体认识到该语言开发的重要性,尤其该语言标准化的重要性,因此于 1986 年将该结构性语言移交给 IEEE 管理,从而使其进入公众领域。IEEE 随即开始该语言的标准化工作,并于 1987 年推出 IEEE 标准 1076。该标准的浓缩版保存在 VHDL 语言参考手册(LRM)中。

1.3 标准化过程

标准化过程的一部分工作就是规定该语言定期升级的标准化方式。VHDL 语言标准规定每 5 年更新一次。实际上,标准的更新却是不定期的,根据需要决定的,不是固定的每 5 年更新一次。多年来,这个语言已经发生了许多变化,所以有时需要辨别版本。本书通过标记 IEEE 标准批准年份来辨别版本。例如,原始标准被标记为 IEEE 标准 1076,由于该标准是 1987 年被批准的,所以它通常被称为 VHDL-1987。通常根据标准被批准的年份来标记修订后的标准版本。

下面列出了不同版本对综合特性的影响:

- VHDL-1987:原始标准。
- VHDL-1993:添加了扩展标识符、异或和移位运算符、元件的直接实例化;
  改进了编写测试平台用的输入/输出(I/O);
  VHDL 综合子集中的绝大部分条款都基于 VHDL-1993;
- VHDL-2000 (轻微修订):没有增加与综合相关的条款。
- VHDL-2002 (轻微修订):没有增加与综合相关的条款。
- VHDL-2008:添加了定点程序包和浮点程序包;
  添加了类属类型和类属程序包,能使用类属来定义可复用的程序包和子程序。增强了条件语句,输出端口的读取;改进了编写测试平台用的 I/O;
  VHDL 标准的统一。

如上所述,只有 3 个版本的 VHDL 与综合相关:VHDL-d1987,VHDL-1993 和 VHDL-2008。VHDL-1993 是为综合添加有用条款的最终修订本。所以,VHDL-2008 是 15 年里第一次有显著变化的版本。VHDL-2008(Ashenden 和 Lewis,2008)中添加了许多特色条款,其中大部分与综合有某种程度的关联。

然而,综合工具的供应商历来对新添加的语法条款采取较保守的态度。这是因为综合的重点是综合后生成电路的质量和综合优化产生的效果,而不是支持更多的语法特色。这意味着,VHDL-2008 中新添加的重要语法特色将需要过许多年后才有可能被综合工具实现,而其中许多语法特色将永远不可能实现。实际上,综合用户仍在使用 VHDL-1993,并在可预见的未来将继续使用 VHDL-1993。

因此本书主要基于 VHDL-1993 来编写。最近关于综合器功能扩展的讨论主要集中在 VHDL-2008 中新添加的定点程序包和浮点程序包,这两个程序包已作为 VHDL-1993 兼容的程序包,可以直接用于综合。目前的综合器尚未能支持 VHDL-2008 标准中其余新的特色条款。

1.4 VHDL 标准的统一

VHDL-2008 把定义语言不同部分的多个标准及其环境标准归纳为一个统一的标准。这是 VHDL-2008 标准的最大改变之一。

标准化过程的管理属于 VHDL 分析和标准化组(英文缩写 VASG)的工作范畴，VASG 是 IEEE 标准化组织机构的组成部分。除了以语言本身为主体的标准化工作外，还有若干个致力于 VHDL 使用方式标准化的工作小组。过去这些工作组已经发布了他们各自的标准。例如，有一个工作组致力于 VHDL 的模拟建模(VHDL-AMS - VHDL 模拟混合信号-标准 1076.1)；一个工作组致力于标准的可综合数值程序包(VHDL 综合程序包-标准 1076.3(1997))；一个工作组致力于加速门级仿真(VITAL -面向 ASIC 库的 VHDL 基准-标准 1076.4)；还有一个工作组致力于可综合成逻辑的 VHDL 标准的解释(VHDL 综合可移植性-标准 1076.6)。另外，几乎所有综合工具一致采用的 9 值逻辑类型(即 std_logic)已发展成一个完全不同的 IEEE 标准(VHDL 多值逻辑程序包-标准 1164)。

在语言发展的初期，对 VHDL 的不同应用领域分别进行标准化是高效的，因为它允许子工作组独立于 VHDL 总体标准化过程开展工作，还意味着当条件成熟时，他们能发布各自的标准，而不用等到下一版 VHDL 标准的正式发布。然而，当工作组的工作变得成熟、稳定和经常化时，分别标准化就会产生问题。例如，VHDL 新标准的发布很有可能造成子工作组的标准出现滞后的现象，如果使新标准与以前的 VHDL 标准版本兼容，则又会造成新标准缺少新特色的缺憾。

所以，在 VHDL-2008 中，那些针对综合的工作组标准已经部分融入了 VHDL 标准本身。标准 1076 现在包含了标准逻辑类型(1164)、标准数值类型(1076.3)和部分标准综合解释(1076.6)。对于用户而言，并没有什么不同，但是确实已将语言的这些部分确认为 VHDL 不可或缺的一部分，并确保未来它们将与语言同步发展。

正如读者可能想到的那样，这些材料使得 VHDL 语言参考手册(IEEE - 1076，2008)(的范围和规模)变得相当得庞大。

1.5 可移植性

由于可综合的 RTL 设计方法与半导体制造工艺技术之间无直接的联系，所以用可综合的 RTL 设计方法所完成的设计项目享有很长的寿命。同一个设计可以映射到不同的工艺，采用不同的制造技术实现，甚至在原设计代码编写完成多年后，还可对原设计稍加修改，用最新的工艺实现。因此，为设计做长期支持规划以及使用一种安全常见的 VHDL 风格编写代码是明智的做法，而不是借助于某综合工具特有的技巧来进行综合。可以预见，在未来数年内常见风格的代码可获得一般综合工具的广泛支持，而那些靠特定技巧的综合可能不会继续获得支持。

换用不同的 EDA 工具，或者由于选用不同的制造工艺技术，工程师们不得不换用新的综合工具，这些都是公司内很正常的变动。所以，采用可综合 VHDL 中可移植子集编写代码是很好的做法，该子集适用于多种不同的综合工具。

综合器在处理 VHDL 代码时，根据它对一组 VHDL 模板所做的解释，把代码转换成相应的电路网表，这是造成可移植子集问题的原因。历来每个综合器供应商都发展出自己的一组模板。这就意味着，每个综合工具支持一个略有差异的 VHDL 子集。然而，这些子集之间总是存在许多重叠部分，本书试图找到它们的共同点。

IEEE 设计自动化标准委员会已经为 VHDL(IEEE－1076.6，2004)指定了一个综合标准，该标准似乎是一个超集，而不是由商业工具支持的子集，这样做把这件事搞得更复杂了。因此，遵守这个标准并不意味着，使用任意指定的综合工具就可对设计进行综合处理。而且，看来由任何单一综合工具实现符合该综合标准的每个细则似乎是不可能的。

建议使用所有综合工具都支持的公共子集来编写可综合代码。因此，本书侧重于 VHDL 中可综合的公共子集，并避免过多地涉及某些工具所特有的晦涩的 VHDL 语法条款，即使那些晦涩的语法条款已包含在综合标准之中，也尽可能不要使用。

第 2 章
寄存器传输级设计

逻辑综合处理的是寄存器传输级(RTL)设计模型的代码。逻辑综合所提供的服务是把设计完的 RTL 模型代码自动地转换成由门级元件互连组成的网表。

为此,逻辑综合的用户需要十分熟悉 RTL 设计。因为许多设计师从未编写过正规的 RTL 代码来做设计,所以作者专门编写本章加以说明。对那些不熟悉 RTL 设计的读者而言,本章可作为 RTL 设计的入门简介,这并非意味着全面地阐述 RTL 设计过程,但确实涉及了设计师使用这个方法时将会遇到的所有主要问题。

RTL 是一个中间级的设计方法学,能用于任何数字系统的设计。它的使用不只限于逻辑综合,对于手工设计也同样有用。它是自顶向下数字设计过程中的一个必要组成部分。

寄存器传输级设计其实是给一个简单的概念起一个响亮的名称。在 RTL 设计中,电路被描述为一组寄存器和一组传输函数,传输函数描述寄存器间的数据流。寄存器直接用触发器实现,而传输函数则用组合逻辑块实现。

将设计划分为寄存器和传输函数是设计过程的一个重要组成部分,使用综合工具实现硬件设计的工程师们的大部分时间都花在这部分工作上。VHDL 代码的综合风格与设计中的寄存器和传输函数有直接的对应关系。

本质上,RTL 设计是一种同步设计方法学,这一点在所有使用综合工具完成的设计中是显而易见的。

本章概括了 RTL 设计方法学中的基本步骤。使用逻辑综合工具实现硬件设计时,建议采用这些基本步骤。为了说明 RTL 和逻辑综合的关系,将用 VHDL 编写若干个示例。在目前阶段,读者不要期待能完全理解这几个 VHDL 示例中的全部语法细节,但在后面的章节中,作者会讲解示例中用到的所有 VHDL 语法细节。

2.1 RTL 设计阶段

电路可以被看作是由一组寄存器和定义了寄存器之间数据通路的一组传输函数组成的实体，这是 RTL 设计的基础。这种方法以清晰的方式给出了数据通路，并可尝试新的思路来构造不同的电路，此时的设计仍处于抽象层。

设计的第一个阶段是在系统级（正是 RTL 级）确定电路要完成什么任务。通常，这个任务是对电路前端输入的数据进行一组算术和逻辑运算。这个阶段不必考虑硬件实现。仅仅是创建一个仿真模型，这个模型随后能被用作正式的设计需求说明书。在这个阶段，系统级模型看上去更像软件而非硬件。系统级模型还能用于确认客户的设计需求已被理解。即使在设计的早期阶段，在 RTL 设计阶段之前，仍可仅仅为仿真（不以可综合为目的）编写一个 VHDL 模型。这是值得做的工作，因为它验证了设计者对问题的理解，并允许检查算法的正确性。随后，这个 VHDL 模型可用来和完成的 RTL 设计进行比较，以验证设计的正确性。使用相同的仿真器，用相同的设计语言，交互检查不同表述设计的能力是 VHDL 的一个强大特性。

设计的第二个阶段是将系统级设计转变成 RTL 模型。以与系统级模型完全相同的形式，直接实现设计是极其罕见的。例如，某个设计想要完成一系列的乘法或除法，直接实现的电路芯片面积会过于庞大。

RTL 模型的基本设计步骤如下：

- 确定数据运算；
- 确定运算的类型和精度；
- 决定使用多少资源来处理数据；
- 把资源分配给各个运算；
- 为中间结果分配寄存器；
- 设计控制器；
- 设计复位机制。

对用 VHDL 描述的 RTL 设计模型做仿真，并对照系统级模型，检查两者的行为、功能是否一致。

设计的第三个阶段是对 RTL 设计模型进行综合，生成门级网表或原理图。然后，对照 RTL 设计模型的仿真结果，再对生成的门级网表模型进行仿真，以确认综合后的网表级电路与 RTL 设计模型具有相同的行为。

最后，将综合后生成的网表或原理图提供给电路布局布线工具。

显而易见，为了满足所有的设计约束，设计可能需要经历多次设计/综合/布局的反复，每次反复都需要做一些修改。综合不能消除设计必须经过多次迭代反复的过程，但是它确实显著地加快了设计的迭代过程。

2.2 电路举例

说明 RTL 设计方法的最好方式是举例说明。本小节介绍的这个电路完全靠人工设计,其功能是计算两个向量的点积。

两个向量的点积定义如下:

$$a \cdot b = \sum_{i=0}^{n-1} a_i * b_i$$

只要能说明什么是 RTL 设计,为简单起见,规定向量的大小为 8 位。

下面是使用 VHDL 描述的系统级模型:

```
package dot_product_types is
   type int_vector is array  (0 to 7)  of integer;
 end;
 use work.dot_product_types.all;
 entity dot_product is
   port  (a, b  :  in int_vector;  z  :  out integer);
 end;
 architecture system of dot_product is
 begin
   process  (a, b)
     variable accumulator  :  integer;
   begin
     accumulator := 0;
     for i in 0 to 7 loop
       accumulator := accumulator + a(i) * b(i);
     end loop;
     z <= accumulator;
   end process;
 end;
```

上面这个 VHDL 模型通常被称为系统模型。该模型不必考虑数据精度、时序或数据存储等方面的需求,可以说是最简单的可执行的算法语句。

上述示例十分简单,描述的只是一个系统模型,该模型可以被综合成具体电路。一般情况下,系统模型不必综合成具体电路。在系统建模阶段,由于系统模型从来都不需要综合为具体电路,所以 VHDL 的全部语法条款都能用于系统建模。然而在这个示例中,对系统模型进行综合还是很有用的,因为读者可以用系统模型的综合结果与 RTL 设计的综合结果进行比较,得到一些直观的概念。

使用商业化的综合工具,采用商业化 ASIC 库元件,对上述系统模型进行综合并映射为物理电路。因为在这个示例中执行综合的目的仅仅是将算法的直接实现与RTL 模型的实现进行比较,所以使用哪个综合系统和哪个库无关紧要。上述算法的RTL 模型将在本章的后面阐述。

综合结果如下：

- 面积— 40 000 个与非等效门；
- I/O—546 个端口；
- 存储器—0 个寄存器。

从没有寄存器这一点可看出系统模型综合后成为了一个纯组合电路。这个电路包含了 8 个乘法器和 7 个加法器。电路如此之大的原因之一是整数的标准解释是32 位 2 的补码表示。这就意味着乘法器和加法器都是 32 位的电路。

显然,上面介绍的系统模型直接实现的方案是不可接受的,应当寻求一个更好的解决方案。这就是 RTL 设计的由来。

2.3　确定数据运算

设计过程的第一个阶段是确定在这个问题中要执行什么样的数据运算。用数据流图的形式能看得更加清晰,显示了数据通路和数据通路上执行的运算之间的关系如图 2.1 所示。从图可以看到,点积计算需要 8 个两路乘法和一个 8 路加法。这些是完成点积计算所需要的基本数据运算。

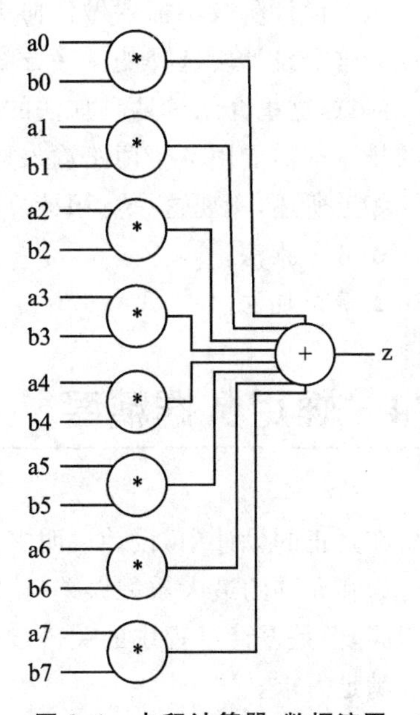

图 2.1　点积计算器-数据流图

这个阶段也应当考虑运算的类型。是对整数、定点还是浮点类型的数据做计算？数据类型需要转换吗？例如,执行浮点计算在硬件和时间上开销非常大,因此,改用定点或整数类型做计算能使速度和面积得到显著的改善。

对于这个示例而言,假定所有的运算都是 2 的补码的整数算术运算。图 2.1 也显示了数据运算的依赖性。因为乘法是彼此独立的,所以能以任意顺序执行乘法,甚至所有乘法可以同步执行。然而,加法的执行必须在乘法完成之后。

图 2.1 中加法被当作一个运算。实际上加法是用一系列两路输入加法器实现的。因为加法的排序是无关紧要的,并且在设计过程中的后期阶段,为了简化电路的设计,设计师可以对加法的排序进行选择。也就说,加法的排序不同,其对应的数据

流图结构也不同。通常随着设计的进展,这些两路加法的最佳排序会逐渐变得明显。最可能采纳的两种加法的排序如图 2.2 和图 2.3 所示。

加法器的不同排序对乘法的排序产生不同的要求。例如,当任意两个相邻乘法被执行完时,平衡树允许执行一个加法。乘法能以任意顺序执行或者同时执行。另一方面,倾斜树对乘法有更严格的排序,但允许除第一个乘法外的每个乘法之后有一个加法。

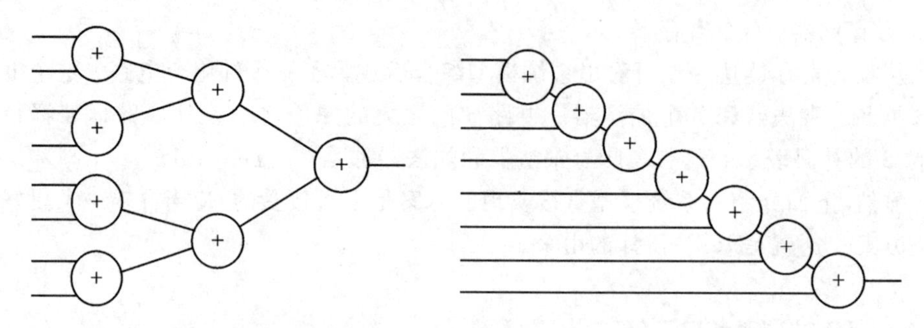

图 2.2　加法器-平衡树　　　　**图 2.3　加法器-倾斜树**

这个设计阶段不需要做任何决定,但是在设计过程的后期,倾斜树数据流将明显地成为这个设计所选择的排序方案。

注意,这里介绍的两种加法的排序都需要用 7 个两路输入加法器,实际上所有可能的排序都需要用 7 个两路输入加法器。

综上所述,实现这个点积计算所需的数据运算是:

- 8 个乘法;
- 7 个加法。

2.4　确定数据精度

在真正的设计中,设计说明书会对设计提出需求,如期望的数据范围、所需的溢出行为和允许的最大累积误差(比如,当采样现实数据时)。设计不同,这些因素会有所不同,但是设计过程中的关键步骤总是相同的:对每个数据流指定一个精度,使得设计满足需求。

这个示例只用于解释说明,因此计算精度的选择是任意的。这种情况下,加法期间允许溢出,但是为保持本示例的简单,忽略溢出。

这个示例假定:

- 输入数据是 8 位 2 的补码;
- 所有其他数据通路是 16 位 2 的补码。

2.5 确定所用资源

在想要执行的数据运算和运算精度确定后，就可以确定实现算法电路所需要的硬件资源。

最简单的情况是将运算电路与所用的资源逐一对应。这是用硬件直接实现算法逻辑。这个示例中，用硬件直接实现该算法需要用 8 个 8 位乘法器（具有 16 位输出），加上 7 个 16 位加法器。这和系统说明书相同，但是在数据通路上数据精度有所降低。

上述算法逻辑只是举一个例子而已，并没有规定设计约束。为了了解如何确定资源，假定设计约束已规定只能用一个乘法器的硬件资源；该系统将计时，可以用几个时钟周期计算点积的运算结果，而且不限定可用的时钟周期个数或者时钟周期的长度，但是假定一个时钟周期内能完成一次乘法和加法。也就是说，既然只用一个乘法器来完成点积算法，那么所需要的加法器多了也没有必要，只用一个就够了。

因此，综上所述，可用的硬件资源是：

- 一个 8 位输入、16 位输出的乘法器；
- 一个 16 位输入、16 位输出的加法器。

2.6 运算资源的配置

RTL 设计周期的下一个阶段通常称为配置和调度。配置是指将硬件资源与运算单元逐一对应起来，并把相应的硬件资源分配给运算部件。算法过程需要许多个时钟周期才能完成。调度是指选择某个时钟周期，去执行算法中的某个运算。每个时钟周期中用于存放数值的所有寄存器也必须设置好。配置和调度是有联系的，并且通常必须同步执行。目的是最大限度地提高资源的利用率，同时尽可能减少存储中间结果所需的寄存器。

本示例十分简单，配置阶段的操作也很容易，只需要配置一个乘法器和一个加法器的资源即可。所有的乘法运算都用同一个乘法器完成，所有的加法运算都用同一个加法器实现。乘法和加法操作究竟在哪个时钟周期执行，是由调度操作确定的。只有正确的调度才能保证用一个乘法器和一个加法器反复多次完成多次运算操作，且不造成混乱。所有加法的顺序是可互换的，这使得调度操作有些混乱。设计说明书允许在一个时钟周期内同时完成一次乘法和一次加法，故在同一个时钟周期内允许调度将乘法的积直接送入加法器，这样可以节省一个中间寄存器。

表 2.1 说明了调度和配置方案。计算点积的整个运算过程需要 8 个时钟周期。

若在第一个周期添加第 8 个加法,也就是将 0 与 product0 相加,而不是没有加法只列出比特 0 的乘积值,算法将会变得稍微简单些,而且第 8 个加法对累加结果进行了有效复位,这样可以节省一个复位周期。

因为 8 个时钟周期里,从一个周期到另一个周期,需要被保存的值只有累加的结果,所以这个调度方案只需要用一个寄存器就够了。现在,可以设计除控制器以外其他数据通路的电路了。数据通路包含一个两输入的乘法器、一个 a0～a7 的多路选择器、另一个 b0～b7 的多路选择器。然后,比特积与累加值 result 或者 0 相加。最后,累加值 result 被存储在寄存器中。电路如图 2.4 所示。

表 2.1 叉积计算器的调度和分配

周 期	乘法运算符	加法运算符
1	a0 * b0 => product0	0 + product0 => result
2	a1 * b1=> product1	result + product1 => result
3	a2 * b2 => product2	result + product2 => result
4	a3 * b3 => product3	result + product3 => result
5	a4 * b4 => product4	result + product4 => result
6	a5 * b5 => product5	result + product5 => result
7	a6 * b6 => product6	result + product6 => result
8	a7 * b7 => product7	result + product7 => result

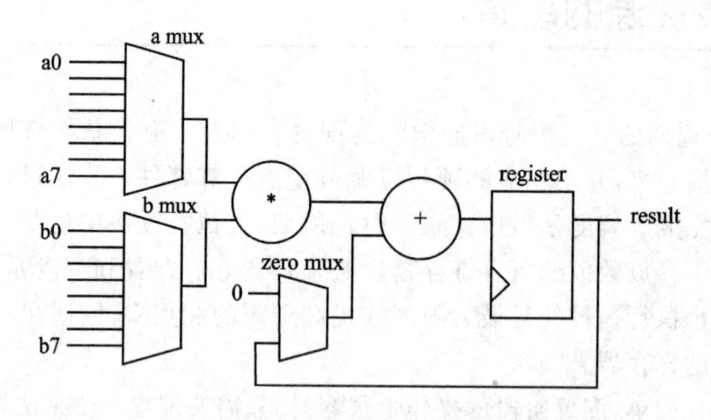

图 2.4 点积计算器-数据通路

2.7 设计控制器

点积计算器设计的倒数第二个阶段是设计一个可对 8 个时钟周期里的运算进行排序的控制器。这个电路由 3 个多路选择器和一个寄存器进行控制。8 个时钟周期中的每个周期的运算如表 2.2 所列。从表中可以看到，向量 a 的元素和向量 b 的元素通过多路选择器的操作是相同的；多路选择器 zero mux 在第一个时钟选择零作为输入，其他时钟选择 result 作为输入；寄存器一直处于加载模式，因此不需要控制。

该控制器通常由一个状态机实现。在这个示例中，可以把该状态机简化成一个计数器，依次从 0 数到 7，不断地重复。控制器的输出直接控制多路选择器 a mux 和多路选择器 b mux。多路选择器 zero mux 由计数器输出的零检测器控制。控制器电路如图 2.5 所示。

表 2.2　每个时钟周期的控制器运算

周　期	a mux	b mux	Zero mux	Register
1	选择 0	选择 0	选择 0	加载
2	选择 1	选择 1	选择 1	加载
3	选择 2	选择 2	选择 1	加载
4	选择 3	选择 3	选择 1	加载
5	选择 4	选择 4	选择 1	加载
6	选择 5	选择 5	选择 1	加载
7	选择 6	选择 6	选择 1	加载
8	选择 7	选择 7	选择 1	加载

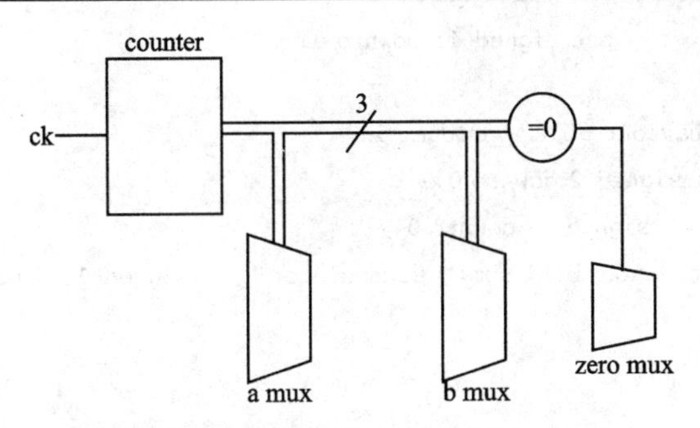

图 2.5　点积计算器-控制器

2.8　设计复位机制

RTL 设计的最后阶段是复位机制设计。这个过程虽然简单但又必不可少。尽管系统中只有控制器需要复位，但通常复位机制的设计是 RTL 系统设计的必要组成部分。若 RTL 模型中没有复位机制，则不能保证电路将在已知的状态下重新启动。

这个示例中，只对控制器进行复位就足够了。通过控制器的设计可以把数据通路清零，即在计算开始时，控制器无条件地对累加器进行复位。控制器的复位将被纳入为同步复位。

2.9　RTL 设计的 VHDL 描述

RTL 设计完成后,就可以编写 VHDL 模型了。这个模型能够被仿真,通过与开始的系统模型对比,以验证其行为的正确性。区别在于,RTL 模型是用时序逻辑描述的,每 8 个时钟产生一个结果,而系统模型是组合逻辑描述的,即刻产生结果。

```
library ieee;
use ieee.std_logic_1164.all,  ieee.numeric_std.all;
package dot_product_types is
  subtype sig8 is signed  (7 downto 0);
  type sig8_vector is array  (natural range <>)  of sig8;
end;
library ieee;
use ieee.std_logic_1164.all,  ieee.numeric_std.all;
use work.dot_product_types.all;
entity dot_product is
  port  (a, b :  in   sig8_vector(7 downto 0);
         ck,  reset:  in   std_logic;
         result     : out signed(15 downto 0));
end;
architecture behaviour of dot_product is
  signal i   : unsigned(2 downto 0);
  signal ai, bi :  signed (7 downto 0);
  signal product,  add_in,  sum,  accumulator  :  signed(15 downto 0);
begin
  control: process
  begin
    wait until rising_edge(ck);
    if reset = '1'  then
      i <=  (others =>  '0');
    else
      i <= i + 1;
    end if;
   end process;
   a_mux: ai <= a(to_integer(i));
   b mux: bi <= b(to_integer(i));
   multiply: product <= ai * bi;
   z mux:  add in <= X"0000" when i = 0 else accumulator;
   add:  sum <= product + add_in;
```

```
    accumulate: process
    begin
      wait until rising_edge(ck);
      accumulator <= sum;
    end process;
    output:  result <= accumulator;
end;
```

上述设计依赖于现有的标准数值程序包(即 numeric_std)，该程序包定义了一组数值类型。第 6 章将更详细地考察这些数值类型。目前，只要明白“unsigned”代表无符号数(仅幅值)，“signed”代表有符号数(2 的补码)就可以了。这个电路中用到的所有 VHDL 语法将在后面的章节中进行解释，这些语法全都符合 VHDL 可综合公共子集。当前 VHDL 综合工具能对用这个子集语法描述的 RTL 模型进行综合。

2.10　综合结果

上面完成的 RTL 设计是一个有面积约束的设计。由于逻辑资源有限，这个设计只能使用一个乘法器和一个加法器。得到综合结果后可与本章开始时介绍的无约束设计的综合结果进行对比，如表 2.3 所列。

本示例使用与综合无约束设计完全相同的综合工具和相同的 ASIC 目标库，对 RTL 设计进行综合。

综合后得到的结果是：

- 面积—1200 个与非等效门；
- I/O—146 个端口；
- 存储器—19 个寄存器。

这里唯一奇怪的结果是 146 个输入/输出(I/O)引脚显然是个很大的开销。然而，这只是故意这样举例而造成的结果。在所举的示例中，假定用于形成点积的两个向量是初级输入。然而，实际上，向量 a 和 b，很可能只需要一个或两个引脚输入，通过时分复用总线输入向量的每个元素。表 2.3 列出了有约束 RTL 模型和系统模型(无约束直接)的综合结果。对两者进行比较，充分表明 RTL 设计过程的重要性。

表 2.3　综合结果的比较

	系统模型	RTL 模型
与非等效门数	40 000	1200
端口	546	146
时钟周期	—	8
寄存器	0	19

第3章 组合逻辑

本章将介绍组合逻辑所需的 VHDL 基础知识，通过使用基本类型构造布尔等式和简单算术电路来描述组合逻辑；还介绍了 VHDL 的仿真模型，如何利用事件模型来建立并发模型，以及仿真时间和 δ 时间等概念；最后介绍了综合模板并演示了综合工具如何将 VHDL 模型映射为实际电路。

3.1 设计单元

设计单元是 VHDL 的基本模块。它是不可分割的，一个设计单元必须完整地包含于文件中，但是一个文件可以包含多个设计单元。

当用 VHDL 仿真器或者综合器分析文件时，文件被分解成一个个设计单元，每个设计单元被独立地分析，就像它们在单独的文件中一样。

VHDL 有 6 种设计单元，它们是：

- 实体；
  - 结构体；
- 程序包；
  - 包体；
- 配置声明；
- 上下文声明。

6 种设计单元进一步被划分为基本单元和二级单元。基本设计单元能独立存在。若没有相应的基本单元，二级设计单元就不能存在。换句话说，必须先定义基本单元，才能定义二级单元。上文中二级单元显示为缩进部分，位于相应基本单元下方。

实体是一个基本设计单元，定义了电路的外部接口。与之相应的二级单元是结构体，描述了电路的具体内容。对于一个给定的实体，可能存在很多相应的结构体，但是这个特性在综合中很少用到，所以本书不做过多讨论。

程序包也是一个基本设计单元，声明了可以被电路各部分使用的数据类型、子程序、运算和元件等对象。包体是相应的二级设计单元，给出了程序包中声明的子程序和运算的具体实现。本书不会涉及包体，但是综合器所提供的程序包的用法贯穿本书，第10章和第11章会介绍如何声明程序包。

配置声明没有相应的二级单元。在层次化设计中，它用于定义各子元件的层次构建方式，但是一般不用于逻辑综合，所以本书将不涉及配置声明。

上下文声明是一个新添加到VHDL-2008的基本单元，没有相应的二级单元，允许多个上下文子句(即library子句和use子句)同时出现。然而，因为它不常用，所以除讨论VHDL-2008特性的第6章外，本书中不使用上下文声明。

3.2 实体和结构体

实体定义了电路的接口和名称，结构体定义了电路的内容。因此实体和结构体是成对存在的，一个完整的电路描述一般既有实体又有结构体。可能存在有实体而没有结构体的电路，但是很少见并且没有实际用处。一个实体可以有多个结构体，每一个结构体描述了同一个电路硬件部件的不同实现。这一点在对同一电路硬件的不同级别的模型做比较时，如比较RTL模型和门级模型，是十分有用的。不存在有结构体而没有实体的情况。

下面是一个实体的例子：

```
entity adder_tree is
  port  (a,  b,  c,  d :  in integer;  sum : out integer);
end entity adder_tree;
```

电路adder_tree有5个端口：4个输入端口和一个输出端口。注意，实际中通常可以省略end后重复出现的关键字entity和电路名称adder_tree。

下面给出了结构体的格式：

```
architecture behaviour of adder_tree is
  signal sum1,  sum2  :  integer;
begin
  sum1 <= a + b;
  sum2 <= c + d;
  sum <= sum1 + sum2;
end architecture behaviour;
```

该结构体的名称是behaviour，隶属于实体adder_tree。通常对所有可综合的结构体采用 behaviour 作为结构体名称。与实体一样,end 后重复出现的关键字 architecture 和名称 behaviour 是可选的,通常可以省略。常见的结构体名称除 behaviour 外,还有 RTL 和 synthesis。结构体名称不需要各不相同,实际中最好采用同一个结构体名称贯穿于整个 VHDL 设计,这样一眼就能很容易地判断出该 VHDL 的描述是系统级(结构体 system)、RTL(结构体 behaviour)还是门级(结构体 netlist)。采用什么样的结构体命名规则并不重要,但是建议命名规则前后一致。

结构体包括两部分。关键字 begin 之前是声明部分。本例在这里声明了新增的内部信号。信号与端口类似,但位于电路内部。

信号声明如下:

```
signal sum1,  sum2   :  integer;
```

这里声明了两个名为 sum1 和 sum2 的信号,类型为 integer(整数)。第 4 章将阐述基本类型,第 6 章涵盖一组特定的综合类型,目前知道 integer 是一个能用于计算的数值类型就足够了。

begin 之后是语句部分,描述了电路的具体内容。这个例子中,语句部分仅包含了信号赋值,用 3 个加法等式描述了一个加法树。

简单的信号赋值语句如下:

```
sum1 <= a + b;
```

赋值语句的左侧是赋值对象(这个示例中为 sum1)。赋值符号"<="通常读为'得到',如'信号 sum1 得到 a 加 b 的值'。赋值语句的右侧是表达式,表达式可以很复杂。比如 adder_tree 的例子中,可以只用一个信号赋值语句来描述:

```
sum <= (a + b) + (c + d);
```

前文使用 3 个赋值语句,可以更清楚地说明赋值、端口和信号声明之间的关系。

本例中语句按数据流从顶到底的顺序书写。然而,这样做只是为了增加可读性;实际上语句的顺序是无关紧要的。因为每个语句都定义了它的输入(赋值语句右侧的表达式)和输出(赋值语句左侧的赋值对象)。例如下面的结构体与前面的版本在功能上等价:

```
architecture behaviour of adder_tree is
  signal sum1,  sum2   :  integer;
begin
  sum <= sum1 + sum2;
  sum2 <= c + d;
  sum1 <= a + b;
end;
```

3.3　仿真模型

为了真正理解 VHDL 是如何工作的，有必要掌握一些有关该语言内在机制的基本概念。这将有助于解释本章及后续章节中 VHDL 的许多特性。

VHDL 起初被设计为一门仿真语言，所以要想深刻理解这门语言，必须首先观察 VHDL 仿真器的行为。由于 VHDL 语言参考手册在定义 VHDL 语法的同时也定义了仿真器应当如何执行这些语法，因此，不同的 VHDL 仿真器在处理这些语法时必须具有相同的行为。

VHDL 仿真的基础是事件处理，所有 VHDL 仿真器都是事件驱动仿真器。对于事件驱动仿真，有 3 个基本概念，即仿真时间、δ 时间和事件处理。

仿真时间是仿真器记录当前已仿真的时间，即由仿真器模拟的电路时间，而非仿真器实际消耗的时间。仿真时间通常是基本时间单位（分辨率）的整数倍。仿真器不能测量出小于分辨率的时间延迟。对于门级仿真，分辨率可以相当高，可能小于 1 fs。对于 RTL 仿真，没有必要采用如此高的分辨率，因为一般只对时钟周期的行为和使用零延迟或单位延迟描述的传输函数感兴趣。这种情况经常采用 1 ps 的分辨率。需要注意分辨率是仿真器的特征，而不是 VHDL 模型的特征，通常由仿真器配置来设置。

仿真周期在事件处理和进程执行之间交替。换一种说法，在仿真周期的事件处理部分，信号被批量更新，在进程执行部分，进程被批量运行。信号更新和进程执行完全独立。这就是 VHDL 如何为并发性建模的，这样在顺序计算机的处理器上就能够模拟并发性，而不必使用多个处理器或多个线程。

当执行一个信号赋值（一个简化的进程）时，赋值对象不会通过赋值立即更新；事实上，在进程执行的其余阶段，它都保持原来的值。然而，赋值语句会为驱动信号的事务队列增添一个新事务。

例如：

```
a <=  '0'  after 1 ns,  '1'  after  2 ns;
```

信号赋值对信号 a 的驱动队列建立了两个事务。第一个事务值为‘0’，有一个 1 ns 的时间延迟；第二个事务值为‘1’，有一个 2 ns 的时间延迟。a 的赋值也可以是零延迟的，例如：

```
a  <= '0';
```

这条语句包含一个事务，即把 a 赋为‘0’值，且没有任何延迟。即使没有时间延迟，信号也不会被立即更新，因为该事务将在下一个 δ 周期才被执行。

当仿真时间到达信号上某一事务应该发生的时间点时，这个信号在事件处理期间变为有效。然后,新值与旧值进行比较,如果值发生了变化,那么对这个信号生成了一个事件,这个事件触发了对该信号敏感的进程。注意,如果这个信号的新值与旧值相同,它将变为有效,但不会有事件生成,也不会触发任何进程。

事件是通过更新信号值来处理的,执行以信号作为输入的语句(用 VHDL 的语言讲,就是所有对信号敏感的语句)。所有信号被批处理,就是说在当前的仿真周期中,含有这个事件的所有信号一起都被更新。在后面的进程执行阶段,调度将执行由这些信号更新所触发的进程。每个仿真周期中无论有多少个输入发生改变,每个进程只能被触发一次。

在进程执行阶段,仿真器不分先后顺序从头到尾执行所有被触发的进程。只有在所有被触发的进程停止后,仿真器才会返回事件处理阶段。在执行过程中,信号赋值可能会生成更多事务。这些新的事务将在后面的仿真周期中处理。零延迟赋值将在下一个 δ 周期执行。

有效信号和信号事件之间的区别是非常重要的。进程对事件敏感,因此信号值的改变就会激活进程。例如,看下面的 RS 锁存器模型:

```
P1: process  (R,  Qbar)
begin
  Q <= R nor Qbar;
end process;
P2: process  (S,  Q)
begin
  Qbar <= S nor Q;
end process;
```

这个例子采用了进程显示敏感表。关键字 process 后的括号里是信号列表,代表了一组触发进程的信号。对于组合逻辑,敏感表应当包括进程的所有输入,本例中是指所有在信号赋值右侧的信号。

上述例子也可以不使用进程描述,只用如下简单的信号赋值表示:

```
P1: Q <= R nor Qbar;
P2: Qbar <= S nor Q;
```

这是等价的形式,因为 VHDL 标准中表明信号赋值有一个隐式敏感表,这个敏感表包含位于赋值操作符右侧的所有信号。换句话说,赋值语句 P1 会由 R 或 Qbar 的改变而触发,而赋值语句 P2 会由 S 或 Q 的改变而触发。

考虑当 R 和 S 为‘0’,Q 为‘1’和 Qbar 为‘0’的情况。当 R 变为‘1’时,模型将发生如下变化:

δ1,事件处理:

事务使 R 有效,R 的值发生了变化(从‘0’到‘1’),所以 R 上生成了一个事件。R 上的事件触发了对它敏感的进程 P1。

δ1,进程执行:

P1 重新计算 Q 的值,生成了值为'0'的事务(因为'1'或非'0'的结果为 0)。这个事务被添加到 Q 的事务队列。

δ2,事件处理:

Q 上的事务使 Q 有效,Q 的值发生了变化(从'1'到'0'),所以 Q 上生成了一个事件。Q 上的事件触发了对它敏感的进程 P2。

δ2,进程执行:

P2 重新计算 Qbar 的值,生成了值为'1'的事务(因为'0'或非'0'的结果为 1)。这个事务被添加到 Qbar 的事务队列。

δ3,事件处理:

Qbar 上的事务使 Qbar 有效,Qbar 的值发生了变化(从'0'到'1'),所以 Qbar 上生成了一个事件。Qbar 上的事件第二次触发 P1。

δ3,进程执行:

P1 重新计算 Q 的值,生成了值为'0'的事务(因为'1'或非'0'的结果为 0)。这个事务被添加到 Q 的事务队列。

δ4,事件处理:

Q 上的事务使 Q 有效,Q 的值没有发生变化(从'0'到'0'),所以 Q 上没有生成事件。

因为这个模型中不再有需要处理的事务,所以模型此时达到稳态。仿真可以转到 R 或 S 上的下一个待处理的事务上,并且执行一系列类似的 δ 周期。

关于 VHDL 为电路建模的方式有一点重要说明,如果事务没有导致信号发生变化,则信号/进程的 δ 周期停止,即使信号在最后一个周期变为有效,也不会产生事件。如上例所见,VHDL 很自然地建立了一个异步反馈模型。这也意味着结构体中所列的进程或信号赋值的顺序对仿真没有影响,因为执行哪个进程纯粹基于事件和进程敏感表,而不是语句的顺序。交换两个进程将产生完全相同的序列。VHDL 是一种并发语言。

注意:一般不会这样用 RTL 为锁存器建模,本例仅用于说明 VHDL 是如何为反馈建立正确模型的。为了进一步说明电路传播数值时事件驱动仿真器是如何工作的,使用之前介绍的 adder_tree 例子。假定电路初始化为一个稳定的状态,所有输入为 0。从加法树的表示可见,所有内部信号和输出也是 0。在仿真的初始化(或解析)阶段,这些值在 0 时刻被建立。

在 20 ns 时,如果输入 b 从 0 变到 1,则第一个 δ 周期信号 b 生成了一个事务。处理这个事务时,b 的值确实发生了改变,因此 b 上生成了一个事件。这个事件使得对 b 敏感的等式被触发:

```
sum1 <= a + b;
```

这个等式在进程执行阶段执行。在当前仿真时间(20 ns)的下一个 δ 周期,对等式重新计算的结果 sum1 生成一个事务。这个阶段中,信号 sum1 的值不变;进程执行的唯一结果是为信号 sum1 生成事务,指定新值 1(即 0+1)。

下面是第二个 δ 周期的事务处理阶段。首先,检查信号 sum1 上的事务,sum1 的值发生了变化,所以事务被转换成一个事件。所有对 sum1 敏感的等式都被触发:

```
sum <= sum1 + sum2;
```

执行这一等式,为下一个 δ 周期生成事务。并在当前仿真时间的第三个 δ 周期发布。该新事务是 sum 的新值 1,这个值也暂未赋给信号。

第三个 δ 周期的事务处理阶段检查 sum 上的事务,该值再次发生变化,所以该事务转换成为一个事件,触发对它敏感的等式。由于没有对输出信号敏感的等式,所以不再有需要处理的事务,当前时刻的仿真结束。现在,仿真时间可以往前进。

将整个仿真周期归纳于表 3.1。注意,输入变化是如何经过 3 个 δ 周期传播给输出 sum 的。输入变化只导致最少的进程被重新执行,一些进程从未重新执行。

表 3.1　加法树的事件处理

	20 ns	20 ns+δ	20 ns+2δ	20 ns+3δ
a	0	0	0	0
b	0	1	1	1
c	0	0	0	0
d	0	0	0	0
sum1	0	0	1	1
sum2	0	0	0	0
sum	0	0	0	1
transactions(事务)	b=>1	sum1=>1	sum=>1	
events(事件)	b	sum1	sum	

3.4　综合模板

VHDL 原本只是一种仿真语言,并没有考虑综合或其他方面应用的需求。所以综合器必须对 VHDL 语言重新解释,把特定的 VHDL 语句结构映射为与语言行为等价的硬件。这些特定的结构被称为模板。

并非所有的映射都是直接映射。一些 VHDL 结构有直接到等价硬件的一一映射。许多 VHDL 结构可能没有等价硬件形式，至少在逻辑综合的范围内没有，这种情况在综合期间会产生错误。为了可以综合，这些结构必须满足特定的约束。综合器必须强行约束只能使用那些具有硬件等价形式的 VHDL 结构。换句话说，VHDL 必须符合待构建硬件结构的相应模板。

模板包括组合逻辑、简单寄存器、具有异步复位的寄存器、具有同步复位的寄存器、锁存器、RAMs 、ROMs、三态驱动器和有限状态机，所有模板将在本书后面部分讨论。

注意：读者可能会遇到由限定性语法表示的 VHDL 综合子集。这没有意义，因为综合子集实际上是语义子集。就是说，大多数 VHDL 结构只要满足综合模板之一，它们就是可综合的。

模板规定了如何书写可综合的 VHDL，所以符合这些模板是极为重要的。VHDL 模型必须从一开始就考虑可综合的因素，不要期望任何仿真结果正确的 VHDL 都是可综合的。工程师们如果没有意识到这一点，花费时间完善仿真模型，却不考虑综合约束，结果只会浪费很多人力和时间。

幸运的是，在 adder_tree 示例中，电路解释是一个简单的、直接的硬件映射。VHDL 信号赋值可以直接映射到组合逻辑块上。从之前描述的事件处理周期就能看出这点。每个阶段，重新计算对输入变化敏感的每个等式。输入无论何时发生变化，输出都被重新计算，这是组合逻辑的行为。所用的表达式（ + 运算符）在硬件上也有直接等价形式。这些等价提供了从仿真行为到电路结构的映射。后面的章节将提出类似的并行结构以说明其他结构的仿真模型如何被特定硬件结构模拟，这种模拟过程提供了硬件映射。应当始终记住，VHDL 是一种仿真语言，并不是所有的仿真结构都有与其等价的硬件。这就是为什么所有综合器必须对语言的子集有效。

图 3.1 给出了 adder_tree 实体/结构体表示的电路。图中所示，运算由简单的圆圈而不是门来表示，以强调这个阶段没有到门的映射，电路只用一个抽象的算数函数网络来表示。综合过程的后一阶段称为工艺映射，在这一阶段，综合器通常要重建这些算术函数来与目标工艺库中真实的门匹配。本例中，函数将被重建为一个全加器电路，但是，加法器的确切类型将依赖于目标工艺、综合的速度约束和面积约束。为清晰起见，在这次讨论中，综合过程冻结在工艺映射之前，以便能看到中间的结构。所有综合器都首先对源 VHDL 进行解释以形成函数网络，接着对函数网络进行优化，最后进行工艺映射。

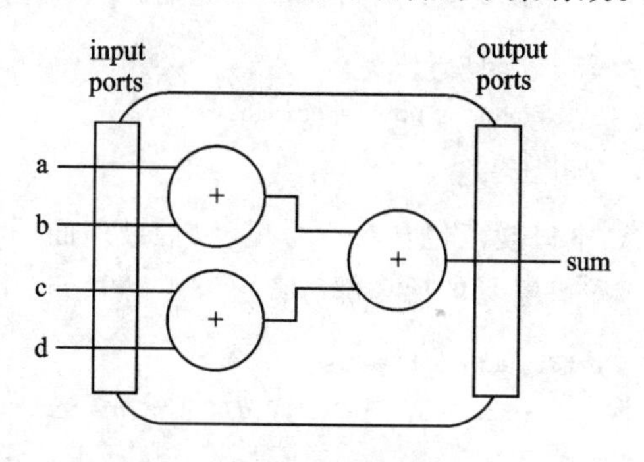

图 3.1　加法树电路

3.5 信号和端口

信号是数据值的载体,位于结构体附近。端口与信号相同,但是还提供了一个通向实体的接口,以便实体能在层次化设计中用作子电路。

信号在一个结构体的声明部分(位于关键字 is 和 begin 之间)被声明,声明包括两部分:

```
architecture behaviour of adder_tree is
    signal sum1,  sum2  :  integer;
begin
    ...
```

第一部分是关键字 signal 和一列信号名:这个示例中有两个信号 sum1 和 sum2。第二部分是信号的类型,位于冒号后:本例中是 integer。

一个结构体中可以有许多条信号声明语句,每条都以分号作结束。上述两个信号可以写为两个独立的声明:

```
architecture behaviour of adder_tree is
    signal sum1   :  integer;
    signal sum2   :  integer;
begin
    ...
```

实体中的端口声明需遵循端口规范。端口规范的格式如下:

```
entity adder_tree is
    port   ( port specification );
end;
```

注意,端口规范包含在括号里,以括号外面的分号结束。在端口规范内,对端口作声明。端口声明包括 3 部分:

```
entity adder_tree is
    port  (a,  b,  c,  d :  in integer;   sum : out integer);
end;
```

第一部分是端口名列表:本例中是 a,b,c 和 d。第二部分是端口的模式,本例中端口模式是 in(输入)。第三部分是类型,与信号声明中相同:本例中是 integer。规范内的每个端口声明由分号分开。注意,信号声明以分号作结束,而端口声明由分号分开(而非结束),所以在右括号之前、最后一个声明之后没有分号。

端口的模式决定了数据流通过端口的方向。VHDL 中有 5 个端口模式:in(输入)，out(输出)，inout(双向)，buffer(缓冲)和 linkage(链接)。若未指定模式，默认模式为 in。各模式在逻辑综合时的含义如下：

in(输入端口)——电路中，不能被赋值，能被读取；

out(输出端口)——电路中，能被赋值，不能被读取；

inout(双向端口)——只能被用于三态总线；

buffer(输出端口)——与模式 out 类似，但也能被读取；

linkage——不能用于综合。

out 和 buffer 经常发生混淆。buffer 已经不常用了，因为它的使用方式不明确。buffer 是 inout 的一种受限形式。为了使 buffer 模式可用于综合，规定了 buffer 端口的规则，这样它不仅可以像 out 端口一样输出，还可从端口进行读取。建议仅使用 out 模式，而不要采用两种输出模式。所以，在逻辑综合中，推荐使用的端口模式是：in(输入端口)，out(输出端口)和 inout(用于三态总线的双向端口)。

从 out 模式的端口读取数据会出现问题。通过下面的例子来说明，考虑一个输出为真，并具有反向输出的与门。下面是一种非法的形式，因为 out 端口 z 被读取：

```
entity and_nand is
  port   (a, b :  in bit;
            z,  zbar :  out bit);
end;
architecture illegal of and_nand is
  begin
    z <=  a and b;
    zbar <= not z;
  end;
```

正确的方法是使用一个中间的内部信号，并从那个信号读取数据。而后将中间信号的值赋给 out 模式端口。

修改后的结果如下：

```
entity and_nand is
  port   (a, b : in bit;
           z,  zbar   :  out bit);
end;
architecture behaviour of and_nand is
  signal result    : bit;
begin
  result <= a and b;
  z <= result;
  zbar <= not result;
end;
```

采用中间信号作为输出,并且在结构体结束时将它们赋值给 out 端口,这种作法比较好,可避免产生读取 out 端口的错误。

注意:VHDL-2008 可从 out 端口读取,不必采用中间信号。所以,当几年后 VHDL-2008 成为规范时,这个问题将不复存在。

3.6 初始值

仿真开始时所有信号都有初始值。初始值可以是信号(或端口)声明中用户提供的,也可以定义为默认值。在仿真的解析阶段,仿真器会把这些初始值赋给信号。

下面是信号声明中指定初始值的例子:

```
signal a  :  bit  := '1';
```

这意味着,在仿真开始时信号 a 将取值'1'。

如果在信号声明中没有明确指定信号的初始值,在仿真中,信号仍有初始值。这个值将是数据类型的第一个值(通常称为左侧值,因为按顺序列出这些值,它将出现在左侧)。类型 bit(见第 4 章)的左侧值是'0',所以类型 bit 的所有信号将用值'0'进行初始化,除非使用显式的初始值对信号重载。类型 std_logic(见第 5 章)的信号将被初始化为值'U',表示一个未定义的值。

初始值的规则确保所有的仿真都从相同的、已知的状态开始。这意味着,相同的仿真即使在不同的仿真器上也会给出相同结果。初始值在综合中没有硬件解释。上电时,不可能用已知值对电路中的所有信号进行初始化。即使可以使用一些逻辑技巧进行上电复位,也不能对电路中的每条线都用已知值进行复位。所以,综合必须忽略初始值。

设计综合后生成的电路出现故障很有可能就是这个原因造成的。综合产生的电路不会在一个已知的状态下启动,因此实际运行时不一定与仿真预测完全相同。它甚至可能一直处在仿真模型并不存在的未知状态。问题在于这不是综合器的错误,因为综合器必须忽略初始值。设计师要保证电路处于已知的状态,可以采取对系统全局复位输入的形式,或者通过设计电路,用一些其他方式(如使控制器状态机可重入)使电路处于已知状态。安排好复位或初始化机制是 RTL 设计过程中不可省略的部分。通常,需要对寄存器进行复位或初始化,所以第 9 章将讲述如何实现寄存器复位。

测试复位机制的一种方式是给内部信号以未定义的初始值(即对所有信号使用 std_logic),然后检测仿真是否得到了预期的、已定义的结果。这样并不能保证设计是正确的,但是又不可能尝试所有可能的初始值,因此确保初始化行为正确的唯一有效方式就是采用结构化的、严谨的设计。

3.7 简单信号的赋值

adder_tree 例子中已使用过简单信号赋值语句。本节将更详细地讨论信号赋值语句。

简单信号的赋值语句如下：

```
sum1 <= a + b;
```

赋值操作符的左侧称为赋值目标(本例中为 sum1)。赋值操作符的右侧称为赋值的源表达式(本例中是 a+b)。赋值操作符是<=，由小于号和等于号组合形成一个箭头。在两个符号之间没有空格。注意别与小于等于运算符<=混淆，它们看起来确实是一样的，但因为不存在这两种含义同时出现的情况，所以使用时不会发生混淆。但可能有些人需要适应一下这种情况。

VHDL 的规则要求赋值源与赋值目标类型相同。本例使用类型 integer。两个 integer 类型信号的加法得到一个类型也为 integer 的结果。因此，源和目标具有相同的类型。源表达式可以很复杂。例如，可仅用一个信号赋值来描述 adder_tree 的电路：

```
sum <=  (a + b)  +  (c + d);
```

3.8 条件信号赋值

条件信号赋值是具有多个源表达式的信号赋值，通过控制条件选择其中的一个源表达式。条件信号赋值最简单的形式只有一个条件：

```
sum <= a + b when sel = '1'  else a - b;
```

这里判断条件是 sel = '1'。这个条件可以是任意的布尔表达式，一般包括等于、不等于或者比较(如整型中的小于)。

源表达式的规则是必须与赋值目标类型相同。本例中，源和目标都是整数类型。

条件信号赋值的硬件映射是一个多路选择器，多路选择器由条件表达式控制，在源表达式之间进行选择。图 3.2 显示了这个示例的电路。图中，条件表示为判断 sel 是否等于 1。综合器最初将 VHDL 映射为这个电路，但是等于运算符被简化为一根线，因此 sel 直接控制该多路选择器。综合中的这种简化很常见，这意味着无需担心电路的确切实现。

本例是条件信号赋值的最简单形式，只有一个条件。实际可以有任意数目的分支;除了最后一个分支外,每个分支有一个不同的条件。最后一个分支必须是一个无条件的 else,使得总有一个源表达式被赋值给目标。多分支条件信号赋值的例子如下:

```
z <= a when sel1 =  '1'  else
     b when sel2 =  '1'  else
     c;
```

按照书写的顺序对条件进行判断,选择第一个为真的条件。硬件方面,这相当于一系列的两路选择器,第一个条件控制最接近输出的多路选择器,这个条件优先级最高。

这个示例的电路如图 3.3 所示。条件已被优化,使得 sel1 和 sel2 直接控制多路选择器。从图中可见,当 sel1 是'1'时,无论 sel2 取何值,都选择 a。如果 sel1 是'0',那么 sel2 在 b 输入和 c 输入之间进行选择。

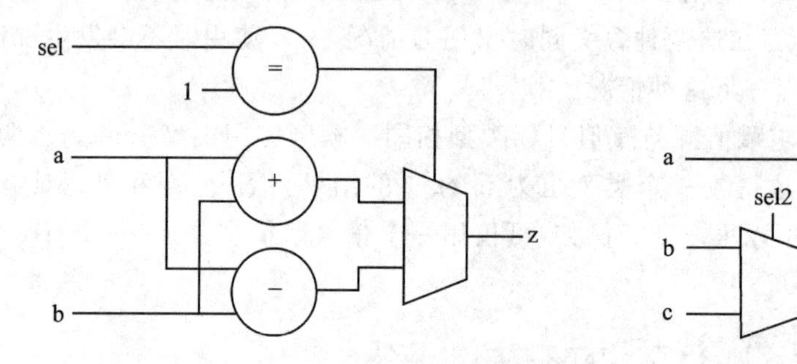

图 3.2 条件信号赋值的硬件映射

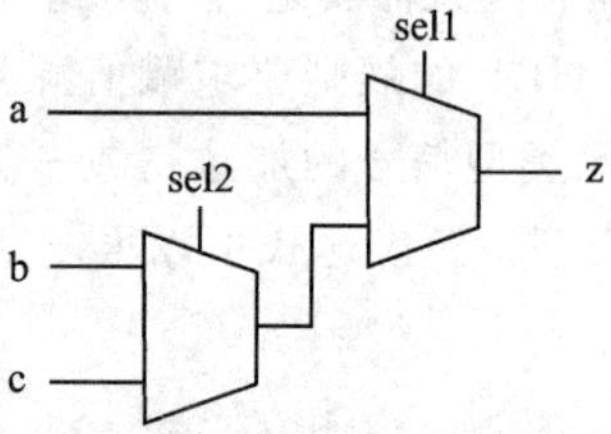

图 3.3 多路条件信号赋值

若使用更多个分支,该结构就需要添加一些多路选择器,最后会产生一长串的多路选择器。由于描述的优先级规则,这个链条会变得扭曲、不对称。设计中应考虑到这一点;源经过越多的选择列表,综合时,它通过的多路选择器就越多。

if 语句(见 8.4 节)能产生类似的结构,它的结构可以更复杂;尤其是,在条件语句的每个分支允许多个信号被赋值。假定映射到硬件上时,各条件信号赋值语句中的条件相互独立。这就是说,如果条件不独立(比如,基于相同的信号),那么没有必要进行任何优化。例如:

```
z <= a when sel = '1 '  else
     b when sel = '0 '  else
     c;
```

第二个条件与第一个不独立。实际上,在第二个分支中,sel 只能是'0',因为如果 sel 是'1',第一个条件将为真。因此,第二个条件是冗余条件,而且最后的 else 分支永远不能执行。综合时,这个条件信号赋值仍将被映射为两个多路选择器,如图 3.4 所示。

对于这样一个简单的示例,在综合过程的逻辑优化阶段,综合器可以识别并消除冗余的多路选择器，但是，对于更复杂的示例，就不能保证这一点了。通常情况下，检测冗余条件非常困难。采取这个简单的示例就是为了说明这个问题，但实际中，这种冗余可能很细微，超出逻辑最小化的能力。要清楚将 VHDL 映射到硬件时想要得到什么，如果需要两个多路选择器，可能就会得到两个多路选择器。造成这个错误的原因是在第一个条件信号赋值中使用了多余的分支。条件信号赋值的关键在于每个条件彼此独立，并且综合解释时假定了这种独立性。这个示例中，因为条件是对同一个信号进行重复测试，所以条件彼此依赖。这个示例原本应当用两输入条件的信号赋值来实现。

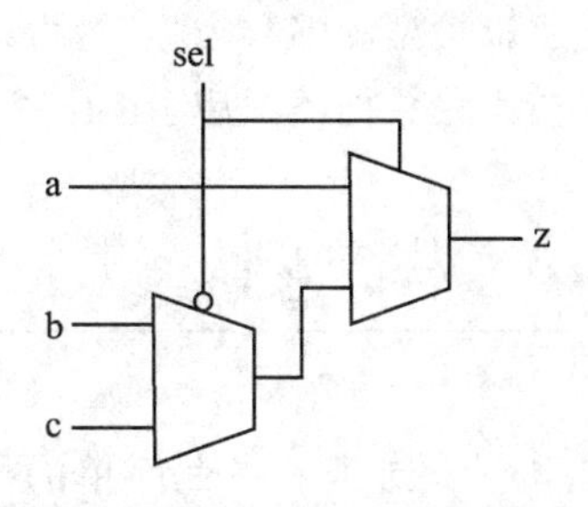

图 3.4 条件信号赋值中的冗余分支

3.9 受选信号赋值

像条件信号赋值一样，受选信号赋值允许基于一个条件，从多个源表达式中选择其中的某一个。区别在于，受选信号赋值使用单独一个条件从多个分支中选择其中的某一个。条件可以是任意类型，因此可在任意数目的分支之间进行选择。

举一个简单的例子：

```
with sel select
  z <= a  when '1',
       b  when '0';
```

受选信号赋值和条件信号赋值之间的主要区别是受选信号赋值只有一个条件；所有的判断优先级相同，并且相互排斥。这个简单的示例只有两个分支，所以，实现受选信号赋值和条件赋值一样容易，但这个例子确实可以说明受选信号赋值的形式。

这个例子的条件是信号 sel。它是 bit 类型，但实际可以是任意类型。例如，它可以是信号总线，总线上的每种位组合对应一个分支。赋值语句包含了许多源表达式，根据给定的条件选择源表达式。这里是一个例子，其中选择信号是一个两位总线：

```
with sel select
    z <= a when "00",
         b when "01",
         c when "10",
         d when "11";
```

选择语句必须包含条件类型的所有值。case 语句（8.5 节）能产生类似的结构，但结构可以更复杂，允许在条件的每个分支中对多个信号赋值。当采用枚举类型，尤其是多值逻辑类型和整数类型时,可以使用受选信号赋值。有关其他类型的选择信号赋值将在讲完数据类型后,在 4.12 小节中再次讨论。

3.10 样 例

本小节创建了一个简单的 8 位奇偶发生器。校验电路可根据一个输入控制信号,在两种不同模式之间切换,如表 3.2 所列。在奇校验模式下,如果输入有奇数个 1,输出为 0。在偶校验模式下,如果输入有偶数个 1,输出为 0。电路的框图如图 3.5 所示。

表 3.2 奇偶发生器功能

模 式	功 能
0	奇校验
1	偶校验

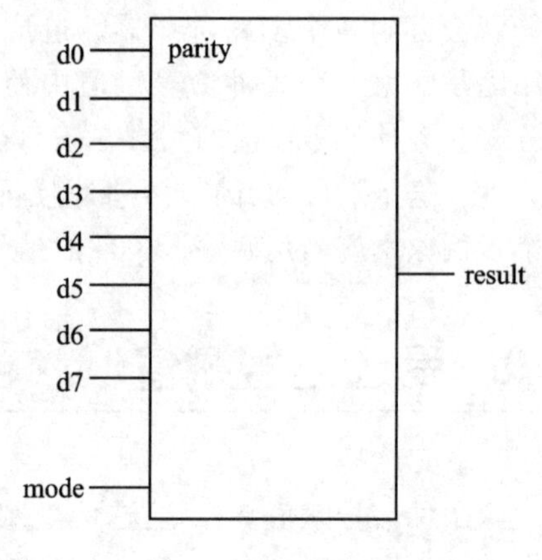

图 3.5 奇偶发生器接口

第一阶段是根据框图编写如下实体代码:

```
entity parity is
    port  (d7, d6, d5,  d4, d3, d2, d1,  d0   : in bit;
           mode :  in bit;
           result : out bit);
end;
```

结构体的代码如下:

```
architecture behaviour of parity is
    signal sum : bit;
begin
    sum <= d0 xor d1 xor d2 xor d3 xor d4 xor d5 xor d6 xor d7;
    result <= sum when mode = '1' else not sum;
end;
```

结构体分为两部分,每部分都是一个独立的信号赋值。第一部分是简单信号赋值,用于计算校验函数,并将其值赋给内部信号 sum。第二部分是条件信号赋值,根据控制输入 mode 的值,选择与所执行函数相符的输出。

第 4 章

基本类型

数据类型的使用是理解 VHDL 的基础,尤其用于逻辑综合时。此外,要理解后面的章节,首先要对数据类型有所了解。鉴于以上原因,将本章放在本书的开端。

VHDL 是一种强类型语言,即每个数据流(输入、输出、内部信号等)都有一个与其相关联的数据类型,并且类型十分明确。

VHDL 有一个常常令初学者感到困惑的特性,即操作符的具体硬件实现由信号的数据类型决定。当将两个数相加时,硬件实现会因操作数的类型而有所不同:如果操作数是整数,将使用整数加法器,如果操作数是定点数,将使用定点加法器等。如果数据类型正确,运算结果正确。如果数据类型有误,将会产生错误。

VHDL 有一些标准定义的数据类型,用户也可以定义其他的类型。在逻辑综合中,许多常用的类型都是用户定义的类型。

本章将讨论 VHDL 标准定义的数据类型和基本类型操作。第 6 章将讨论用于综合的其他逻辑类型和数值类型,这些类型在实际设计中几乎可用于所有信号。

4.1 可综合的类型

VHDL 共有 8 种数据类型,但并非每种数据类型都是可综合的。表 4.1 显示了哪几种类型通常是可综合的。本书将不涉及不可综合的 4 种类型。下面的章节将讨论可综合的 4 种类型。

表 4.1 可综合的类型

类	可综合	类	可综合
enumeration(枚举)类型	是	array(数组)类型	是
integer(整数)类型	是	record(记录)类型	是
floating - point(浮点)类型	否	access(存取)类型	否
physical(物理)类型	否	file(文件)类型	否

4.2 标准类型

VHDL 预定义了一些类型。可在 standard 程序包中找到这些预定义的类型，standard 程序包包含于每一个 VHDL 系统中。standard 程序包参见附录 A.1。

表 4.2 列出了 standard 程序包中可找到的类型定义、每个类型所属的类及它是否可综合。表 4.2 中将 severity_level(错误等级)标记为不可综合的类型，尽管它作为枚举类型，在技术上是可综合的，但从不将它用于综合。本章的其余部分将讨论所有可综合类型的用法和硬件解释。

表 4.2 标准类型

类 型	类	可综合
boolean(布尔)	enumeration(枚举)类型	是
bit(位)	enumeration(枚举)类型	是
character(字符)	enumeration(枚举)类型	是
severity_level(错误等级)	enumeration(枚举)类型	否
integer(整数)	integer (整数)类型	是
natural(自然数)	integer(整数)的子类型	是
positive(正整数)	integer(整数)的子类型	是
real(实数)	floating - point (浮点)类型	否
time(时间)	physical(物理)类型	否
string(字符串)	字符数组	是
bit_vector(位矢量)	位数组	是

4.3 标准操作符

同一类型的数值、信号和变量(将在 8.3 节中讨论)可以通过操作符连接构成表达式。例如，可用 and 操作符实现两个 bit 类型信号的逻辑与。VHDL 中有一套完整的操作符,这里简要地介绍一下,在第 5 章会对它进行更详细的讨论。

本书将操作符划分为 5 组。这几组操作符将在第 5 章介绍:布尔(5.3 节)、比较(5.4 节)、移位(5.5 节)、算术(5.6 节)和拼接(5.7 节):

- 布尔:not, and, or, nand,nor, xor, xnor;
- 比较:=, /=, <, <=, > , >=;
- 移位:sll, srl, sla, sra, rol, ror;
- 算术:符号+, 符号-, abs, +, -, * , /, mod, rem, * * ;
- 拼接:&。

每组操作符只能应用于一组特定的数据类型。后面的章节中介绍每种类型时,也会列出可用于该类型的操作符。

4.4　比特(bit)类型

比特(bit)类型是自有的逻辑类型。bit 有两种取值,用字符'0'和'1'来表示。换句话说,类型定义为:

```
type bit is ('0', '1');
```

这是一种枚举类型。引号(注意是单引号)是必不可少的。这是因为取值是字符而不是数字,VHDL 通过将字符括在单引号里来区分。具有字符取值的枚举类型也称为字符类型。

可用于 bit 类型的操作符有:

布尔:not, and, or, nand, nor, xor, xnor;

比较:=, /=, <, <=, >, >=。

bit 可使用所有布尔操作符。布尔操作符得到的结果也是 bit 类型。这意味着布尔操作符可用于复杂的表达式,并且所有的中间结果都是 bit 类型。bit 可使用所有比较操作符,比较运算结果为 bit 类型。可以判断 bit 类型信号的值,但判断结果是 boolean 类型而非 bit 类型。例如:

```
if a = b then
```

这是判断 bit 类型 a 的值是否等于 bit 类型 b 的值。其结果为真或假:是 boolean 类型的值。下节将详细讨论 boolean 类型。

比特(bit)类型由一根线表示,取值为'0'表示逻辑 0,取值为'1'表示逻辑 1。逻辑操作符可直接实现,每个信号只有一位位宽。实际上,很少用到 bit 类型,因为除了最简单的例子外,两个逻辑电平对于任何例子都是不够的。为了给未知值和三态值建模通常至少需要 4 个逻辑电平。实际上,经常使用九-值的 std_logic 逻辑类型来代替比特类型,在第 6 章将会讨论 std_logic 类型。

4.5 布尔(boolean)类型

boolean 类型是 VHDL 自有的比较类型。就是说,比较的结果是 boolean 类型。逻辑类型通常使用 std_logic 类型,很少使用 boolean 类型。

boolean 类型的定义如下:

```
type boolean is  (false,  true);
```

boolean 类型是一种枚举类型,只有两个值,false(假)和 true(真)。

用于 boolean 类型的操作符有:

- 布尔:not, and, or, nand, nor, xor, xnor;
- 比较:=, /=, <, <=, >,>=。

当比较两个其他类型的数值时,通常会间接用到 boolean 类型。

为了说明这点,请看下面的例子:

```
if a = 0 and b = 1 then
```

假定这个例子中 a 和 b 是 4 位整数,则上面两个比较等式都是由比较器实现的。每个比较等式的结果都是一个 boolean 类型的数值,由一根线实现。然后将两个 boolean 类型数值用 and 操作符计算得到结果。产生的电路如图 4.1 所示。在这个判断相等的例子中,判断的结果是 boolean 类型的数值,与 a、b 的数据类型无关。boolean 类型可使用全部 6 种比较操作符。换言之,两个 boolean 信号能够使用上面所列的 6 种比较操作符中的任何一种进行比较。然而,比较操作符并不常用,通常只使用 boolean 操作符。

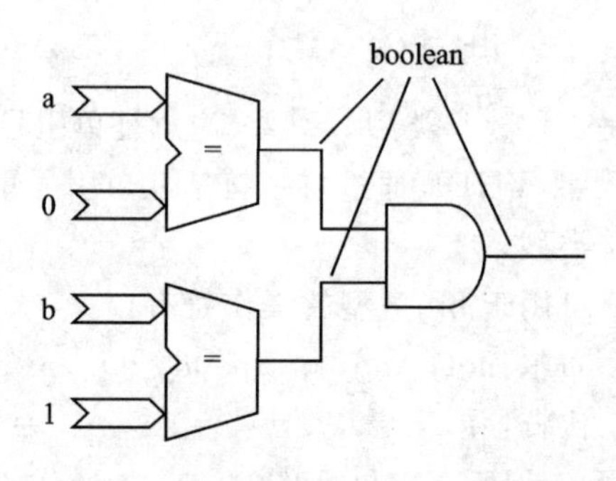

图 4.1 将 boolean 用作比较结果

boolean 有两个值:false(假)和 true(真)。当 boolean 信号由综合器映射到硬件上时,用一根线表示。布尔值 false 由逻辑 0 表示,值 true 由逻辑 1 表示。

注意,在比较中不能使用非 boolean 类型。尤其是在条件判断中,不能使用 std_logic 或 bit 类型的信号。大多数逻辑信号由 std_logic 建模,因此,必须将信号转换为 boolean 类型。通过判断等于或者不等于,很容易实现这个转换。例如:

```
if  s =  '1'  then
```

这个例子中,仅通过判断 s 是否为'1',就将类型为 std_logic 的信号 s 转换成了 boolean 类型。当 s 等于'1'时,结果为真,反之,结果为假。这是一种相当粗略的类型转换,因为 std_logic 类型的信号有 9 个值可取,其余 8 个值,包括弱 1 值 'H ',都被当作假来对待。这一点在综合中并不重要,因为 std_logic 的 9 个值中只有 3 个值有综合解释。这 3 个值是逻辑值'0'、'1'和高阻抗值'Z'。高阻值'Z'值仅用于描述三态驱动器,所以,在其他情况下,只有两个值是有效的。

4.6　整数(Integer)类型

处理整数时,要注意区别语言标准中定义的整数(integer)类型和用户自定义的其他整数类型。在本书中,'type integer'是指 VHDL 内部已定义的被称为整数(integer)的类型,而'integer type'则是指具有整数值的任何类型。

4.6.1　Type Integer

Type integer 是标准定义的数值类型,如名字所示,代表整数值。VHDL 标准并没有准确地定义整数(integer)的取值范围,但给出了从－2 147 483 647～2 147 483 647 这样一个范围。这是 32 bit 数反码的取值范围,比补码的取值范围稍小些。将缩小的反码取值范围指定为标准可能是为了让 VHDL 工具供应商可以自由地选择表示法,因为它确实考虑到了有符号数值的硬件实现。实际上,VHDL 的所有实现都使用 32 位的补码整数,最小值为－2 147 483 648。采用这个稍宽些的范围是安全的。因此,整数(integer)类型的定义如下:

```
type integer is range - 2 147 483 648 to + 2 147 483 647;
```

整数(integer)类型可使用全部的比较操作符和算术操作符。

比较:＝, /＝, ＜, ＜＝, ＞, ＞＝;

算术:符号＋, 符号－, abs, ＋, －, *, /, mod, rem, * *。

综合中,对于 * * 操作符的使用有所限制,将在 5.6 节中讨论。

4.6.2　自定义整数

除了语言标准中定义的整数(integer)类型外,还可以定义其他类型的整数。例如,如果已知所有的计算都可以用 8 位算术运算来完成,则可定义用于计算的 8 位整数类型。通常,不建议使用自定义整数类型,本节介绍的自定义整数类型仅作为现有设计的参考。

对自定义整数类型的唯一限制是它们的范围不能超过标准整数(integer)类型的范围。即自定义整数不能超过 32 bit。

下面举例说明如何自定义一个新的整数类型 short,该类型整数的取值在 8 比特 2 的补码数范围内:

```
type short is range -128 to 127;
```

在整数表达式中,不能混淆不同的整数类型。例如,在同一个表达式中,不能混用整数(integer)类型和自定义的短整数(short)类型。不同类型之间明确的区分就是所谓的强类型。它是 VHDL 的一个非常有用的特性,因为可以使得许多错误在设计初期就被发现。如果混用了类型,就会导致错误。强类型提倡使用类型时多加注意,清楚哪种类型用于传递哪些信息。

设计中为每个信号定义单独的类型并不是好的做法,这是 VHDL 新手常犯的错误之一,他们认为定义许多不同类型是一个好主意。但不同类型的信号在设计中不可避免会相遇,这时类型之间就需要类型转换,这往往会导致语义混淆和模糊。实际上,使用自定义整数类型极少引起错误,然而,强类型的要求会导致巨大错误。这就是为何强烈建议使用标准定义的类型 integer 作为唯一整数类型的原因。

此外,第 6 章中介绍的综合类型是用于定义数值数据的首选类型,因此,建议仅使用整数类型来控制 for 循环(8.7 节)或下标数组(4.10 节),但是整数类型不能用作数据通路类型。

VHDL 的规则强调整数计算的结果必须在该类型的范围内。因此,如果使用短整数(short)类型,则所有使用 short 类型的表达式值必须在－128～127 的范围内。若计算超过了该类型的范围,仿真时将产生错误。若计算的结果没有定义,大多数的仿真器会在该点停止仿真。必须牢记所选整数的范围,溢出时,VHDL 整型不会环绕式处理。第 6 章中描述的综合类型没有这个问题。

定义了整数类型后,VHDL 自动为新类型提供下列操作符:

比较:=, /=, <, <=, >, >=;

算术:符号+, 符号-, abs, +, -, *, /, mod, rem, **。

编译时,综合器用对标准整数(integer)类型完全相同方法和相同的范围,对这些操作符进行解释和处理。

4.6.3 整数子类型

子类型是某一类型取值范围的一部分。子类型所基于的类型称为该类型的基类型。例如,integer 预定义的子类型有 natural(自然数)和 positive(正整数)。这些类型的定义如下:

```
subtype natural is integer range 0 to integer'high;
subtype positive is integer range 1 to integer'high;
```

integer'high 表示类型 integer 的最大值。记住,标准整数(integer)类型虽然是由硬件实现来定义的，但是不同硬件实现对应的最大值几乎都是＋2 147 483 647。

类型为 natural 的信号实际上是一个范围有限的整数，继承了标准整数(integer)类型的所有操作符。当 natural 类型用于计算时，首先使用基类型即标准整数(integer)类型进行计算，然后检查计算结果以确保它们满足 natural 的范围。只有发生赋值时，才会执行这个检查。

上述对子类型解释的意义在于，表达式计算时，只要中间值不超过基类型的范围，并且表达式的最终值在赋值目标的子类型范围内，那么中间值的范围不受子类型的限制。例如，定义一个 4 位 integer 子类型：

```
subtype nat4 is natural range 0 to 15;
```

注意创建 natural 的子类型的方法，natural 本身是 integer 的一个子类型。一个子类型的子类型没有特别的含义：nat4 仍然只是 integer 的一个子类型。取 4 个子类型 nat4 信号 w、x、y 和 z，赋值关系如下：

```
w <= x - y + z;
```

3 个源信号有如下取值：

```
x = 3
y = 4
z = 5
```

首先执行减法 3－4，得到中间值－1；因为表达式的中间值使用基类型 integer 进行计算，所以这个值有效。而后，中间值加 5，得到最终结果 4。最终结果随后被赋给目标 w，并检查最终结果是否在 nat4 的范围内，计算结果确实在范围内。若使用自定义没有负数的整数基类型，对该表达式进行相同的计算，则所得结果截然不同。在那种情况下，最开始的减法运算的结果会超出基类型的范围，这样就会产生错误。

4.6.4　综合解释

综合器对整数的解释依赖于“已完成仿真并且没有发现仿真错误”的假设。这是完全合理的，因为这个假设是允许综合编译器对每个操作符进行简化，以生成尽可能最小的电路的前提。用于优化硬件映射的规则如下：

- 中间值在表达式的基类型范围内；
- 赋给目标的数值在目标的子类型范围内。

另外，对算术运算过程的理解和分析也可以为电路优化提供一些途径。

整数类型或子类型由多线总线表示，总线中线的数目取决于子类型的范围，等于表示子类型所有值所需的位数。

此外，如果计算范围包括负数，将用补码表示；如果计算范围不包括负数，将用无符号数表示。综合器并不总是清楚什么地方使用无符号算术运算,这也是使用可综合类型的另一个原因,但一般情况下,如果使用无符号子类型进行计算并且计算结果立刻赋给一个无符号目标,那么综合器可推断出这里能使用无符号电路。如果计算较复杂,并且计算中(如上面的示例)有中间值,考虑到中间值可能是负数,那么综合器必须使用有符号表示法来表示中间值。

考虑下列不包含中间值的赋值语句:

```
w <= x - y + z;
```

这个赋值语句可以用括号表示:

```
w <= (x - y) + z;
```

首先进行减法,产生一个中间值。因为这个中间值可能是负数,所以尽管全部数据都是无符号类型,中间值必须用有符号数表示。加法也必须是有符号的,因为它的一个输入(减法器的输出)是有符号数。最后,对无符号信号 w 的赋值需要一个从有符号中间值到无符号结果的转换。这个转换通过简单地略掉符号位来完成。

整数类型的硬件实现总是包括零的,即使取值范围本身并没有包含零。不会对硬件实现进行优化来调整偏移量。例如,考虑下列类型:

```
type offset is range 14 to 15;
```

即使这个类型只有两个值,也将用一个 4 位总线来表示,因为这是表示最大值 15(作为无符号整数)所需要的位数。

同样,补码表示法的硬件实现几乎总是关于零对称的。既没有对偏移范围的优化,也没有对整个负数范围的优化。数据类型的位数是用补码表示所需要的最大位数,要求能同时表示最小负数值和最大正数值。

例如:

```
type negative is range -2 147 483 648 to -1;
```

这个类型是 32 位类型,即使它的取值范围只是全部 32 位范围的一半。

实际上,电路设计中使用的大多数整数子类型是基于零的无符号类型,或者是对称的有符号类型。

另一个问题是关于表达式里中间值所使用的位数。再来看赋值:

```
w <= x - y + z;
```

4 个信号 w,x,y 和 z 都是 4 位无符号数。但是,来自计算 x－y 的中间值是多少位?原则上,既然中间值使用基类型计算,中间值位数就应当是基类型位数。对于类型 integer 的子类型,所有中间值都是 32 位。然而实际中,利用计算机算术运算的知识,对这个笨拙的解决方案进行了优化。首先,早期的论据表明计算要使用有符号表示法,所以必须通过添加一位符号位将两个无符号 4 位数值 x 和 y 转化成 5 位有符号数值。两个5位有符号数相减产生的最大结果是一个6位数值,所以实际上中间值被表示成一个6位有符号数。中间值随后被加到信号z上,z必须首先从4位无符号数转换成5位有符号数。加法给出一个7位有符号中间结果。对w的赋值导致对结果进行截断,并通过丢弃符号位转换为无符号表示。因为w是一个4位数,通过截断将结果减少到4位。通过丢弃高有效位实现截断。数据流如图4.2所示。

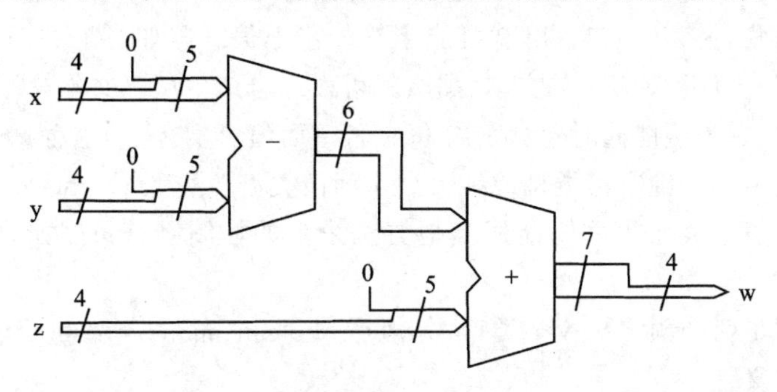

图4.2 中间值精度

假定中间值在基类型的范围内,表达式中,像这样地对字长逐步扩展考虑到了允许中间值超出子类型范围这样的事实。这也在扩展上设置了一个上限:当使用整数子类型时,最大的中间值不能超过32位。通过丢弃高有效位实现截断是一种有效的方法,因为这与仿真器检查数值以确保这个值在目标子类型范围内的限制一致。如果没有仿真错误,则允许综合器丢弃额外的二进制位不会影响该数值。

4.7 枚举类型

枚举类型是一种由一组字面值组成的类型。最能说明枚举类型的示例是一个状态机的状态变量。字面值是状态变量名称,所以可将枚举类型看作一组名称。例如,下面是一个可用于交通灯控制器的枚举类型:

```
type state is (main_green, main_yellow, farm_green, farm_yellow);
```

这个类型有4个字面值,其名称分别为main_green,main_yellow,farm_green和farm_yellow。除了VHDL语言的保留字外(例如,type是非法字面值),任何名称都能用作字面值。

枚举类型也能使用字符来定义,这样的枚举类型被称为字符类型。因为VHDL提供了一些定义字符数组的捷径,所以VHDL在使用字符类型,尤其是使用数组时具有优势。由于这个原因,大多数逻辑类型被定义为字符类型。字符数组的特性将在4.10节详细讨论。例如,一个4值逻辑类型定义如下:

```
type mvl4 is ('X', '0', '1', 'Z');
```

在 VHDL 中,字符总是被包含在单引号内。在 8 位 ISO 8859 - 1 或 Latin - 1 标准字符集中的字符可作为字面值,该标准字符集包含 256 个字符,并采用 ASCII 作为它的前 128 个值。

还有一个预定义的字符类型叫做 character(不要将"字符类型(character type)"的总称与碰巧被称为 character 的特定类型相混淆)。character 类型包含完整的 8 位 Latin—1 字符集,换言之,包含所有可能字符的字面值。假如必须处理编码文本,即 ASCII 或 Latin—1 字符编写的文本,那么就可以综合产生用于文本操作的硬件。

理论上,枚举类型能同时包含字符和命名字面值。实际上,这种情况很少发生,大部分枚举类型都是纯字符类型或纯命名字面值类型。类型 character 是个例外,它使用命名字面值来表示那些不能用其他方法表示的控制字符。例如,HT(无引号)为水平制表字符。

已经介绍了两个预定义枚举类型,分别是 boolean(布尔)类型和 bit(比特)类型。它们的类型定义是:

```
type boolean is  (false,  true);
type bit is ('0',  '1');
```

Boolean 具有命名字面值,而 bit 具有字符字面值。

枚举类型的字面值有一个与它们相联系的位置序号,第一个字序号为 0,后面的字有相应的序号。例如,前面定义的状态类型的位置序号是:

```
main_green = 0
main_yellow = 1
farm_green = 2
farm_yellow = 3
```

character 类型的位置序号是字符集的数字码。例如:

```
'A'  =  65
'a'  =  97
'0'  =  48
```

位置序号在综合时用无符号整数类型来实现。

使用过'C'编程语言的人需要特别注意:枚举类型不是整数类型,位置值不能替代字面值。而且,不能在枚举类型上进行算术运算。最后,位置值由定义确定,用户不能再次定义。

认识枚举类型最好的方法是将它们看作抽象值的集合,恰当地使用抽象值集合可使 VHDL 更具可读性,并易于理解。

可用于枚举类型的标准定义操作符只有 6 个比较操作符:比较:=,/=,<,<=,>,>=。

比较操作符由字面的位置值来定义。即类型中的第一个(或最左端)字面被认为是最小值,序号为 0,最后一个(或最右端)字面被认为是最大值。

boolean 和 bit 枚举类型很特殊,它们还有逻辑操作符。但这不适用于一般情况,自定义枚举类型没有定义逻辑操作符。然而,读者可以采用操作符重载机制来定义自己的逻辑操作符,将在 11.3 节对此进行讨论。

4.8　多值逻辑类型

多值逻辑类型是一种包括元逻辑(metalogical)值的逻辑类型。这些值在真实世界中并不存在,但它们是对仿真有用的概念。一个典型的例子是高阻态'Z'值。不能将一个电压表连接到电路上测量到'Z',但是很容易理解这个值的含义,并常用于三态总线的建模。在某种意义上,所有逻辑值都是元逻辑值。值'0'和值'1'并不存在,但可将它们作为对电压的解释。多值逻辑类型的其他值通常被称为这个类型的元逻辑值。

原则上,多值逻辑类型能由任意类型代表,如整数类型,只要数值足够多,可以包含仿真的所有值集合。然而,综合器规定逻辑类型必须是预定义集合之一。实际上,大多数综合器仅允许使用 std_ulogic(见第 6 章)作为多值逻辑类型,尽管一些综合器出于历史原因仍然支持其他被认为是过时的类型。但确实没有理由使用其他多值逻辑类型。

多值逻辑类型的概念是针对综合而言的,在仿真方面,多值逻辑类型像其他类型一样,仅仅是枚举类型。

综合器需要能识别出多值逻辑类型,这样它们就可用一根线来表示,而不用将所有元逻辑值作为无符号整数进行编码,再用多线总线表示。综合器通常根据其内置知识来识别多值逻辑类型。对综合而言,使用多值逻辑类型有很多潜在的错误。大多数多值逻辑类型可能将使用的元逻辑值作为真实值来处理,例如,将一个弱驱动值'L'或未知值'X'赋给一个信号。综合器可能将它们作为错误(最安全的解释)来处理,也可能将它们映射为两个真实值中的一个(最危险的解释)。这种非常任意的映射可以导致电路行为发生诡异的变化。综合时,使用多值逻辑类型最安全的规则是像使用 bit 类型一样去使用它们。就是说,根本不需要考虑元逻辑值。在可综合的模型中,没有对元逻辑值的合法使用,唯一的例外是用于三态(见 12.1 节)的高阻态值'Z'。

4.9　记　录

记录是元素(element)组成的集合,每个元素可以是任意限定性类型或子类型。

唯一不能用于记录的非限定性类型是非限定性数组,下节将对数组进行更详细的讨论。不幸的是,非限定性数组是最常用且最有用的类型,所以,这个限制使得记录类型在使用中非常受限。这里讨论它们有用的情况。

记录定义如下:

```
type pair is record
    first  :  integer;
    second :  integer;
end record;
```

一旦定义了记录类型,信号就可以像声明其他类型一样,被声明为记录类型:

```
signal a,  b,  c  : pair;
```

记录类型的信号是一系列信号,每一个信号对应一个元素。每个元素的解释规则就是该元素相应类型的规则。上例 pair 类型的元素是两个 32 位整数类型。可对整个记录类型进行的运算只有“等于”和“不等于”:=,/=
对每个元素分别用相应类型的比较操作符进行比较。而后,将判断各元素相等的结果进行与运算得到记录类型的相等值。换句话说,如果两个记录类型信号相应的元素相等,那么这两个记录类型的信号就相等。

为了获取记录类型的元素,使用符号“点”。例如,将 0 值赋给信号 a 的 first 元素:

```
a.first <= 0;
```

因为类型 pair 的元素 first 是整数类型,所以 a.first 是整数类型。所有整数操作符都能用于 first 元素上。

为了对记录类型的所有元素进行赋值,采用一种称为集合体的表示法。集合体是值的集合。一个集合体的例子如下:

```
a <=  (first => 0,  second => 0);
```

这是集合体的完整形式,采用命名关联法,集合体中每个元素被显式地命名,并与一个值关联起来。符号“=>”称为箭头(finger),将紧随其后的值与被命名的记录元素关联起来。

集合体的简略形式是位置标记法,即元素值按类型定义中元素的顺序列出:

```
a <= (0, 0);
```

集合体也能用来将信号(不是数值)组合到一起赋给一个记录类型。例如,假设有两个 integer 类型的信号 c 和 d,要将它们赋给 pair 类型的信号 a。可以通过一条集合体赋值语句实现:

```
a <=  (first => c,  second => d);
```

将集合体作为赋值目标，也可实现相反的操作。例如，可通过一条集合体赋值语句将 pair 信号 a 赋给整数信号 c 和 d：

```
(c, d) <= a;
```

这个例子中，信号 c 和 d 被捆绑在一个集合体中。使用整体记录赋值，就将信号 a 的值赋给了这个集合体。总体效果与下列两个单独赋值的效果相同：

```
c <= a.first;
d <= a.second;
```

4.10 数　组

数组是由相同类型的元素组成的集合。与记录类型通过名字进行访问不同，数组元素通过下标(index)进行访问。下标可以是任意整数或枚举类型，整数类型居多；实际上，它通常是 natural 子类型，即下标不能是负数。

数组类型可以是非限定性的或者是限定性的。非限定性数组类型是未指定数组大小的数组。给定了下标类型，但未给定下标范围。这样可以有效地定义一组数组子类型，它们的元素类型相同但是数组大小可变。限定性数组类型的下标类型和下标范围都是给定的。限定性数组类型的所有信号都具有相同的数组范围。

实际上，VHDL 中限定性数组作为*匿名的*(anonymous)非限定性数组类型的子类型来实现。匿名类型没有名称，因此不能被用户使用，但它的存在对分析器有利。从这个角度来讲，VHDL 中所有的数组类型都是非限定性的。然而，由于无法访问匿名的非限定性基类型，因此不能直接使用它，只能使用限定性子类型。除了这个约束外，非限定性数组类型和限定性数组类型在操作中没有其他区别。下面的讨论仅涉及非限定性数组类型的使用。

声明数据通路时，必须限定范围，因为综合器在编译时会将它们映射为硬件电路上对应的多线总线，所以必须限定数据通路范围，以便计算总线中线的数量。限定数据通路范围的要求意味着，必须使用限定性数组类型或子类型，或者使用非限定性数组类型，但在信号声明时加上范围约束。实际上，综合中使用的大多数数组类型都是非限定性的，信号是在本身的声明中才对范围加以限定的。例如，在程序包 standard 中有内置类型 bit_vector，bit_vector 定义了非限定性数组 bit 类型。该类型的定义是：

```
type bit_vector is array  (natural range <>)  of bit;
```

符号“<>”表示非限定的数组范围。下标类型声明的其余部分说明该范围必须在子类型 natural 的范围内，不允许出现负数下标。使用该类型的信号时，在信号声明中进行限定：

```
signal a   : bit_vector(3 downto 0);
```

定义了一个有 4 个元素的信号,元素的下标范围从 3 降到 0,这称为降序范围;第一个(*最左端*)元素是序号为 3 的元素,第二个元素是序号为 2 的元素等,降到最后一个(*最右端*)元素编号为 0。

数组可以用升序或降序的下标来限定范围。下标值只能是子类型 natural。降序范围在表示总线的数组中很常见,尤其在整数的按位表示形式中。习惯上最高有效位(m. s. b)位于最左端,下标最大,最低有效位(l. s. b)位于最右端,下标为 0。注意,这仅仅是一个习惯,也可以使用升序范围而不改变模型的含义。大多数工程师都使用这个约定,所以建议遵从这个约定,这样可以使模型更易于理解。

另一种可产生同样效果的方法是声明一个非限定性数组的限定性子类型,并将信号类型声明为这个子类型。上述信号声明的等价形式是:

```
subtype bv4 is bit_vector  (3 downto 0);
signal a   : bv4;
```

所有 bit_vector 类型或子类型的信号都属于基类型 bit_vector。这些子类型的大小任意。因为基类型是相同的,因此表达式中可以出现不同大小的信号。然而,当数组被赋给另一个数组时,尽管它们的下标范围可能不同,但要求这两个数组大小相同。

当用数组信号进行信号赋值时,从左到右逐个元素进行赋值,不用考虑数组的下标范围。例如,考虑下面两个范围不同的信号:

```
signal up : bit_vector   (1 to 4);
signal down : bit_vector   (4 downto 1);
```

用一个信号对另一个信号进行赋值是合法的,因为它们具有相同的基类型和相同的长度,尽管它们的实际范围不同:

```
up <= down;
```

因为赋值是从左到右按元素进行的,这等价于:

```
up(1) <= down(4);
up(2) <= down(3);
up(3) <= down(2);
up(4) <= down(1);
```

注意,决定赋值结果的是元素在数组中的位置而不是它的下标。这里很可能出错。这个例子也说明,范围不一定以 0 作为开始或结束。下标类型是 natural,所以可以使用 natural 范围内的任何范围。

数组元素可以通过实际下标值(静态下标),或者相应下标类型(动态下标)的信号来访问。静态下标的例子如下:

```
a(0) <= '1';
```

因为信号 a 是 bit_vector 类型,即 bit 类型的数组,元素都是 bit 类型并具有该类型的全部操作符。这对于所有数组通常是正确的,数组元素可使用该类型的操作符独立操作。例如:

```
z(0)  <=  (a(0)  and b(0))  or  (c(0)  and d(0));
```

如果数组通过动态下标来访问,那么下标信号可以采用升序范围或者降序范围,而不用考虑数组的范围。数组通过下标值而不是类型定义中的相对位置来访问。降序范围整数类型可以用作下标信号。但是建议仅使用升序范围整数类型,而且数组下标仅使用 integer 的子类型。

定义数组下标信号:

```
signal item :  integer range 0 to 3;
```

数组可通过这个信号动态访问:

```
a(item) <= '0';
```

下标允许一次访问数组的一个元素,也可以整体访问数组的一个子范围。这可以通过使用片(slice)来实现。例如:

```
b(1 downto 0)  <= a(3 downto 2);
```

这个例子展示了片作为赋值源和赋值目标的用法。赋值时两个片必须具有相同的大小。为了可综合,片必须具有常数范围;不允许使用动态片。片的类型与被分割的信号类型相同。例如,bit_vector 片的类型是 bit_vector。

适用于所有数组类型的操作符只有比较操作符和拼接操作符。

比较:=, /=, <, <=, >, >=;

拼接:&。

然而,对于 boolean 类型或 bit 类型的数组,还预定义了逻辑操作符和移位操作符。这些操作符已被添加到 std_logic_vector(见第 6 章):

布尔:not, and, or, nand, nor, xor, xnor;

移位:sll, srl, sla, sra, rol, ror。

这些操作符的工作方式留到第 5 章详述。本节仅讨论操作符中用到的类型。

这些比较操作符对两个相同类型的数组进行比较,返回一个 boolean 类型的比较结果。这些比较运算的标准解释很特别,不是想象中的那样解释为表示整数的总线(见 5.4 节)。幸运的是,标准综合程序包(见第 6 章)提供了更合理的、符合该类型数值解释的比较。

拼接操作符允许使用小的数组和元素来构建一个数组。例如,通过拼接两个 8 位 bit_vector,可构建一个 16 位的 bit_vector:

```
signal a,  b : bit_vector(7 downto 0);
```

```
signal z : bit_vector(15 downto 0);
...
z <= a & b;
```

拼接结果的类型与参数类型相同,本例中为 bit_vector。

同样,单个元素可与数组拼接得到一个更大的数组。通常需要在总线左端添加一个 0 符号位,将无符号表示转换成有符号表示。本例中,总线由 numeric_std 中的类型表示,目前尚未涉及该类型(见第 6 章)。有两个任务-添加符号位和转换类型。下面的例子说明了由 7 位无符号类型到 8 位有符号类型的转换:

```
signal a : unsigned   (6 downto 0);
signal z : signed   (7 downto 0);
...
z <= signed('0'  & a);
```

通过拼接运算操作得到了一个与数组参数类型相同的数组。本例中,信号 a 是无符号类型,所以拼接的结果应该仍旧为无符号类型。如果把整个表达式用小括号括起来,外面加上 signed,即有符号转换,就能实现从无符号到有符号的类型转换。若没有这个类型转换,则赋值语句将是非法的,因为不能将一种类型的表达式赋给另一类型的信号。

布尔操作符与相应的一位操作符类似。当布尔操作符用于数组时,从左到右分别处理数组的每个元素。例如,为了实现两个总线的与运算,一个总线上的每个元素与另一个总线的相应元素进行运算,按照从左到右(不是下标)的顺序形成一个大小相同的结果。两个数组的大小必须相同:

```
signal a, b, z   : bit_vector   (7 downto 0);
...
z <= a and b;
```

最后,移位操作符对数组进行移位操作,移位位数通过整型变参移位距离(shift distance)来指定。下面的例子实现逻辑左移两位的操作。移位的结果是一个数组,该数组大小与被移位数组大小相同:

```
signal a,   z   : bit_vector   (7 downto 0);
...
z <= a sll 2;
```

4.11 集合体、字符串和位串

数组值可通过使用集合体,由一组元素值创建出来:

```
a <= (3 => '1', 2 => '0', 1 => '0', 0 => '0');
```

集合体的类型由分析器根据目标类型推断出来。本例中，集合体的类型是 bit_vector。范围约束根据集合体内使用的下标计算出来，上下文给出线索的地方除外，如本例，对信号 a 赋值的同时给定了范围。对于合法的赋值，下标必须在下标类型（本例中是 natural）范围内，它们必须是连续的（下标之间没有间隔），并且数组的长度必须相同。

为了清晰地说明这点，这个赋值等价于下列 4 个赋值：

```
a(3) <= '1';
a(2) <= '0';
a(1) <= '0';
a(0) <= '0';
```

集合体范围的计算规则可能难以理解，而且将集合体用于数组时容易犯错。为了避免出现问题，强烈建议明确地给出集合体范围，像上例一样，使用与目标范围相同、方向相同的范围。

利用集合体，可以将某一类型的信号（而不是值）捆绑在一起来创建一个数组，并在数组赋值中对它们一起赋值。例如，给定 4 个 bit 类型的信号，称为 elem0～elem3，它们可以在信号赋值中赋给信号 a：

```
a <=  (3 => elem3,  2 => elem2,  1 => elem1,  0 => elem0);
```

也可以反向赋值；就是说，可以将集合体用作赋值目标：

```
(3 => elem3,  2 => elem2,  1 => elem1,  0 => elem0)  <= a;
```

有许多不同的方法来表示数组集合体。下列的所有赋值语句均等价于上述第一个集合体的示例。

第一种表示法是用多值选择将下标组合到一起：

```
a <=  (3 => '1', 2  | 1 |  0 => '0');
```

再次指出，这是保证目标顺序明确的好做法。

第二个例子使用子范围选择，将同一个值赋给数组的一个子范围：

```
a <= (3 => '1', 2 downto 0 => '0');
```

此处，在子范围选择中，通过使用降序范围，赋值目标的范围也被保持了下来。

最后的示例使用了 others 选择器：

```
a <= (3 => '1', others => '0');
```

集合体中，others 选择必须是最后一个选择，选择赋值目标所有的剩余元素。

迄今为止，所有的表示法都是命名（named）表示法。这意味着，下标被显式地命名，并且使用箭头“=>”将下标与值联系起来。除了命名表示法以外，数组集合体还可以使用位置(positional)表示法。

上面的例子用位置表示法可表示为：

```
a <= ('1', '0', '0', '0');
```

因为数组赋值是根据位置从左到右来执行的，值'1'将赋给 a 的最左端元素，本例中是序号为 3 的元素等。这通常比命名表示法更加清晰，是推荐使用的形式。唯一的特殊情况是只使用 others 语句给所有元素赋相同值，如下面语句：

```
a <=  (others => '0');
```

这种赋值只能通过命名关联来完成，但是请记住，others 语句的范围是从赋值目标的范围得到的。

这种表示法不能用于范围未知的地方。常见的例子见如下的条件判断：

```
if a =  (others => '0')  then
```

上面的条件判断是非法的，因为不能从上下文中推导出集合体的范围。等于操作符是用于比较数组大小是否相同的，所以它(与赋值操作符不同)不能通过左端 a 的大小来推断右端操作数的大小。others 语句通常只能用于大小可推断出来的赋值中。

使用范围属性，改写上述判断语句得到：

```
if a =  (a'range => '0')  then
```

对于整数和命名枚举类型的数组可使用上面介绍的所有表示法。然而，字符类型数组还有两种表示法，它们是非常有用的快捷方式，普遍地用于字符数组赋值，见 bit_vector 和 std_logic_vector(第 6 章)。第一种表示法是*字符串字面值*：

```
a <= "1000";
```

这不仅更加简单，而且比其他表示法更加清晰。它是一种位置表示法，元素从左到右赋值，就像使用位置集合体一样。

另一种字符串表示法被称为*位串字面值*。这种表示法在数值的表示中更加灵活，如使用下划线将数值分割成组，并且可选择二进制、八进制或十六进制表示法。使用前缀 B、O 或 X 来区别位串文字，前缀可以是小写或大写，表示在位串内使用二进制、八进制或十六进制。在十六进制表示法中，用字符 A～F 表示扩充值 10～15，它们也可以是小写或大写。见如下示例：

```
x <= B"0000_0000_1111";
x <= O"00_17";
x <= X"00F";
```

这 3 条语句都是将相同的值(15)赋给信号 x。八进制和十六进制表示法的局限在于它们只能分别对长度是 3 位或 4 位倍数的数组进行赋值。二进制表示法等价于普通的字符串字面值，它还可以用下划线将二进制比特分割成组。这一点对普通的字符串字面值是不行的。

位串字面值可用于所有包含'0'和'1'字面值的字符类型数组。使用字符值'0'和'1',八进制和十六进制数值可以转换成等值的二进制字符串,然后将生成的字符串赋值给目标。

4.12 属　性

属性是一种从类型或者类型值中提取信息的机制,它们很有用,例如,在类型中找出最左端值和最右端值,或者找出枚举字面值的位置。在某些情况下,使用属性来表示某个数值而不是使用该值本身是一种好的做法,如果某类型值由于今后设计的修改而发生变化,引用的属性值也会随着设计的修改而一起发生变化。

有许多可用于整数和枚举类型的属性,还有一套名称相同适用于数组的属性。为使它们的含义明了清晰,将它们作为两套完全独立的属性分别进行讨论。

4.12.1 整数类型和枚举类型

本节将讨论下列属性以及它们在标量(scalar)类型(即整数类型和枚举类型)中的应用。所有标量类型都已预先定义了下列属性:

```
type'left
type'right
type'high
type'low
type'pred(value)
type'succ(value)
type'leftof(value)
type'rightof(value)
type'pos(value)
type'val(value)
```

为了对本节进行说明,使用下列 3 种类型:

```
type state is  (main_green, main_yellow,  farm_green,  farm_yellow);
type short is range -128 to 127;
type backward is range 127 downto -128;
```

尽管建议读者千万不要使用降序范围的整数,但是为了便于说明,在本节中还是包括了 backward 类型,即降序范围的整数类型。

使用 left 和 right 属性,可以找到某个类型的最左端值和最右端值:

```
state'left = main_green
state'right = farm_yellow
short'left = -128
short'right = 127
backward'left = 127
backward'right = -128
```

使用 low 和 high 属性可以找到类型的最低值和最高值。这两个值与类型的最左端值和最右端值有着细微的区别,这点可以从降序范围类型的结果中看出来:

```
state'low = main_green
state'high = farm_yellow
short'low = -128
short'high = 127
backward'low = -128
backward'high = 127
```

换句话说,对于升序范围,最低值是最左端值,对于降序范围,最低值是最右端值。

属性 pos 将枚举值转换成它的位置序号,而属性 val 恰好相反。这些属性对整数类型同样有效,因为它的位置值与实际值相同,所以这个特性不是非常有用。属性取一个参数,这是一个要被转换的值。这个值可以是一个常数,或者是一个信号,后一种情况下,属性可以有效地在整数类型和枚举类型之间执行类型转换功能。

```
state'pos (main_green) = 0
state'val(3) = farm_yellow
```

pos 属性返回的整数值是普通整数类型。普通整数类型不能被显式地使用,但对于分析器而言很方便,因为普通整数能赋给任意整数类型。类似地,val 属性的参数是普通整数,所以可以来自于任意整数类型。例如:

```
signal short1,  short2  :  short;
signal state1,  state2  :  state;
...
short1 <= state'pos (state1);
state2 <= state'val(short2);
```

这个示例中,使用了两个类型 short 和 state,short 是一个整数类型,state 是一个枚举类型。这两个类型间不能进行类型转换。pos 和 val 属性提供了一种等价操作的方法。在第一个赋值中,state 类型信号 state1 的值被转换成了它的位置值。因为位置值是一个普通整数,所以它能被赋给任何整数类型,本例中赋给了 short 类型。第二个赋值中,过程相反。信号 short2 的值是整数类型 short,被用作 val 属性的参数。val 属性能将任何整数类型作为参数,并且将这个值转换成等价的 state 类型枚举值。而后,这个值可赋给信号 state2。

最后，有一组属性可用于对值进行递增或递减。它们是 succ，pred，leftof 和 rightof 属性。succ 属性返回其数据类型定义中该数据值的下一个值，无论该类型是升序还是降序。pred 属性返回其数据类型定义中该数据值的上一个值；正好与 succ 属性相反。leftof 属性返回其数据类型定义中该数据值左侧的值；对于升序范围，返回的将是该数据值邻侧的较低值，对于降序范围，返回的将是该数据邻侧的较高值。最后，rightof 属性返回其数据类型定义中该数据值右侧的值；正好与 leftof 相反。例如：

```
state'succ(main_green) = main_yellow
short'pred(0) =  - 1
short'leftof(0) = - 1
backward'pred(0) = - 1
backward'leftof(0) = 1
```

若使用信号的数据值而不是字面值作为这些属性的变参，则这些属性可用作递增和递减。注意这些属性的变参不能超过范围，否则会造成溢出。换言之，会出现如下例中的问题：

```
state'succ(farm_yellow) = error
```

4.12.2　数组属性

数组属性可用来提取数组的大小、范围和下标。这些属性远比其他类型的属性用得广泛，在本书的其他地方，读者将会看到它们的许多应用。通常认为使用属性来表示数组的大小或范围是一种好方法。当设计修改导致数组的大小发生改变时，使用这种方法访问数组的 VHDL 语句会自动调整到新的大小。而且，在 for loop 语句（8.7 节）和 for generate 语句（10.6 节）中，属性是从左到右顺序访问元素的唯一方式，无论它们下标具有升序还是降序范围。有关这些应用的深入讨论，放在相关章节进行。

本节将讨论下列属性：

```
signal 'left
signal 'right
signal 'low
signal 'high
signal 'range
slgnal 'reverse_range
signal 'length
```

请注意这些属性是数组信号的属性，而不是数组类型的属性（注意：上一节中介绍的属性是数组类型的属性）。原则上，虽然也能把返回的数组信号的属性值用于数组子

类型的约束,但实际上很少这样用。为了准确地理解本节的内容,以下面两条信号声明语句为例加以说明:

```
signal up    : bit_vector   (0 to 3);
signal down  : bit_vector   (3 downto 0);
```

left 属性返回数组最左端元素的下标,而 right 属性返回最右端元素的下标。low 属性返回数组最低序号元素的下标;对于升序范围,这是最左端元素的下标,对于降序范围,是最右端元素的下标。同样,high 属性返回最高序号元素的下标。例如:

```
up'left = 0
down'left = 3
up'right = 3
down'right = 0
up'low = 0
down'low = 0
up'high = 3
down'high = 3
```

所有这些属性都返回某个数组的下标值。这意味着,可直接用某个数组属性来访问该数组。例如,假设信号 down 表示有符号数,通常情况下最左端元素是 m. s. b,表示符号位。若有一个 bit 类型的信号 sign,想要把 down 信号的符号值赋给信号 sign,则可使用下列信号赋值语句来完成此操作:

```
sign <= down (down'left);
```

range 和 reverse_range 属性主要用于控制 for loops 和 for generate 语句,在 8.7 节和 10.6 节将分别对它们进行更详细的讨论。它们也可以用来定义信号的子类型。它们的返回值是数组信号的范围约束。不能把该返回值赋给信号,因为返回的是取值范围,它们和信号值是完全不同的两码事。然而,它们可用于表示数组范围的任何地方。例如:

```
signal a : bit_vector   (3 downto 0);
signal b : bit_vector   (a'range);
```

这个例子中第二个信号 b 被定义为具有与信号 a 相同的范围。这种方式很安全,因为如果设计变化导致信号 a 的大小改变,那么信号 b 将会自动调整到相同大小。

上述例子中,信号 a 的 range 属性值为 3～0,reverse_range 属性字面上的含义是将范围逆序表达,在本例中该值应该为 0～3。

最后,length 属性返回数组中元素的个数。这个值是一个普通整数,所以能赋给任何整数信号。这个属性常用于信号的规范化。例如,声明一个索引下标范围尚未规范化的信号 c 如下:

```
signal c : bit_vector   (13 to 24);
```

用 length 属性可以创建另一个信号 d，它与信号 c 大小相同，但其索引下标已规范化，经常使用的规范化索引范围是以 0 结束的降序，声明语句如下：

```
signal d : bit_vector  (c'length - 1 downto 0);
```

现在，可以将第一个信号赋给第二个信号，因为它们大小相同：

```
d <= c;
```

在 VHDL 中，这种规范化手段被广泛地使用，尤其在编写子程序的时候，第 11 章将会有更详细的介绍。

4.13　关于被选中信号赋值的几个问题

本节是 3.9 节的延续，利用本章讲述的类型知识来讨论如何为被选中的信号赋值。怎样把前面介绍过的交通灯控制器的类型转换成(红、绿、黄)单个灯的控制信号呢？

交通灯控制器的枚举类型是：

```
type state is (main_green, main_yellow, farm_green, farm_yellow);
```

交通灯的控制信号用一个三比特的标准向量 std_logic_vector 来表示，第一个比特表示红灯，第二个比特表示黄灯，第三个比特表示绿灯。交通灯的编码符合英国的交通灯编码规则。信号声明如下：

```
signal current_state   : state;
signal main_lights   : bit_vector   (0 to 2);
```

对应不同的当前状态，被选中的交通灯控制信号赋值语句如下：

```
with current_state select
    main_lights <= "001" when main_green,
                        --每当主路畅通时，主路绿灯亮，其他灯灭，即"001"
                        "010" when main_yellow,
                        --每当主路无车时，主路黄灯亮，其他灯灭，即"010"
                        "100" when farm_green,
                        --每当辅路畅通时，主路红灯亮，其他灯灭，即"100"
                        "110" when farm_yellow;
                        --每当辅路无车时，主路红灯和黄亮一起亮，绿灯灭，即"110"
```

上面语句的综合结果是一个多路选择器，如图 4.3 所示。该多路选择器的硬件实现可能会因综合器不同而有少许差异，但行为总是相同的。在这个示例中，选择交通灯如何点亮的控制条件是一个类型为 state 的枚举类型变量 current_state，通过综合可以将它转换成电路的表达形式,即一条两比特的控制总线。

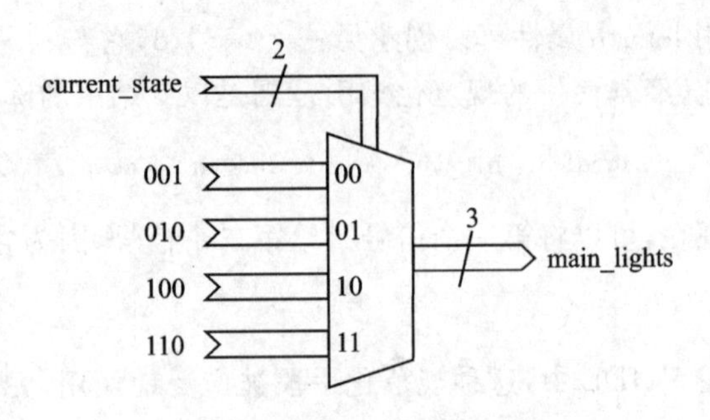

图 4.3 多路选择信号赋值

除了使用单一值与称为选择项(choice)做匹配外,对赋值的每一个分支,还可以使用多个选择项、范围选项,以及在结尾使用 others 语句来表示其他未被指定的选择项。

这些多选格式和与集合体使用的多选格式相同。下面的例子说明了如何使用各种不同的多路选择方案,上述交通灯示例的控制信号也可以分成 3 个独立比特,每个比特分别编码,各用一个二选一多路器实现。

```
with current_state select
    main_lights (0) <=  '1'when farm_green to farm_yellow,
                        '0'when main_green to main_yellow;
with current_state select
    main_lights(1) <= '1'when main_yellow | farm_yellow,
                      '0'when main_green | farm_green;
with current_state select
    main_lights (2) <=  '1'when main_green,
                        '0'when others;
```

通常认为用一个 when others 选项作为其余部分的结束是一种好的做法。VHDL 语言要求覆盖所有可能值,而这就是保证满足此要求的最简单方法。然而,如本例中前两个赋值语句所示,并不是必须要用 others 选择作为结束。

选择条件也可以是数组信号。例如,为了将灯控制信号逆转回到 state 类型,可用下列选择信号赋值:

```
with main_lights select
    current_state <=  main_green when "001"
                      main_yellow when "010",
                      farm_green when "100",
                      farm_yellow when others;
```

请注意在这个选择赋值声明中,others 选择并不等同于‘110’的选择。3 位 bit_vector 有 8 种可能的取值,因为每个元素的取值可以是 bit 类型的两个值中的一个,但在本例中,8 种可能取值中只有 4 个有合法的解释,因为只有 4 种合法的灯亮组合。其余的 4 种亮灯选择未被定义,并且也不会在设计中出现。选项必须覆盖所有可能值以保证选择信号的赋值完整。本例通过使用 others,令所有未使用的亮灯选择编码将当状态赋值为 farm_yellow。

第5章 操作符

VHDL 语言有一套标准运算操作符，可用于执行比较操作、编写布尔等式、实现算术运算。读者可以用这套操作符来构建自己设计的 RTL 模型。本章介绍内置运算操作符及其功能，并对 VHDL 在使用这些操作符描述复杂表达式时的计算优先级规则进行解释。

5.1 标准操作符

下面列出了 VHDL 中的全套操作符：

not：取反；

and：与；

nand：与非；

or：或；

nor：或非；

xor：异或（按位不等）；

xnor：同或（按位相等）；

＝：等于；

/＝：不等于；

＞＝：大于或等于；

＞：大于；

＜＝：小于或等于；

＜：小于；

sll：逻辑左移；

srl：逻辑右移；

sla:算术左移;
sra:算术右移;
rol:左循环;
ror:右循环;
+:加法;
-:减法;
+:正号;
-:负号;
*:乘法;
/:除法;
mod:求模;
rem:求余;
**:幂指数;
abs:绝对值;
&:拼接。

5.2 操作符的优先级

VHDL 标准将操作符分为逻辑、关系、求和、符号、求积运算和其他操作共 6 大类。将操作符分类是出于对操作符优先级的考虑。本节采用的分类方式与本书其余部分的不同。其他部分分类方式比较简单,只根据操作符的功能进行分组,并不考虑其优先级顺序。本节将基于 VHDL 标准,给出有优先级规则的正式分类。

操作符优先级是指在表达式中处理操作符进行运算的顺序。例如,表达式:

```
3 + 4 * 5
```

被解释为:

```
3 + (4 * 5)
```

而不是:

```
(3 + 4) * 5
```

结果是 23,不是 35。因为在算术运算中,乘法的优先级高于加法,所以首先执行乘法操作。

如果表达式含有相同优先级的操作符,那么按照从左到右的顺序执行。例如:

```
3 - 4 + 5
```

结果是 4,因为减法和加法具有相同的优先级,所以表达式按从左到右的顺序执行,即被解释为：

```
(3 - 4) + 5
```

而不是：

```
3 - (4 + 5)
```

VHDL标准规定了操作符的分类和它们的优先级。下面列出了按优先级从高到低排列的分类：

其他：* *，abs，not；

求积：*，/，mod，rem；

符号：＋，－；

求和：＋，－，&；

移位：sll，srl，sla，sra，rol，ror；

关系：＝，/＝，＜，＜＝，＞，＞＝；

逻辑：and，or，nand，nor，xor，xnor。

VHDL操作符的优先级规则通常比其他语言更加严格，所以最终的代码中会使用非常多的圆括号，但总的来说，在约束范围内，VHDL遵循算术运算优先的规则。不幸的是，关于这一点也会有些例外，不小心就会犯错。

本节是根据VHDL语言参考手册[IEEE - 1076,2008]定义的语法规则编写的。本书在一般情况下避免提及语法解析式（译者注：即用巴科斯范式BNF：Backus - Naur Form描述的语法规则结构），但是语法解析式确实是描述操作符优先级规则的最好办法。如果读者无法读懂语法解析式，请跳到下一节。

下面给出了VHDL语法参考手册（即LRM）中关于操作符说明的语法解析式，从顶层（即从表达式）开始用语法解析式定义表达式（expression）的语法规则结构：

```
expression : : =
    relation {  and relation }  |  relation {  or relation }  |
    relation {  xor relation }  |  relation {  xnor relation } |
    relation [  nand relation ]  |  relation [  nor relation ]
```

下面是关于规则的一些结论：

- 逻辑操作符的优先级最低：逻辑操作符是在表达式的最后（即关系操作符之后）才被计算的。
- 所有逻辑操作符的优先级全相同：语法中，所有的二进制逻辑操作符的优先级全都相同，即都是最低的，所以它们的优先级必定相同。这与其他语言不同，因为在有些语言中，与操作符和乘法操作符具有相同的优先级，或操作符和加法操作符具有相同的优先级。而VHDL中却不是这样的。
- 不能混用逻辑操作符：一旦使用了某个操作符来描述连接关系，若后面还有连接关系，则必须使用相同的操作符。例如：

```
a and b or c
```

是非法的,这样编写代码会导致错误。该约束可避免使用优先级相同的逻辑操作符所带来的困惑。

- 必须使用许多圆括号:既然在同一级表达式中不能混用逻辑操作符,那么就必须使用圆括号。例如:

```
a and b or c
```

是非法的,必须写成:

```
(a and b)  or c
```

- nand 和 nor 两个逻辑操作不能连用:如下面的表达式:

```
a nand b nand c
```

是非法的(注意,在语法解析式说明中,nand 和 nor 两个逻辑操作使用的都是方括号[],而不是大括号{})。VHDL 包含该约束是由于人们可能没有意识到本例并不是 a,b 和 c 一起进行与非运算的结果,因为与非(nand)操作符不符合结合律。换言之:

```
y <=  (a nand b)  nand c
```

不同于:

```
y <= a nand  (b nand c)
```

为了避免错误,VHDL 坚决主张使用括号将反相操作符分解成两路函数。

- 非反相操作符(包括 xor)是可结合的,所以可连用,以形成任意长度的表达式。

如上所述,VHDL 的逻辑操作符和想象的不同。目前还没有涉及一元操作符 not,求反操作符 not 对于上述规则是个例外,所以它被归于其他操作符一类,将在后面对此进行讨论。

表达式语法解析式的下一个层次是关系(relation):

```
relation  ::=
   shift_expression [  relational_operator shift_expression ]
relational_operator  ::=
   = | /= | < | <= | > | >=
```

上面对关系操作的说明看起来十分正常,然而与其他语言相比,因为不能将几个比较操作符连起来用,所以使用 VHDL 的关系操作符时还要受到一些约束。例如,下面的语句显然有错误,不能这样写:

```
if a > b = false then ...
```

尽管上述语句的代码风格很差,但大多数语言至少还能允许其存在。这也说明了逻辑操作符的计算是在比较操作符执行之后进行的,因此下面的条件判断语句:

```
if a = '1'  and b = '0'   then ...
```

所产生的结果和下面的语句完全一样:

```
if   (a = '1' )  and   (b =   '0')  then   ...
```

这并不奇怪。

关系表达式语法解析式的下一层次是移位表达式:

```
shift_expression   : : =
    simple_expression [   shift_operator simple_expression ]
shift_operator    : : =
    sll   |   srl   |   sla |   sra | rol   |   ror
```

这条规则与上述的关系操作符类似,不能连用移位表达式。例如想用下面的语句把总线 a 的最左端两位删除,显然是错误的:

```
a sll 2 srl 2
```

为了把总线 a 最左端的两个比特删除,必须使用圆括号。

注意移位计算在关系操作符之前,所以表达式

```
if a sll 2 > 5 then ...
```

与下面的表达式

```
if   (a sll 2) > 5 then ...
```

的效果完全相同。

移位表达式语法解析式的再下一层是简单表达式:

```
simple_expression   : : =
    [sign ]  term {   adding_operator term }
sign   : : =
    +    |    -
adding_operator : : =
    + | - | &
```

这几个规则有些特殊。尤其是除第一项外,其他项之前不能有符号操作符。换言之,如下表达式是错误的,

```
a +  - b
```

必须用圆括号把－b 括起来才对。奇怪的是,没有将求绝对值操作符 *abs* 分在符号操作符大类,后面对求绝对值操作符 *abs* 进行讨论时,将会看到有一些奇怪的副

作用。

符号操作符的计算在求和操作符之前,所以只有第一项被负号操作符取负。换言之,

```
-a + b
```

被解释为:

```
(-a) +b
```

简单表达式语法解析式的下一层次是项(term):

```
term  ::=
    factor { multiplying_operator factor }
multiplying_operator ::=
    *  | / | mod | rem
```

这和正常算术运算相同。求积操作符比求和操作符拥有更高的优先级,所以首先计算求积操作符。这意味着:

```
a + b * c
```

与下面的表达式:

```
a + (b * c)
```

的效果完全一样。

乘法操作符和符号操作符之间的相互作用值得进一步考察。既然乘法操作符比符号操作符拥有更高的优先级,则:

```
-a * b
```

可以被解释为:

```
- (a * b)
```

这与前面符号操作符和加法操作在一起时的运算方式不同。当然,这对于乘法而言不会有什么区别,因为对结果取负与求积之前对 a 取负是相同的,但是符号操作符和其他操作符一起使用时,会产生差别。如求模运算操作符 *mod* 没有这种对称性。

求模和取负最可能产生问题。这是因为:

```
-a mod b
```

实际上被解释为:

```
-(a mod b)
```

而不是设想的:

```
(-a) mod b
```

求模操作不是零对称的，所以这可能得到与预期不同的结果。例如，假定：

```
a = 3
b = 4
```

那么预期结果可能是：

```
(-a) mod b  = 1
```

然而实际结果是：

```
-(a mod b)  = -3
```

项(term)表达式语法解析式的下一层次是因子(factor)：

```
factor  ::=
    primary[** primary]  |  abs primary  |  not primary
```

这是 VHDL 中的最高优先级，因为 primary(基元)可使用该操作符(并非所有对象可用所有的操作符)的任意对象(信号，变量，数组元素等)。注意逻辑操作符求反 *not* 被定义在这一级，所以求反的运算操作将先于其他逻辑操作符。还要注意，这里包括了求绝对值 *abs* 操作符，所以它的计算将在符号操作符之前进行。

有一些很重要的基元(primary)，可以用如下语法解析式表示：

```
primary ::=
    ( expression )  |  ...  lots else
```

这意味着圆括号内的表达式优先级最高，将在任何其他运算之前进行。

再看因子的定义，会发现指数操作符不能连用。在常规的算术运算中，幂指数运算具有从右到左的优先级，而不是其他二元操作符的从左到右的优先级。换言之，

```
a **  b **  c
```

应按下式计算：

```
a **  (b **  c)
```

为了避免发生混淆，VHDL 不允许出现这种情况。

现在应该明白，只有一部分操作符可以连用，包括逻辑操作符(and，or，xor，xnor)、所有的求和操作符(+，-，&)、所有的乘积操作符(*，/，mod，rem)和所有常规算术运算中有从左到右运算顺序的操作符。

通常，VHDL 大多数操作符的优先级规则和读者想的一样，但也有一些奇怪的地方，比如某些约束以及二进制逻辑操作符具有相同的优先级。此外，按从右到左的顺序计算乘方的情况也不存在了。然而对设计者而言，语法规则避免了许多可能引起混淆的表达式，所以可以清楚地知道将得到什么样的结果。表达式中将会用到很多括号。

这种奇怪的语法规则还会产生其他一些有趣的约束和不规则的行为。例如,负号操作符的使用。下面的表达式是非法的:

```
a + -b
a ** -b
a / -b
```

然而,以下表达式却是合法的:

```
a < -b
a rol -b
```

有趣的是,下面的表达式是合法的:

```
a + abs b
a / abs b
```

但下面的表达式却是非法的:

```
a ** abs b
```

很难相信符号操作符的优先级与 abs 操作符的优先级不同。

讨论过语法后,第 4 章中介绍的 5 类操作符就更容易理解了,这些操作符包括布尔、比较、移位、算术和拼接操作符:

布尔:not, and, or, nand, nor, xor, xnor;

比较:=,/=, <, <=, >, >=;

移位:sll, srl, sla, sra, rol, ror;

算术:符号+, 符号 -, abs, +, -, *, /, mod, rem, **;

拼接:&。

这些术语不是语言定义的一部分,而是被用于简化解释。这 5 类操作符的含义和综合解释在下面的章节中予以说明。这套术语将贯穿本书的其余部分。接下来的章节中将会详细讲解每个操作符,以及解释综合器如何对不同的操作符进行相应的处理。

5.3 布尔操作符

有 3 类内置布尔操作符,可用于 bit、boolean 以及这两种类型的数组中:

- 基本布尔操作符。它们在两个相同大小的操作数上对每个元素执行按位逻辑,产生一个同样大小的结果。
- 选择布尔操作符。它们将一个单比特输入与数组的每个元素进行计算产生一个同样大小的数组。
- 缩减布尔操作符仅在 VHDL-2008 中可用。在 VHDL 的早期版本中,它们有时以名为 and_reduce 等函数的形式出现。它们将数组的所有元素组合,产生一位输出。

为了说明不同的布尔操作符,考虑3种类型的与操作符。

基本与操作符是为单比特类型和数组定义的。它有两个类型和大小完全相同的被操作数。结果值的每个二进制位是由两个被操作数的对应位的组合而产生的,如图5.1所示。

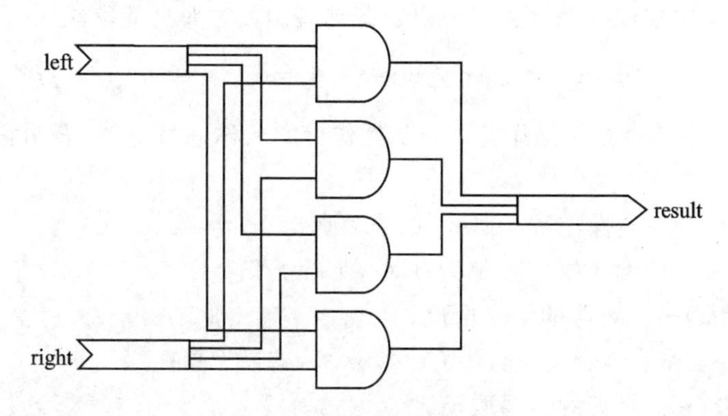

图 5.1 基本与操作符

选择与操作符是为数组类型定义的,所以一个被操作数是数组类型,另一个被操作数是元素类型。得到的结果也是数组类型,大小与数组被操作数相同。数组的每一位是由相应的输入数组元素和单比特输入的组合而产生的。可以将单比特信号看作控制输入到输出连接的选择线,如图5.2所示。

缩减与操作符是为数组类型定义的,只有一个被操作数(被称为一元与操作符)。结果的类型和数组元素的类型相同。由逻辑操作符把数组的所有元素进行组合后得到输出。见图5.3的说明。

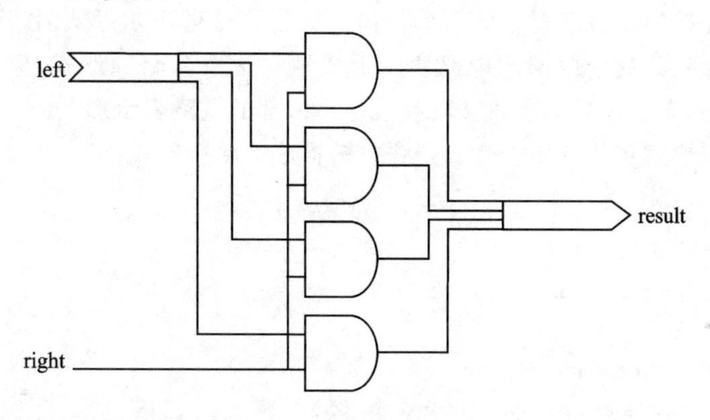

图 5.2 选择与操作符

缩减操作符是在 VHDL-2008 版本发布时才被引入的。早期的版本使用一个名为 and_reduce 的函数来完成该工作。VHDL 的内置类型不能使用 and_reduce 函

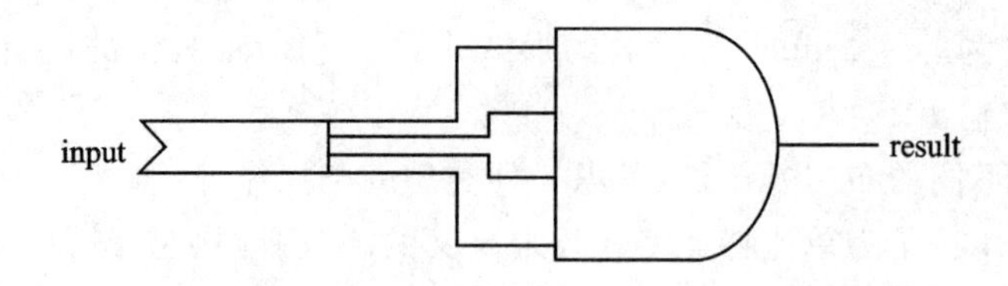

图 5.3 缩减与操作符

数,但是第 6 章中描述的综合类型可以重载这些函数。典型的缩减函数如下:

```
function and_reduce(l   : <array_type>)  return <element_type>;
```

VHDL 中有 7 个布尔操作符。布尔操作符的名称一目了然,表明它们能完成什么逻辑功能:

not(取反)——当操作数是假时,结果为真;

and(与)——当两个操作数都为真时,结果为真;

nand(与非)——对与的结果取反;

or(或)——如果两个操作数中有一个是真,结果为真;

nor(或非)——对或的结果取反;

xor(异或)——如果一个操作数是真,结果为真;

xnor(同或)——对异或的结果取反。

求反操作符 *not* 是一元操作符,换言之,它只有一个操作数。其余的操作符都是二元操作符,因为它们有两个操作数。VHDL-2008 中,所有的二元布尔操作符都有一个一元形式,该一元形式是缩减操作符。布尔操作符可以描述布尔等式。例如:

```
sum <= a xor b xor c;
```

这个例子是由 3 个输入 a、b 和 c 构成的异或布尔等式。

布尔操作符的综合解释十分简单易懂。综合器处理布尔等式后,产生与其对应的电路表示形式。这个内部的电路表示形式通常是乘积和的形式,但不是必须的。综合时,所有的布尔等式都被直接转换成这个内部的电路表示形式。

下列等价形式用于将每个逻辑操作符转换成乘积和形式:

```
not a = not a
a and b = a and b
a nand b = not a or not b
a or b = a or b
a nor b = not a and not b
a xor b = (not a and b)  or  (a and not b)
a xnor b = (a and b)  or  (not a and not b)
```

然而,在综合期间,逻辑最小化将会重建电路,所以在最终的综合电路中通常看不到这些等价形式。

5.4　比较操作符

有 6 个比较操作符，它们的优先级相同。这 6 个比较操作符是：

＝：等于；

/＝：不等于；

＞＝：大于或等于；

＞：大于；

＜＝：小于或等于；

＜：小于。

等于和不等于操作符适用于所有类型；大多数类型都可使用这 6 个操作符。

比较操作符最常用于判断数值类型。但是，它们也能用于包括数组在内的其他类型。比较的形式如下：

```
if a < b then
```

比较结果是布尔(boolean)类型，在 4.5 节中对它进行了讨论。Boolean 是一个逻辑类型，所以可以使用布尔操作符对比较关系进行组合。例如：

```
if a = 0 and b = 1 then
```

这个例子将两个比较等式和一个与函数进行组合。如果两个条件都是真，即如果 a 是 0 并且 b 是 1，那么这个判断的结果就为真。

关系操作符优先级高于逻辑操作符。这意味着，首先进行比较运算，然后再与逻辑操作符组合。这种顺序下不需要圆括号，但如果不采用这个次序就需要圆括号。上述例子等价于：

```
if  (a = 0) and  (b = 1)  then
```

5.4.1　综合解释

整数类型(包括被综合成小的无符号整数的枚举类型)和数组类型的比较操作符产生的电路是不同的。需要注意数组比较不同于数值比较。例如，当使用 bit_vector 来表示整数时，比较操作符不能判断出数值大小。总之，使用 bit_vector 来表示整数值的做法很不好，应当使用第 6 章中描述的数组类型来表示整数值。

5.4.2　整数类型和枚举类型

实现比较操作有两个基本电路。一个电路判断相等性(“＝”，“/＝”)，另一个电路比较大小(“＜”,“＜＝”,“＞”,“＞＝”)。

等于通过逐位比较来实现。使用同或函数 *xnor* 对每一位进行比较,然后将每一位比较的结果一起进行与运算。图 5.4 展示了一个 4 位比较器电路。不管所比较的数据类型是什么,其电路都是相同的。一比特类型(如 bit)的数据比较,其电路形式最为简单,只需要使用一位的 xnor 函数即可。

不等于操作也可使用图 5.4 所示电路,但须将输出取反。4 个比较操作符(即“＜”,“＜＝”,“＞”,“＞＝”)的电路基于减法器。减法结果的符号位可用来判断结果是否为负数,以完成小于的比较操作。若第二个操作数减去第一个操作数的结果为负数,则第二个操作数必定小于第一个操作数。

用于比较的电路如图 5.5 所示,这是一个 4 位小于运算。当然综合器会对该电路进行优化,以免减法器生成无用的输出逻辑。减法器的具体电路取决于比较的类型。对于整数类型的比较,它是整数减法器,对于定点类型的比较,它是定点减法器等。

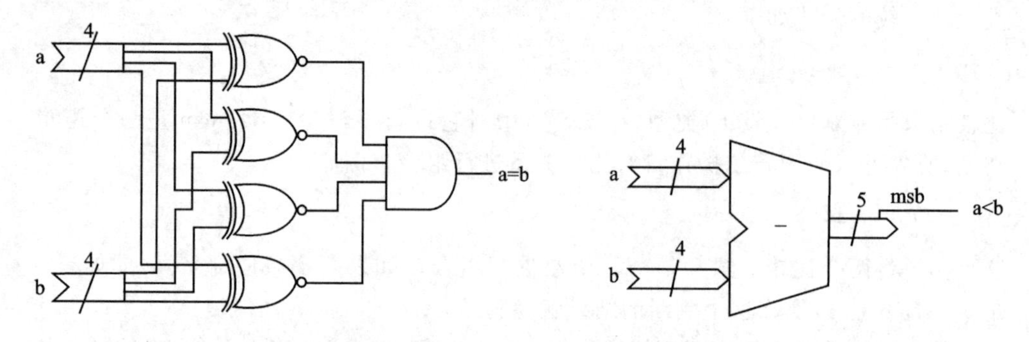

图 5.4　4 位等于操作的对应电路

图 5.5　4 位小于电路

其余 3 个比较操作符(“＞”,“＞＝”,“＜＝”)都是通过小于运算,再加上输入交换和输出取反来实现的。等价形式是:

a ＞ b ＝ b ＜ a　　　　　(即 a 大于 b, 等价于 b 小于 a)

a ＞＝ b ＝ not (a ＜ b)　　(即 a 大于等于 b, 等价于 a 不小于 b)

a ＜＝ b ＝ not (b ＜ a)　　(即 a 小于等于 b, 等价于 b 不小于 a)

当与零进行比较时,综合可对其进一步简化。记住,判断一个数小于零时,仅需判断其符号位(如果它是 2 的补码,就如此)。判断一个数大于或等于零时,只要判断其取反后的符号位。这两个判断根本不需要比较器。

与大于零的判断进行对比。使用上述的等价形式,信号 a 大于零的判断是:

```
0 < a
```

在这里符号位没有用处,所以由减法器实现。这个电路明显比判断 a 小于零的电路大。小于等于零的判断由带有反相输出的同一个减法电路实现。

总而言之,判断小于零(＜0)和大于等于零(＞＝0)的效率很高,然而,判断大于零(＞0)和小于等于零(＜＝0)的效率就低了很多。

5.4.3 数组类型

对数组进行比较时，等于操作符(“＝”)有两种解释。若被比较的两个数组长度不同，则它们不相等，等于操作符的结果为 false，换言之，为逻辑 0。若两个数组的长度相等，则数组相等就是两个数组中所有对应元素都分别相等，换言之，把所有单个元素相等的结果再进行一次与运算。数组比较电路如图 5.6 所示。

若数组元素的类型是一位类型，如比特类型(*bit*)或布尔(*boolean*)类型，则元素的等于操作符仅仅是一个同或(*xnor*)函数，所以数组相等与前面描述的整数相等相同。换言之，若两个数组长度相同，那么一位数值的数组相等就是进行数值比较。

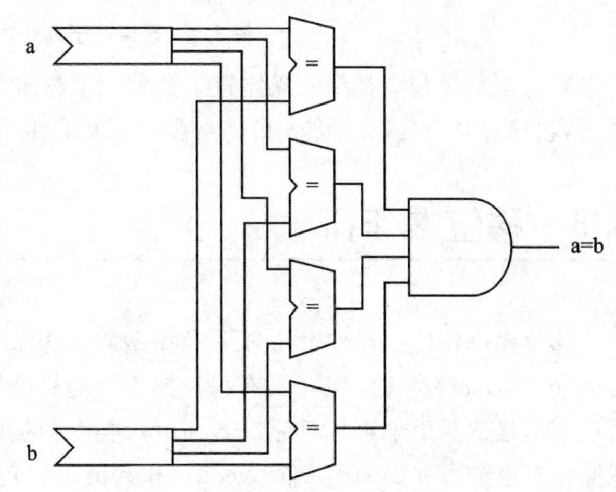

图 5.6　比较等长数组是否相等的电路

不等于(“/＝”)比较操作使用相同的电路，但必须将输出取反。整数比较和数组比较的差异体现在 4 个排序比较操作符(“＜”，“＜＝”，“＞”和“＞＝”)上。以小于操作符(“＜”)的算法为例。从左到右比较数组的每个元素，不考虑它们的范围。对每个元素的每个比特位都进行比较，判断是否相等，直到找到不相等的元素为止。若两个元素不相等，则在该位置上含有较小元素值的数组被认为小于另一个数组。若比较进行到其中一个数组结束，还没有找到任何不相等的元素，则较短的数组被认为小于较长的数组。

比较 a 数组是否小于 b 数组的电路如图 5.7 所示。该图采用了非常规的从左到右的电路流，以强调元素是从左到右进行比较的。换言之，最左端的元素拥有最高优先级，所以最接近电路的输出端。若最左端元素不相等，则它就决定了输出。若较高比特相等，则较低比特位的比较结果可以被逐位传送进来。该电路从高位到低位逐比特处理数组中的每一位，直到在较短数组的结尾处停止处理。电路最右端的输入为 1，是因为两个输入长度不同的缘故。这个例子中，第一个操作数(a)比第二个操作数(b)短，所以若一直比较到较短输入操作数的结尾，所有元素都相等，则小于比较的结果为真。真值 1 被连接在比较链的末端。b 的最后一比特，即拖尾元素未参与这个比较。

注意，第 6 章将介绍数值类型，若数组的元素为整数、定点和浮点数值类型，则比

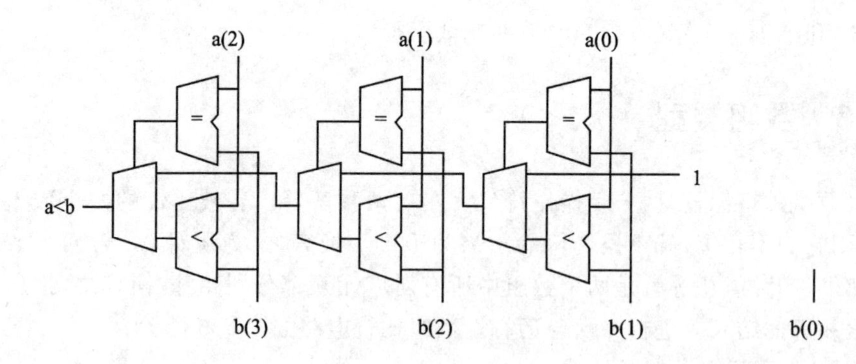

图 5.7 数组小于操作符

较电路必须采用相应类型的操作符来实现。上述解释只适用于没有数值解释的数组类型,包括比特向量(*bit_vector*)类型和自定义数组类型。

5.5 移位操作符

移位操作符仅用于布尔(*boolean*)类型或比特(*bit*)类型的数组。这意味着,比特向量(*bit_vector*)类型是唯一具有移位操作符的标准类型。

下面描述了用于比特向量(*bit_vector*)类型数据的内置移位操作符。实际上,这些操作符也被添加到 std_logic_vector 和数值程序包中,但在这两个包中,对这些操作符的解释稍有一些不同,详情见第 6 章。

移位操作符包括:

sll:逻辑左移;

srl:逻辑右移;

sla:算术左移;

sra:算术右移;

rol:左循环移位;

ror :右循环移位。

移位表达式的通式是:

```
z <= a sll 1;
```

结果 z 的数组类型和长度必须与等号左侧的被操作数 a 相同,而右操作数是一个表示移位位数的整数。

逻辑移位只对操作数进行移位,丢弃移出端的比特,移入端由该元素类型的最左端值填充。这意味着,比特(*bit*)类型数组用'0'值来填充。

假定 a 是一个值为"00001111"的比特向量(*bit_vector*),那么左移一位后,z 的值将是"00011110"。

右移以对称的方式进行：

```
z <= a srl 1;
```

这个例子中，假如 a 的值与上面相同，那么右移一位后，z 的值将是“00000111”。

算术移位非常独特，大多数数组类型几乎不用算术移位。算术移位可对已用数值表示的数组类型进行重载，以便执行确凿的算术移位。数值数组类型详见第 6 章。

算术左移扩展最右端位，就好像它是符号位一样。当数组左移时，最右端位从右侧移入。例如，如果 a 是位向量(*bit_vector*)，其值为“00001111”，若左移一位，则结果为“00011111”；若右移一位，最左端位被复制并从左侧移入，则结果为“00000111”。

循环操作符从数组的一端取走元素，在另一端将它们移入。左移时，从左端移走的元素，在右端移入，而右移时，从右端移走的元素，在左端移入。例如，“11110000”循环左移一位是“11100001”，循环右移一位是“01111000”。它没有等价的数值——纯粹是逻辑运算。

综合器对移位操作符有两种不同的解释，取决于移位位数是常数、信号还是变量。

5.5.1　固定移位位数

对于移位位数为固定值的移位指令，综合器采用重新排列二进制比特的办法来实现移位操作符，不需要任何逻辑电路。

逻辑左移(sll)操作符用二进制位的左移实现，最右端位连接到零，表示零的移入。4 位左移对应的电路见图 5.8 所示。逻辑右移(srl)操作符的实现与逻辑左移操作符对称。

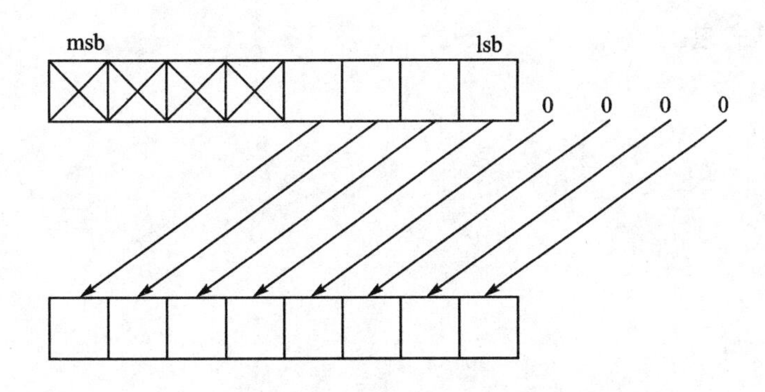

图 5.8　逻辑左移(sll)4 位

算术左移(sla)用二进制位的左移实现。最右端位被复制到所有因偏移而空出的二进制位上。4 位算术左移电路见图 5.9 所示。算术右移(sra)操作符的实现与 sla 操作符对称。

循环操作符在二进制位中引起了交叉，因为一端移去的二进制位被移入了另一端。由此产生的 1 位循环左移(rol)电路如图 5.10 所示。循环右移(ror)操作符的实现与 rol 操作符对称。

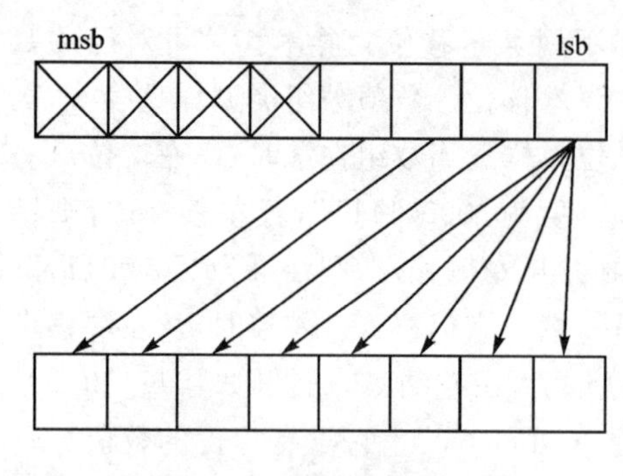

图 5.9 算术左移(sla)4 位

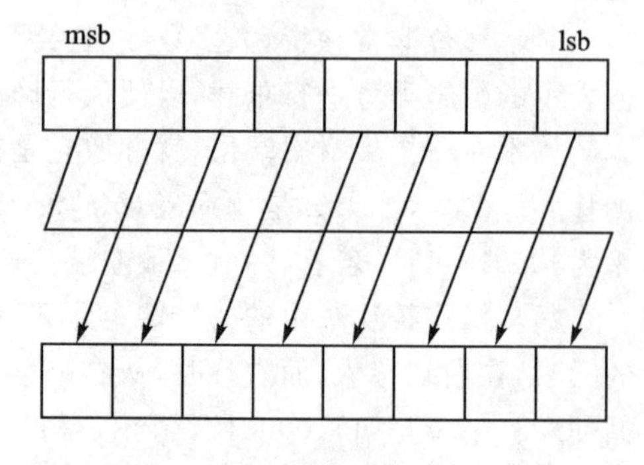

图 5.10 循环左移(rol)1 位

5.5.2 可变移位位数

若移位位数是变量，如信号、变量或者复杂的表达式，则综合器将移位位数可变的操作转换为桶形移位器逻辑块。由综合供应商提供的预定义电路来执行可变移位。

5.6 算术操作符

算术操作符包括：

+:加法；

-:减法；

+:正号；

-:负号；

*:乘法；

/:除法；

mod:算术求模；

rem:求余；

**:幂指数；

abs:绝对值。

5.6.1　综合解释

综合器在编译模块代码生成网表时，用于替换算术操作符的逻辑电路将依据操作数类型的不同而发生改变，例如整数类型的操作数将生成整数操作符对应的网表，定点类型的操作数将生成定点操作符对应的网表等。实际生成的电路也会因综合器和工艺的不同而发生改变，但不同工艺电路的计算结果总是相同的。通常，替换算术操作符的电路其面积最小，其电路功能完全由组合逻辑实现。因为逻辑综合必须明确地指定寄存器，所以操作符必须用组合电路实现。

后续章节将给出一些例子，说明综合器如何处理内置类型，将标准算术操作符转换为对应电路。第 6 章在讲解数值综合类型时将重新探讨这个问题。它们都是面积最小或面积接近最小的电路。然而，需要知道不同综合器给出的电路都会有一些轻微的差异，尤其是对于乘法操作符和除法操作符更是如此。此外，综合器可以给出实现操作符算术运算功能的不同硬件，设计者可以权衡面积/速度的需求选择其中一款硬件，以满足时序要求。通常综合器首先尝试面积最小的电路，若电路运行速度太慢，则选用速度较快的，但面积较大的电路来替代，直到满足时序要求。这是一个非常有效的技巧，这意味着即使对于高速应用，设计师们不必在门级或者布尔等式级考虑算术运算电路。

学习综合器使用过程的一部分内容就是让使用者明白应该让综合器自动地选择运算电路的实现方法，而不是自己来控制其中的每个细节。所以，只要满足时序要求，设计者并不需要知道究竟使用了哪种实现方式。

5.6.2　正　号

正号对于信号的值没有任何影响，所以实现正号运算功能不需要任何执行电路；可简单地将它看成是一条连接线。

5.6.3　负　号

负号的功能是把跟在它后面的数用 2 的补码来表示。2 的补码等于零减去负号后面的数。

5.6.4　求绝对值操作符 abs

求绝对值操作符 *abs* 只是一个组合电路，该电路用符号位控制一个 2 选 1 多路器，在操作数和该操作数的负值之间，选取非负数值输出。abs 操作符的电路如图 5.11

所示。

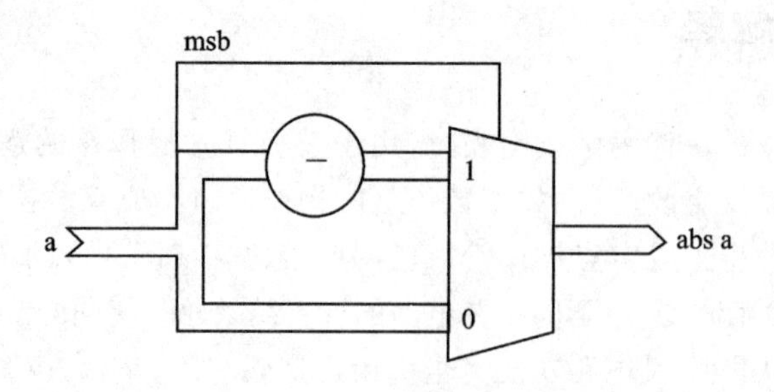

图 5.11 求绝对值操作符 *abs*

5.6.5 加法操作符

综合器用逐位进位加法器的最小形式来实现设计代码中的加法操作符。加法操作符还有许多其他运行速度更快的实现方式,如超前进位加法器。每种技术都会提供一系列的加法器电路以供综合器选用,这些加法器电路具有不同的速度/面积折衷。综合器的作用是为每个加法操作符选择合适的实现电路。

如果加法的操作数长度不同,那么长度较短的操作数将被扩展至较长的操作数。无符号数是零扩展,而有符号数是符号扩展。这实际上意味着有符号加法和无符号加法需要稍许有些不同的电路。

电路中加法器的数目是否需要优化是一个需要考虑的问题,因为想要复用加法器就不能不添置多路选择器,以便在多组输入之间进行切换,这样做所增加的硬件开销和电路延迟,很可能会超过所节省的加法器电路开销。

5.6.6 减法操作符

减法器电路与加法器十分类似。技术库提供了一系列减法器,这与提供一系列加法器非常类似。而且综合器也能将减法操作符映射到加法/减法器电路上。

例如,考虑下列代码:

```
if do_add = '1' then
    z <= a + b;
else
    z <= a - b;
end if;
```

因为加法和减法的输入相同,条件语句使它们互斥(即每次只需要一个),所以综合器能将上述代码映射到一个加法/减法器电路上,而不是映射到两个不同的电路上。

5.6.7 乘法操作符

根据操作数有符号还是无符号,综合器在编译乘法操作符时采用不同的电路实现。然而,无论操作数是有符号或无符号,其对应乘法器电路的核心都是一个面积极小的全加器组合电路,而乘法器是由这个核心电路所组成的阵列构成的。关键问题是乘法器的面积与字长的平方成正比,而它的延迟与字长成正比。

乘法器可以取不同长度的操作数,较短的操作数不必进行扩展。这一特点可以优化乘法器的电路。例如,乘法器的两个输入分别为32位和16位,综合后可以产生一个32×16比特的乘法器,而不是将产生一个32×32比特输入归一化的乘法器,其面积是32×16比特乘法器的两倍。

乘法器是一个庞大的电路,有许多种可能的实现方案,远多于加法器的实现方案。大多数技术库提供速度/面积各不相同的乘法器宏组件供设计者权衡选择。通常不需要用多周期运算来实现乘法器,因为对于大多数设计而言,组合电路乘法器的效率已完全足够了。

对设计师而言,他所能做的关键优化工作是减少所用乘法器的数量,这可以通过多路选择器的使用,换言之,将若干对操作数,通过选择信号,在不同的时钟周期里,分配给同一个乘法器来实现。

5.6.8 除法操作符

综合工具出现后的许多年内,除法都被认为是不可综合的操作符。这是因为在RTL综合中,所有操作符必须用组合逻辑实现。例外的情况是当右操作数(除数)是2的乘方时,允许除法由移位运算代替。

无论ASIC和FPGA技术已获取得很大进展,现在认为除法是可综合的操作符。通常用一系列的减法和移位运算来实现除法操作符,请注意它们都是组合电路。

除法器是一个比乘法器更大且更慢的电路,使用多时钟周期的电路来实现除法器可能更有意义。这样的电路可由技术供应商提供,或者由处理器核设计服务机构来授权。

除法是可综合的,综合后产生除法组合电路。若右操作数是2的常数次幂,在该特定场合,可由移位运算来代替除法。

5.6.9 求模操作符

求模操作符(*mod*)执行求模算术运算。它将一个数映射到由第二个操作数指定的有限范围上。它与除法关系密切,并需要类似的电路。

像除法一样,若右操作数是 2 的常数次幂,则可将求模操作映射到更简单的运算上,在这种情况下,可采用屏蔽操作。

举例说明如下,下式表示对加法的结果求模 4:

```
(a + b) mod 4
```

该表达式的结果将在 0~3 的范围之内。

图 5.12 展示了对不同整数 x(x 坐标轴所示)求模 4 所得结果(y 坐标轴所示)的分布。

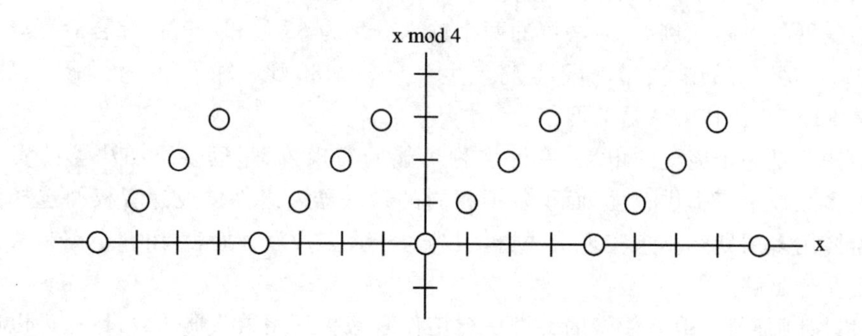

图 5.12 x 求模 4 运算的结果分布

实现求模运算的电路十分简单。只要丢弃被求模数的高有效位,保留表示在其求模算术运算范围所需要的低有效位,即可找到该数的模,这就是屏蔽操作。在该操作中,高有效位被移走,只留下低有效位。例如,对某个数求模 4 只需要保留最低的 2 位,把其余位屏蔽掉即可。图 5.13 展示了对 4 位数求模 4 的转换。

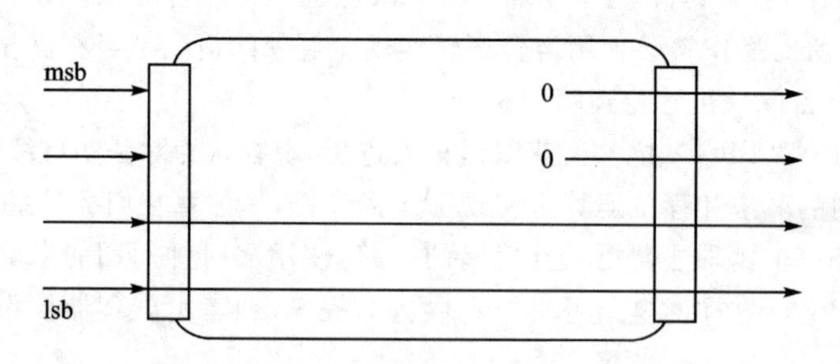

图 5.13 无符号和有符号数的的求模 4 运算

对负数补码的观察表示可以发现,实际上,适用于无符号数求模算术运算的屏蔽操作也能用于有符号数的求模算术运算。

当右操作数是变量时,求模操作符将会被映射到除法器组合电路上。求模操作符将会有一组对应不同综合工艺的电路实现。

5.6.10　求余操作符

求余操作符(*rem*)可以求出除法的余数。只有对负数的求模和求余之间才存在差别,换言之,在除数是正数前提下,求余得到的余数保留了被除数的负符号,而求模得到的模保留了除数的符号。

对于无符号数而言,没有符号位,求余得到的余数与求模得到的模数完全相同,电路也完全相同。

对于有符号数,求余的结果可能为负数。图 5.14 展示了不同整数 x(x 坐标轴所示)被 4 除后所得余数(y 坐标轴所示)的分布。

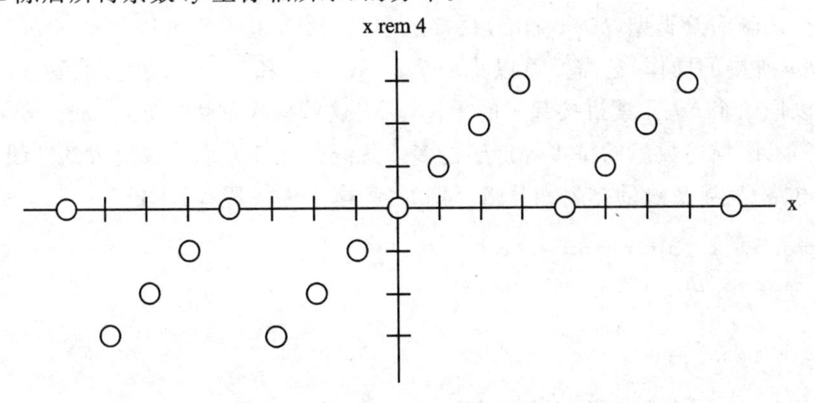

图 5.14　x 求余 4 运算的结果分布

实现求余功能的电路和实现除法(求商)功能的电路是相同的,这一点并不奇怪,因为求余是求出除法完成后所得到的余数。求余运算和除法(求商)运算所用的操作数是相同的。

5.6.11　幂指数操作符

通常幂指数操作符(* *)是不可综合的。然而,在下面两种特定情况下幂指数操作符却是可以综合的。第一种情况:左操作数为 2,所以 2^n 是可以综合的。第二种情况:右操作数为 2,即求 x^2,x 的平方是可以求出的,也是可以综合的。

2^n 的计算可转换成移位运算,因为这等价于将值 1 左移 n 位。求 x^2 的计算可以用如下乘法运算完成:

```
x* *2   = x * x
```

因此可把这个特定的幂指数运算(即求 x 的平方)用相应的乘法器来实现。请注意,即使求平方运算后的结果不能是负数,但因为这个平方运算是由乘法器实现的,所以若操作数 x 是有符号数,则 x* *2 的运算结果也将是有符号数。

5.7 拼接操作符

拼接操作符(&)允许用较小的数组和元素建立一个大的数组。实际上,任意一维数组类型都定义了 4 种拼接操作。所有这些拼接操作都返回数组类型;这些拼接操作之间的区别只是它们所取的操作数类型和顺序有所不同。因为数组类型和它的元素类型有 4 种可能的排列组合形式,所以才会有 4 种不同的拼接操作,下面举例说明并列出了所有这些排列组合形式。

例如,比特向量类型(*bit_vector*)的元素是比特(*bit*)类型。因此,需要有一种可以将两个比特向量类型(*bit_vector*)拼接起来的操作,也需要可以将一个 *bit* 和一个 *bit_vector* 拼接的操作、还需要可以将一个 *bit_vector* 和一个 *bit* 拼接的操作,最后还需要可以把两个 *bit* 元素拼接起来的操作,所有这些操作都生成 *bit_vector* 类型。用硬件的术语描述数组的拼接等价于把多条总线合并起来以组成更大的总线。它并不涉及电路,只涉及线的排列和分组。例如,考虑下面一段 VHDL:

```
signal a,  b : bit_vector  (3 downto 0);
signal z   : bit_vector  (7 downto 0);
...
z <= a & b;
```

这段代码将两个 4 位总线合并成一个 8 位总线。结果 z 中二进制比特的排序是从左到右的顺序,z 的最左端为 a 的最左端位,z 的最右端为 b 的最右端位。

第6章 综合类型

VHDL 提供的可综合的基本类型(第 4 章)和操作符(第 5 章)是有限制条件的。例如,整数类型被限制为 32 位,并且它们不能进行按位运算,如下标和逻辑运算。基本逻辑的比特类型(bit)不能为元逻辑值(如表示三态总线高阻的 'Z' 值)建模。

出于这个原因,VHDL 中加入了一组可用于 RTL 综合的标准逻辑类型和数值类型。这样就可以创建任意长度的数(称为任意精度数值类型),并将这些数用于算术运算中。这些类型常用作通用类型,可进行所有逻辑、比较、屏蔽和其他运算操作。

20 世纪 90 年代初,综合类型的研究刚开始时,VHDL 只提供了基本逻辑类型、用于总线的数组和任意精度数值(整数)类型。后来,VHDL-2008 标准增添了任意精度定点类型和浮点类型。但是,提供这些新的定点类型和浮点类型的程序包是由 VHDL-2008 写的,所以与大多数综合工具都不兼容。幸运的是,对于不支持新标准的综合工具,可以使用 VHDL-1993 兼容版的程序包。

这些类型统称为 IEEE 综合类型,或者称为综合类型。本章将介绍如何在基于 VHDL-1993 的综合器中使用这些类型,这种使用方式与 VHDL-2008 版本的程序包兼容。

6.1 综合类型系统

标准化得到了一系列程序包,可以实现所有的综合类型:

程序包 std_logic_1164,基本的 9 值逻辑类型,具有元逻辑值,适用于在门级和 RTL 设计中为一位数据通路建模。此外,这个类型的数组可用于为多位数据通路和总线建模。

程序包 numeric_std,任意精度数值程序包,提供了有符号类型(2 的补码)和无符号类型(幅值)。

程序包 numeric_bit,基于比特类型的任意精度数值程序包,提供了类似于 numeric_std 的功能。这个程序包很少用到,不对其做进一步讨论。

程序包 fixed_float_types,支援程序包,定义了用于定点程序包和浮点程序包的数据类型。在程序包的相关章节中对其进行了描述。

程序包 fixed_generic_pkg(只包含于 VHDL-2008),类属程序包,提供了有符号类型(补码)和无符号类型(幅值)的任意精度定点算术运算。可用类属参数定义默认的溢出和下溢形式。

程序包 fixed_pkg,fixed_generic_pkg 的实例化,将类属参数设置为最常用的默认值,并提供了 sfixed 和 ufixed 定点类型。有 VHDL-1993 的兼容版程序包,其中默认值被写死。

程序包 float_generic_pkg(只包含于 VHDL-2008),类属程序包,提供任意精度的浮点类型。可使用类属参数定义默认行为。

程序包 float_pkg,float_generic_pkg 的实例化,将类属参数设置为最常用的默认值。不仅提供子类型 float32、float64 和 float128,还提供任意精度的 float(浮点)类型。有 VHDL-1993 的兼容版程序包,其中默认值被写死。

本章将主要讨论常用的程序包,这些程序包可用于很多综合工具中,它们构成了一个完整的类型集合。这里不讨论 numeric_bit 程序包,只讨论与 VHDL-1993 兼容的 fixed_pkg 程序包和 float_pkg 程序包。VHDL-2008 版本的 fixed_generic_pkg 类属程序包和 float_generic_pkg 类属程序包也不会涉及。所以,下文讨论的程序包和类型包括:

- package std_logic_1164:
  type std_logic;
  type std_logic_vector.
- package numeric_std:
  type signed;
  type unsigned.
- package fixed_pkg:
  type sfixed;
  type ufixed.
- package float_pkg:
  type float.

所有的综合类型都用 std_logic 数组来表示数字,因为用数组表示的数字长度没有限制,算术运算可以为任意精度。此外还提供了按位逻辑操作符和移位操作符。

总线可用连接操作符进行组合,用片或者数组的下标进行分离。

注意:fixed_pkg 和 float_pkg 的 VHDL - 1993 兼容版使用 std_ulogic 类型而不是 std_logic 类型,因此不能使用 std_logic 类型的三态总线。在 VHDL - 2008 版本中,std_logic 和 std_ulogic 的关系已经改变,因此可以使用定点和浮点三态总线。但是目前应当用 std_logic_vector 类型来实现三态总线(第 12.1 节)。这些程序包在一起提供了一个完整的类型系统,包括 8 个类型,列在表 6.1 中。

表 6.1　综合类型系统

类　型	用　途
std_logic(标准逻辑)	一位通路,如时钟和控制线
std_logic_vector(标准逻辑矢量)	没有数值解释的多位通路
signed(有符号)	使用 2 的补码整数表示的多位通路
unsigned(无符号)	使用无符号整数表示的多位通路
sfixed(有符号定点)	使用有符号定点表示的多位通路
ufixed(无符号定点)	使用无符号定点表示的多位通路
float (浮点)	使用浮点表示的多位通路
integer(整数)	只用于多位数组类型的下标

综合类型系统实际上提供了 RTL 建模需要的所有类型。这些类型彼此兼容,并且程序包还提供了这些类型之间的类型转换,如果使用其他程序包组合,类型转换功能就会丢失。

综合程序包存在一个问题,它们可能不都遵循移位运算和溢出的惯例。程序包之间使用的惯例也不完全一致。这些不一致可能产生错误,本章的相关章节将会介绍。

6.2　使程序包可见

VASG(VHDL 分析和标准化组)提供了一个范围更大的程序包,综合程序包只是其中的一部分,所有综合程序包被集成到一个名为 ieee 的库中。由于一些程序包使用了 VHDL-2008 的特性,在本书编写时,大多数综合系统并不支持这些特性,所以程序包作者编写了兼容版本来弥补这个缺陷。如果不能使用标准程序包,那么可以使用兼容版的程序包,将它们编译进一个名为 ieee_proposed 的库中即可。使用替代库的原因一方面是将非标准程序包编译进 ieee 库是一个不好的做法,另一方面是一些工具禁止对 ieee 库进行写访问。库的名字说明了它的本来目的:包含正在开发的以及提议标准化的程序包。下面两小节介绍了两种情况:第一小节介绍了如何使用官方版本的综合程序包;第二小节解释一种更常见的情况,即如何使用兼容程序包。

注意,程序包 std_logic_1164 和 numeric_std 已得到认可,ieee 库中一定可以找到这两个程序包。而较新版本的 fixed_pkg 和 float_pkg 可能不在其中。

6.2.1 情景 1: 由供应商提供的 VHDL-2008 程序包

如果使用的仿真器和综合器支持所有的综合程序包,那么就可以在 ieee 库中找到它们。为了使用这些程序包,需要用 library 子句使库可见,用 use 子句使相应程序包的内容可见。此外,当使用程序包时,例如 numeric_std,它所使用的程序包不会被继承,所以也必须明确地用 use 子句声明它们。因此,为了使用程序包 numeric_std 的数值类型,需要在使用程序包的实体或者结构体之前进行下列声明:

```
library ieee;
use ieee.std_logic_1164.all;
use ieee.numeric_std.all;
```

类似地,为了使用 fixed_pkg,也必须使用 std_logic_1164、numeric_std 和 fixed_float_types 程序包:

```
library ieee;
use ieee.std_logic_1164.all;
use ieee.numeric_std.all;
use ieee.fixed_float_types.all;
use ieee.fixed_pkg.all;
```

最后,使用浮点类型需要以下 use 子句和 float_pkg 程序包:

```
library ieee;
use ieee.std_logic_1164.all;
use ieee.numeric_std.all;
use ieee.fixed_float_types.all;
use ieee.fixed_pkg.all;
use ieee.float_pkg.all;
```

所以,这就是为了使用整个综合类型系统所需要的完整上下文子句集。

6.2.2 情景 2: 使用 VHDL-1993 兼容程序包

编写本书时,大多数 VHDL 工具没有提供定点程序包和浮点程序包。如果只是工具缺少这些程序包,可以从 EDA 行业工作组网站[EDA,2009]下载 VHDL-1993 兼容版。不同工具的版本有细微的差异。然后,将这些程序包编译进新的名为 ieee_proposed 的库中。这个库是兼容版本的一个临时位置,最终将由 ieee 库中的 VHDL-2008 版本所替代。

为了在设计中使用兼容版本,在每个设计单元之前,需要对上下文子句进行修改:

```
library ieee;
use ieee.std_logic_1164.all;
use ieee.numeric_std.all;
library ieee_proposed;
use ieee_proposed.std_logic_1164_additions.all;
use ieee_proposed.numeric_std_additions.all;
use ieee_proposed.fixed_float_types.all;
use ieee_proposed.fixed_pkg.all;
use ieee_proposed.float_pkg.all;
```

注意：'additions'程序包将部分 VHDL-2008 特性添加到 std_logic_1164 程序包和 numeric_std 程序包的 VHDL-1993 版本中。添加的特性包括选择布尔操作符、缩减布尔函数和一些其他的函数和操作符，这样综合程序包更前后一致。

本章的其余部分将使用 ieee 库的标准程序包，如果读者正在使用兼容程序包，则需要修改程序包和 use 子句以使用 ieee_proposed 库的新程序包。

6.2.3 VHDL-2008 Context(上下文)声明

VHDL-2008 有一个新的设计单元叫做上下文声明，可以当作快捷方式来一次性包括所有需要的程序包。如果有可用的上下文声明，就可以将所有的上下文子句集合到一个上下文声明中。

VHDL-2008 标准对 numeric_std 程序包预定义了上下文声明：

```
context ieee_std_context is
    library ieee;
    use ieee.std_logic_1164.all;
    use ieee.numeric_std.all;
end;
```

这个上下文声明也能在 ieee 库中找到。

设计单元如果想使用数值类型，只需要一个 context 子句：

```
library ieee;
context ieee.ieee_std_context;
entity ...
```

可惜，VHDL-2008 标准没有预定义定点上下文和浮点上下文。

可以写一个包含了数值类型系统所需的所有程序包的上下文声明，然后将这个上下文声明编译到当前工作库中。本例中，它称为 synthesis_types，因为它提供了所有综合类型。

在版本包括内置数值程序包的情况下，synthesis_types 的声明如下：

```
context synthesis_types is
    library ieee;
    use ieee.std_logic_1164.all;use ieee.numeric_std.all;
    use ieee.fixed_float_types.all;
    use ieee.fixed_pkg.all;
    use ieee.float_pkg.all;
end;
```

上下文声明是一个设计单元，它被写入单独的设计文件(如 synthesis_types.vhdl)，并编译进 work 库(或者设计中的其他库)中。

如果使用兼容程序包，context 子句略有不同：

```
context synthesis_types is
    library ieee;
    use ieee.std_logic_1164.all;
    use ieee.numeric_std.all;
    library ieee_proposed;
    use ieee_proposed.std_logic_1164_additions.all;
    use ieee_proposed.numeric_std_additions.all;
    use ieee_proposed.fixed_float_types.all;
    use ieee_proposed.fixed_pkg.all;
    use ieee_proposed.float_pkg.all;
end;
```

这样在想使用综合类型的设计单元中，只需要一个 context 子句：

```
context work.synthesis_types;
entity  ...
```

如果目前在使用兼容程序包，开发工具升级后，ieee 库中包含了 VHDL-2008 版本，那么只需要对上下文声明进行编辑并重新编译即可。代码的其余部分保持不变。

注意：上下文声明的缺点是它们可能在仿真器和综合器中不存在，这种情况下，不能使用上下文声明。编写本书时，上下文声明在所有用于测试本书示例的工具中都是不可用的。所以，在使用上下文声明之前，需要仔细地检查一下。

6.3 逻辑类型- Std_Logic_1164

一比特 std_ulogic 类型是构成所有综合类型的基础。它是 9 -值逻辑类型，最初用于门级仿真，并支持诸如上拉电阻和下拉电阻这样的特性。它已被采纳为综合建模的标准类型。还有一个 std_ulogic 的子类型，被称为 std_logic(注意没有 'u')，该子类型具有相同逻辑行为，但被分解了，这样它也能用于三态信号。std_logic 子类型几乎对包括三态运算在内的所有运算和数据通路都是通用的，而未被分解的基类型 std_ulogic 很少用到。

注意：还有一种观点是 std_ulogic 及其数组应该用于整个设计，std_logic 只用于三态总线。这两种观点之间的争论似乎永无止尽，已经变得让人极其厌烦。没有正确答案，因为两种观点各有利弊，但是本书描述的是最常见的 std_logic 惯例，大多数使用综合程序包的设计师都遵循这个惯例，因此该惯例是久经考验的，最不可能给 VHDL 工具带来问题，因此推荐采用这一惯例。

最初，std_logic 类型并不是 VHDL 语言的一部分，而是标准号为 1164 的 IEEE 标准[IEEE－1164，1993]对该语言的扩展。它存在于 ieee 库中 std_logic_1164 的程序包中，附录 A.3 列出了 std_logic_1164 程序包。VHDL 标准的 2008 版本将 std_logic_1164 程序包纳入了主要 VHDL 标准中，令人不解的是仍采用旧标准号 1164。std_logic_1164 中的完整类型集列在表 6.2 中。

表 6.2　Std_Logic_1164 类型

类　型	类	可综合的
std_ulogic	多值逻辑类型	是
std_logic	分解的 std_ulogic 子类型	是
std_ulogic_vector	std_ulogic 数组	是
std_logic_vector	std_logic 数组	是

在 VHDL-2008 中，已对 std_logic_1164 程序包进行了扩展。这些扩展可与早期版本一起使用，可在兼容程序包 std_logic_1164_additions 中找到这些扩展。

6.3.1　std_logic -一位逻辑类型

std_logic_1164 中定义的基本逻辑类型是 std_ulogic，由具有 9 个值的字符枚举类型定义。字面值是区分大小写的字符，对于 std_ulogic，这些字符全部大写：

```
type std_ulogic is   ('U', 'X', '0', '1', 'Z', 'W', 'L', 'H', '-');
```

9 个值的含义解释见表 6.3。

表 6.3　std_logic 值的含义

值	含　义	可综合	值	含　义	可综合
'U'	未初始化	否	'W'	弱未知	否
'X'	强未知	否	'L'	弱 0	否
'0'	强 0	是	'H'	弱 1	否
'1'	强 1	是	'—'	无关	否
'Z'	高阻态	是			

多值逻辑类型的使用可能产生很多错误。大部分错误的原因都是将元逻辑值当做真实值使用,例如,将元逻辑值,如弱驱动值'L'或者未知'X',赋给信号。综合可能将它们视为错误(这是最安全的解释),也可能将它们映射为两个真实值之一。这个不确定的映射可能会导致电路行为发生难以确定的改变。

注意:在 std_logic 中,无关值是'-'。值'X'意味着未知,换句话说,信号有值,但那个值是不确定的,这与无关不同。在某种意义上,字符'-'与所需电路行为的定义有关,而'X'与被观察的行为有关。例如,如果 VHDL 中包括无关值操作,使用 std_logic 时,下面的等于判断将永远为真:

```
if s =  '-'  then...
```

实际上,VHDL 语言没有将它解释为与任意值匹配的无关值,而是解释为判断是否与字符'-'精确匹配。在综合电路中,只存在真实值'0'和'1',所以这个判断总是为假。

用户不需要指定无关值,因为大部分'无关'信息可由综合工具自动生成。对包含无关信息的逻辑进行完全仿真是非常困难的,因为必须涵盖所有真实值和无关值的组合。如果系统没有用这种方式完全仿真,那么就可能因为不正确地指定无关信息而导致综合器改变电路的行为发生错误,这种错误难以发现和改正。因此,通常建议在 RTL 模型中不指定无关行为。

表 6.3 中名为'可综合的'那列指出了哪些值可用于可综合设计。只有 3 个值注明为可综合。将 std_logic 用于综合时,最安全的规则是就像比特类型一样使用它,即不涉及元逻辑值。文字值的赋值和比较应只使用'0'和'1'。唯一的例外是高阻态值'Z'只在指定三态驱动器时使用(见 12.1 节)。

三态总线要求使用多值逻辑类型,该类型能为高阻态值建模,还能处理驱动相同总线的多个驱动器。就 VHDL 而言,这意味着这个类型可分解,换句话说,它可以是多个信号赋值的目标。

```
subtype std_logic is resolved std_ulogic;
```

std_ulogic 类型的高阻态值建模为'Z'值,但只有 std_logic 子类型以为三态驱动器建模的方式被分解,这就是为何选择 std_logic 作为通用逻辑类型的原因。

6.3.2 std_logic_vector -多位逻辑类型

std_logic_1164 程序包还提供了 std_ulogic 类型和 std_logic 类型的非限定性数组:

```
type std_ulogic_vector is
    array (natural range <>)  of std_ulogic;
type std_logic_vector is
    array  (natural range <>)  of std_logic;
```

所以，可用 std_ulogic_vector 类型为多位数据通路建模，用 std_logic_vector 类型为多位数据通路和三态总线建模。

正如前文所述，关于 VHDL 应主要使用 std_ulogic 还是 std_logic 有两种观点。std_ulogic 派主张大多数情况下使用 std_ulogic 和 std_ulogic_vector，而 std_logic 和 std_logic_vector 只用于为三态总线建模。std_logic 派主张对所有的通路只使用 std_logic 和 std_logic_vector 两种类型。std_logic 派是主流并推荐的做法。这个约定意味着只使用 std_logic 和 std_logic_vector 类型，该约定贯穿本书。

6.3.3　操作符

程序包为 std_logic 和 std_logic_vector 逻辑类型定义了一个小的操作符集。以下是这些类型可用的操作符集：

比较：=，/=，<，< =，>，>=；

布尔：not，and，or，nand，nor，xor，xnor；

移位：srl，sll，rol，ror；

连接：&。

6.3.4　比较操作符

这些逻辑类型有完整的比较操作符集：=，/=，<，< =，>，>=。记住，综合中，std_logic 被解释为一位逻辑类型，有用的比较操作符只有=操作符和/=操作符。排序运算没有意义，排序操作符存在的原因仅仅是因为 VHDL 自动为枚举类型定义了这些操作符。

类似地，数组类型 std_logic_vector 有完整的比较操作符集，但只有=操作符和/=操作符有意义。记住 5.4 节中讨论的数组类型的排序操作符可能出现的问题。然而，可综合的数值类型具有排序操作符，并且可以得到正确结果。在本章与各类型相关的小节中再讨论这个问题。

6.3.5　布尔操作符

逻辑类型具有完整的基本布尔操作符集：not，and，or，nand，nor，xor，xnor。

就像 5.3 节中描述的那样，std_logic 类型和 std_logic_vector 类型上的布尔操作符工作方式完全相同。

基本布尔操作符对两个相同大小的参数执行按位逻辑，得到相同大小的结果。所有版本的 std_logic_1164 程序包中都提供了这个操作符集。

选择布尔操作符将数组的每个元素与一位输入进行组合，得到相同大小的数组。

std_logic_1164 程序包的 VHDL-2008 版本提供了选择布尔操作符,它们不是原始程序包的一部分。VHDL-1993 兼容程序包 std_logic_1164_additions 中提供了选择布尔操作符。

缩减布尔操作符组合数组的所有元素,产生一位输出。VHDL-2008 版本程序包中它们以操作符的形式出现,但在 VHDL-1993 兼容程序包 std_logic_1164_additions 中,它们以缩减函数(即 and_reduce 等)形式出现。

这些按位逻辑操作符非常方便于执行屏蔽操作。例如,写一个条件信号赋值,判断 8 位信号(c)的 4 个低有效位中是否有一位为 1,可使用下列比较语句:

```
z <= a when (c and "00001111") /= "00000000" else b;
```

本例中,屏蔽由字符串值表示,它的长度必须与被屏蔽信号的长度相同,这是逻辑操作符的要求。与运算的逻辑结果也是 8 位,然后将该结果与零字符串进行比较,零字符串的长度要与被屏蔽结果的长度相同,因为 std_logic_vector 的比较操作符只能用于相同长度的操作数。

6.3.6 移位操作符

原始的 std_logic_vector 类型没有移位操作符。VHDL-2008 版本包含了部分移位操作符集:srl, sll, rol, ror。

这些操作符的含义如下:

sll:逻辑左移;

srl:逻辑右移;

rol:循环左移;

ror:循环右移。

这些操作符由 VHDL-1993 兼容程序包 std_logic_1164_additions 提供,与早期版本一起使用。

当这些操作符可用时,它们的功能定义与 bit 类型的内置操作符相同,如 5.5 节所述。

逻辑移位只对操作数进行移位,丢弃被移一端的位,在另一端填充'0'。

循环操作符从数组的一端取走元素,将这些元素移入另一端。左移是元素从左端移走,移入右端,右移中是元素从右端移走,移入左端。

6.4 数值类型-Numeric_Std

numeric_std 程序包提供了任意精度的数值(整数)类型,具有一套完整的算术、比较、逻辑和移位操作符。numeric_std 程序包已经扩展到了 VHDL-2008 版本。这个扩展版本可与早期版本一起使用，可在兼容程序包 numeric_std_additions 中找到。

6.4.1 所提供的类型

程序包 numeric_std 定义了两个类型，它们都是非限定性数组，元素为 std_logic 类型。两个类型分别为无符号类型(unsigned)和有符号类型(signed)：

```
type signed is array   (natural range <>)  of std_logic;
type unsigned is array   (natural range <>)  of std_logic;
```

注意：下标类型是自然数，即数组下标不能为负。所以 signed(7～0)是合法的，但 signed(0～－7)是非法的。

有符号类型用2的补码表示，无符号类型用幅值表示。这些表示法可以用程序包提供的算术操作符实现。数据的范围由数组使用的位数定义。例如，用两种类型分别定义两个8位信号。

```
signal a   :  signed(7 downto 0);
signal b   :  unsigned(7 downto 0);
```

两个声明都创建了8位总线。然而，第一个声明创建的总线解释为有符号数，其范围是－128～127，而第二个声明尽管大小完全相同，但被解释为无符号数，其范围是0～255。

数据类型决定了如何解释总线，因此决定了可以使用哪个操作符——这个约定贯穿于数值程序包。有符号类型使用有符号算术操作符，而无符号类型使用无符号算术操作符。

使用两个完全独立的类型意味着对任一比特的解释绝不会发生混淆。这两个类型也完全不同于 std_logic_vector，它没有数值解释，所以也不可能混淆。为了使用程序包提供的扩展操作符集，信号或者变量必须是无符号或有符号类型。

为了有效地使用程序包，需要理解程序包是如何解释位数组的。只有一个规则：从左到右读取数组，左端是最高有效位，不管数组下标的范围和方向如何。

除了这个规则外，还有一些使 VHDL 模型更清晰且易于理解的约定。如果不遵循这些约定，也会得到正确结果，但还是强烈建议遵循这些约定：

(1) 使用降序范围。将最高下标给最高有效位(最左端位)。

(2) 最低有效位序号为0。

例如：

```
signal a   :  signed(7 downto 0);
```

本例遵循了上述约定，最左端位是最高有效位，且下标为 7。最右端位是最低有效位，且下标为 0。本书所有的示例都遵循这些规则和约定。

6.4.2 Resize 函数

程序包定义了两个函数，都被称为 resize，它们用于截短和扩展有符号类型和无符号类型的值。例如，这两个函数可用于将一个 8 位数赋给一个 16 位数。为了说明如何使用 resize 函数，下面是一个将 8 位有符号信号赋给 16 位信号的例子：

```
library ieee;
use ieee.std_logic_1164.all;
use ieee.numeric_std.all;
entity signed_resize_demo is
    port   (a   :  in signed(7 downto 0);
            z   :  out signed(15 downto 0));
end;
architecture behaviour of signed_resize_demo is
begin
    z <= resize(a,  16);
end;
```

有符号 resize 函数需要两个参数。第一个是要调整大小的信号或者变量(本例中是 a)，第二个是要将它调整到的大小。如果它是可综合的，第二个参数必须是常数，因为综合器必须知道结果的大小，以便创建一个具有正确位数的总线，这是通过检查第二个参数的值完成的。本例中信号尺寸被调大。函数通过对信号进行符号扩展来完成此功能，如图 6.1 所示。

另一个 resize 函数对无符号数进行操作，使用方式与有符号 resize 函数几乎完全相同：

```
library ieee;
use ieee.std_logic_1164.all;
use ieee.numeric_std.all;
entity unsigned_resize_demo is
    port   (a   :  in unsigned(7 downto 0);
            z   :  out unsigned(15 downto 0));
end;
architecture behaviour of unsigned_resize_demo is
begin
    z <= resize(a,  16);
end;
```

主要区别是无符号值通过零扩展调整到一个更大尺寸，如图 6.2 所示。

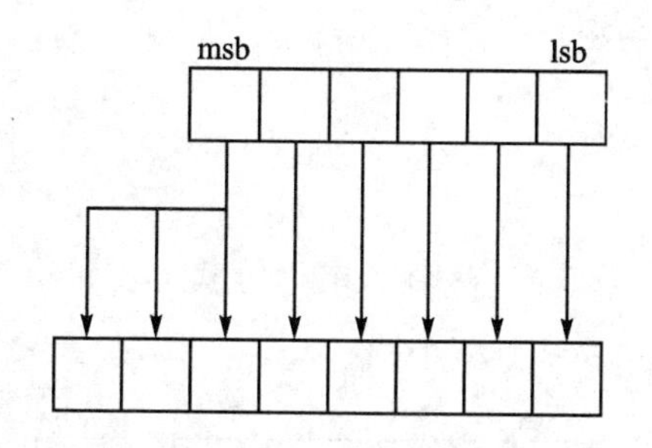

图 6.1　调整到更大尺寸的有符号 resize

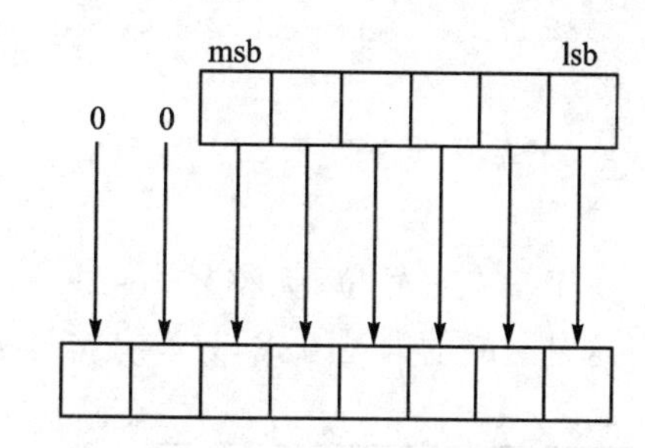

图 6.2　调整到更大尺寸的无符号 resize

resize 函数也可以反向工作，通过截短大的数值，获得一个较小的值。截短有符号数的例子如下：

```
library ieee;
use ieee.std_logic_1164.all;
use ieee.numeric_std.all;
entity signed_resize_demo2 is
    port   (a   :  in signed(15 downto 0);
            z   :  out signed(7 downto 0));
end;
architecture behaviour of signed_resize_demo2 is
    begin
        z <= resize(a,  8);
end;
```

本例将一个 16 位信号缩减成一个 8 位结果，并将其赋给输出端。resize 函数通过截短参数的最高有效位来实现缩减，但保留符号位。换句话说，本例将丢弃第 14 位到第 7 位。图 6.3 说明了有符号 resize 调整到更小尺寸的工作方式。

注意：这与截断的常见方式不同。通常仅仅通过丢弃高有效位来实现有符号截断，必要时允许结果改变符号。换句话说，对于有符号数，如果截断的结果溢出，通常约定环绕式处理，使最小负数与最大正数相邻。由于某种原因，numeric_std 程序包调整有符号类型的尺寸时可能不遵循这个约定。注意，传统的尺寸调整通过对源参数进行划分来实现，本节后面将会说明。

最后是用无符号 resize 函数实现缩小无符号数尺寸的例子：

```
library ieee;
use ieee.std_logic_1164.all;
use ieee.numeric_std.all;
entity unsigned_resize_demo2 is
    port   (a   :  in unsigned(15 downto 0);
            z   :  out unsigned (7 downto 0) );
end;
```

```
architecture behaviour of unsigned_resize_demo2 is
begin
    z <= resize(a,  8);
end;
```

由于没有符号位,无符号 resize 函数只是丢弃高有效位,工作方式如图 6.4 所示。这是截断的常见方式,只有有符号 resize 的方式有所不同。

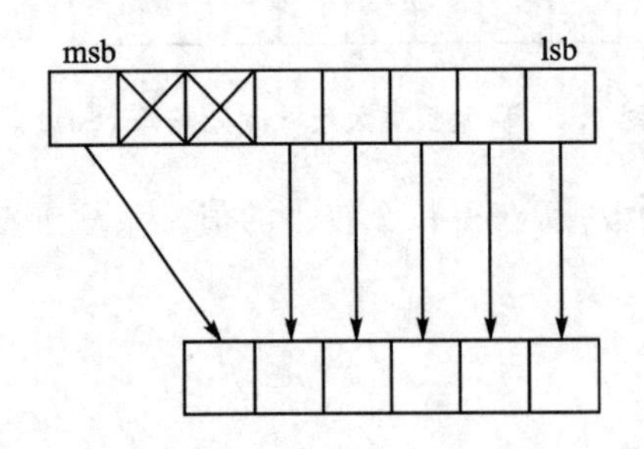

图 6.3　调整到更小尺寸的有符号 resize

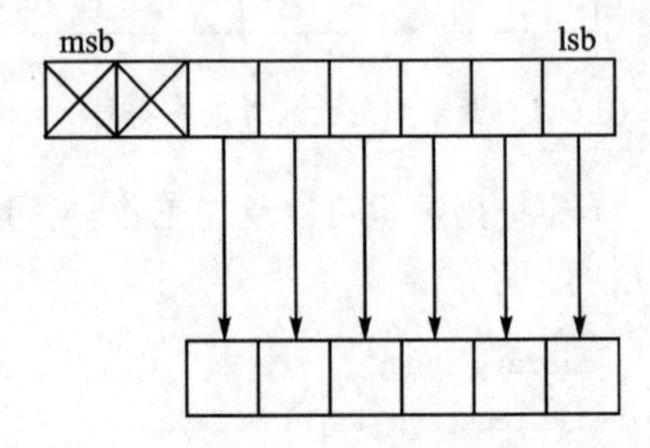

图 6.4　调整到更小尺寸的无符号 resize

这些函数不是调整尺寸的唯一方式,但是它们使用起来十分方便。可能唯一不需要使用 resize 函数的情况就是截断有符号数的时候。要截断有符号数,仅仅去除有符号数的高有效位就可以了,可以通过片操作来实现,片操作可用于任何数组类型:

```
library ieee;
use ieee.std_logic_1164.all;
use ieee.numeric_std.all;
entity signed_slice_demo is
    port  (a  :  in signed(15 downto 0);
           z  :  out signed(7 downto 0));
end;
architecture behaviour of signed_slice_demo is
begin
    z <= a(7 downto 0);
end;
```

使用目标的 length 属性来指定大小是一个惯例:

```
architecture behaviour of unsigned_resize_demo2 is
begin
    z <= resize(a,z'length);
end;
```

这样可以保证使用不同数据宽度重新设计电路时,resize 的结果可以自动调整到正确的大小。

6.4.3　操作符

程序包为有符号和无符号两个类型定义了一组操作符。此外还提供了指导手册来说明如何正确地解释和使用这两个类型。

可用于有符号类型的操作符包括：

比较：=，/=，<，<=，>，>=；

布尔：not，and，or，nand，nor，xor，xnor；

移位：srl，sll，rol，ror；

算术：符号－，abs，＋，－，*，/，mod，rem；

拼接：&。

但不包括符号操作符"＋"和指数操作符"**"。此外，上面所列的操作符并不都是可综合的，后面的相关章节中会进行解释。

无符号类型的操作符集合更小，不包括符号操作符"-"和 abs 操作符，因为它们对无符号算术运算没有意义。

6.4.4　比较操作符

数值类型可使用全部的比较操作符：=，/=，<，<=，>，>=。

有符号类型和无符号类型都可使用比较操作符得到正确的数值比较结果。此外，即使参数的长度不同，比较操作符也可以得到正确的结果。这种定义方式有利于比较操作符的使用。

下面是一个说明比较操作符用法的例子，返回两个有符号值的最大值。

```
library ieee;
use ieee.std_logic_1164.all;
use ieee.numeric_std.all;
entity max is
    port  (a, b :  in signed(7 downto 0);
              z   :  out signed(7 downto 0));
end;
architecture behaviour of max is
begin
    z <= a when a > b else b;
end;
```

本例说明了如何使用大于操作符来比较两个有符号类型的参数，其他比较操作符可以用同样的方式使用。

6.4.5 布尔操作符

数值类型可使用全部的布尔操作符:not, and, or, nand, nor, xor, xnor。

有符号类型和无符号类型的布尔操作符与 std_logic_vector 的布尔操作符工作方式完全相同。

基本布尔操作符对两个相同大小的参数的每个元素执行按位逻辑运算,得到相同大小的结果。所有版本的 std_logic_1164 程序包中都包含这个操作符集。

选择布尔操作符将一位输入和数组的每个元素进行组合,得到相同大小的数组。这些操作符包含在 numeric_std 程序包的 VHDL-2008 版本中,但不是原始程序包的一部分。它们包含在 VHDL-1993 兼容程序包 numeric_std_additions 中。

缩减布尔操作符组合了数组的所有元素,产生一位输出。VHDL-2008 版本程序包提供了缩减布尔操作符,但是 VHDL-1993 兼容程序包 numeric_std_additions 中提供的是缩减函数(即 and_reduce 等)。

6.4.6 移位操作符

最初 std_logic_vector 类型的移位操作符集只包含一部分操作符:srl, sll, rol, ror。VHDL-2008 版本将其扩展到了全部操作符:sra, sla, srl, sll, rol, ror。numeric_std_additions 兼容程序包为早期版本提供了算术移位。

表 6.4 解释了 numeric_std 程序包所定义的移位操作符的含义。这些移位操作符都需要两个参数,第一个参数是要进行移位的值、信号或者变量,第二个参数是一个整数,指定了移位位数。如果移位位数是常数,那么综合解释是对总线二进制位的重新排列,不需要额外的硬件。如果移位位数不是常数,就由桶形移位器电路来实现。移位结果的大小与左边参数的大小相同,即被移位的值。逻辑移位丢弃移出端的二进制位,另一端用‘0’填充。

表 6.4 移位操作符

操作符	名 字	描 述
sll	逻辑左移	丢弃左端位,右端填充 0
srl	逻辑右移	丢弃右端位,左端填充 0
sla	算术左移	丢弃左端位,右端填充 0
sra	算术右移	丢弃右端位:有符号:左端符号扩展 无符号:左端零扩展
rol	循环左移	二进制位从左端移去,且重插入右端
ror	循环右移	二进制位从右端移去,且重插入左端

当左移或者对无符号值右移时，算术移位和逻辑移位相同，但当对有符号值右移时，要对结果进行符号扩展。

循环操作符从数组的一端取走元素，从另一端移入。左移时，元素从左端移走，在右端移入，而右移时，元素从右端移走，在左端移入。

6.4.7　算术操作符

数值类型的算术操作符集只包含一部分：符号－，abs，＋，－，*，/，mod，rem。没有＋符号操作符和**操作符。无符号类型没有符号"－"操作符和 abs 操作符。对有符号类型定义了补码整数算术运算的操作符集合，而对无符号类型定义了幅值算术运算的操作符集合。操作符这样定义以后，溢出时就可以环绕式处理数据，与整数算术运算和有符号 resize 函数不同。例如，有符号的最大正数加一得到有符号的最小负数。类似地，无符号的最大正数加一得到零。

一元(符号)"－"操作符是对一个数的补码取负，结果与参数的尺寸相同，所以可以将取负的结果赋回给自己或者赋给另一个尺寸相同的信号。例如：

```
library ieee;
use ieee.std_logic_1164.all;
use ieee.numeric_std.all;
entity negation_demo is
    port  (a : in signed(7 downto 0);
           z : out signed(7 downto 0));
end;
architecture behaviour of negation_demo is
    begin
        z <= -a;
end;
```

2 的补码整数范围是不对称的，所以对最小负值取负将溢出，需要环绕式处理。这意味着对最小负数取负实际上得到它自身。这种现象可以通过程序包设计中多返回一位来避免，但这样做会破坏操作符保持数据通路大小和类型不变的特性。如果需要额外位，可以将取负操作符和 resize 函数结合实现：

```
library ieee;
use ieee.std_logic_1164.all;
use ieee.numeric_std.all;
entity negation_resize_demo is
    port  (a  :  in signed(7 downto 0);
           z  :  out signed(8 downto 0));
end;
```

```
architecture behaviour of negation_resize_demo is
begin
    z <= -resize(a, 9);
end;
```

注意,resize 必须发生在取负之前执行。

abs 操作符只适用于有符号类型。如果参数是负数,绝对值通过取负来实现,结果与参数尺寸相同。这表明 abs 操作符和取负操作符有相同的特性,因为最小负值的取负会溢出,所以对最小负数要进行环绕式处理。这会得到一个奇怪的结果,即 abs 操作符的结果可能是负数。避免这种情况的解决办法是在取绝对值之前,将操作数的大小至少增加一位。另一种方法是将结果转换成尺寸相同的无符号类型,这样数据范围足以存储所有值:

```
library ieee;
use ieee.std_logic_1164.all;
use ieee.numeric_std.all;
entity abs_demo is
    port  (a : in signed(7 downto 0);
           z : out unsigned(7 downto 0));
end;
architecture behaviour of abs_demo is
begin
    z <= unsigned(abs a);
end;
```

这样对最小负值也得到了正确的结果。例如,代表"10000000"的二进制数由 abs 操作符映射到 −128 上,但随后,类型转换将它映射到表示 +128 的无符号值"10000000"上。

加法和减法("+"和"−")操作符也不改变数据通路的长度;例如,两个 8 位数相加,得到 8 位的结果。加法和减法溢出时也需进行环绕式处理。下面是 8 位加法的例子:

```
library ieee;
use ieee.std_logic_1164.all;
use ieee.numeric_std.all;
entity add_demo is
    port  (a, b  : in signed(7 downto 0);
           z     : out signed(7 downto 0));
end;
architecture behaviour of add_demo is
begin
    z <= a + b;
```

```
end;
```

如果不希望对加法进行环绕式处理，换句话说，如果要求结果比参数多一位，那么应当在加法之前调整参数的大小：

```
library ieee;
use ieee.std_logic_1164.all;
use ieee.numeric_std.all;
entity add_resize_demo is
    port   (a, b : in signed(7 downto 0);
                z   :  out signed(8 downto 0));
end;
architecture behaviour of add_resize_demo is
begin
    z <= resize (a, 9)   + resize(b, 9);
end;
```

实际上，这些操作符可作用在不同长度的参数上。在进行加法之前，将较短参数的尺寸扩展至和较大参数的尺寸相同。例如，如果一个8位数与一个16位数相加，结果是16位数。

乘法操作符（"*"）对有符号类型和无符号类型都有定义，参数的长度可以不同。例如，一个16位数可以与一个8位数相乘。结果的尺寸为参数尺寸之和，即结果为24位。乘法操作符不遵循数值操作符保持数据通路宽度不变的规则。这也意味着，乘法不会溢出，因此不会环绕式处理结果，所以在乘法之前，不必调整参数大小来避免损失溢出位。然而，结果通常需要通过划分或者尺寸调整来截断。

下面的例子说明了两个8位有符号数如何相乘得到一个8位结果，没有溢出处理，也不保留结果的符号。截断时，使用片而不是resize函数来避免异常。如果需要保留符号，用resize函数来取代片。

```
library ieee;
use ieee.std_logic_1164.all;
use ieee.numeric_std.all;
entity multiply_demo is
    port   (a, b   :  in signed(7 downto 0);
                z   :  out signed(7 downto 0));
end;
architecture behaviour of multiply_demo is
    signal product :  signed(15 downto 0);
begin
    product <= a * b;
    z <= product(7 downto 0);
end;
```

实际上,这可以通过对信号 z 的赋值来表示。

```
z <=  (a * b)(7 downto 0);
```

这个简化形式实现了数组乘法,这个数组具有降序范围,以零结束。理论上,操作符的返回范围任意,这里使用片的做法比较危险。这样使用其他定义不明确的程序包将是不安全的。然而,所有 numeric_std 中的算术操作符都定义为必须返回归一化的范围。这意味着,对任何算术操作符的返回值进行划分(或使用下标)是安全的。

除法操作符("/",mod 和 rem)都是可综合的,和 5.6 节中所讨论的整数操作符约束相同。对于除法,数值程序包约定结果尺寸与除法的第一个参数相同,但是对于取模和求余,结果尺寸与除法的第二个参数尺寸相同,例如,一个 16 位值除以一个 16 位值,这 3 种操作符都给出 16 位结果。然而,一个 32 位值除以一个 16 位值,除法将给出 32 位结果,但是取模和求余将给出 16 位结果。

6.5 定点类型- Fixed_Pkg

fixed_pkg 程序包提供了任意精度的定点算术运算。它是 VHDL-2008 中提供的新程序包之一,之前并不存在。在没有提供这个程序包的 VHDL 系统上,可用 VHDL-1993 兼容版本。

对于更偏重于软件背景出身的设计师,一个常见的错误是假定了浮点是表示宽范围和小数的唯一解决方法。然而,浮点算术运算需要很多电路和很多计算时间。一个值得讨论的问题是浮点运算是否应当只由一个专门浮点单元(FPU)来执行,将 FPU 与可编程逻辑一起集成到 ASIC 或者 FPGA 中。

定点算术运算是介于整数算术运算和浮点算术运算之间的中间形式。与整数算术运算相比,定点算术运算产生的电路尺寸相同或略大,延迟相同或稍慢些。定点算术运算可以表示小数,避免浮点算术运算的面积大及运算速度慢的情况,通常,浮点算术运算的面积是定点的3~4 倍,延迟是定点的 2~3 倍。

定点算术运算常用于数字信号处理(DSP),但其实它可用于许多领域的硬件设计中。硬件设计,尤其是 DSP 设计中,一个关键的技巧在于将浮点表达的说明(可能是软件模型)转换成定点实现,以减少芯片尺寸并提高性能,不会由于定点类型的有限动态范围引进太多计算错误(即噪声)。

传统上,设计师使用整数算术运算实现定点算术运算,并手工记录每个数据通路的二进制小数点的位置。要得到正确结果可能比较困难,这是可能产生的设计错误。定点程序包允许在设计中指定二进制小数点的位置,在仿真输出中可看到二进制小数点的位置。

定点算术运算的实现类似于整数算术运算,有一个小的额外电路来支持舍入模式和溢出模式。可以选择这些模式而不引入额外开销。定点程序包主要用 numeric_std 来实现，综合工具为 numeric_std 程序包进行的优化也有助于提升定点程序包的性能。

6.5.1 提供的类型

fixed_pkg 程序包主要定义了两个类型，都是 std_logic 类型的非限定性数组，分别为 sfixed 和 ufixed：

```
type sfixed is array  (integer range <>)  of std_logic;
type ufixed is array  (integer range <>)  of std_logic;
```

sfixed 类型表示有符号定点数，使用 2 的补码表示，而 ufixed 类型表示无符号定点数，使用幅值表示。注意，类型的范围是整数类型，而不像有符号类型和无符号类型那样使用自然数。这意味着范围可以包括负数。

注意：在完整的 VHDL－2008 版本中，这些是被分解的数组，能实现三态总线。然而，在兼容版程序包中，这些类型基于 std_ulogic 而不是 std_logic，所以它们不能实现三态总线。这个设计有点奇怪，程序包的两个版本有些不兼容。因为 numeric_std 程序包基于 std_logic 数组，所以定点程序包可以使用相同的约定。此外，设计中使用 std_logic 数组是最常见的约定。

定点表示信号和变量时，要使用降序范围来声明它们，并将二进制小数点放在元素 0 的后面，左端具有自然数下标的二进制位代表整数部分，右端具有负数下标的二进制位表示小数部分。图 6.5 表示一个具有 8 位整数部分和 8 位小数部分的定点数。

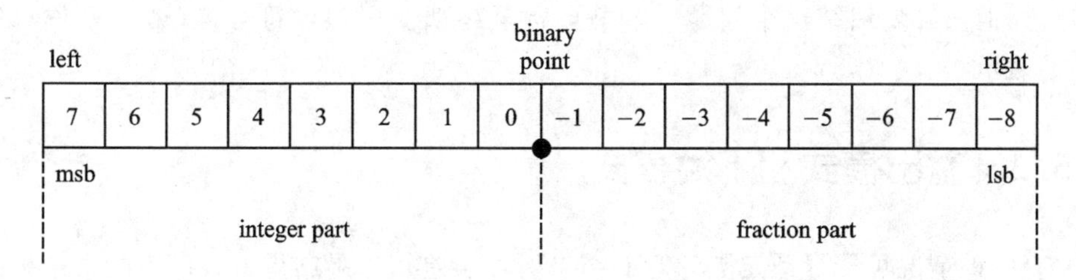

图 6.5 定点存储格式

定点数的范围由数组的位数和二进制小数点的位置来决定。例如，下面是两个整数部分和小数部分尺寸相同的 16 位信号，分别用两种类型来定义。

```
signal a   :  sfixed(7 downto -8);
signal b   :  ufixed(7 downto -8);
```

两个声明都创建了 16 位的总线。两个数都有 8 位整数部分(7 downto 0)和 8 位小数部分(－1 downto －8)。然而，第一个信号的解释是有符号数，范围从－128.000

到 127.996(即 127 加上 255/256),第二个信号的解释是无符号数,尽管它们的尺寸完全相同,但它的范围从 0.000 到 255.996(即 255 加上 255/256)。定点数的分辨率是两个相邻数之差。本例中小数部分为 8 位,分辨率是 1/256(即 2^{-8})。

使用两个完全独立的类型来表示有符号定点值和无符号定点值,这样对某一位的解释就不会发生混淆。这两个类型也完全不同于 std_logic_vector 类型和 numeric_std 类型,所以也不会发生混淆。

为了有效地使用程序包,需要理解程序包是如何解释位数组的。有以下几个规则:

(1) 数组从左到右读取,最高有效位在左端。

(2) 必须使用降序范围。最高有效位(最左端位)的下标最高。

(3) 整数部分必须使用自然数下标(即下降到 0)。

(4) 小数部分必须使用负数下标(即从 -1 开始下降)。

所有例子都遵守这些规则。

尤其需要注意,声明具有升序范围的定点数是非法的,会导致仿真期间发生错误。这一点与有符号数和无符号数不同,有符号数和无符号数只是推荐使用降序范围,但是原则上升序范围还是可用的。但是对于定点类型,规定必须使用降序范围。

描述定点类型的一种快捷方式是用二进制小数点前后的位数来指代定点类型。上例有符号和无符号定点类型可用快捷方式'8.8 位'来表示。也就是说,小数点之前有 8 位,小数点之后有 8 位。注意,这种表示法给出了位数,而非范围,所以 8.8 位数的范围是 7 downto -8,上限总是比整数部分的位数少一。

注意:对于定点数,还有另一种表示法,有符号数整数部分中的符号位不计算在内,所以上述有符号例子被描述为 7.8 位,而无符号例子仍然是 8.8 位。这个约定令人迷惑,但没必要纠结这个问题。本书自始至终都使用包含符号位(即 8.8 位有符号)的表示法。

6.5.2 溢出模式和下溢模式

有两种情况可能导致定点计算的结果引入误差。如果结果太大而不能由结果的类型来表示,计算可能溢出。或者如果没有足够的小数位来准确地表示结果,计算可能下溢。

6.5.2.1 溢 出

定点类型能表示有限范围的值。例如,一个 8.8 位有符号值只能表示 -128 到 127.996(二进制 10000000.00000000 到 01111111.11111111)范围内的数。若计算结果超出这个范围,则发生溢出。

溢出可能发生在数值范围的任意一端,这个词不仅用于正数溢出。即如果 8.8

位有符号数小于－128，会溢出；无符号数小于零，也会溢出。

定点程序包为可能出现的溢出情况提供了两种指定结果的方式：

- 环绕模式：对数据进行环绕式处理，例如，增加最大数会环绕回最小数。环绕模式是计算机算术运算的自然模式，不需要额外的硬件开销。
- 饱和模式：数据保持在饱和值，例如，如果有符号 8.8 位数在正方向溢出，它将保持在正饱和值，即数据类型的最大值 01111111.11111111，如果在负方向溢出，它将保持在负饱和值 10000000.00000000。饱和模式要求判断溢出，需要多路选择器在饱和值中进行转换，所以需要额外的硬件开销。饱和模式是默认溢出模式。

6.5.2.2　下　溢

当小数部分的分辨率不足以表示结果时，会发生下溢。例如，进行除以 2 的计算时，连续地对值右移，值的最低有效位将会丢失，产生的结果不能精确表示输入值的一半。发生下溢时，有以下两种指定结果的方式：

- 截断模式：数据丢失最低有效位。称为截断模式的原因在于值在较低端被砍掉。截断模式不需要额外的硬件开销，仅仅将二进制位不连接到输出即可。
- 舍入模式：小数部分被四舍五入到可由分辨率表示的最接近的值。决定是向上入还是向下舍时，需要考虑数值的小数部分中所有的二进制位。舍入模式需要一个比较器和一个类似于加法的四舍五入运算，所以增加了额外的硬件开销。舍入模式是默认的下溢模式。

除法中舍入模式的使用还有一个细节。除法（即操作符“/”，mod 或 rem）是一个迭代运算，由于下溢引起的错误会累加。也就是说，除法在概念上是一系列的移位和减法运算，每个减法可能产生一个下溢错误，所以所有减法累积可能产生一个较大的下溢错误。可以在计算除法或者其他与除法相关的算术运算时，在小数部分增加几个保护位，减小下溢错误。例如，添加 3 个保护位会使错误平均变为原来的 1/8。运算结束时，根据下溢模式，四舍五入移去保护位。

6.5.3　Resize 函数

resize 函数用于改变定点数的尺寸，执行溢出和下溢计算。resize 函数也可看作溢出操作符和下溢操作符。

定点程序包与溢出和下溢合用时，有两种不同的使用策略。一种是先将数值范围扩大以避免发生错误，执行基本运算，然后在计算结束时使用 resize 函数来缩小结果的尺寸，另一种是在每个运算之后进行大小调整。本节将会描述这两种策略。

resize 函数总共有 4 个版本，两个用于 sfixed，另外两个用于 ufixed。每个类型的两个版本表示指定结果尺寸的两种不同方式。一个版本将数组范围的上限和下限看作整数值。例如,为了表示 16.16 位的数,数组范围是(15 downto－16),边界是数值 15 和－16。这些必须是可综合的常数,因为综合器必须知道结果的尺寸,以便创建一个位数正确的总线。另一个版本将信号或者变量作为参数,从参数中得到范围边界。在 VHDL-2008 中,可使用任何信号和变量,但是在 VHDL 的较旧版本中,不能使用 out 端口,因为这个端口不像 in 参数那样传递给函数。这种情况下,应使用前一个版本,因为 out 端口的 left 和 right 属性是可读取的。

通过例子说明这两个版本。第一个例子说明了边界如何由整数值指定:

```
library ieee;
use ieee.std_logic_1164.all;
use ieee.numeric_std.all;
use ieee.fixed_float_types.all;
use ieee.fixed_pkg.all;
entity sfixed_resize_demo is
    port   (a :  in sfixed(7 downto - 8);
            z :  out sfixed(15 downto - 16));
end;
architecture behaviour of sfixed_resize_demo is
begin
    z <= resize(a,  15,   - 16);
end;
```

也可以用属性来表示:

```
z <= resize(a,  z'left,  z'right);
```

resize 函数第二个版本的表示方式好像更容易一些,用信号或者变量提取出范围:

```
z <= resize(a,  z);
```

但是本例不能使用第二个版本,因为它不能读取 out 端口。如果 z 是内部信号,可使用这个版本。

注意:使用定点程序包的一个缺点是赋值时不检查目标的范围,只检查目标的尺寸。所以,将 8.8 位数赋给 12.4 位数被认为是完全合法的,将结果左移 4 位,这会产生一个设计错误,而仿真器或者综合器都无法发现这个错误。上面 resize 的形式直接从目标读取尺寸,确保了赋值源和赋值目标总是匹配的,所以推荐使用这种形式。

resize 函数也执行溢出模式和下溢模式。注意,当缩减整数部分位数时,数值只能溢出,当缩减小数部分位数时,数值只能下溢。

溢出的默认模式是饱和模式,默认的下溢模式是舍入模式。可以通过对 resize 函数指定额外的参数,来重载默认模式。例如,为了使硬件实现面积最小,使用环绕模式和截断模式:

```
z <= resize(a,  z,  fixed_wrap,  fixed_truncate);
```

第一个额外参数是溢出模式，可为 fixed_saturate 或者 fixed_wrap。第二个额外参数是下溢模式，可为 fixed_round 或者 fixed_truncate。这些值在 fixed_float_types 程序包中定义：

```
package fixed_float_types is
    type fixed_overflow_style_type is  (fixed_saturate,  fixed_wrap);
    type fixed_round_style_type is  (fixed_round,  fixed_truncate);
    ...
end;
```

当扩大整数部分的尺寸时，有符号数进行符号扩展，而无符号数进行零扩展。当对小数部分进行扩展时，总是用零填充。这些扩展运算都不会改变值。注意：不像 numeric_std(6.4 节)，resize 函数不能用片来取代。

6.5.4 操作符

定点程序包为 sfixed 和 ufixed 两种类型定义了一个完整的操作符集合。而且，指导手册讲解了如何解释和使用这两个类型，以便正确执行程序包的功能。

可用于 sfixed 类型的操作符集合是：

比较：=，/=，<，<=，>，>=；

布尔：not，and，or，nand，nor，xor，xnor；

算术：符号－，abs，＋，－，*，/，mod，rem。

这个列表没有符号操作符"＋"、拼接操作符"&"、指数操作符"**"和所有的移位操作符。符号操作符"＋"没有任何作用。如果没有给定精确的范围，很难定义拼接操作符。

ufixed 类型的操作符集更小，没有符号操作符"-"和 abs 操作符，因为它们对于无符号算术运算是无意义的。

6.5.5 比较操作符

定点类型有完整的比较操作符集：=，/=，<，<=，>，>=。sfixed 和 ufixed 类型的比较操作符可以对具有不同尺寸整数和小数部分的数值进行比较。这样比较操作符很容易使用。

下面的实体返回两个 sfixed 值中的最大值，说明了比较操作符的用法。

```
library ieee;
use ieee.std_logic_1164.all;
use ieee.numeric_std.all;
use ieee.fixed_float_types.all;
```

```
use ieee.fixed_pkg.all;
entity max is
    port  (a :  in sfixed(7 downto -8) ;
           b :  in sfixed(7 downto -8) ;
           z :  out sfixed(7 downto -8));
end;
architecture behaviour of max is
    begin
        z <= a when a > b else b;
end;
```

这个例子说明了如何用大于操作符来比较两个 sfixed 类型的参数。其他比较操作符可以用同样的方式使用。

6.5.6 布尔操作符

定点类型有完整的布尔操作符集合:not, and, or, nand, nor, xor, xnor。包括全部 3 类布尔操作符。

基本布尔操作符对两个尺寸相同的参数的每个元素按位执行逻辑,得到尺寸相同的结果。

选择布尔操作符将一位输入与数组的每个元素进行组合,得到尺寸相同的数组。

缩减布尔操作符组合数组的所有元素,产生一位输出。程序包的 VHDL-2008 版本提供了缩减布尔操作符,但程序包的 VHDL-1993 兼容版本提供了缩减函数(即 and_reduce 等)。

换句话说,在兼容程序包中,下列表达式实现了定点数值的缩减与:

```
result <= and_reduce(input);
```

VHDL-2008 版本的实现相同功能的表达式是:

```
result <= and input;
```

基本位逻辑操作符非常便于执行屏蔽运算。例如,用一个条件信号赋值来判断有符号 4.4 位信号(c)的小数部分是否某一位被置为 1,可使用下面的比较语句:

```
library ieee;
use ieee.std_logic_1164.all;
use ieee.numeric_std.all;
use ieee.fixed_float_types.all;
use ieee.fixed_pkg.all;
entity mask_demo is
    port  (a, b,  c : in sfixed(3 downto -4);
```

```
            z   :  out sfixed(3 downto -4));
    end;
    architecture behaviour of mask_demo is
        constant mask :  sfixed(3 downto -4)  := "00001111";
        constant zero :  sfixed(3 downto -4)  := "00000000";
    begin
        z <= a when  (c and mask)  /= zero else b;
    end;
```

如果屏蔽结果不是零,那么在信号 c 的 4 个小数位中至少有一位为 1。换句话说,这判断了 c 是否是一个整数值。

这个例子也展示了另一种解决综合类型字符串文字使用中一个常见问题的办法。如果不用常数来表示,例如:

```
z <= a when  (c and "00001111")  /= "00000000" else b;
```

结果将不正确。原因在于综合器不能从字符串文字的内容推导出字符串文字的范围,所以默认给它们升序范围(integer'low to integer'low + 7)。这显然违反了指定定点数范围的规则,会产生错误。

令一个字符串文字采用指定范围的最简单的方法是声明一个局部常数,这个常数具有正确的范围和取值,然后用该常数来替代字符串文字。这是一个用于所有定点文字的基本规则。

与运算的逻辑结果也是 4.4 位,出于相同的原因,使用另一个 4.4 位有符号常数来表示零,然后将逻辑结果与零进行比较。这也可以表示为与整数值 0 的比较。

```
z <= a when  (c and mask)  /= 0 else b;
```

定点程序包允许与整数值进行比较,如上所示,这种情况下,将整数转换成相同的定点类型,并作为另一个参数(本例中是一个 4.4 位的值),然后执行比较。与之类似的混合类型详见 6.9 节。

6.5.7 移位操作符

定点程序包提供了一套完整的移位操作符集:sll, srl, sla, sra, rol, ror。所有的操作符有两个参数,第一个参数是要移位的数值、信号或者变量,第二个参数是一个整数,指定了数值移位位数。移位位数可以是常数,这种情况下,硬件实现仅仅是线的重新排列,移位位数也可以是变量或信号,这种情况下,硬件实现采用桶形移位器。

这些操作符用 numeric_std 程序包实现,并具有相同的功能。结果的范围与第一个参数完全相同,即被移位的数值。所以,对 9.5 位的参数移位,得到 9.5 位的结果。

下例是移位函数的一种典型用法,说明了在一个无符号 8.8 位信号上执行左移

4 位的运算:

```
library ieee;
use ieee.std_logic_1164.all;
use ieee.numeric_std.all;
use ieee.fixed_float_types.all;
use ieee.fixed_pkg.all;
entity shift_demo is
    port  (a : in ufixed(7 downto -8);
           z : out ufixed(7 downto -8) );
end;
architecture behaviour of shift_demo is
    begin
        z <= a sll 4;
end;
```

表 6.5 解释了操作符的含义。6.4 节已详细地解释了 numeric_std 的移位操作符。

表 6.5 用于 Fixed_Pkg 的移位和循环操作符

操作符	名 称	描 述
sll	逻辑左移	丢弃左端位,右端填充零
srl	逻辑右移	丢弃右端位,左端填充零
sla	算术左移	丢弃左端位,右端填充零
sra	算术右移	丢弃右端位:sfixed:左端符号扩展 ufixed:左端零扩展
rol	左循环	二进制位从左端移去,重新插入右端
ror	右循环	二进制位从右端移去,重新插入左端

6.5.8 算术操作符

定点类型有一套比较完整的算术操作符集:sign－, abs, ＋ , －, *, /, mod, rem。

sfixed 类型的操作符集执行 2 的补码定点算术运算,而 ufixed 类型的操作符集执行无符号定点算术运算。ufixed 类型没有符号操作符“－”和 abs 操作符。

大多数操作符既不会溢出也不会下溢。它们产生的结果足够包含参数的所有可能值。这不同于 numeric_std 所采用的操作符不改变尺寸的约定,否则会出现溢出。

希望在计算时能得到大尺寸的结果,然后用 resize 来改变数据通路,以符合正在设计的电路。为了获得常数数据通路宽度,每个运算之后都需要调整大小。

除法操作符/、mod 和 rem 例外。因为除法操作符不可能知道需要多少位来表示结果的所有可能值。所以这种情况下，需要使用不同公式来确定结果的尺寸。因此，这些操作符可能出现溢出和下溢。

每个操作符计算结果尺寸的规则都不同。这意味着，必须仔细定义表示上界的中间信号以保证算术运算结果正确。表 6.6 给出了算术操作符结果尺寸的计算方法。它们根据左边参数的尺寸 $I_L.F_L$ 和右边参数的尺寸 $I_R.F_R$，得到输出尺寸 $I_O.F_O$。

表 6.6　算术操作符的计算结果尺寸

操作符	整数部分(I_O)	小数部分(F_O)
符号"－", abs(绝对值)	I_L+1	F_L
"＋"(加法) 和"－"(减法)	$\max(I_L, I_R)+1$	$\max(F_L, F_R)$
"*"(乘法)	I_L+I_R	F_L+F_R
"/" sfixed(有符号定点除法)	I_L+F_R+1	F_L+I_R-1
ufixed(无符号定点除法)	I_L+F_R	F_L+I_R
mod sfixed(有符号定点取模)	$\min(I_L, I_R)$	$\min(F_L, F_R)$
ufixed(无符号定点取模)	I_R	$\min(F_L, F_R)$
rem(求余)	$\min(I_L, I_R)$	$\min(F_L, F_R)$

大多数情况下，左边参数和右边参数的尺寸相同，所以表 6.7 是一个简化版，假设左操作数和右操作数具有完全相同的尺寸 I.F。

符号操作符"－"和 abs 操作符仅用于有符号类型 sfixed。符号操作符"－"对数的补码取负，abs 操作符仅当数值是负数时才会对其取负。它们的结果都有整数部分和小数部分，结果的整数部分比输入的整数部分多一位，结果的小数部分与输入的小数部分尺寸相同。例如，对 8.8 位数取负，结果是 9.8 位数。这是因为 2 的补码范围是非对称的，在量值上，最小负数比最大正数稍微大些。所以，如果没有额外的二进制位，对范围内的最小负数取负将会导致溢出。

表 6.7　输入尺寸完全相同时，算术操作符的结果尺寸

操作符	整数部分(I_O)	小数部分(F_O)
符号"－", abs(绝对值)	$I+1$	F
"＋"(加法) 和"－"(减法)	$I+1$	F
"*"(乘法)	2I	2F
"/" sfixed(有符号定点除法)	$I+F+1$	$I+F-1$
ufixed(无符号定点除法)	$I+F$	$I+F$
mod(取模)	I	F
rem(求余)	I	F

不同于 signed(6.4 节),sfixed 对负数取负不会得到负数,因为结果的范围足以包含取负后的实际值。但是如果使用环绕模式缩减结果的尺寸,会得到负数。例如,4.4 位的最小负数 1000.0000(−8),对它取负,得到 9.8 位的数 01000.0000 (+8)。使用环绕模式,将尺寸调整回 4.4 位,再次得到 1000.0000(−8)。还要注意,如果使用饱和模式对本例进行尺寸调整,将会溢出,结果是正饱和值 0111.1111(+7.94)。

加法操作符和减法操作符情况稍微复杂些。首先,这些操作符有两个参数,在操作符的定义中,这些参数具有不同的范围。然而实际中,基本算术运算需要相同尺寸的参数。所以使用操作符时,首先将参数归一化成相同范围,这个范围要足以包含这两个值。例如,考虑一个 8.4 位数和一个 6.9 位数,这两个参数的尺寸被调整到 8.9 位。然后,将这两个归一化的值相加(或相减)得到结果。将结果的整数部分添加一位,避免结果的最大值溢出。因此,本例中的结果是 9.9 位数。对于 sfixed 类型和 ufixed 类型,尺寸计算是相同的。

乘法操作符的两个参数的范围任意,不需要归一化,因为乘法可以对不同尺寸的操作数进行。但是结果的尺寸必须比参数尺寸大得多,才能包含所有的可能值。结果的尺寸是输入的尺寸和;更具体一点,整数部分的尺寸是参数的整数部分尺寸和,小数部分类似。所以,一个 7.3 位的数乘以一个 5.6 位的数得到一个 12.9 位结果。

除法操作符的尺寸公式比其他运算更复杂,需要根据表 6.5 和表 6.6 认真计算,以避免溢出。但是仍然可能出现下溢,此时,使用默认下溢规则,即具有 3 个保护位的舍入模式。使用除法函数来重载默认值:

```
z <= divide(a, b, fixed_truncate, 0);
```

这会得到与“/”操作符相同尺寸的输出,但将下溢设置为使用截断模式,并且不使用保护位执行计算。rem 和 mod 操作符也有类似的求余和取模函数,使用起来很灵活。此外,还有一个倒数函数。

当使用定点程序包需要固定数据通路宽度时,约定在每个运算之后进行尺寸调整。通过在 resize 函数中调用运算,可避免计算宽度:

```
library ieee;
use ieee.std_logic_1164.all;
use ieee.numeric_std.all;
use ieee.fixed_float_types.all;
use ieee.fixed_pkg.all;
entity sum_demo is
    port  (a,  b,  c,  d :  in sfixed(7 downto - 8);
           z   :  out sfixed(7 downto - 8));
end;
architecture behaviour of sum_demo is
    signal aplusb :  sfixed(z'range);
    signal cplusd :  sfixed(z'range);
```

```
begin
    aplusb <= resize(a + b, aplusb);
    cplusd <= resize(c + d, cplusd);
    z <= resize(aplusb + cplusd,  z'left,  z'right);
end;
```

注意最后一个 resize 调用 z 的范围的方式，不像另外两个例子那样将 z 作为参数进行传递。因为 z 是一个 out 端口，不能像函数的 in 参数那样进行传递。但是可以读取 z 的属性，并将其作为 in 参数传递。

下面是更进一步的嵌套版本：

```
architecture behaviour of sum_demo is
begin
    z <= resize(
            resize(a + b,  z'left,  z'right)
            +
            resize(c + d,  z'left,  z'right),
            z'left,  z'right);
end;
```

嵌套调用 resize 函数，就难以跟踪参数，但这样可以避免使用中间信号。溢出模式为饱和模式，因为饱和模式是定点程序包的默认行为。本例不会下溢，因为分数部分的尺寸不会变大，所以不用 resize 缩短。

溢出模式改为环绕模式，重写代码，如下：

```
architecture behaviour of sum_demo is
    constant aplusb   :  sfixed(z'range);
    constant cplusd   :  sfixed(z'range);
begin
    aplusb <= resize(a + b,  aplusb,  fixed_wrap);
    cplusd <= resize(c + d,  cplusd,  fixed_wrap);
    z <= resize(aplusb + cplusd,  z,  fixed_wrap);
end;
```

另一个方法是计算时进行扩展，结束时用环绕模式调整尺寸：

```
architecture behaviour of sum_demo is
begin
    z <= resize((a + b)  +  (c + d),  z'left,  z'right,  fixed_wrap);
end;
```

所以，第一级将两个 8.8 位的数值相加，得到 9.8 位的结果。第二级将结果增加到了 10.8 位。然后，resize 将这个结果转换回到 8.8 位，本例使用环绕模式。圆括号可以控制计算的顺序，创建平衡树，使两个加法器的数据通路长度最大。不使用圆括号，公式 a + b + c + d 等价于((a + b) + c) + d,得到非平衡树,它的最大数据通路长度是 3 个加法器,而不是两个加法器。

6.5.9 实用函数

定点程序包含了几个实用函数,这些函数包含在上述分类中。

6.5.9.1 is_negative

is_negative 函数用于判断数值是否小于零:

```
function is_negative  (arg :  sfixed)  return boolean;
```

可用于条件语句中:

```
if is_negative(x)  then  ...
```

这个函数仅用于 sfixed。

6.5.9.2 add_carry

add_carry 用于执行带进位的加法,产生一个与输入尺寸相同的输出,具有进位输出。有两个版本:无符号版本和有符号版本。

```
procedure add_carry
    (L,  R :  in ufixed;  c_in :  in std_ulogic;
    result    : out ufixed; c_out    :  out std_ulogic);
procedure add_carry
    (L, R :  in sfixed; c_in : in std_ulogic;
    result    : out sfixed; c_out    :  out std_ulogic);
```

通常 L 和 R 的尺寸相同,这种情况下,result 的尺寸也相同。如果输入尺寸不同,那么 result 的范围由最大整数部分和最大小数部分计算。通过将其中的一个输入置零,然后通过进位输入来控制增量,可以得到一个增量器。这些过程的输出是变量,它们只能用于进程中,并且 result 和 c_out 输出连接到变量上。更多关于具有 out 参数过程的使用方法见 11.5 节。

6.5.9.3 scalb

scalb 函数以 2 的幂指数对参数进行缩放。与算术移位不同,没有丢失二进制位,反而保留了位模式,但是改变了范围,意味着二进制小数点移动了指定位移。正位移表示左移,负位移表示右移。有两个版本,一个用于 sfixed,一个用于 ufixed。

```
function scalb  (y : ufixed; n   :  integer)  return ufixed;
function scalb  (y : sfixed; n   :  integer)  return sfixed;
```

对于综合,移位位数必须是常数,以便能创建一个范围正确的结果总线。例如,

8.8 位输入移 4 位，将产生 12.4 位的结果，但结果具有相同的位模式。输入移－4 位，得到 4.12 位的结果。

6.5.9.4　Maximum and Minimum

maximum 和 minimum 函数的功能如名称所示，返回输入的最大值和最小值。

```
function minimum   (l,  r : ufixed)  return ufixed;
function minimum   (l,  r : sfixed)  return sfixed;
function maximum   (l,  r : ufixed)  return ufixed;
function maximum   (l,  r : sfixed)  return sfixed;
```

最常见的用法是两个输入具有相同的范围，这样，结果范围也相同。

如果输入范围不同，情况变得复杂些，那种情况下，需要调整结果的尺寸，使其足够大来保证既没有下溢也没有溢出。所以，结果的尺寸是最大输入尺寸。例如，一个 8.4 位的输入和一个 4.8 位的输入，结果将是 8.8 位。

6.5.9.5　Saturate

对于给定尺寸的数组，saturate 函数用于产生上饱和值，即范围中的最大值。这个值用于饱和模式，但也能直接使用，例如，将变量设置到饱和值，以表示计算失败。

像 resize 函数一样，有 4 种饱和函数的版本。两个作用于有符号数，两个作用于无符号数。对于每种类型，该函数都有两种形式，一种将左边和右边范围视为参数，另一种用样本信号或者变量来定义尺寸。

例如，将信号设置成饱和值：

```
z <= saturate (z);
```

得到了 z 范围的饱和值，然后将它赋给信号。另一种调用的形式是：

```
z <= saturate(z'left,  z'right);
```

为了产生下饱和值（范围内的最小值），使用饱和函数，然后用 not 操作符对它进行转化：

```
z <= not saturate(z);
```

这个转换适用于 saturate 函数的 ufixed 版本和 sfixed 版本。

上饱和值和下饱和值之间的关系不明显，这个程序包为两个饱和值分别提供函数的做法更可取，而不是依靠从一个饱和值到另一个饱和值的转换。

6.6　浮点类型- Float_Pkg

float_pkg 程序包提供了任意精度的浮点算术运算。使用这个程序包时，要记住浮点运算是非常复杂的,并且 RTL 综合是将操作符映射到纯组合逻辑上。这使得浮点运算的综合在电路面积和延迟上开销很大。例如,第 15 章中一个采用浮点算术运算的电路,与采用定点算术运算同样的设计相比,面积大概是定点的 3～4 倍,延迟是其两倍。

注意:对于大多数设计,可以映射到定点类型上,然后使用上节描述的 fixed_pkg 来综合,也可以使用具有内置浮点单元(FPU)的器件,大多数 FPGA 和 ASIC 供应商都将提供 FPU 作为它们服务的一部分。另一种选择是使用可综合的 FPU 核,可从核供应商或者开放核[Open Cores,2010]中获取。对于后面两种解决办法,RTL 设计师的任务是调度总线操作,向 FPU 提供参数,并接收来自 FPU 的结果。尽管如此,仍可以使用浮点程序包来综合浮点运算。

6.6.1 Float 类型

这个程序包仅提供了一个浮点类型,float:

```
type float is array  (integer range <>)  of std_logic;
```

注意这个类型的范围是整型,而不是像有符号类型和无符号类型一样使用自然数。这意味着这个范围能包括负下标。

注意:在兼容程序包中,这个类型基于 std_ulogic,而不是 std_logic。在完整的 VHDL-2008 版本中,是 std_logic 数组。这一点很奇怪,因为这样使得程序包的两个版本有些不兼容。如果选择 std_ulogic 作为元素类型,就不能用类型的兼容版本来创建三态总线,因为三态总线只能由 std_logic 或 std_logic 数组来创建。

IEEE 标准 754[IEEE - 754,2008]定义 float 类型执行可变宽度的浮点算术运算。大多数计算机 FPUs 遵守 IEEE - 754。

程序包还提供了常用尺寸的子类型:

```
subtype float32 is float(8 downto -23);
subtype float64 is float(11 downto -52);
subtype float128 is float(15 downto -112);
```

这些是 IEEE 为 32,64 和 128 位字定义的标准浮点类型。

浮点由符号(sign)、指数(exponent)和尾数(mantissa)表示,这 3 个域存储于字中,如图 6.6 所示。

为了有效使用程序包,需要理解程序包如何解释位数组表示的。有几个规则:

(1) 数组从左到右读取,最高有效位在左端。

(2) 必须使用降序范围。最高有效位的下标最高。

(3) 符号位总是最左端位。

(4) 指数部分范围从符号位降到 0。

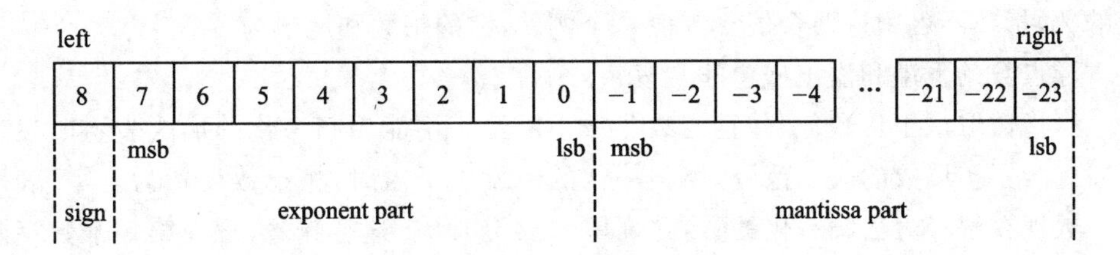

图 6.6　浮点存储格式

(5) 尾数部分范围从－1 降到最右端位。
所有例子都遵循这些规则。

浮点类型的指数长度和尾数长度可以任意组合,但是必须大于 3。浮点类型的常用表示法是 8:23 的形式,表示 8 位指数部分,23 位尾数。这种表示法中,没有表示符号位,所以字的全长实际上比这两部分之和大 1。所以,它表示了一个 32 位浮点数,事实上它表示了 IEEE 标准 32 位浮点数的子类型 float32。本书将采用两值冒号分隔表示法。

6.6.2　解释浮点数

假定浮点数具有一个符号 S,一个尾数 M 和一个指数 E,值 V 等于:

$$V = S.M.2^{E}$$

符号是二进制编码,0 表示＋1,1 表示－1。尾数通常被归一化,介于 1.0 和 2.0 之间。这意味着,在二进制中,归一化后的浮点数总是以'1.'开始,二进制小数点紧跟 1 的后面,所以这种表示法隐藏不存储第一个数字(也不存储二进制小数点),只存储二进制小数点之后的其余部分。当计算真实值时,必须恢复隐含的第一个数字来创建 M。

指数 E 并不是想象中的 2 的补码表示,而是具有隐含偏移量的无符号表示。所以,将指数的位表示看作无符号表示,减去偏移量,计算得到指数的值。偏移量比指数的无符号范围的一半少 1。例如,对于 8 位指数,偏移量是 127($2^8/2-1$)。这个偏移量表示法意味着,指数值1～126 表示负指数－126 到－1,值 127(即偏移值)表示零,值 128～254 表示自然指数 1～127。也可以将指数看作移位偏移量,所以真实值是被移位的尾数,指数的值表示移位位数。对于正指数,是左移,对于负指数,是右移。

零由一个特殊值来表示,这个特殊值尾数和指数全都为零。浮点表示法有两个零值,这是由符号位引起的,所以有一个正零和一个负零值。

6.6.3　溢出,下溢和错误模式

指数值全为零或全为一有特殊的含义,与下溢和溢出的模式有关,所以对于归一化的数,指数不可用这两个值。零值是个例外,它的指数和尾数为零。

浮点数的下溢和溢出概念非常复杂。

当指数取最小负数值,并且尾数非常小以至于不能用归一化的形式表示时发生下溢。为了扩展数的表示范围,当归一化的数发生下溢时,将指数设置为全零,表示这个数现在解释为去归一化的数,允许尾数小于 1.0。这意味着,现在第一个数字隐含为'0'。当去归一化的数列下溢时,值变为零。

程序包 float_pkg 可选择关闭去归一化的数。用这种简化形式时,当归一化的数下溢时,结果就变为零。这样可以通过牺牲动态范围大幅减少执行运算所需的逻辑。程序包默认开启去归一化的数。

当指数是最大正数,并且尾数太大而不能表示时,发生溢出。溢出的结果是无穷大。无穷大的尾数是全零,指数是全一。有两个无穷大,正无穷大和负无穷大,它们用不同的符号位表示。

浮点算法有时会导致错误,例如,除以零。用特殊位模式 NaNs 来表示错误模式,NaN 表示'Not a Number(非数字)'。这也能由全一指数来表示,但尾数不是全零。

fixed_pkg 程序包可选择关闭对 NaNs 和无穷大的检查,这样就节省了一些检查错误的逻辑。

6.6.4 舍入模式

大多数浮点运算用内部的扩展形式来执行,计算结束时将该形式四舍五入成较小的结果格式。这样做可以使计算期间的舍入错误最小。

在 fixed_float_types 程序包中,通过枚举定义舍入模式:

```
type round_type is
    (round_nearest,  round_inf,  round_neginf,  round_zero);
```

有 4 种舍入模式:

- 最近舍入(round_nearest(默认)):向上或向下舍入到最近的可表示值。
- 向正无穷舍入(round_inf):向上舍入到下一个较大的可表示值。对于正值,向较大尾数舍入,对于负值,向较小尾数舍入。
- 向负无穷舍入(round_neginf):向下舍入到下一个较小的可表示值。对于正值,向较小尾数舍入,对于负值,向较大尾数舍入。
- 向零舍入(round_zero(无硬件开销)):无论符号怎样,舍入到下一个较小的可表示值。

默认模式是最近舍入,但所有操作符都可以设为其他模式。注意,对于浮点数的有符号量值,向零舍入等价于截断,没有硬件开销。

可通过添加保护位创建计算中的内部扩展形式。默认添加 3 个保护位,但每个运算的保护位位数可分别设置。将保护位的位数设置为 0 时,舍入关闭。

6.6.5　模式选择

float_pkg 中的许多浮点运算可用两种形式实现:操作符(如“*”)和函数(如乘法)。操作符形式等价于所有选项都设置为默认值的函数形式。函数形式是通用模式,允许为每个运算指定控制模式的选项。类似地,函数形式的所有模式参数都有默认值,如果没有指定模式参数,函数与操作符的行为相同。表 6.8 所列的 4 种选项可用于大多数运算。

表 6.8　控制浮点模式的选择

名　称	类　型	默　认	描　述
round_style	round_type(舍入类型)	round_nearest(最近舍入)	选择舍入模式
guard	natural(自然数)	3	保护位位数
check_error	boolean(布尔)	true(真)	检查溢出错误
denormalize	boolean(布尔)	true(真)	启动去归一化的数

IEEE 标准浮点运算是所有选项都选择默认值。如果不需要使用 IEEE 标准,可部分或者全部关闭这些选项。最小、最快的组合是:

```
round_style => round_zero
guard => 0
check_error => false
denormalize => false
```

6.6.6　函数和操作符

大多数浮点运算计算结果的尺寸是参数的尾数最大值和指数最大值。如果参数的范围相同,那么结果和参数的范围相同。也就是说,对于浮点运算,正常情况将产生固定宽度的数据通路。为了产生其他类型,在运算之前应当进行尺寸调整,以便以更高的精度来执行运算。例如,进行复杂计算时,可扩展尾数来减少舍入错误,运算期间不进行舍入,结束时再截断结果。这样计算的误差小于添加保护位所引起的误差,因为保护位仅仅在一次运算内使错误最小化,而不是一系列运算。

6.6.7　分类函数

浮点数值有很多不同种类,有一个可以检查分类的分类函数,它可用于条件语句中。分类函数如下：

```
function classfp  (x  :  float;  check_error  : boolean := true)
    return valid_fpstate;
```

这个函数有两个参数：待检查的数和一个选项开关，决定是否检查出现错误的情况，即是否为 NaNs 或无穷大。返回类型是枚举类型，如表 6.9 所列。

表 6.9　分类函数 classfp 的结果

值	含　义	值	含　义
nan	信号 NaN	pos_zero	正零
quiet_nan	静态 NaN	pos_denormal	正的去归一化数
neg_inf	负无穷大	pos_normal	正的归一化数
neg_normal	负的归一化数	pos_inf	正无穷大
neg_denormal	负的去归一化数	isx	至少一个输入未知
neg_zero	负零		

NaN 有两种类型，一种 NaN 产生信号或中断，另一种(quiet)NaN 仅作为一个返回值。这种区分是否有意义完全取决于特定的设计中的应用，超出了浮点程序包的范畴。

将参数 check_error 设置为 false，错误检查被禁止，此时函数不检测 NaN 值和无穷值。因为实际电路中不存在 X 值，所以综合中的 isx 值没有意义。

如下的快捷函数用于判断某些常见情况：

```
function isnan   (x  :  float)  return boolean;
function finite  (x  :  float)  return boolean;
```

isnan 函数判断值是否是两个 NaN 值之一，即 nan 或者 quiet_nan。如果值是 NaN，那么它是无序的，不能用于比较或计算。

finite 函数不用于判断有限值，而是用于判断值不是无穷大，即不是 neg_inf 和 pos_inf。这意味着此时 NaN 被划分为有限值，这个结论很奇怪，所以这个判断应与 isnan 函数结合使用。或者使用 classfp 函数和 case 语句。

最后还有一个判断函数 unordered，它有两个参数，用于判断两个值是否能进行有意义的比较或者用于计算：

```
function unordered  (x,  y :  float)  return boolean;
```

它可用于判断是执行运算还是绕过运算。它需要两个参数，如果参数值彼此无序，换句话说，如果任一参数值是 NaN，那么返回真。在复杂计算之前，对两个输入进行无序判断，要比在计算的每个阶段对它们进行判断更有效率。如果使用 unordered 函数对电路的输入进行了预判断，所有运算的 error_check 参数可设置为 false。

6.6.8 操作符

可用于浮点类型的操作符集合如下：

比较：＝，/＝，＜，＜＝，＞，＞＝；

布尔：not，and，or，nand，nor，xor，xnor；

算术：符号－，abs，＋，－，□，/，mod，rem。

如上所述，大多数操作符有两种方式，操作符本身和具有模式选项的函数形式。

浮点类型没有移位操作符，因为浮点表示法中不同域的含义不同，移位操作符没有意义。

6.6.9 比较操作符

浮点类型可用所有的比较操作符：＝，/＝，＜，＜＝，＞，＞＝。这些操作符的函数形式如下：

```
eq,  ne,  lt,  le,  gt,  ge
```

每个函数还有额外的模式参数：

```
function eq   (l,   r    :  float;
                    check_error : boolean := true;
                    denormalize : boolean := true)
  return boolean;
```

比较操作符还有函数形式，这一点有些奇怪，因为比较操作符只执行比较即可。但是对于两个操作数尺寸不同的情况，模式选项是需要用户配置的，此时，进行比较之前，先将两个操作数调整到相同尺寸。调整尺寸时，函数形式允许启动或者关闭去归一化的数和错误检查选项。操作符默认启动这两个选项。

显然，如果比较的参数总是尺寸相同，就不需要使用函数形式，应自始至终使用操作符形式。

比较操作符依赖于排序的概念。排序首先依赖于数的分类，然后依赖数值。序最低的类是负无穷，然后是负的归一化数，负的去归一化数。接着是零，正零和负零相等。随后是正的去归一化数，正的归一化数，最后是正无穷。比较时，如果类不同，排序就可确定(还有一些对零值的特殊处理)。如果类相同，并且都是归一化的数或者都是去归一化的数，此时比较参数的符号和尾数。

NaN是无序的，所以NaN不能等于、小于或者大于任何值，包括NaN本身。如果某一参数是NaN，比较操作符返回false。

下面的例子说明了比较操作符的用法，它返回两个float32值中的最大值。

```
library ieee;
use ieee.std_logic_1164.all;
use ieee.numeric_std.all;
use ieee.fixed_float_types.all;
use ieee.fixed_pkg.all;
use ieee.float_pkg.all;
entity max is
  port   (a : in float32;
          b : in float32;
          z : out float32);
end;
architecture behaviour of max is
begin
  z <= a when a > b else b;
end;
```

比较操作符的函数形式参数表如下：

```
function gt   (l,  r :  float;
               check_error   : boolean := true;
               denormalize   : boolean := true)
  return boolean;
```

这是大于操作符(“>”)的函数形式。本例中,只有两种模式选项,而不是全部 4 种模式选项。所提供的模式选项为 check_error 和 denormalise,默认启动。所以,用函数形式重写上述例子：

```
architecture behaviour of max is
begin
  z <= a when gt(a,b)  else b;
end;
```

这与操作符形式的作用完全相同。关闭模式选项重写这个例子：

```
architecture behaviour of max is
begin
  z <= a when gt(a,b,false,false)  else b;
end;
```

这种形式效率更高,不需要进行错误检查和对去归一化数的支持。

6.6.10 布尔操作符

5.3 节介绍的 3 类布尔操作符都可用,即基本布尔操作,选择布尔操作和缩减布尔操作。它们的工作方式与 5.3 节描述的完全相同：not，and，or，nand，nor，xor，xnor。

基本布尔操作符对两个相同尺寸的参数，对每个元素执行按位逻辑，得到尺寸相同的结果。

选择布尔操作符将一位输入与数组的每个元素进行组合，得到尺寸相同的数组。

缩减布尔操作符组合数组的所有元素，得到一位输出。程序包的 VHDL-2008 版本提供了操作符形式，但程序包的 VHDL-1993 兼容版本提供了缩减函数形式(即 and_reduce 等)。换句话说，兼容程序包中，下列表达式是定点值的缩减与：

```
result <= and_reduce(input);
```

VHDL-2008 版中，相同的表达式是：

```
result <= and input;
```

因此，VHDL-2008 版本不能兼容 VHDL-1993 版本。

6.6.11　算术操作符

浮点类型可用下列算术操作符：符号－，abs，＋，－，＊，/，mod，rem。这些操作符的函数版本为：

```
add, subtract, multiply, divide, modulo, remainder, reciprocal
```

每个操作符都等价于模式参数为默认设置的函数形式。例如，加法函数的参数表如下：

```
function add  (l,  r   :  float;
               round_style   :  round_type    := round_nearest;
               guard         :  natural       := 3;
               check_error   :  boolean       := true;
               denormalize   :  boolean       := true)
    return float;
```

使用位置表示法控制模式选项列出所有选项：

```
x <= add(a,b,round_zero,0,false,false);
```

这是最小面积实现。也可以通过命名关联给出参数，这种情况下，只需要指定那些改变默认值的参数即可：

```
x <= add(a,b, guard => 0);
```

舍入模式被关闭，所以舍入模式变成无关，但错误检查和对去归一化数的支持仍然开启。

浮点运算不需要计算尺寸，而对于定点数，约定结果尺寸与参数尺寸相同，所以需要进行尺寸计算。参数具有不同尺寸的情况是个例外，这种情况下，将结果归一化，使尺寸足以包含两个参数。例如，一个 10:21 的值加上一个 8:23 的值将得到 10:23 的值。

浮点表示法的一个不同之处在于，它是符号-量值表示法，而不是 2 的补码表示法。因此数据范围对称，正数和负数的数目相等。

取负(符号-)和绝对值(abs)操作符只改变符号位。因为浮点表示法是对称的，不会造成溢出，所以没有副效应，而 signed 类型有副效应。

执行加法和减法运算时，要对齐两个数值的二进制小数点，对指数较小的数的尾数进行移位，直到两个数的指数相同。对齐后，对尾数进行加或者减。最后，将结果归一化到 1.0～2.0 范围。

乘法通过尾数相乘、指数相加来实现，然后将结果归一化。

除法类似，通过尾数相除、指数相减得到结果。尾数相除的算法类似于定点数的除法。divide 函数或者“/”操作符返回商，remainder 函数或者 rem 操作符返回除法的余数。然后将结果归一化。

倒数函数执行 1/X，但比 divide 函数更高效。

所有这些运算都可能导致溢出或者下溢，这种情况下，结果由溢出选项和下溢选项决定。

因为浮点程序包约定产生固定数据通路宽度，所以不需要 resize 函数：

```
library ieee;
use ieee.std_logic_1164.all;
use ieee.numeric_std.all;
use ieee.fixed_float_types.all;
use ieee.fixed_pkg.all;
use ieee.float_pkg.all;
entity sum_demo is
  port  (a, b, c, d :  in float32;
         z  :  out float32);
end;
architecture behaviour of sum_demo is
  signal aplusb :  float32;
  signal cplusd :  float32;
begin
  aplusb <= a + b;
  cplusd <= c + d;
  z <= aplusb + cplusd;
end;
```

更简单的形式如下：

```
architecture behaviour of sum_demo is
    begin
        z <= (a + b) + (c + d);
end;
```

6.6.12　Resize 函数

resize 函数用于将浮点数从一个尺寸转换为另一个尺寸，过程中执行溢出计算和下溢计算。

resize 函数有两个版本，代表两种指定结果尺寸的不同方式。一个版本将指数尺寸和尾数尺寸看做整数值。例如，用数值 8 和 23 表示 8:23 位数据的尺寸。用尺寸代替范围，这一点与定点程序包不一致，定点程序包中，resize 函数将数组范围作为参数。尺寸参数必须是可综合的常数，因为综合器必须知道结果的尺寸是多大，以便创建一个具有正确位数的总线。

另一个版本将信号或者变量作为参数，并从信号或者变量中得到尺寸。在 VHDL－2008 中可使用任何信号，但在 VHDL 的旧版本中，因为不能将 out 端口作为 in 参数传给函数，所以对于 out 端口是无效的。此时，应当使用第一个版本。

通过例子说明两个版本。第一个例子说明如何将范围指定为整数值：

```
library ieee;
use ieee.std_logic_1164.all;
use ieee.numeric_std.all;
use ieee.fixed_float_types.all;
use ieee.fixed_pkg.all;
use ieee.float_pkg.all;
entity float_resize_demo is
  port   (a   :  in float32;
          z   :  out float64);
end;
architecture behaviour of float_resize_demo is
begin
  z <= resize(a,  11,  52);
end;
```

注意范围被指定为尺寸，所以指数尺寸是 11，尾数尺寸是 52。注意尾数尺寸是正数，即使数组下界可能是负数。也可用属性重写：

```
z <= resize(a,  z'left,  - z'right);
```

注意如何通过取负将下(右)界转换成尺寸。由于有一个符号位，上(左)界就是指数尺寸，所以不需要像其他可综合类型那样对上界加一得到尺寸。

resize 函数第二个版本的表达方式更加简单,只需要一个信号或者变量就可提取出范围:

```
z <= resize(a,  z);
```

然而,这个版本不能用于读取 out 端口。这个版本可用于 z 是内部信号的情况。

注意:在浮点程序包的使用中,易犯的主要错误之一是赋值时没有检查目标的范围,只检查了目标尺寸。所以,将一个 8:23 位数赋给一个 10:21 位数完全合法,因为它们位数相同。这会导致结果左移两位,部分尾数被错误地解释成了指数部分。这会引进一个设计错误,仿真器和综合器都不能发现它。resize 的上述形式可以从目标直接读取尺寸,确保了源和赋值目标总是匹配的,所以是推荐使用这种形式。

resize 函数也执行溢出模式和下溢模式。它们需要 4 个额外参数,定义了执行 resize 时,舍入模式、错误检查和支持去归一化数的选项。

有两个界限的完整 resize 声明如下:

```
function resize   (arg   :  float;
    exponent_width   :  natural       := 8;
    fraction_width   :  natural       := 23;
    round_style      :  round_type    := round_nearest;
    check_error      :  boolean       := true;
    denormalize_in   :  boolean       := true;
    denormalize      :  boolean       := true)
   return float;
```

尺寸参数有默认值,所以如果没有指定尺寸,结果将为 float32。

默认的舍入模式是最近舍入,也可将其重载为 4 个舍入模式的任一模式。其余 3 个选项用于处理无穷、NaNs 和支持去归一化数。将 check_error 设置为 false 意味着在转换中不对无穷和 NaNs 做特殊处理。denormalize_in 参数告诉函数,输入值中是否有去归一化的数(即允许使用去归一化的数)。denormalize 参数决定 resize 的输出是否允许去归一化的数。

有 3 个可选择的 resize 函数,可将尺寸调整到某一标准尺寸(32 位,64 位和 128 位):

```
function to_float32(arg      :  float;
                    round_style      :  round_type    := round_nearest;
                    check_error      :  boolean       := true;
                    denormalize_in   :  boolean       := true;
                    denormalize      :  boolean       := true)
  return float32;
function to_float64(arg   :  float;
                    round_style      :  round_type    := round_nearest;
                    check_error      :  boolean       := true;
```

```
                        denormalize_in    :  boolean      := true;
                        denormalize       :  boolean      := true)
    return float64;
  function to_float128(arg    :  float;
                        round_style       :  round_type   := round_nearest;
                        check_error       :  boolean      := true;
                        denormalize_in    :  boolean      := true;
                        denormalize       :  boolean      := true)
    return float128;
```

只需简单调用 resize，给出合适的尺寸，float32 是 8:23 位浮点类型，float64 是 11:52 位浮点类型，float128 是 15:112 位浮点类型。

如果设计完全使用标准尺寸的浮点类型来实现，那么使用这些函数就可以不用记住标准类型的范围了，例如：

```
library ieee;
use ieee.std_logic_1164.all;
use ieee.numeric_std.all;
use ieee.fixed_float_types.all;
use ieee.fixed_pkg.all;
use ieee.float_pkg.all;
entity float_resize_demo is
  port    (a    :  in float32;
           z    :  out float64);
end;
architecture behaviour of float_resize_demo is
begin
  z <= to_float64(a);
end;
```

6.6.13 实用函数

程序包包含许多实用函数，但并不都可用于综合。下面是一些有用的实用函数。

6.6.13.1 常 数

下面几个函数返回常数，将常数调整为特定范围的浮点数：

```
function zerofp(exponent_width    :  natural    := 8;
                fraction_width    :  natural    := 23)
  return float;
function neg_zerofp(exponent_width    :  natural    := 8;
                    fraction_width    :  natural    := 23)
```

```
  return float;
function nanfp(exponent_width   :  natural   := 8;
               fraction_width   :  natural   := 23)
  return float;
function qnanfp(exponent_width  :  natural   := 8;
                fraction_width  :  natural   := 23)
  return float;
function pos_inffp(exponent_width   :  natural   := 8;
                   fraction_width   :  natural   := 23)
  return float;function neg_inffp(exponent_width  :  natural   := 8;
                                 fraction_width  :  natural   := 23)
  return float;
```

zerofp 返回指定了尺寸的零值,neg_zerofp 返回负零。类似地,nanfp 函数给出信号 NaN,qnanfp 给出静态 NaN,pos_inffp 给出正无穷(上饱和值),neg_inffp 给出负无穷(下饱和值)。使用这些函数,可根据尺寸参数定义,生成任意尺寸的浮点数。如果没有给定尺寸,生成结果为 float32。这些函数都还有第二种形式,采样变量或信号,用与 resize 函数类似的方式,从变量或信号中提取出尺寸。

6.6.13.2 is_negative

is_negative 函数用于判断数值是否小于零:

```
function is_negative  (arg : float)  return boolean;
```

可用于条件语句中:

```
if is negative(x)  then  ...
```

这个判断仅检查符号位,不考虑数值的分类。

6.6.13.3 scalb

scalb 函数以 2 的幂指数对参数进行缩放,并返回结果。scalb 函数将 2 的幂与指数相加,如果有必要,可进行溢出或下溢处理。

```
function scalb(y : unresolved_float;
               n : integer;
               round_style : round_type   := round_nearest;
               check_error : boolean      := true;
               denormalize : boolean      := true)
    return float;
```

有两个版本,一个版本的第二个参数为整数,另一个版本的第二个参数为有符号参数。

如 resize 函数一样,还有额外的选项来控制舍入模式、错误检查和对去归一化数的支持。

6.6.13.4　logb

logb 函数得到指数值：

```
function logb  (x : float) return integer;
function logb  (x : float) return signed;
```

指数减去偏移量，可从内部表示转换为有符号数。

6.6.13.5　Maximum 和 Minimum

maximum 和 minimum 函数的功能如名字所示，返回函数输入的最大值和最小值。

```
function minimum  (l, r : float) return float;
function maximum  (l, r : float) return float;
```

最常见的用法是两个输入的范围相同，这种情况下，结果的范围也相同。

但是如果输入的范围不同，则情况比较复杂。这时将结果的尺寸调整至足够大，保证值不会溢出或下溢，所以结果的尺寸是最大输入尺寸。例如，一个 8:23 位输入和一个 10:21 位输入，结果是 10:23 位。

6.6.13.6　nextafter

nextafter 函数是用于浮点数增量/减量运算。它返回由参数精度表示的下一个值。nextafter 函数的完整形式如下：

```
function nextafter(x : float;
                   y : float;
                   check_error  : boolean  := true;
                   denormalize  : boolean  := true)
  return float;
```

第一个参数是被增加或减少的值。第二个参数是一个参考值，函数生成接近这个参考值的下一个值。这经常是一个常数，下例得到接近正无穷的下一个值：

```
library ieee;
use ieee.std_logic_1164.all;
use ieee.numeric_std.all;
use ieee.fixed_float_types.all;
use ieee.fixed_pkg.all;
use ieee.float_pkg.all;
entity float_increment_demo is
  port  (a : in float32;
         z : out float32);
end;
```

```
architecture behaviour of float_increment_demo is
begin
  z <= nextafter(a,pos_inffp);
end;
```

结果的尺寸与第一个参数尺寸相同。check_error 和 normalize 参数控制这些溢出选项。

6.7 类型转换

如本章开始所述,综合程序包提供了一个具有 8 个类型的类型系统:

```
ieee.std_logic_1164.std_logic
ieee.std_logic_1164.std_logic_vector
ieee.numeric_std.signed
ieee.numeric_std.unsigned
ieee.fixed_pkg.sfixed
ieee.fixed_pkg.ufixed
ieee.float_pkg.float
std.standard.integer
```

为每个数据通路指定类型是一种好的做法,这样工作中可使用最合适的类型,尽量减少类型间的转换。然而,有时类型之间的转换是必需的。为此,综合程序包提供了一组不同类型之间的类型转换函数。

类型转换可分为位保留或值保留。

- 位保留:转换只是逐位复制每一比特,不将二进制位转换成数值,所以这个过程可能改变数值。
- 值保留:转换时根据值的类型对该值进行解释,生成一个目标类型的等量值。

有时,位保留转换也保留数值,这种情况下,将这个转换划分为值保留。

约定类型转换函数称为 to_type,这里,type 是被转换成的类型名称。综合程序包大多遵循这个约定,但也有例外。

还有一些其他情况。内置类型转换扩展了可能值的范围。内置类型转换(见 11.4 节)将目标类型的名称用作转换函数的名称。如果没有提供转换函数,就将这些内置转换当作位保留转换。

6.7.1 位保留转换

位保留转换只是逐位地对值进行复制,没有将二进制位解释成数值。因此,位保留转换没有硬件开销,仅将它们实现为线。

综合类型和 std_logic_vector 之间的类型转换都是位保留，因为没有对类型的数值解释。实际上，综合程序包提供的所有位保留转换，std_logic_vector 都是源类型或者目标类型。下一小节将解释如何执行常见的位保留转换。

6.7.1.1　数值类型和 std_logic_vector 间的转换

std_logic_vector 与有符号类型和无符号类型之间的转换，由内置的数组类型转换实现。例如，std_logic_vector 转换为 unsigned 时，类型名称 unsigned 用作类型转换函数。

```
library ieee;
use ieee.std_logic_1164.all;
use ieee.numeric_std.all;
entity type_conversion_demo is
  port   (slv_in      :  in   std_logic_vector(7 downto 0);
          unsigned_in    :  in   unsigned(7 downto 0);
          signed_in      :  in   signed(7 downto 0);
          slv_out1       :  out std_logic_vector(7 downto 0);
          slv_out2       :  out std_logic_vector(7 downto 0);
          unsigned_out   :  out unsigned(7 downto 0);
          signed_out     :  out signed(7 downto 0));
end;
architecture behaviour of type_conversion_demo is
begin
  -- convert to std_logic_vector
  slv_out1 <= std_logic_vector(signed_in);
  slv_out2 <= std_logic_vector(unsigned_in);
  -- convert from std_logic_vector
  unsigned_out <= unsigned(slv_in);
  signed_out <= signed(slv_in);
end;
```

signed 和 unsigned 之间也可以执行位保留转换，将类型名称用作转换函数。这是因为它们也是类似的数组类型。例如：

```
library ieee;
use ieee.std_logic_1164.all;
use ieee.numeric_std.all;
entity to_unsigned_demo is
  port   (a :  in signed(6 downto 0);
          z :  out unsigned(6 downto 0));
end;
architecture behaviour of to_unsigned_demo is
```

```
    begin
      z <= unsigned(a);
    end;
```

反向转换与之类似。

6.7.1.2 整型和 std_logic_vector 间的转化

内置的整数类型不能使用位保留方式直接转换成数组类型 std_logic_vector,因为 std_logic_1164 程序包没有提供这个功能。可以使用 numeric_std 的值保留转换,将整型转换成有符号类型或无符号类型,然后将内置位保留转换用于该类型,将有符号类型或无符号类型值转换成 std_logic_vector,正如上文描述的那样。

类似地,反向转换时,使用内置转换将 std_logic_vector 转换成有符号类型或无符号类型,然后使用 numeric_std 提供的值保留转换将其转换成整型。

```
library ieee;
use ieee.std_logic_1164.all;
use ieee.numeric_std.all;
entity type_conversion_demo is
  port   (slv_in        :  in   std_logic_vector(7 downto 0);
          integer_in    :  in   integer range -128 to 127;
          slv_out       :  out std_logic_vector(7 downto 0);
          integer_out   :  out integer range -128 to 127);
end;
architecture behaviour of type_conversion_demo is
begin
  -- convert to std_logic_vector
  slv_out <= std_logic_vector(to_signed(integer_in,  8));
  -- convert from std_logic_vector
  integer_out <= to_integer(signed(slv_in));
end;
```

注意,任何从整型到数组类型的转换都需要知道结果数组的尺寸。这时,尺寸已被写死。约定使用目标上的 length 属性来指定结果的尺寸:

```
slv_out <= std_logic_vector(to_signed(integer_in,  slv_out'length));
```

6.7.1.3 定点/浮点类型和 std_logic_vector 间的转换

对定点类型 sfixed 和 ufixed、浮点类型 float,内置类型转换不起作用,因为这些类型范围可以为负,而 std_logic_vector 类型的范围不能为负。为此,提供了类型转换函数来执行位保留转换。

表 6.10 列出了 fixed_pkg 提供的位保留类型转换函数。‘尺寸?’列表示函数是

否需要额外信息来确定结果的尺寸。如果该列为‘否’,那么函数可从输入推断出尺寸,例如所有到 std_logic_vector 的转换。如果该列为‘范围’,则需要两个参数给出上限和下限。最后,如果为‘样点’,那么使用采样变量或者信号来提供范围。具有多个选项意味着这个函数有好几个版本,每个版本对应一个选项。例如,‘范围/样点’表示这个函数有两个版本,一个版本需要范围,另一个版本需要样点。

表 6.10　fixed_pkg 中位保留类型转换

函　数	源类型	目标类型	尺寸?
to_ufixed	std_logic_vector	ufixed	范围/样点
to_sfixed	std_logic_vector	sfixed	范围/样点
to_slv	ufixed	std_logic_vector	否
to_slv	sfixed	std_logic_vector	否

这些类型转换对范围进行偏移但保留位模式。当转换为 std_logic_vector 时,对这些类型进行偏移,直到它们的下限为 0。当对 std_logic_vector 进行转换时,通过偏移范围参数指定的距离,会得到负的范围。例如:

```
library ieee;
use ieee.std_logic_1164.all;
use ieee.numeric_std.all;
use ieee.fixed_float_types.all;
use ieee.fixed_pkg.all;
entity type_conversion_demo is
  port  (slv_in         :  in  std_logic_vector(15 downto 0);
         ufixed_in      :  in  ufixed(7 downto -8);
         sfixed_in      :  in  sfixed(7 downto -8);
         slv_out1       :  out std_logic_vector(15 downto 0);
         slv_out2       :  out std_logic_vector(15 downto 0);
         ufixed_out     :  out ufixed(7 downto -8);
         sfixed_out     :  out sfixed(7 downto -8));
end;
architecture behaviour of type_conversion_demo is
begin
  -- convert to std_logic_vector
  slv_out1 <= to_slv(sfixed_in);
  slv_out2 <= to_slv(ufixed_in);
  -- convert from std_logic_vector
  ufixed_out <=
    to_ufixed(slv_in,  ufixed_out'left,  ufixed_out'right);
  sfixed_out <=
    to_sfixed(slv_in,  sfixed_out'left,  sfixed_out'right);
```

```
    end;
```

注意:to_ufixed 转换和 to_sfixed 转换提供结果范围的参数,和 resize 函数类似。对于综合,范围参数必须是常数,因为综合器必须通过检查这些参数值推断出要创建的总线的尺寸。float 类型也有类似的转换,只是参数是尺寸,而不是范围。

表 6.11 列出了 float_pkg 提供的位保留转换。'尺寸?'列表示函数是否需要额外信息来确定结果的尺寸。如果为'否',那么函数能从输入推断出尺寸,例如,所有转换成 std_logic_vector 的转换。如果为'多尺寸',那么需要两个尺寸。如果为'样点',那么用采样变量或信号来提供范围。具有多个选项意味着这个函数存在好几个版本,每个版本对应一个选项。例如,'多尺寸/样点'的表示这个函数有两个版本,一个版本需要尺寸,另一个版本需要样点。例如:

```
library ieee;
use ieee.std_logic_1164.all;
use ieee.numeric_std.all;
use ieee.fixed_float_types.all;
use ieee.fixed_pkg.all;
use ieee.float_pkg.all;
entity type_conversion_demo is
  port   (slv_in      : in  std_logic_vector(31 downto 0);
          float_in    : in  float32;
          slv_out     : out std_logic_vector(31 downto 0);
          float_out   : out float32);
end;
architecture behaviour of type_conversion_demo is
begin
  -- convert to std_logic_vector
  slv_out <= to_slv(float_in);
  -- convert from std_logic_vector
  float_out <=
    to_float(slv_in, float_out'left,  -float_out'right);
end;
```

注意:如何将输出范围转换成指数尺寸和尾数尺寸。

表 6.11　float_pkg 中位保留类型转换

函　数	源类型	目标类型	尺寸?
to_float	std_logic_vector	float	多尺寸/样点
to_slv	float	std_logic_vector	否

6.7.2 值保留转换

值保留转换根据值的类型对其进行解释，并产生目标类型的等价值，这个过程可能需要环绕、饱和、舍入、截断、零填充或者符号扩展。例如，将 sfixed 转换成有符号类型是值保留转换，转换期间，定点值被截断或舍入到最近的整数值。

3个综合程序包提供了值保留转换。值保留转换以分层的形式建立，每层仅可对低层更简单的类型提供转换。最简单的类型是内置整型。然后，numeric_std 提供 numeric_std 类型和整型之间的转换。下一层由 fixed_pkg 提供，fixed_pkg 提供它的类型和低层类型之间的转换，即数值类型和整型。最后，顶层是 float_pkg，提供了它的类型和所有其他层之间的转换。

6.7.2.1 numeric_std 提供的转换

表6.12列出了 numeric_std 提供的值保留类型转换。'尺寸?'列表示函数是否需要额外信息来确定结果的尺寸。如果为'否'，那么函数能从输入推断出尺寸。如果为'尺寸'，那么需要一个尺寸参数。

表6.12 numeric_std 中的类型转换函数

函　数	源类型	目标类型	尺寸?
to_integer	signed	integer	否
to_integer	unsigned	integer	否
to_signed	integer	signed	尺寸
to_unsigned	natural	unsigned	尺寸

使用上述类型转换函数，numeric_std 仅能实现每个数值类型和整型之间的类型转换，而不能进行有符号类型和无符号类型之间的转换。为了在子类型整型和有符号类型之间进行转换，需要使用类型转换函数。例如：

```
library ieee;
use ieee.std_logic_1164.all;
use ieee.numeric_std.all;
entity signed_conversions is
    port  (integer_in    :  in  integer range -128 to 127;
           signed_in     :  in  signed(7 downto 0);
           integer_out   :  out integer range -128 to 127;
           signed_out    :  out signed(7 downto 0));
end;
architecture behaviour of signed_conversions is
begin
```

```
    integer_out <= to_integer(signed_in);
    signed_out <= to_signed(integer_in, 8);
end;
```

如果输入值超过 32 位有效位,to_integer 函数可能溢出。仿真期间,整数溢出会产生错误,并且综合中未定义整数溢出。最好先对未超过 32 位的有符号值进行转换来避免错误,如果有必要,首先调整尺寸。

如果目标范围不够大来覆盖所有范围的输入,to_signed 可能会使数值类型溢出。程序包 numeric_std 没有给出溢出选项,但溢出时执行环绕模式。

对于综合,to_signed 的尺寸参数必须是常量,因为综合器必须通过检查这个参数值来推断出要创建的总线的尺寸。可以如示例中那样使用文字值,也可以使用目标信号尺寸:

```
signed_out <= to_signed(integer_in, signed_out'length);
```

从无符号类型到有符号类型的值保留转换很复杂,因为 numeric_std 程序包没有提供相关函数,所以转换分成两步进行,使用 resize 函数进行零扩展,然后使用类型名称做位保留转换:

```
library ieee;
use ieee.std_logic_1164.all;
use ieee.numeric_std.all;
entity to_signed_demo is
    port  (a : in unsigned(6 downto 0);
           z : out signed(7 downto 0));
end;
architecture behaviour of to_signed_demo is
begin
    z <= signed(resize(a, z'length));
end;
```

6.7.2.2 fixed_pkg 提供的转换

表 6.13 列出了 fixed_pkg 提供的值保留类型转换。'尺寸?'列表示函数是否需要额外信息来确定结果的尺寸。如果为'否',那么函数能从输入推断出尺寸。如果为'尺寸',那么需要一个尺寸参数。如果为'范围',那么需要给出两个参数指定上限和下限。最后,如果为'样点',那么使用采样变量或信号来提供范围。具有多个选项意味着这个函数具有几个版本,一个版本对应一个选项。例如,'范围/样点'表示这个函数有两个版本,一个版本需要范围,另一个版本需要样点。

使用 fixed_pkg 函数进行子类型整型和 sfixed 之间的转换,就像 numeric_std 一样。但是对于定点类型,这个函数可采用舍入选项:

```
function to_integer   (x :  sfixed;
    overflow_style    :  fixed_overflow_style_type   := fixed_saturate;
    round_style    :  fixed_round_style_type   := fixed_round)
    return integer;
```

表 6.13　fixed_pkg 中的类型转换函数

函　数	源类型	目标类型	尺寸?
to_ufixed	unsigned	ufixed	范围/样点/否
to_ufixed	real[a]	ufixed	范围/样点
to_ufixed	natural	ufixed	范围/样点
to_sfixed	signed	sfixed	范围/样点/否
to_sfixed	real[a]	sfixed	范围/样点
to_sfixed	integer	sfixed	范围/样点
to_sfixed	ufixed	sfixed	否
to_unsigned	ufixed	unsigned	尺寸/样点
to_signed	sfixed	signed	尺寸/样点
to_real	ufixed	real[a]	否
to_real	sfixed	real[a]	否
to_integer	ufixed	natural	否
to_integer	sfixed	integer	否

[a]注意:大多数综合系统尚未支持其他类型转换到 real 和从 real 转换到其他类型。表中包含了这些转换,因为在不久的将来,至少对于浮点文字,支持这些转换。

例如:

```
library ieee;
use ieee.std_logic_1164.all;
use ieee.numeric_std.all;
use ieee.fixed_float_types.all;
use ieee.fixed_pkg.all;
entity signed_conversions is
  port   (int_in     :  in integer range -128 to 127;
          sf_in      :  in sfixed(7 downto -8);
          int_out    :  out integer range -128 to 127;
          sf_out     :  out sfixed(7 downto -8));
end;
architecture behaviour of signed_conversions is
begin
  int_out <=
```

```
    to_integer(sf_in, fixed_wrap, fixed_truncate);
  sf_out <=
    to_sfixed(int_in, sf_out'left, sf_out'right, fixed_wrap);
end;
```

to_integer 函数使用了一个下溢模式来决定如何转换结果,移去小数部分。截断模式丢弃小数部分,而舍入模式将整数部分舍入到最近的整数值。而且,因为类型 integer 是 32 位类型,这个转换可能溢出。这种情况下,溢出行为由溢出模式决定,就像使用 resize 函数那样。环绕模式环绕式处理数,而饱和模式数停留在饱和值。

to_sfixed 函数将整数输入转换成定点值,整数部分相同,小数部分用零填充。它需要额外的参数来给出要创建的数值的范围。通常,可以使用样点信号来指定范围,也可以使用两个值来指定范围,就像示例那样。如果目标值小于输入类型,发生溢出。这种情况下,溢出行为由溢出模式来决定。

对于综合,范围参数必须是常数,因为综合器必须通过检查这个参数值推断出要创建的总线的尺寸。

下面的例子重载了默认面积最小的溢出模式和下溢模式,分别使用环绕模式和截短模式。要使用饱和模式和舍入模式的默认模式,省略额外参数即可:

```
int_out <= to_integer(sf_in);
sf_out <= to_sfixed(int_in, sf_out'left, sf_out'right);
```

signed 和 sfixed 之间有类似的转换。主要的区别是到有符号的转换需要尺寸参数或者样点信号来确定结果的尺寸。

通过调用 to_sfixed 函数来执行 ufixed 到 sfixed 的转换。

```
library ieee;
use ieee.std_logic_1164.all;
use ieee.numeric_std.all;
use ieee.fixed_float_types.all;
use ieee.fixed_pkg.all;
entity to_sfixed_demo is
    port   (a   :  in ufixed(7 downto -8);
            z   :  out sfixed(8 downto -8));
end;
architecture behaviour of to_sfixed_demo is
begin
    z <= to_sfixed(a);
end;
```

这个函数不需要尺寸参数,但将数值增加了一位以包含结果的所有范围,所以必须正确地确定赋值目标的尺寸。没有反向转换,因为在无符号表示中,没有负数的值保留解释。如果需要可使用位保留转换。

6.7.2.3　float_pkg 提供的转换

表 6.14 列出了 float_pkg 提供的值保留类型转换函数。'尺寸?'列表示函数是否需要额外信息来确定结果的尺寸。如果为'否',那么函数能从输入推断出尺寸。如果为'尺寸',那么需要一个尺寸参数。如果为'多尺寸',需要两个参数给定指数尺寸和尾数尺寸。最后,如果为'样点',那么使用采样变量或信号来提供范围。

表 6.14　float_pkg 中的类型转换函数

函　数	源类型	目标类型	尺寸?
to_float	sfixed	float	多尺寸/样点
to_float	ufixed	float	多尺寸/样点
to_float	signed	float	多尺寸/样点
to_float	unsigned	float	多尺寸/样点
to_float	real[a]	float	多尺寸/样点
to_float	integer	float	多尺寸/样点
to_sfixed	float	sfixed	多尺寸/样点
to_ufixed	float	ufixed	多尺寸/样点
to_signed	float	signed	尺寸/样点
to_unsigned	float	unsigned	尺寸/样点
to_real	float	real[a]	否
to_integer	float	integer	否

[a] 注意:大多数综合系统尚未支持其他类型转换到 real 和从 real 转换到其他类型。表中包含了这些转换,因为在不久的将来,至少对于浮点文字,支持这些转换。

使用 float_pkg 提供的函数在子类型整型和浮点类型之间进行转换,与 fixed_pkg 类似。但是对于浮点类型,这个函数可以执行错误检查和舍入选项:

```
function to_integer   (arg :  float;
    round_style : round_type    := round_nearest;
    check_error : boolean := true)
  return integer;
function to_float   (arg :  integer;
    exponent_width : natural    := 8;
    fraction_width : natural    := 23;
    round_style : round_type    := round_nearest)
  return float;
```

例如:

```
library ieee;
```

```
use ieee.std_logic_1164.all;
use ieee.numeric_std.all;
use ieee.fixed_float_types.all;
use ieee.fixed_pkg.all;
use ieee.float_pkg.all;
entity float_conversions is
    port  (int_in      :  in integer range -128 to 127;
           float_in    :  in float32;
           int_out     :  out integer range -128 to 127;
           float_out   :  out float32);
end;
architecture behaviour of float_conversions is
begin
    int_out <=
        to_integer (float_in,  round_zero,  false);
    float_out <=
        to_float(int_in,  float_out'left,  -float_out'right,  round_zero);
end;
```

to_integer 函数使用 4 个舍入模式之一来决定如何转换结果,移去小数部分。

to_float 函数将整数输入转换成相等的浮点值,然后对它归一化。需要额外参数来给出将要得到的值的范围。通常,可以使用一个样点信号来指定范围,也可以使用两个值来指定尺寸,正如示例中那样。注意如何将数组范围转换成尺寸。如果目标小于输入类型,发生溢出,溢出行为由舍入模式决定。

对于综合,范围参数必须是常数,因为综合器必须通过检查这个参数值推断出将要创建的总线的尺寸。

为了给出最小面积转换,本例重载了默认的错误检查模式和舍入模式。若想使用默认的最近舍入模式,省略额外的参数即可:

```
int_out <= to_integer(float_in);
float_out <= to_float(int_in,  float_out'left,  -float_out'right);
```

sfixed/ufixed 和 float 之间的转换类似。主要区别是浮点到定点类型的转换需要范围参数或者一个样点信号来确定结果的尺寸。

```
function to_sfixed   (arg :  float;
  left_index        :  integer;
  right_index       :  integer;
  overflow_style    :  fixed_overflow_style_type   := fixed_saturate;
  round_style       :  fixed_round_style_type      := fixed_round;
  check_error       :  boolean                     := true;
  denormalize       :  boolean                     := true)
```

```
  return sfixed;
```

从浮点到定点的转换可能溢出或下溢，所以不仅需要指定可选择的错误检查、支持被转换浮点的去归一化数，还需要指定定点模式，即共给出 4 个模式参数。

最后是无符号类型/有符号类型和浮点类型之间的转换。浮点到数值类型的转换需要一个尺寸参数或一个样点信号来确定结果的尺寸。

```
function to_signed  (arg :  float;
  size          : natural;
  round_style   : round_type   := round_nearest;
  check_error   : boolean      := true)
  return signed;
```

这与 to_integer 转换类似。

6.8 常　数

综合类型的常数可由字符串值或位串值来表示。

字符串的书写方式和设想的一样，最高有效位位于左端。例如，使用下列赋值初始化一个 8 位信号：

```
library ieee;
use ieee.std_logic_1164.all;
use ieee.numeric_std.all;
entity zero is
  port  (z  :  out signed  (7 downto 0));
end;
architecture behaviour of zero is
begin
  z <= "00000000";
end;
```

当将字符串值赋给综合类型的信号或变量时，字符串值长度必须正确。然而，本例中，另一个办法是使用具有 others 选项的集合体：

```
  z <=  (others =>  '0');
```

当有符号类型或无符号类型信号与常数相加时，参数的尺寸不需要匹配，因为加法操作符可以取不同长度的参数。本例通过简单地将字符串值“1”与输入相加来实现无符号类型信号的递增。

```
library ieee;
use ieee.std_logic_1164.all;
```

```
use ieee.numeric_std.all;
entity unsigned_increment is
  port  (a  :  in unsigned   (7 downto 0);
         z  :  out unsigned   (7 downto 0));
end;
architecture behaviour of unsigned_increment is
begin
  z  <=  a  +  "1";
end;
```

当使用有符号类型时要小心,因为字符串值“1”可取值－1。记住 signed 类型是有符号类型,因此符号位必须包含在字符串值中。对于值“1”,单独一个比特是符号位,既然这位是‘1’,那么值必定是负数。实际上,一位有符号数的取值范围是－1～0。为了得到值 1,使用 2 位数值“01”。避免这种错误最简单的方法是直接使用整数值。下一节讨论在算术运算和比较中混用数值类型和整数类型。

当使用 sfixed,ufixed 和 float 时,文字值只能用于可从上下文推断出范围的地方。这是由定点范围的严格规则和二进制小数点位置的解释决定的。

简单赋值的范围能被推断出来,所以下面代码中对一个 8.8 位 sfixed 赋值是合法的:

```
library ieee;
use ieee.std_logic_1164.all;
use ieee.numeric_std.all;
use ieee.fixed_float_types.all;
use ieee.fixed_pkg.all;
entity zero is
  port  (z  :  out sfixed   (7 downto -8));
end;
architecture behaviour of zero is
begin
  z <= "0000000000000000";
end;
```

然而,使用位串文字更方便,因为,它允许使用下划线来表示二进制小数点,可读性更好:

```
z <= B"00000000_00000000";
```

然而,文字值不能用于表达式中,无论是赋值语句还是条件语句:

```
library ieee;
use ieee.std_logic_1164.all;
use ieee.numeric_std.all;
```

```
use ieee.fixed_float_types.all;
use ieee.fixed_pkg.all;
entity illegal_increment is
  port   (a    :  in sfixed    (7 downto  - 8);
          z    :  out sfixed    (8 downto  - 8));
end;
architecture behaviour of illegal_increment is
begin
  z <= a + B"01_0";      - -  error
end;
```

原因在于不能从上下文推断出文字的范围。它是+操作符的一个参数，输入可采用任意范围，所以 VHDL 的规则规定它必须取范围(integer'left to integer'left+2)，这违反了定点范围的规则，显然不可以。

记住定点程序包提供了二进制序列的解释，这个解释不是语言的一部分，并且语言中没有对定点表示法的内置支持。因此，有必要解决这一局限性。

解决这个问题的办法是加整数值1，或者声明一个常数并将它用于加法：

```
architecture behaviour of legal_increment is
  constant one    :   sfixed(1 downto  - 1)   := B"01_0";
begin
  z <= a + one;
end;
```

假定被加的值是整数值，通常优先使用整数文字，但是如果涉及了小数，必须使用具有字符串文字值或位串文字值的常数，因为小数不能用其他方法来表示。

6.9 表达式中的混合类型

综合程序包也定义了操作符，可以混用数组类型和整型。当与固定整数值相加或比较时，这非常有用，因为它避免了将整数值转换成字符串值。这样更易于理解，因为整数值由十进制表示，而字符串值是二进制。话虽如此，有时二进制表示法更加清晰(如在屏蔽操作中)，有时是唯一的方法(如在表示小数中)，此时，应当使用字符串值。

为了说明整数值的用法，重新书写先前的8位增量器，将整数值1用于加法：

```
architecture behaviour of increment is
begin
    z <= a + 1;
end;
```

这种形式的第二个优点是不会遗漏有符号数的第一个符号位。

比较中也可以使用整数值。例如,可与整数值 0 比较,来判断信号是否是负数:

```
library ieee;
use ieee.std_logic_1164.all;
use ieee.numeric_std.all;
entity compare is
  port   (a    :  in signed   (7 downto 0);
          negative   :  out std_logic);
end;
architecture behaviour of compare is
begin
  negative <=   '1'  when a < 0 else  '0';
end;
```

这个实例中,有符号类型的信号和整数值 0 进行了比较。

注意:定点程序包看起来好像允许在混合类型表达式中使用实数类型值来代替整型值,所以下列表达式看起来是合法的:

```
z <= a + 0.1;
```

问题是 0.1 是实数类型值,实数类型是浮点类型而不是定点类型。所以,这种用法要求综合工具将浮点值转换成定点值 0.1,以避免硬件开销。也许未来一些综合器会为常数提供这个功能,但是现在它通常是不可用的,也不能保证将来是可用的。所以,对于综合,不推荐这种用法。

6.10 顶层接口

VHDL 中使用综合工具生成门级网表,与 RTL 模型的顶层实体基本接口相同,但是降至 std_logic 和 std_logic_vector 类型。所有多位综合类型被映射成 std_logic_vector,就像整型那样。

一些设计师只用这两种类型来设计顶层实体,以便 RTL 模型和门级模型之间的接口不会发生变化,这样这两个模型就可以使用相同的测试平台。

所以,为了这个约定,本书从头到尾始终使用最恰当的类型来设计系统,这样对于每一个需要测试平台的元件,添加一个额外的顶层实体和具有简单端口结构体即可。

这个顶层模型有一个和最初设计的端口名称相同的实体,但是被缩减成两种简单类型,同时保持相同的二进制位数。顶层模型的结构体包含了一个元件实例和一组对元件端口映射的位保留类型转换。

考虑上一节的 unsigned_increment 设计，有下列接口：

```
library ieee;
use ieee.std_logic_1164.all;
use ieee.numeric_std.all;
entity unsigned_increment is
    port   (a   :  in unsigned(7 downto 0);
            z   :  out unsigned(7 downto 0));
end;
```

可将顶层电路添加为接口的封装：

```
library ieee;
use ieee.std_logic_1164.all;
entity unsigned_increment_top is
    port   (A :  in std_logic_vector(7 downto 0);
            Z :  out std_logic_vector(7 downto 0));
end;
```

注意：端口使用大写字母可以更加清晰地解释。结构体如下：

```
use ieee.numeric_std.all;
architecture behaviour of unsigned_increment_top is
begin
    d1:  entity work.unsigned_increment(behaviour)
      port map   (a => unsigned(A),
                  std_logic_vector(z)   => Z);
end;
```

注意，如何将类型转换添加到元件实例的端口映射。对于 in 模式端口，类型转换在端口映射的右手边，这是对顶层的实体端口进行转换，但对于 out 模式端口，类型转换在左手边，这是对较低层的元件端口进行转换。

理论上，对于输入，先进行顶层实体端口的转换，然后将元件和转换信号连接到元件端口上。而对于输出端口，离开元件后元件端口产生类型转换后的结果，然后转换后的信号连接到顶层实体端口上。

inout 端口（即三态总线）使用这两种方法的组合。考虑三态驱动器元件，它具有下列部分定义的接口：

```
library ieee;
use ieee.std_logic_1164.all;
use ieee.numeric_std.all;
entity tristate is
  port   (...
          z   :  inout unsigned(7 downto 0);
```

```
                    ...);
end;
```

下面是该元件的顶层封装：

```
library ieee;
use ieee.std_logic_1164.all;
entity tristate_top is
  port  (...
            Z   :  inout std_logic_vector(7 downto 0);
            ...);
end;
use ieee.numeric_std.all;
architecture behaviour of tristate_top is
begin
  d1:  entity work.tristate(behaviour)
    port map  (...
                std_logic_vector(z)   => unsigned(Z),
                ...);
end;
```

所以,通过右手边的转换,传给元件的数据由 std_logic_vector 转换成了 unsigned,而通过左手边的转换,从元件传出的数据由 unsigned 转化成了 std_logic_vector。

当对 floating - point 类型或 fixed - point 类型进行转换时,使用类型转换函数而非内置类型转换来正确地处理负数下标。具有负数下标的数组端口被映射到了自然数范围。

例如,考虑另一个简单的例子,使用 fixed - point 类型,有下列接口：

```
library ieee;
use ieee.std_logic_1164.all;
use ieee.numeric_std.all;
use ieee.fixed_float_types.all;
use ieee.fixed_pkg.all;
entity increment is
  port  (a  :  in sfixed(7 downto -8);
         z  :  out sfixed(8 downto -8));
end;
```

使用归一化的 std_logic_vector 端口和来自 fixed_pkg 的类型转换函数的封装电路如下：

```
library ieee;
use ieee.std_logic_1164.all;
entity increment_top is
```

```
  port   (A :  in std_logic_vector(15 downto 0);
           Z :  out std_logic_vector(15 downto 0));
end;
use ieee.numeric_std.all;
use ieee.fixed_float_types.all;
use ieee.fixed_pkg.all;
architecture behaviour of increment_top is
begin
  d1:  entity work.increment(behaviour)
     port map   (a => to_sfixed(A,  7,  -8),
                 to_slv(z)   => Z);
end;
```

注意，to_sfixed 转换需要 3 个参数，因为它也需要转换后的数值范围。本例中，没有可用的具有恰当范围的信号，所以使用整型常数。

第 7 章

Std_Logic_Arith(标准算术逻辑)

第 6 章介绍了将任意精度的算术运算转换成相应运算逻辑的综合程序包。然而,由于历史原因,目前正在使用的数值程序包不只有一种。换言之,在实际可使用的 VHDL 综合工具刚出现的头几年里,把任意精度整数的算术运算转换成相应逻辑的需求十分迫切,综合工具供应商们逐渐把他们各自开发的已成熟的私有程序包添加到 VHDL 的综合工具套件中,所以造成了目前数值程序包种类繁多的情况。

标准算术逻辑程序包,即 std_logic_arith,逐渐被大部分 EDA 工具供应商接纳,成为他们所提供的综合工具套件中的一部分。之后,标准算术逻辑(std_logic_arith)获得普遍认可,成为业界的实际标准。这个程序包由 Synopsys 公司开发,可以与该公司提供的综合工具配套使用。现在,大多数综合和仿真工具都使用该标准算术逻辑包,而且是免费的。

标准算术逻辑程序包(std_logic_arith)的主要问题是它最初是由私人开发的,程序包的版权归 Synopsys 公司所有。因此人们努力使其标准化,用一个非私有的、功能相当的程序包来替代它。终于符合 IEEE 标准的程序包诞生了,这就是标准数值(numeric_std)程序包和标准比特(numeric_bit)程序包。标准数值程序包(numeric_std)几乎是标准逻辑算术 std_logic_arith 程序包的直接替换品,而且已标准化。数值比特(Numeric_bit)程序包的功能和它们相同,但由于使用比特(bit)类型,所以很少有人使用。

许多年后,新的 IEEE 标准才得到广泛的应用,因此,有些设计仍在使用标准算术逻辑程序包(std_logic_arith)。但是对于新的设计,作者建议大家不要再使用 std_logic_arith,而应使用 numeric_std 和第 6 章中介绍的其他综合程序包。之所以介绍本章的内容只是为了理解和修改那些遗留下来的使用 std_logic_arith 的老设计。

7.1　Std_Logic_Arith 程序包

标准算术逻辑程序包(std_logic_arith)将数值表示为标准逻辑(std_logic)数组，并提供了若干个运算符，这样可以在类型相同的数据上执行按位逻辑运算、算术运算和数值比较。因为它的数据类型是数组类型，所以可以直接访问每个二进制位、利用片(slice)来实现总线分割、数组拼接以总线合并，以及实现硬件设计中类似总线的其他操作。实际上，std_logic_arith 中定义的类型都是通用类型。

这些程序包的信号和变量选用标准逻辑类型，即 std_logic，因为它可用于表示信号或变量的未知值和高阻态值，这可以为双向总线和三态驱动器建模。

标准算术逻辑程序包程序包与 std_logic_1164 结合，可提供 5 种不同的信号类型：

- std_logic——表示一比特信号，如时钟和控制信号；
- std_logic_vector——表示无数值含义的多比特信号；
- signed——表示有正负含义而且用二进制补码形式定义的多比特信号 ；
- unsigned——表示无正负含义定义整数的多比特信号；
- integer——多比特类型的数组索引。

注意：std_logic_arith、fixed - point 和 floating - point 程序包不能混用，因为它们分别使用无符号和有符号的 numeric_std 类型来实现。如果想使用新程序包，数值应选择 numeric_std 类型。

通常可以在 ieee 库中找到标准算术逻辑程序包。就起源而言，这种说法不太准确，因为该程序包并不是 IEEE 标准。然而，将该程序包放在 ieee 库中又是合理的，因为它使用了程序包 std_logic_1164，而 std_logic_1164 在 ieee 库中。有些供应商将标准算术逻辑程序包单独放在别的库中，或者提供两个版本的 ieee 库，一个版本包括非标准化的扩充包，而另一个版本与 IEEE 标准保持一致。

为了使用标准算术逻辑程序包(std_logic_arith)，需要用 library 子句使它所在的库可见，并用 use 子句使标准算术逻辑程序包的内容可以被访问到。此外，还需要使用 use 子句使 std_logic_1164 程序包的内容也可以被访问到。当使用程序包时，例如，使用 std_logic_arith 包时，因为它接下去要用的那些子程序包是不被继承的，所以必须用 use 子句显式地声明需要用到哪些子程序。因此，在使用这些程序包的实体或结构体之前需要做下列声明：

```
library ieee;
use ieee.std_logic_1164.all;
use ieee.std_logic_arith.all;
```

7.2 Std_Logic_Arith 的内容

标准算术逻辑(std_logic_arith)程序包定义了两个类型,这两个类型都是非限定性数组,元素类型都为 std_logic。这两个类型分别为无符号类型和有符号类型,即 unsigned 和 signed:

```
type signed is array   (natural range <>)  of std_logic;
type unsigned is array   (natural range <>)  of std_logic;
```

规定:用二进制补码形式表达的可以区分正负的数值用 signed 类型表示,而不区分正负的幅值绝对值用 unsigned 类型表示。程序包提供的算术运算符遵循该规定。

使用两个完全不同的类型来定义信号或变量,可以防止其中某一比特的含义含糊不清。

用无符号和有符号两种不同类型来定义 8 比特信号的例子如下:

```
signal a   :  signed(7 downto 0);
signal b   :  unsigned(7 downto 0);
```

上面两条声明语句都构建了 8 比特的数据总线。第一条声明语句构建的数据总线范围是－128～127 的有符号数,而第二条声明语句构建的总线是范围为 0～255 的无符号数,尽管它们的比特数完全相同,但含义却有很大的不同。

这两个类型也和没有数值含义的 std_logic_vector 完全不同,所以不可能发生混淆。为了使用该程序包提供的扩展运算符集,信号或变量必须使用 unsigned 或 signed 类型。

7.2.1 位宽调整函数

标准算术逻辑程序包定义了一组函数 conv_signed 和 conv_unsigned,它们可用于调整位宽,即对 signed 和 unsigned 类型的数值进行截断或者扩展。例如,可以将一个 8 位的信号值赋给一个 16 位信号。实际上,可调整位宽的函数有很多个,有些函数还可以执行类型转换。本节将主要讨论只调整位宽而不改变类型的函数。7.3 节将讲述类型转换,到时再讨论可将位宽调整与类型转换相结合的其他函数。

为了说明如何使用位宽调整函数,下面举一个将 8 位 signed 信号赋给 16 位信号的例子:

```
library ieee;
use ieee.std_logic_1164.all;
```

```
use ieee.std_logic_arith.all;
entity signed_resize_larger is
    port   (a :   in signed(7 downto 0);
            z :   out signed(15 downto 0));
end;
architecture behaviour of signed_resize_larger is
begin
    z <= conv_signed(a,  16);
end;
```

conv_signed 函数需要两个变量。第一个变量是需要调整位宽的信号或者变量名(本例中是信号 a),第二个变量是将要调整到的位宽(本例中是 16 位)。如果它是可综合的,第二个变量必须是常数,因为综合器必须知道结果的位宽是多少,以便创建比特数准确的总线。

还可以通过赋值目标的 length 属性获得表示位宽的常数,下面给出了一个非常方便的表示方式:

```
z <= conv_signed(a,  z'length);
```

这表明:无论 z 的位宽是多少,都将 a 的位宽调整至 z 的位宽。尽管 z 是 out 端口,但是 z 的位宽也是可读取的。out 端口的值不可读取,但是其位宽可读取。这种表示法的优势在于,使用这种表示法,赋值中就不会出现信号位宽不匹配的情况。本例中,信号被调整到了更大的位宽。该函数通过变量的符号扩展来实现位宽调整。

conv_unsigned 函数可对 unsigned 数进行类似操作,与 conv_signed 函数几乎完全相同,使用方式也完全一样:

```
library ieee;
use ieee.std_logic_1164.all;
use ieee.std_logic_arith.all;
entity unsigned_resize_larger is
  port   (a    :   in unsigned(7 downto 0);
          z    :   out unsigned(15 downto 0));
end;
architecture behaviour of unsigned_resize_larger is
begin
  z <= conv_unsigned(a,  16);
end;
```

主要区别在于增大无符号数值的位宽时,前面用零扩展而不是用符号扩展。

这两个函数还可以反向工作,通过截断大数值来获得较小的数值。因此,上述 signed 示例的反向操作是:

```
library ieee;
```

```
use ieee.std_logic_1164.all;
use ieee.std_logic_arith.all;
entity signed_resize_smaller is
    port  (a :  in signed(15 downto 0);
           z :  out signed(7 downto 0));
end;
architecture behaviour of signed_resize_smaller is
begin
    z <= conv_signed(a,  8);
end;
```

上面的例子将一个 16 位宽的信号 a 缩减成一个 8 位宽的信号,并将其赋给输出端口 z。conv_signed 函数通过截断来执行位宽的缩减:丢掉信号的高有效位。换言之,本例中,丢弃的比特是 15～8 位。

注意:关于截断有一个规范的约定。若数值很小,截断后的位宽并不影响该数值的表示,则无论数值是正还是负,都能保留该数值。然而,若数值是很大的有符号数,如果截断后的位宽不能完整地表示该数值,则该有符号数的表示不能不受到影响,例如,大的负数截断后可能变成正数。同样,大的正数截断后有可能变成负数。当然,这在 2 的补码表示中是可以预料到的。

举个例子说明上述影响:若将 16 位负值“1000000000000001”(－32 767)截断成 8 位后,则将得到“00000001”(＋1)。显然,大的有符号数的位宽截断后其数值会发生变化。

最后举一个例子,说明如何使用 conv_unsigned 函数,将大的无符号类型变量调整至位宽较小的变量:

```
library ieee;
use ieee.std_logic_1164.all;
use ieee.std_logic_arith.all;
entity unsigned_resize_demo2 is
  port  (a :  in unsigned(15 downto 0);
         z :  out unsigned(7 downto 0));
end;
architecture behaviour of unsigned_resize_demo2 is
begin
  z <= conv_unsigned(a,  8);
end;
```

和预料的一样,conv_unsigned 函数也是只丢弃高有效位。

7.2.2 运算符

标准算术逻辑(std_logic_arith)程序包为 signed 和 unsigned 两个类型定义了一

套可综合的运算符集。此外，还有关于如何解释和使用这些类型的指导手册，以便利用程序包实现正确功能。

可用于 signed 类型的运算符集有：

比较：=，/=，＜，＜=，＞，＞=；

算术：符号－，符号＋，abs，＋，－，*；

拼接：&。

这个列表中没有包括布尔运算符、指数运算符"**"、除法运算符"/"、求模"mod"和求余"rem"。移位运算符也不在其中，但是它们可由非标准命名的函数实现。

unsigned 类型的运算符集更严格，没有符号运算符"－"和 abs 运算符，因为对于无符号的算术运算而言，它们是没有意义的。

std_logic_arith 程序包的一个特点是每个运算符都有若干个副本，每个副本支持一种不同类型的操作数组合。比较运算符和算术运算符支持所有的 signed、unsigned 和 integer 类型的组合，这是所谓的重载方法，它允许混用类型，而不需要类型转换。例如，一个 unsigned 数和一个 integer 数可以直接相加，不需要先对其中一个操作数进行类型转换。

遗憾的是，标准算术逻辑(std_logic_arith)程序包定义的功能过多，可能带来歧义，看起来合法的 VHDL 语句可能导致编译错误。这个问题对所有运算符都有影响，7.4 节介绍常数时，将讨论这个问题及其解决方法。因为在表达式中用字符串值作为常数时，这是一个特别棘手的问题。

7.2.3　比较运算符

数值类型有完整的比较运算符集：=，/=，＜，＜=，＞，＞=。4.10 节曾警告过，用于数组的内置比较符不能用于表示数值的比特数组的比较运算。然而，对于标准算术逻辑程序包(std_logic_arith)中的类型，可以忽略这个警告，因为 signed 和 unsigned 的比较运算符已经重新定义了，所以可以得到正确的比较结果。此外，比较运算符对于不同位宽的变量也有定义，这样比较运算符使用起来就更容易更自然了。

下面的例子说明了比较运算符的用法，返回两个有符号(signed)值中最大的一个。

```
library ieee;
use ieee.std_logic_1164.all;
use ieee.std_logic_arith.all;
entity max is
  port  (a, b :  in signed(7 downto 0);
         z   :  out signed(7 downto 0));
```

```
end;
architecture behaviour of max is
begin
  z <= a when a > b else b;
end;
```

这个例子说明了如何使用大于运算符对两个有符号(signed)类型的变量进行比较。其他比较运算符可以使用同样的方式来完成。

7.2.4 布尔运算符

标准算术逻辑(std_logic_arith)程序包没有包含两个数组类型的按位逻辑运算符。解决这个问题的方法是使用基本程序包(std_logic_1164)所提供的逻辑运算符,该程序包定义了完整的按位逻辑运算符。

对某一数值类型的两个信号操作时,首先将类型转换成标准逻辑向量(std_logic_vector),然后执行逻辑运算,最后再将类型转换回来。因此,数组元素的位宽必须相同,但是数组的维数可以不同,使用 std_logic_vector 程序包执行逻辑运算时,必须遵守这个规定。

对两个 8 位的 unsigned 数进行逻辑与运算,得到 8 位结果的示例如下:

```
library ieee;
use ieee.std_logic_1164.all;
use ieee.std_logic_arith.all;
entity and_demo is
  port   (a,  b :  in unsigned(7 downto 0);
             z  :  out unsigned(7 downto 0));
end;
architecture behaviour of and_demo is
begin
  z <= unsigned(std_logic_vector(a)
                 and
                 std_logic_vector(b));
end;
```

许多设计师做逐位逻辑运算时,采用 for 循环遍历所有元素,这是不必要的。如本例所示,若使用 std_logic_1164 中的数组逻辑运算符,则更加简单。

7.2.5 算术运算符

数值类型的算术运算符只有 6 个,即符号-,符号+,abs,+,-,*。

上面这 6 种运算符可用于有符号类型变量的数值计算,所以属于操作符集合中的算术运算符子集合。有符号类型,即 signed,有一套可以执行补码算数运算的运算符,而无符号类型,即 unsigned,也有一套可以执行幅值算术运算的运算符。无符号类型没有负号(即"－"运算符),也没有求绝对值运算(即 abs 运算符),因为在做无符号数的算术运算时,它们都没有用处。

VHDL 中有符号数的算术运算符和整型的算术运算符不同,有符号数的运算符规定当计算出现溢出时,做回绕处理:例如最大的有符号正数加一,得到最小的有符号负数,－0。类似地,将最大的无符号正数加一,得到 0。

一元(符号)运算符"－"用于求出其右侧变量值的负值,即求出其二进制补码,得到的结果与变量值的位宽相同,所以可以对信号或者变量取负,并将结果赋给它自身或者位宽相同的另一个信号或者变量。例如,对信号 a 取负:

```
library ieee;
use ieee.std_logic_1164.all;
use ieee.std_logic_arith.all;
entity negation_demo is
  port   (a :  in signed(7 downto 0);
          z :  out signed(7 downto 0));
end;
architecture behaviour of negation_demo is
begin
  z <=  -a;
end;
```

因为 2 的补码的整数范围是非对称的,所以对最负的整数值取负将会产生溢出,又变回到最负的整数值。换言之,求最负整数的负值得到的实际上仍旧是它自身。这种奇怪的现象是由二进制补码表示法所引起的,出现在硬件中。这并不是什么大的问题,只要在程序包设计时,在运算结果中添加一个二进制比特位就可以避免这个问题,但这样做会改变运算符数据总线的位宽。如果需要添加二进制位,解决的方法是将取负运算符与 conv_signed 函数结合起来,在取负之前先进行位宽调整,举例说明如下:

```
library ieee;
use ieee.std_logic_1164.all;
use ieee.std_logic_arith.all;
entity negation_resize_demo is
  port   (a   :  in signed(7 downto 0);
          z   :  out signed(8 downto 0));
end;
architecture behaviour of negation_resize_demo is
begin
```

```
  z <= - conv_signed(a, 9);
end;
```

abs运算符只用于有符号类型的变量。若变量为负整数,则可通过对变量值取负得到其绝对值;若变量值为正整数,则变量值保持不变。若求出的绝对值的结果与变量值的位宽相同,则求最负整数的绝对值时会产生符号位溢出的现象,又变回到最负整数值。换言之,求绝对值运算符"abs"与取负运算符"-"具有同样的特性。在特殊情况下,求绝对值(abs)运算的结果可能是负整数。解决这个问题的方法是在取绝对值之前,先调整其位宽,使其至少要比操作数多一个二进制比特位。举例说明如下:

```
library ieee;
use ieee.std_logic_1164.all;
use ieee.std_logic_arith.all;
entity abs_resize_demo is
  port  (a  :  in signed(7 downto 0);
          z  :  out signed(8 downto 0));
end;
architecture behaviour of abs_resize_demo is
begin
  z <= abs conv_signed(a, 9);
end;
```

请注意 abs 是运算符,不是函数,所以参数外没有圆括号。

加法运算符和减法运算符("+"和"-")也保持数据总线的位宽不变;举例说明如下:若两个 8 比特数相加,则运算结果也是 8 比特数。换言之,若运算结果产生溢出比特,则加法和减法都删除溢出的比特。下面举例说明 8 比特的加法:

```
library ieee;
use ieee.std_logic_1164.all;
use ieee.std_logic_arith.all;
entity add_demo is
  port  (a, b  :  in signed(7 downto 0);
         z     :  out signed(7 downto 0));
end;
architecture behaviour of add_demo is
begin
  z <= a + b;
end;
```

若不希望加法操作删除其运算结果中出现的溢出比特,换言之,希望运算结果的位宽比加数和被加数变量的位宽多出一个比特,则应在这两个变量相加之前调整它们的位宽。举例说明如下：

```
library ieee;
use ieee.std_logic_1164.all;
use ieee.std_logic_arith.all;
entity add_resize_demo is
  port   (a, b   :  in signed(7 downto 0);
              z    :  out signed(8 downto 0));
end;
architecture behaviour of add_resize_demo is
begin
  z <= conv_unsigned(a, 9)   + conv_unsigned(b,9);
end;
```

实际上,已定义了加法运算符和减法运算符,使它们能用于不同位宽变量的计算中。若两个变量的位宽互不相同,则计算结果的位宽应等于位宽较大的那个变量的位宽。举例说明如下:若一个 8 比特数与一个 16 比特数相加,则计算结果将是一个 16 比特的数。

最后一个可综合的算术运算符是乘法运算符("*")。和其他运算符一样,它既可用于有符号数也可用于无符号数的运算。乘法运算符的定义中规定乘数和被乘数的位宽可以不同。例如,8 比特数可与 16 比特数相乘。然而,与其他的算术运算符不同,计算结果的位宽是乘数和被乘数位宽之和,即计算结果为 24 比特。通常算术运算符的运算结果保持其数据的位宽不变,而乘法运算符却不遵循这一规则。换言之,乘法从来不会产生溢出,因此不用对乘积做回绕处理。在乘法之前,不必调整乘数和被乘数的位宽以避免乘积丢失溢出位。然而,通常需要将乘积分片以做截断,或者调整乘积的位宽。

下面举例说明两个 8 比特的有符号数相乘如何得到 8 比特结果,在乘法之后,使用 conv_signed 来截断 16 比特结果。

```
library ieee;
use ieee.std_logic_1164.all;
use ieee.std_logic_arith.all;
entity multiply_demo is
  port   (a, b   :  in signed(7 downto 0);
              z    :  out signed(7 downto 0));
end;
architecture behaviour of multiply_demo is
  signal product   :  signed(15 downto 0);
begin
  product <= a * b;
  z <= conv_unsigned(product,  8);
```

```
end;
```

实际上,整个运算可缩减成一行:

```
z <= conv_unsigned(a * b, 8);
```

7.2.6 移位函数

原始 VHDL-1987 标准推出后不久,开发了标准逻辑算术程序包(std_logic_arith),所以标准逻辑算术程序包是基于 VHDL-1987 版本的,该版本没有内置移位运算符。为了解决该问题,std_logic_arith 程序包提供了一组用于有符号类型和无符号类型信号的移位函数。每个类型上有两种移位运算:

shl:左移;

shr:右移。

shl 和 shr 函数均需要两个变量,第一个变量是将要移位的数值、信号或者变量,第二个变量是一个无符号的数值,该数值指定了移位的位数。请注意,移位函数与移位运算符不同,移位运算符的移位位数是由整数值给定的,而在程序包 std_logic_arith 中,移位函数的移位位数是由无符号类型的数组给定。为了综合,移位位数必须是一个常数,因为综合器在编译时把移位解释成用硬连线重新对总线的二进制位做一次排列。

移位函数所执行的是简单的算术移位。无符号数或者变量执行移位时,左移和右移都用'0'填充。换言之,左移时,在右端填充零,右移时,在左端填充零,这一点十分明确,无任何歧义。

移位函数的典型用法如下所示,该例子说明如何将一个8位信号左移4位:

```
library ieee;
use ieee.std_logic_1164.all;
use ieee.std_logic_arith.all;
entity shift_demo is
  port   (a :  in unsigned(7 downto 0);
          z :  out unsigned(7 downto 0));
end;
architecture behaviour of shift_demo is
begin
  z <= shl(a, "100");
end;
```

注意 shl 是移位函数,而不是移位操作符,所以需要圆括号。还要注意指定移位位数时用的是二进制数的字符串值,本例中"100"表示左移4个比特。

有符号数的移位稍有不同,在右移中要扩展符号位。换言之,右移时,符号位从左端移入。左移时,没有区别,它与无符号数的左移完全相同。请注意,这意味着左移溢出的比特被删除,结果使数的符号发生改变。这与其他算术运算符的设计一致,也符合数的二进制补码表示。

7.3 类型转换

当使用标准逻辑算术程序包(std_logic_arith)时,共有 4 种不同类型可用。它们是有符号的数值类型(即 signed)、无符号的数值类型(即 unsigned)、内置类型(即 integer)和基本数组类型(即 std_logic_vector)。

通常,好的做法是为每条数据通路仔细地选择类型,以便使用最合适的类型完成预定的任务。因此,应尽量减少类型之间的转换。然而,有时必须进行类型转换。为此,标准逻辑算术程序包(即 std_logic_arith)中包含了一个完整的类型转换函数集,这个函数集可用于 4 个不同类型之间的转换。

类型转换函数被命名为 conv_type,其中 type 是被转换后的类型名称。这一大类的转换函数(即 conv_type)与通常被称为 to_type 大类的类型转换函数不同。表 7.1 列出了该程序包中可用的 16 个转换函数,以及它们把某种类型转换成另一种类型的细节。

表 7.1 标准逻辑算术(std_logic_arith)程序包中的类型转换函数

函数名称	变量的类型	结果的类型	需要第 2 个变量?
conv_integer	integer	integer	是
conv_integer	signed	integer	否
conv_integer	unsigned	integer	否
conv_integer	std_ulogic	integer	否
conv_unsigned	integer	unsigned	是
conv_unsigned	signed	unsigned	是
conv_unsigned	unsigned	unsigned	是
conv_unsigned	std_ulogic	unsigned	是
conv_signed	integer	signed	是
conv_signed	signed	signed	是
conv_signed	unsigned	signed	是
conv_signed	std_ulogic	signed	是
conv_std_logic_vector	integer	std_logic_vector	是
conv_std_logic_vector	signed	std_logic_vector	是
conv_std_logic_vector	unsigned	std_logic_vector	是
conv_std_logic_vector	std_ulogic	std_logic_vector	是

请注意,尽管转换函数可以将标准比特逻辑类型(即 std_ulogic)转换为其他类型,却不能将标准逻辑向量类型(即 std_logic_vector)转换成其他类型。标准逻辑向量类型(即 std_logic_vector)与有符号和无符号类型之间的转换是借助于类似数组类型之间的内置类型转换间接实现的。这种间接的类型转换曾被用于说明如何获取用于 std_logic_vector 的逻辑操作符,使它们能被用在有符号和无符号类型的运算上。为了将标准逻辑向量类型(即 std_logic_vector)转换为无符号类型,用无符号类型转换函数 unsigned,具体说明见下面的例子:

```
library ieee;
use ieee.std_logic_1164.all;
use ieee.std_logic_arith.all;
entity conversion_demo is
  port   (value    :  in std_logic_vector(7 downto 0);
          result    :  out unsigned (7 downto 0));
end;
architecture behaviour of conversion_demo is
begin
  result <= unsigned(value);
end;
```

间接的无符号类型转换并不能改变数组的大小,所以源信号的位宽必须与目标信号的位宽相同,然而它们的位宽原本可能并不相同。

还请注意,某些类型转换函数可以将不同的类型转换成相同的类型。7.4 节将讨论几个可以调整位宽的函数。譬如,可以将 8 比特有符号数转换成 16 比特有符号数的位宽调整函数。

如表 7.1 的第三列所示,第 2、3、4 行的函数都只需要一个变量,准备转换类型的数据值,转换后得到的结果是用整数类型表示的同一数据值。这只适用于转换成整数类型的函数,因为转换成整数类型不需要位宽信息。然而,转换成数组类型的函数需要第二个参数,以便给出转换后数组的位宽。举例说明如下,这个例子展示了从整数类型的子类型数值直接转换成无符号数的代码。

```
library ieee;
use ieee.std_logic_1164.all;
use ieee.std_logic_arith.all;
entity conv_unsigned_demo is
  port   (value    :  in natural range 0 to 255;
          result  :  out unsigned(7 downto 0));
end;
architecture behaviour of conv_unsigned_demo is
begin
  result <= conv_unsigned(value,  8);
end;
```

为了使代码能综合成电路,转换函数的第二个变量必须是常数,因为综合器必须根据这个常数值才能推断出将要构建的总线位宽。

7.4 常 数

有符号类型和无符号类型的常数都可用字符串值来表示。用字符串值表示常数时(此时应把常数理解为是数值类型的数字),字符串中字母的书写顺序和想象的完全一致,即最高有效位在字串的最左端。举例说明如下,使用下面的语句,可对一个 8 位信号 z 赋初始值:

```
z <= "00000000";
```

对数值类型的信号或者变量赋值时,字符串的长度必须与信号或者变量的位宽完全一致。在这种场合,也可以使用下面的语句,在赋值语句中掺入 others =>,用以扩展数值字符串的长度,令其与信号或者变量的位宽完全一致,如下所示:

```
z <=  (others => '0');
```

避免数值字符串太长的另一种方法是使用 conv_type 函数将短的数值字符串扩展到需要的长度。最简单的解决方法是使用 conv_unsigned,将单比特标准逻辑(std_ulogic)类型转换成无符号数。见下面的语句:

```
z <= conv_unsigned('0' , 8);
```

请注意上面语句中变量 0 的左右各用了一个单引号,这是因为它是标准逻辑(std_logic)类型的字符值,而不是无符号类型的字符串值。

当信号与常数相加时,因为加法操作符可以对不同位宽的加数和被加数进行求和运算,所以不需要对变量的位宽进行匹配。本例中,只需要将字符串值"1"与输入相加,就可使无符号信号增加 1。问题是字符串"1"的含义很不明确。它可以表示许多种不同类型:有符号(signed)、无符号(unsigned)、标准逻辑向量(std_logic_vector)或者字符串(string)。然而,可以将字符串(string)和有符号(signed)类型相加的加法运算符是不存在的,但用于其他 3 种数组类型的加法运算符是存在的。这说明标准逻辑算术(std_logic_arith)程序包存在一个基本问题,即算术运算符被赋予过多的功能,导致了很多歧义。对任何 VHDL 系统而言,不允许对算术运算符的功能做随意的解释,因为类似上述存在歧义的表达式很可能导致编译出错。

解决此类歧义的方法是使用类型评定(type qualification)。类型评定和类型转换看起来相似,但是作用却很不同。它告诉 VHDL 分析器希望得到什么类型的表达式。对于模型中有歧义的地方,即表达式可以选用若干不同类型的地方,通过类型评定告诉分析器应该选择哪种类型来解决这个歧义。它不会对仿真或者综合过程产生任何影响,只是帮助分析器解决语言歧义的问题。

类型评定由希望得到的类型名称、一个单引号和用圆括号括起来的待解析表达式构成。举例说明如下,为了使字符串“1”获得无符号评定,使用表达式:

```
unsigned ' ("1")
```

将上述类型评定表达式用于无符号信号加 1 的代码如下:

```
library ieee;
use ieee.std_logic_1164.all;
use ieee.std_logic_arith.all;
entity increment is
  port   (a :  in unsigned   (7 downto 0);
          z :  out unsigned   (7 downto 0));
end;
architecture behaviour of increment is
begin
  z <= a + unsigned' ("1");
end;
```

当使用有符号类型时要注意,因为字符串“1”也可表示 −1。为了得到表示 1 的值,应使用两位数值“01”。避免出现这种错误的一种方法是使用字符值‘1’而不是字符串。加法运算符允许单比特标准逻辑(std_ulogic)与有符号类型相加,在这种情况下,单比特被解释为非+1 即 0。

于是得到下面的例子:

```
architecture behaviour of increment is
begin
  z  <=  a  +  '1';
end;
```

再次注意单引号的使用。还要注意这里没有用类型评定。这个表达式无歧义,因为这里只有将有符号数和单比特标准逻辑(std_ulogic)字符值相加的加法运算。实际上,还有一个将无符号数和单比特标准逻辑(std_ulogic)相加的加法运算符,所以用这个方法可以避免使用前面例子中提到的类型评定。

7.5 表达式中混合类型

标准逻辑算术(std_logic_arith)程序包的运算符被赋予很广泛的功能,因此算术操作符可以在运算中混用比特数组类型的和整数类型的操作数。这种混用主要发生在与整型常数数值相加或者进行比较时,因为操作数类型的混用可以避免前面几个例子中介绍过的需要进行类型评定的麻烦。下面举例说明。

用整数值 1 作为加数,改写前面的 8 位递增加法器。其代码如下:

```
architecture behaviour of increment is
begin
  z <= a + 1;
end;
```

用这种形式做加法的第二个优点是不可能忽略有符号数的首位符号位,也不需要使用类型评定。

在做比较时也可以使用整数值。下面举例说明。通过与整数值 0 进行比较来判断信号是否为负数的代码如下:

```
library ieee;
use ieee.std_logic_1164.all;
use ieee.std_logic_arith.all;
entity compare is
  port   (a :  in signed   (7 downto 0);
          negative   :  out std_logic);
end;
architecture behaviour of compare is
begin
  negative <= '1' when a < 0 else '0';
end;
```

本例中,有符号类型的信号 a 与整数值 0 进行了比较。

表 7.2 列出了所有算术运算符可用的有符号和无符号类型的组合情况。尤其要注意返回类型。一般情况下,如果运算符的操作数中至少有一个是有符号类型,那么结果是有符号类型。否则,结果是无符号类型。所有情况下,结果的位宽与两个变量中位宽较大的那个位宽相同。

表 7.2　所有算术运算符的类型组合

左边操作数	右边操作数	结　果
unsigned	unsigned	unsigned
signed	signed	signed
unsigned	signed	signed
signed	unsigned	signed

另外,表 7.3 中所列的整数类型的组合仅适用于加法和减法,不适用于乘法。此外,两个操作数中只要有一个是有符号类型,结果就是有符号类型,否则结果是无符号类型。结果的位宽和数组变量的位宽相同。整数变量不影响结果的位宽,也不影

响结果的类型。

表 7.3 用于加法、减法的 Integer 组合

左边操作数	右边操作数	结 果
unsigned	integer	unsigned
integer	unsigned	unsigned
signed	integer	signed
integer	signed	signed

最后,表 7.4 所列的运算符集允许单比特标准逻辑类型(std_ulogic)和数值类型之间的加法或者减法。这种情况常用于简单的递增、递减,或者与进位输入的合并。同样,结果的位宽与数组操作数的位宽相同。

表 7.4 用于加法、减法的 std_ulogic 组合

左边操作数	右边操作数	结 果
unsigned	std_ulogic	unsigned
std_ulogic	unsigned	unsigned
signed	std_ulogic	signed
std_ulogic	signed	signed

有几个算术运算符还能提供标准逻辑向量(std_logic_vector)类型的返回值。然而,很少用到这些运算符,如果遵循数值类型总是用于表示数值的原则,则绝对不会采用标准逻辑向量(std_logic_vector)类型的返回值,所以不在这里对此进行讨论。

比较运算符也被赋予很广泛的功能。有符号类型可与有符号、无符号或者整数类型中的任何一种类型进行比较。同样,无符号类型也可与有符号、无符号或者整数类型中的任何一种类型进行比较。

第 8 章

时序 VHDL

VHDL 包括两个编程域:并发域和时序域。换句话说,VHDL 可以描述同时发生的活动和必须按照规定时序发生的活动。

并发域是 VHDL 结构体,包含信号赋值、元件实例化(第 10 章讨论)和进程。这些都是同步执行的。

VHDL 的时序域存在于进程内。它与传统编程语言的域相似。由于硬件本质上是并发的,所以时序 VHDL 很难解释成硬件。硬件解释实际上是从时序代码到并发等价的转换。通常,这是一个非常困难的(实际上是不可能的)任务,所以必须将规则强加到代码上,综合器正是这样工作的。若时序 VHDL 是可综合的,则必须遵循这些规则。时序 VHDL 对用户非常有用,可以产生更简单、更清晰的模型。因此,为了综合,有必要掌握时序 VHDL 的用法。本章介绍时序域。

8.1 进 程

进程是一系列必须按时序执行的时序语句。在这个层面上,VHDL 和许多软件编程语言类似。进程与软件程序之间的主要区别是,在仿真运行期间,进程重复运行,有点像连续循环,没有尽头。

8.1.1 进程分析

进程可出现在结构体主干中(begin 之后)的任何地方。进程的基本结构如下:

```
process sensitivity list
  declaration part
begin
```

```
  statement part
end process;
```

对于进程,有 3 部分需要进一步解释:敏感列表、声明部分和语句部分。

敏感列表是进程对之敏感的信号列表,这是一个信号的集合(被括在圆括号内)。仿真器对敏感列表中的信号进行监测,以确定是否有(信号值改变的)事件发生。敏感列表中任意信号的任意事件都会启动进程执行一次。换言之,语句部分中的所有语句将会被执行,然后进程停止,等待后续活动。每次进程被激活后,都会完全运行。实际上,进程是一个无限循环,即当进程到达尾端时,进程再次从顶端开始。这时候,进程会暂停,直到敏感列表中另一个改变再次启动执行。

敏感列表是可选的。如果没有敏感列表,那么进程将会不停地运行。这种情况下,进程必须包含 wait 语句来暂停该进程,并等待进一步的活动。后面会谈到 wait 语句的使用。如果有敏感列表,则 wait 语句不能出现在进程中。

进程的声明部分允许声明类型、函数、过程和变量(第 8.3 节),它们对进程而言是局部的,就是说,它们只能用于进程内。

进程的语句部分包含时序语句,每次激活进程,都会执行这些语句。进程中可用的语句集称为时序 VHDL,包括 if 语句、case 语句、for 循环和简单信号赋值,但不含条件信号赋值和选择信号赋值。仿真器自上而下运行进程中的语句,无限重复或者至少到仿真结束。所有进程同时运行。换言之,它们运行时好像同步一样,但实际上,进程每次可以任意时序运行,结果完全相同。

当进程正在运行时,仿真器中不会发生其他事情,尤其是不会处理事件,因此没有信号更新。进程执行期间,所有信号被认为是常数。进程持续运行,直到 wait 语句。此时进程暂停,等待 wait 条件获得满足。进程暂停期间,新值对信号进行更新。只有当满足 wait 条件时,进程重新开始。如果进程没有 wait 语句,当到达进程尾部时,进程发生暂停。敏感列表完全等价于尾部的 wait 语句。

并非 VHDL 中所有的时序语句都是可综合的,因为不是所有语句都有硬件等价形式。下节将会更详细地介绍那些可综合的时序语句。

8.1.2 组合进程

为组合逻辑建模的进程必须对读到的所有信号都敏感。换言之,当由代码表示的电路模型中有一个输入发生改变时,必须重新评估进程。毫无疑问,这是组合逻辑的预期行为。

若某进程不是对所有输入都敏感的,而且不是寄存器化的进程(第 9 章将会介绍),则该进程是不可综合的。对于这样的进程,没有等价的硬件形式,这个判断是由综合器做出的。而仿真器不会发现这一点,因为在 VHDL 中,该进程的语法是完全合法的。该进程不可综合的判断是由综合器做出的。

下面是一个组合进程的例子，如实体/结构体内所示：

```
library ieee;
use ieee.std_logic_1164.all,  ieee.numeric_std.all;
entity adder is
  port  (a, b :  in unsigned(3 downto 0);
         sum :  out unsigned(3 downto 0));
end;
architecture behaviour of adder is
begin
  process  (a,b)
  begin
    sum <= a + b;
  end process;
end;
```

这个进程的输入是信号 a 和 b，它们是程序包 numeric_std 的无符号类型。这两个信号都在敏感列表中构成了组合进程。这个进程只是将两个值 a 和 b 相加，可用一个简单并发信号赋值来实现，但是它说明了如何将进程用于 VHDL 结构体中。

仿真中，无论 a 或者 b 何时发生变化，这个进程都会运行，并用一个新值来更新信号 sum。很显然，这是一个组合逻辑的模型。

8.1.3　Wait 语句

组合进程的另一种形式是没有敏感列表，但包含 wait 语句，这个语句对该进程的所有输入都敏感：

```
process
  declaration part
begin
  statement part
  wait on sensitivity list;
end process;
```

它和敏感列表版本完全等价。前面例子的另一种形式是：

```
process
begin
  sum <= a + b;
  wait on a,  b;
end process;
```

实际上，VHDL 允许没有敏感列表的进程包含任意数量 wait 语句。然而，当用于组合逻辑的综合时,只能有一个 wait 语句。

8.1.4 wait 语句的位置

在组合进程的 wait 语句版本中,wait 语句在进程的末尾。其实 wait 语句也可以放在进程的开始处,这两者是等价的,原因在于 VHDL 仿真器的解析(也称为初始化)行为。在仿真的解析阶段,模型中的所有进程运行一次,然后停在 wait 语句处。若进程有敏感列表,则意味着进程中的所有语句运行一次,直到进程结束。

wait 语句不必一定放在进程结束处。实际上,放置 wait 语句最常见的地方是进程的开始处,这样做会改变解析行为,因为解析时 wait 语句将阻止其后任何语句的运行。然而,因为解析没有等价硬件,所以即使 wait 语句的位置不同,综合后生成的电路却没有任何区别。

前面组合示例的 wait 语句版本如下:

```
process
begin
  wait on a,  b;
  sum<= a + b;
end process;
```

解析造成仿真和综合之间的不同可能会带来问题,因为解析阶段设置的初始值,使得电路在仿真中可以正确工作,而电路被综合成门级电路时,可能进入一个未知状态。使用寄存器时最可能出现这个问题,9.12 节将详细讨论。

8.2 信号赋值

信号是进程内并发域和时序域之间的接口。信号是进程之间的一种通信手段:实际上,VHDL 模型是由信号交换信息的进程网络。很多仿真器为 VHDL 系统建立模型采用的就是这种方法,即剥离所有层次,只留下进程网络和信号。

仿真器交替更新信号值,然后运行由敏感列表中信号的变化所激活的进程。在进程运行期间,系统中的所有信号值保持不变。因此,进程执行期间,甚至在信号赋值之后,信号还是原来的值,不会立即变为新值。实际情况如下:进程对某一信号的赋值只是把改变那个信号值的事件排入等待执行的队列,等到该进程停止执行的时刻,仿真器才真的执行已排在队列中的赋值事件。

用 RTL 建模时,一般不使用时间延迟,所以能更清晰地看到信号发生了什么变化。观察信号处理的简单方法是在进程结束时更新信号,有敏感列表的情况下,进程在尾部或者 wait 语句处结束。

第 3 章介绍了 3 种信号赋值:简单赋值、条件赋值和选择赋值。这些都是并发信号赋值,换言之,它们存在于并发域中,在进程之外。进程内只能使用简单赋值。其他两种信号赋值可分别通过 if 语句和 case 语句重新实现。8.4 节和 8.5 节会分别对它们进行讨论。

8.3 变　量

变量用于存储进程内的中间值。它们仅存在于时序 VHDL 内,并且不能在结构体中对其进行声明或者直接使用。

8.3.1 声　明

变量声明与信号声明非常相似,如下:

```
variable a,  b,  c  :  std_logic;
```

变量声明出现在进程的声明部分(begin 之前)。变量可以是任意类型。

8.3.2 初始值

跟信号一样,所有变量都有初始值。仿真时,在解析阶段(在零时刻)给变量置初始值,初始值可以是自定义的或者是默认值。

变量声明语句中定义初始值的写法如下:

```
variable a :  std_logic  := '1';
```

这意味着,仿真开始时,变量 a 被置成初始值'1'。

即使声明中没有给变量置显式的初始值,仿真时变量仍然会有一个初始值。这个值将是其类型最左端的值。bit 类型最左端值是'0',所以用值'0' 初始化所有 bit 类型的变量,除非使用一个显式的初始值重新设置变量。std_logic 最左端的值是'U',所以将用'U'(这表示未被初始化)初始化所有变量 ,除非使用一个显式的初始值重新设置变量。

综合而言,初始值没有硬件解释,所以综合器会忽略初始值。若某设计依赖于被初始化的变量,则很可能会产生问题。

8.3.3 使用变量

进程执行期间不更新信号。这就是说,进程正在运行时,信号不会改变其值。这意味着,进程执行期间,信号不能用于存储计算的中间值。

变量是时序 VHDL 的一个特性,与传统编程语言中的变量类似。通过赋值语句,立即更新变量,甚至不能指定时间延迟。通常,变量用于存储累加结果或者进程内计算的中间值。下例显示了如何使用变量存储中间值:

```
library ieee;
use ieee.std_logic_1164.all;
use ieee.numeric_std.all;
entity add_tree is
  port   (a,  b,  c,  d :  in signed(7 downto 0);
           result   :  out signed(7 downto 0));
end entity;
architecture behaviour of add_tree is
begin
  process   (a,  b,  c,  d)
    variable sum :  signed(7 downto 0);
  begin
    sum := a;
    sum := sum + b;
    sum := sum + c;
    sum := sum + d;
    result <= sum;
  end process;
end;
```

注意:变量赋值使用符号“:=”,而信号赋值使用符号“<=”。

这个例子是典型的多输入加法器,由两输入加法器构建而成。本例中,因为端口是信号,所以通过将每个输入与中间值相加来获得结果,最后使用一个信号赋值,将电路的输出赋给输出端口。

8.4 if 语句

if 语句是条件信号赋值的时序等价形式,尽管它们不是完全等价。所有使用过传统编程语言的人都熟悉 if 语句,它允许进程根据条件来执行若干分支中的一个分支。

if 语句可有一个或多个分支,每个分支由一个或多个条件来控制。下列进程对此进行说明,这个进程包含一个三分支的 if 语句:

```
process   (a, b)
begin
  if a = b then
    result <= "00";
```

```
    elsif a < b then
      result <= "11";
    else
      result <= "01";
    end if;
  end process;
```

if 语句的第一个分支用于判断条件 a 是否等于 b。如果为真，则执行 if 语句第一个分支的内容，将值“00”(0)赋给结果，而后，忽略其他分支。然而，如果这个条件为假，那么执行下一个判断。这个判断是 elsif 条件，用于判断 a 是否小于 b。如果这个条件为真，那么执行第二个分支，将值“11”(−1)赋给结果。如果这个条件为假，那么将执行最后的分支，即一个无条件的 else 分支，将值“01”(1)赋给结果。

if 语句可有任意数量的 elsif 分支，也可完全省略它们，可以只有一个 else 分支，如果 else 分支存在，它必须是最后一个分支。也可以没有 else 分支。

if 语句的每个分支能包含任何数量的语句，不限于一个语句，正如本例一样。if 语句必须以 end if 作为结束。

if 语句的硬件解释是多路选择器。最简单的形式是具有一个 else 分支的 if 语句。例子如下：

```
library ieee;
use ieee.std_logic_1164.all,  ieee.numeric_std.all;
entity compare is
  port  (a,  b :  in unsigned  (7 downto 0);
         equal  : out std_logic);
end;
architecture behaviour of compare is
begin
  process  (a, b)
  begin
    if a = b then
      equal <=  '1';
    else
      equal <=  '0';
    end if;
  end process;
end;
```

这个例子判断两个无符号类型信号(两个 8 位无符号整数)是否相等，结果为 std_logic 类型。等于运算符的结果为布尔类型，本例说明如何通过 if 语句结构，有效地转换等于运算符，给出 std_logic 类型的结果。

最终电路如图 8.1 所示。注意，像所有其他示例一样，这个电路是图示，实际上，综合器会优化掉电路中的无效部分(本例中,多路选择器的输入是固定的)给出一个最小的解决方案。

多分支 if 语句通过多级多路选择器建模。下列多路 if 语句产生的电路如图 8.2 所示:

```
process  (a,  b,  c,  sel1,  sel2)
begin
    if sel1 = '1'  then
        z   <=   a;
    elsif sel2 = '1'  then
        z <= b;
    else
        z <= c;
    end if;
end process;
```

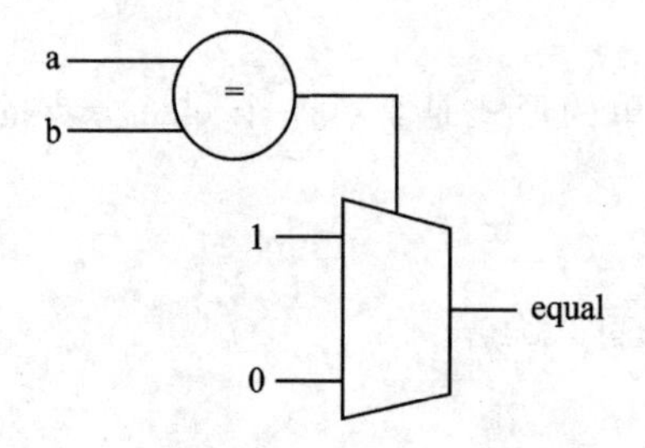

图 8.1 if 语句的多路选择器解释

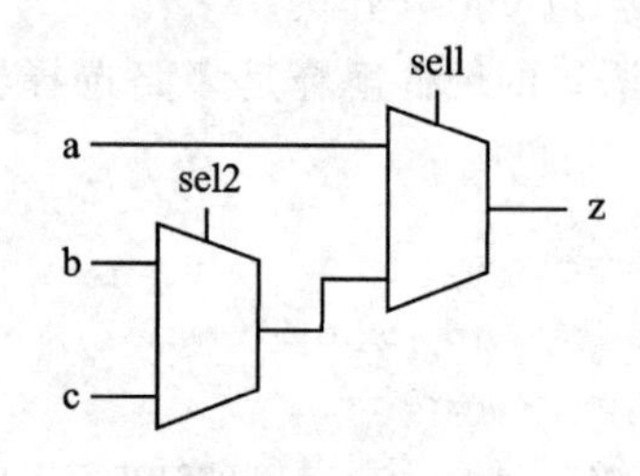

图 8.2 多分支 if 语句

第 3 章见过图 8.2 这个电路,当时用条件信号赋值来描述。这里是等价的 if 语句:

```
z <= a when sel1 =  '1'  else
     b when sel2 =  '1'  else
     c;
```

if 语句的分支条件被独立评估。本例中,条件涉及两个信号 sel1 和 sel2。条件的数量可以任意,每个条件独立。if 语句结构确保首先判断前面的条件。本例先判断 sel1,再判断 sel2。硬件反映了这个优先次序,由 sel1 控制的多路选择器在前(最接近输出),接着是由 sel2 控制的多路选择器。

条件的优先时序很重要,这样可以从条件中消除冗余判断。下例与上面那个例子行为相同,但是效率较低:

```
process  (a,  b,  c,  sel1,  sel2)
begin
  if sel1 =  '1'  then
```

```
    z <= a;
  elsif sel1 = '0' and sel2 = '1' then
    z <= b;
  else
    z <= c;
  end if;
end process;
```

对 sel1='0' 的额外判断是冗余的，因为只有 if 语句的第一个条件为假时，才会验证这个 elsif 条件。最好避免这样的冗余。综合器不能保证会察觉冗余并消除它们。更重要的是，这样的冗余表达式会使逻辑条件不清晰，降低模型的可读性。

使用多分支 if 语句时，每个条件可能会依赖不同的信号和变量。如果每个分支依赖同一信号，那么可能需要使用 case 语句。case 语句下节再讨论。

至此讲完了所有 if 语句的例子。换句话说，目标信号在所有可能条件下获得一个值。如上述 2-路和 3-路例子所示，给出了简单组合逻辑。然而有时信号在所有条件下都没有接收数值。信号没有接收数值有两种不同情形：缺少了对应于 if 语句的 else 部分或者 if 语句的某些分支没有对信号进行赋值。这两种情况下，解释是相同的。在信号没有接收数值的条件下，保留先前值。

这就提出了一个问题：先前值是什么？如果在 if 语句之前，信号有赋值，那么值来自赋值语句。如果没有，那么先前值来自之前执行进程时电路中引起的反馈，8.6 节介绍锁存器推断时会讨论反馈。

下列 VHDL 可说明第一种情形：

```
process (a, b, enable)
begin
  z <= a;
  if enable = '1' then
    z <= b;
  end if;
end process;
```

本例中，if 语句不完整，缺少 else 部分。因此，如果满足条件 enable='1'，信号在 if 语句中获得一个值，如果条件为假，信号保持未赋值状态。这种情况下，先前值来自 if 语句之前的无条件赋值。这等价于：

```
process (a, b, enable)
begin
  if enable = '1' then
    z <= b;
  else
    z <= a;
```

```
    end if;
  end process;
```

如果之前没有赋值，那么存在一个从电路的输出到输入的反馈。换句话说，如果 if 语句不完整且之前没有赋值，则产生反馈。这是因为之前进程执行的信号值被保留，变成了当前进程执行的值。

对于逻辑综合，书写 VHDL 时最常见的错误之一是由于不完整的 if 语句，电路中意外地引入反馈。综合器不可能检查这些错误，因为使用不完整 if 语句来描述锁存器是合法的。因此，设计师应该负责检查这些错误。

这里值得讨论的不仅是 if 语句的结构：如果希望电路是纯组合电路，那么必须确保在条件的每个可能组合下，进程中每个被赋值的信号（进程的一个'输出'）都接收一个值。实际上，有两种方法来实现：仔细确保在每个分支对 if 语句中每个待赋值信号进行了赋值，并总有 else 部分；或者，在 if 语句之前，用一个无条件赋值对信号初始化。组合进程的这种风格很常见：许多情形下，最好的结构是进程以一套默认赋值作为开始，然后在条件语句中，选择性地重载它们。

下列例子对这个错误进行了一些说明：

```
process (a, b, c)
begin
  if c = '1' then
    z <= a;
  else
    y <= b;
  end if;
end process;
```

本例中，尽管 if 语句看起来完整，但是在 if 语句的每个分支中对不同的信号进行赋值。因此，两个信号 z 和 y 会被锁存。

另一个例子是有冗余条件的判断，这个条件必定为真：

```
process (a, b, c)
begin
  if c = '1' then
    z <= a;
  elsif c /= '1' then
    z <= b;
  end if;
end process;
```

本例的 if 语句看起来很完整，但 if 语句的每个条件是独立综合的。因此，综合器不必检查第二个冗余的条件。所以，这个 if 语句会被综合为 2-路多路选择器，具有一个被锁存的输出，这个输出执行缺少的 else 条件，该条件要求存储先前值。本例的电路如图 8.3 所示。

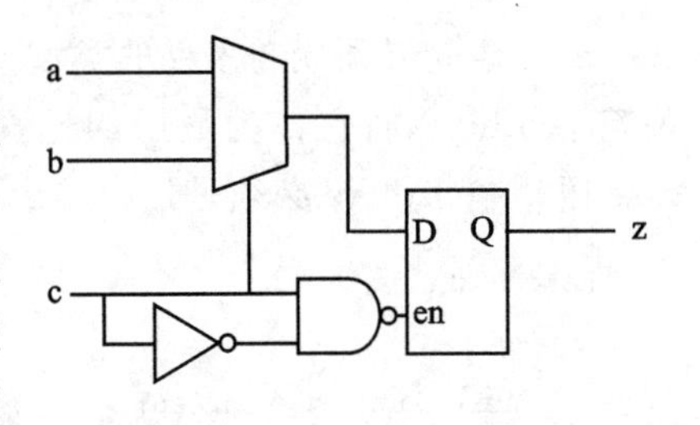

图 8.3　不完整的 if 语句

目前为止,所有 if 语句用法的讨论都以使用条件信号赋值为中心。实际上,使用变量时,规则同样适用。像信号一样,if 语句的一些分支对变量进行了赋值,而其他分支没有对这个变量赋值,那么通过锁存这个变量的值,以完全相同的方式保留先前值。

8.5　Case 语句

case 语句像 if 语句一样,根据条件提供一种分支。不同于 if 语句,case 语句的条件不必是布尔类型的,并且一个条件可有多个分支。case 语句还可以描述为选择信号赋值的时序等价形式,尽管它们不完全等价。

case 语句的条件可以是任意类型的信号、变量或者表达式。唯一的约束是条件必须是离散类型(换句话说,整数类型或枚举类型),或者是字符数组类型,如 bit_vector 或 std_logic_vector。这些约束与逻辑综合对类型解释的约束兼容。

考虑对枚举类型值排序的例子,这些值表示交通灯的状态,状态类型是枚举类型:

```
type light_type is  (red,  amber,  green);
```

控制序列发生器组合部分的进程最好用 case 语句来描述:

```
process  (light)
begin
  case light is
    when red =>
      next_light <= green;
    when amber =>
      next_light <= red;
    when green =>
      next_light <= amber;
  end case;
end process;
```

本例中,条件是 light 信号,它是 light_type 类型。case 语句包含 3 个分支,每个分支对应类型的一个可能值。将 when 部分称为选择,它们控制 case 语句分支。每个分支可包含任意数量的 VHDL 语句,尽管本例中,每个分支只包含一个语句:对 next_light 的信号赋值。

case 语句必须涵盖条件的类型或子类型的每个可能值。一个简便的快捷方式是关键字 others,将它作为最后的选择,这个选择匹配先前选择中所有未涉及的值。case 语句中,others 必须是最后一个选项。

```
case light is
  when red =>
    next_light <= green;
  when amber =>
    next_light <= red;
  when others =>
    next_light <= amber;
end case;
```

也可以将选择组合成多个选择或者范围选择,此外还可以组合成多范围选择。

下面是几个例子:

```
when 0 to integer'high =>
when red | amber =>
when 0 to 1 | 3 to 4 =>
```

竖线分开多个选择,可读作'或',所以第二个例子读作'当 red 或 amber 时执行'。范围(如 3 to 4)选择指定范围内的所有值。

从硬件角度来讲,case 语句实现为多路选择器结构,与 if 语句非常像。区别在于所有选择都依赖于同一个输入,这些选择相互排斥。而且,所有的选择优先级相同,所以电路中不存在倾斜优先级树。如果 if 语句的条件之间没有依赖性,与多分支 if 语句相比,使用 case 语句可以优化控制条件。

8.6 锁存器推断

如果只在一些条件下对信号或者变量赋值,其他条件下没有对其赋值,通常由于使用了不完整的 if 语句,先前的信号值或变量值被保留。在寄存器化的进程中,先前值是保存在寄存器中的值,所以反馈是同步的。第 9 章将会对此做更深入的讨论。在组合进程中,先前值是组合逻辑的输出,所以反馈是异步的。异步反馈被实现为锁存器。

综合器将异步反馈转换成锁存器采用的技术称为锁存器推断。它的名称特殊的原因在于它是一项特殊的技术,因为没有从 VHDL 到锁存器电路的直接映射,所以不得不做一个解释,以区别描述多路选择器的 if 语句和描述锁存器的 if 语句。

推断锁存器第一阶段,首先检测哪些信号会被锁存,即在所有可能条件下,没有接收新值的信号。第二个阶段是抽取条件集合,这些条件使每个信号接收一个值,并将这些条件的"或"运算作为锁存器的使能控制。每个信号被独立分析,所以进程可包含组合输出和锁存器输出。此外,每个锁存器的使能控制可以有不同的逻辑。

下面是一个使用锁存器推断的例子,这个进程使用 std_logic_vector 类型信号描述了一个 4 位锁存器。锁存器的输入和输出由矢量建模,而使能条件依赖于一位 std_logic 信号。信号声明如下:

```
signal input,  output   :  std_logic_vector(3 downto 0);
signal enable   :  std_logic;
```

使用不完整的 if 语句描述锁存进程:

```
process  (enable,  input)
begin
  if enable =  '1'  then
    output <= input;
  end if;
end process;
```

注意,锁存进程仍然是组合进程,所以敏感列表必须包括进程的所有输入信号。这里包括 enable 信号。

为了理解为什么这个模型是锁存器,考虑当 enable 保持'1'时,这个电路的行为。输入无论何时发生变化,进程重新执行,将输入的新值赋给输出。因此,输出追随输入,进程实现了透明模式的锁存器。如果 enable 保持'0',if 语句绕过赋值,输出没有追随输入。既然 VHDL 中的信号保持它们上次的赋值结果,那么输出将一直保持它上次被赋予的值。现在,进程实现了锁存器模型的保持模式。

从这个简单的例子可以清晰地看到,进程建立了锁存器电路模型。本例中,因为被锁存的信号是一个 4 位信号,所以将被综合成为一个 4 位的锁存器。电路如图 8.4 所示。

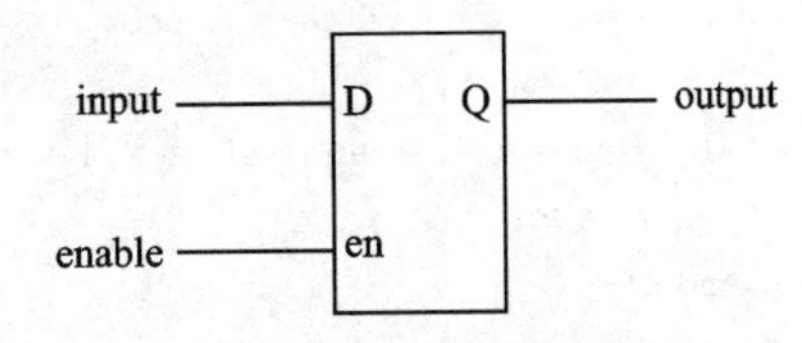

图 8.4 锁存器推断

原则上,锁存器推断可用于任何复杂的进程。若进程代码中有嵌套的 if 语句和 case 语句,则可分析进程的整体结构,进程中哪些输出信号缺少赋值。实际上,当有多级嵌套时,这个分析极为困难,所以实际的综合器通常有一个内置范围。这个范围会因综合器不同而改变。为保证锁存电路产生正确的锁存器推断,建议写锁存电路时,只在最外层条件描述锁存器行为。换言之,用最外层的一个 if 语句实现锁存器,然后将所有其他电路放到那个 if 语句里面。除最外层 if 语句以外,使所有内层的条件语句完整,以便这些条件可以描述组合逻辑。目前为止,本节使用的简单示例遵循这个约定,因为无论怎样,它们只有一级条件。这里以两层条件描述了一个锁存多路选择器,在最外层条件处为锁存器行为建模:

```
process  (en,  sel,  a,  b)
begin
  if en =  '1'  then
    if sel =  '0'  then
      z  <=  a;
    else
      z <= b;
    end if;
  end if;
end process;
```

本例中,外层 if 语句没有 else 部分,所以被综合成为锁存器。而内层 if 语句是完整的,因此它描述了一个多路选择器。最终电路如图 8.5 所示。

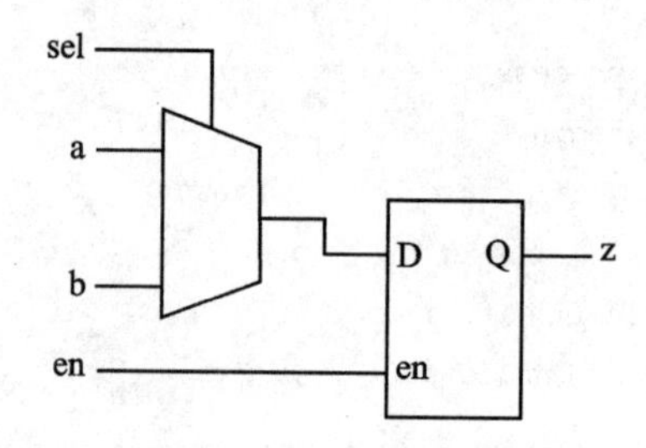

图 8.5 锁存的多路选择器

这种描述锁存器电路的方法也是最自然的。锁存进程是组合进程,在输出处具有锁存器。推断生成的锁存器总是出现在进程的输出处,因为需要为进程的下次执行保留这些输出。因此,将锁存进程写成条件(本例中是一个 if 语句),为锁存器建模,随后将进程的纯组合行为封闭在那个 if 语句层的内部,反映了这样的硬件结构。

使用一个单层、两分支的 if 语句可实现相同功能:

```
process  (en,  sel,  a,  b)
begin
  if en = '1' and sel = '0' then
    z  <=  a;
  elsif en =  '1'  and sel =  '1'  then
    z <= b;
  end if;
end process;
```

对于某些例子(尽管不是本例),这个风格可能更加清晰。因此,它是用于描述锁存器电路的另一种常见风格。缺少 else 子句意味着信号 z 并不总是在所有条件下获得新值,所以锁存器将由这个描述推断出来。锁存器的使能控制是 if 语句条件的或,缩减成条件 en='1'。电路的其余部分实现为多路选择器,即通过将最后分支转换成 else 子句,好像 if 语句是完整的一样来处理。可以看到,这等价于先前的描述。

8.7 循环

循环可对一段 VHDL 代码重复执行多次的机制,例如,以相同的方式处理数组中的每个元素。

VHDL 中有 3 种循环类型：简单的 loop、while loop 和 for loop。简单的 loop 会不停地无限循环。while loop 会持续循环未指定次数，直到条件变为假。for loop 持续循环指定次数。所有循环都可由 exit 语句（本节稍后讨论）来结束，并且这是结束简单 loop 的唯一方法。

循环的综合解释是硬件的复制，每循环一次，循环语句描述的硬件就复制一次，只有 for loop 才能这么做。这是唯一一种已知迭代次数的循环，因此，只有在 for loop 循环中，综合器才知道实现循环所需要的硬件复制次数。由于这个原因，这里只介绍 for loop。

8.7.1　For Loops

for loop 是一种重复固定次数的循环。下面的例子说明了如何使用 for loop。这是典型的、最常见的 for loops 的用法，用于对数组的所有元素执行相同的运算。

```
library ieee;
use ieee.std_logic_1164.all;
entity match_bits is
  port   (a, b :  in std_logic_vector(7 downto 0);
          matches   :  out std_logic_vector(7 downto 0));
end;
architecture behaviour of match_bits is
begin
  process  (a, b)
  begin
    for i in 7 downto 0  loop
      matches(i) <= a(i)  xnor b(i);
    end loop;
  end process;
end;
```

本例实现了一组按位等于（由 xnor 函数实现），在 a 和 b 的二进制位相等的地方，结果为‘1’，反之为‘0’。

有几个要注意的地方。首先，有一个循环常数 i 控制循环执行。循环常数只存在于循环内，所以一旦完成循环，就不能访问它了。循环常数不是变量，因此在进程声明部分中不需要对它进行声明。循环常数使用降序范围，所以向下计数。循环时，循环常数第一次为 7，第二次为 6 等，直到循环范围的最后一个值 0。称它为循环常数的原因是因为在循环内部，将 i 的值当做常数来处理；只能对它进行读操作，不能对它进行写操作。本例中，循环常数是整数类型，因为没有定义其他类型。

完整形式的循环范围说明类似于子类型的说明。本例可写为：

```
for i in integer range 7 downto 0 loop
```

循环常数每取一个值，就用对应的常数代替语句中的循环常数，复制一次电路，以此来创建等价电路。例如，第一次复制中，由 7 代替 i。等价的最终进程是：

```
process  (a, b)
begin
  matches(7) <= not(a(7) xor b(7));
  matches(6) <= not(a(6) xor b(6));
  matches(5) <= not(a(5) xor b(5));
  matches(4) <= net(a(4) xor b(4));
  matches(3) <= not(a(3) xor b(3));
  matches(2) <= not(a(2) xor b(2));
  matches(1) <= not(a(1) xor b(1));
  matches(0) <= not(a(0) xor b(0));
end process;
```

本例中，因为被复制的逻辑块之间没有关系，所以循环范围的排序无关紧要。若一个复制块与另一个复制块有联系，则循环范围的排序变得重要。通常由变量来创建这个关系，在循环的一次迭代中，这个变量存储一个值，然后，在循环的另一次迭代中，读取这个值。在进入循环之前，通常需要初始化这个变量。

下例显示了一个电路：

```
library ieee;
use ieee.std_logic_1164.all,  ieee.numeric_std.all;
entity count_ones is
  port  (vec   :  in std_logic_vector(15 downto 0);
         count  :  out unsigned(4 downto 0));
end;
architecture behaviour of count_ones is
begin
  process  (vec)
    variable result   : unsigned(4 downto 0);
  begin
    result := "00000";
    for i in 15 downto 0 loop
      if vec(i)  =  '1'  then
        result  := result + 1;
      end if;
    end loop;
    count <= result;
```

```
  end process;
end;
```

本例是组合逻辑块，统计 vec 中为‘1’的二进制位。使用字符串值(本例中是“00000”)将结果初始化为零。在进程执行期间，用 result 变量对结果进行累加，当进程结束时，将结果赋给输出信号 count。因为 result 需要存储的值范围为 0～16，所以 count 需要 5 bit。

综合中，通过循环展开来解释这个进程。

```
process   (vec)
  variable result    : unsigned(4 downto 0);
begin
  result   := "00000";
  if vec(15)   =   '1'   then
    result   := result + 1;
  end if;
  if vec(14)   =   '1'   then
    result   := result + 1;
  end if;
  …
  if vec(0)   =   '1'   then
    result   := result + 1;
  end if;
  count <= result;
end process;
```

循环的内容(一个包含了一条赋值语句的 if 语句块)表示了一个多路选择器-加法器结构，综合器为循环常数的每个值复制一次这个结构。上一个电路块的 result 输出变成了下一个电路块的 result 输入。产生的电路如图 8.6 所示。

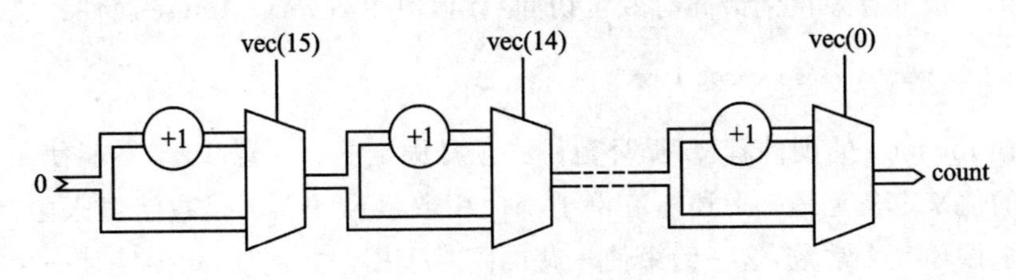

图 8.6　for loop 的解释

本例中，将 for loop 的范围指定为降序范围 15 downto 0。实际上，访问数组时，很少使用这种显式的循环范围，通常使用数组属性来指定循环范围。

根据被访问的数组是升序范围还是降序范围，以及期望循环访问数组元素的时序，有 4 种可能的组合。

如果要求循环从左到右访问数组元素，不论这个数组是降序范围还是升序范围，则使用 range 属性：

```
for i in vec'range loop
```

如果要求循环从右到左(与上述相反)访问数组元素，那么使用 reverse_range 属性：

```
for i in vec'reverse_range loop
```

另一方面，如果要求循环从最低下标到最高下标访问数组元素，不论数组是降序范围还是升序范围，那么使用 low 和 high 属性：

```
for i in vec'low to vec'high loop
```

最后，如果要求与上述相反，就是说，从最高下标到最低下标访问元素，那么反之，使用 high 和 low 属性：

```
for i in vec'high downto vec'low loop
```

写子程序时，如果不能提前(写子程序时)知道待传给子程序的数组变量或者数组信号会有降序范围还是升序范围时，选择正确的循环范围尤为重要。第 11 章中会对此进行详细讨论。对用于表示整数值的数组类型，如 numeric_std 中的 signed 类型和 unsigned 类型，约定不管数组范围怎样，最左端的二进制位是最高有效位，最右端的二进制位是最低有效位。这意味着，正确访问这样一个数组的方法是使用 range 属性或者 reverse_range 属性。

确切地说，为了从最高有效位到最低有效位访问表示整数的数组，使用 range 属性：

```
for i in vec'range loop
```

为了从最低有效位到最高有效位访问数组，使用 reverse_range 属性：

```
for i in vec'reverse_range loop
```

根据 for loop 的硬件解释，循环范围必须是固定的。这意味着，不能使用变量或者信号的值来定义范围。上述所有例子都使用数组尺寸而不是数组值来限制循环。约束要求循环数为常数，这一约束使一些电路难于描述。例如，想要统计一个数值尾部零的数量，最自然的实现方式是对零计数，直到遇到一个 1，然后停止。虽然用 while 循环可以很容易描述这个电路，但它是不可综合的。若在 for loop 语句中配合使用 exit 语句和 next 语句，则可以很方便地描述该电路，而且是可综合的。

注意：一个常犯的错误是声明一个变量，误以为它会用作循环计数器。这个变量会被忽略，循环会定义一个新的循环常数来重载这个变量，它们的名称相同。循环退出后，变量不会保留循环计数器的最后一个值，仍是未初始化的状态。

8.7.2 Exit 语句

exit 语句可以停止 for 循环的执行。换言之，即使尚未完成所有迭代也要退出 for 循环。

将 exit 语句用于刚才的例子，用电路统计一个标准逻辑型向量(std_logic_vector)尾部零的个数。解决办法如下：

```
library ieee;
use ieee.std_logic_1164.all,  ieee.numeric_std.all;
entity count_trailing_zeros is
  port  (vec   :  in std_logic_vector(15 downto 0);
         count   : out unsigned(4 downto 0));
end;
architecture behaviour of count_trailing_zeros is
begin
  process  (vec)
    variable result   : unsigned(4 downto 0);
  begin
    result  := to_unsigned(0,  result' length);
    for i in vec' reverse_range loop
      exit when vec(i)   = '1';
      result := result + 1;
    end loop;
    count <= result;
  end process;
end;
```

循环访问数组 vec 中的每个元素，从 vec 向量的最低有效位开始，每个比特是否为‘1’。若是‘1’，则退出循环，result 的当前值是 vec 向量尾部零的总数。若当前元素是零，则 result 的值加 1，循环再次运转。因为它是 for loop，当每个元素都被访问过时，循环都会停止。

这似乎违背了综合规则，为了复制硬件，必须知道迭代次数。然而，它是通过对每个可能的循环常数值复制一次硬件来实现的。exit 语句由多路选择器来表示，若 exit 条件变为真，则该多路选择器绕过当前迭代和所有剩余迭代的增量器。表示本例的电路如图 8.7 所示。

从本例可看出，循环中 exit 语句的硬件表示类似于循环内 if 语句的硬件表示。还可以看到，一小段 VHDL 可产生许多硬件。这个电路需要 16 个 5 位全加器和 16 个 5 位宽的多路选择器来实现循环，而循环只需要 4 行 VHDL 来描述。

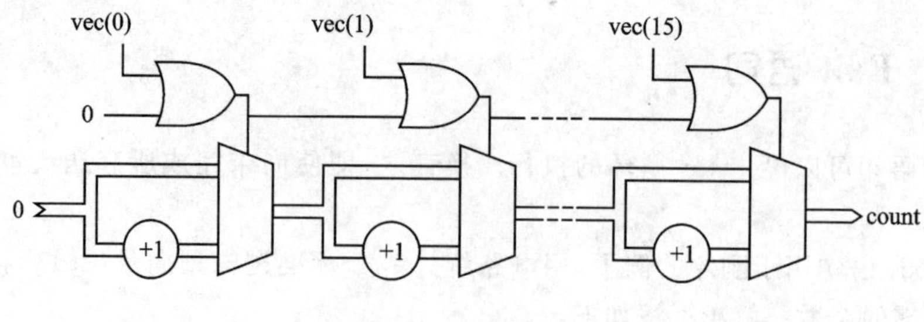

图 8.7　Exit 语句

8.7.3　Next 语句

next 语句与 exit 语句密切相关。next 语句跳过循环当前迭代中的剩余语句,并直接转移到下次迭代,而不是完全退出循环。next 语句之后,继续执行循环。

如果有条件地执行一组语句,next 语句能很好地替代 if 语句。实现 next 语句所需的硬件与实现等价 if 语句所需的硬件相同。因此,选择使用 next 语句还是使用 if 语句就降为代码风格或者可读性的问题。

再次说明具有一个 if 语句的 for loop。用 next 语句重写:

```
library ieee;
use ieee.std_logic_1164.all,  ieee.numeric_std.all;
entity count_ones is
  port   (vec :  in std_logic_vector(15 downto 0);
           count   : out unsigned(4 downto 0));
end;
architecture behaviour of count_ones is
 begin
   process  (vec)
     variable result   : unsigned(4 downto 0);
   begin
     result   := to_unsigned(0,  result'length);
     for i in vec'range loop
       next when vec(i)   =   '0';
       result   := result + 1;
     end loop;
     count <= result;
   end process;
 end;
```

这个版本中,如果当前元素值是零,就跳过增量语句,所以增量器只统计一的个数。产生的电路如图 8.8 所示。这个电路与图 8.6 中最初版本的电路之间唯一区别是颠倒了逻辑以控制多路选择器。这不影响要综合的电路,这两个电路等价。

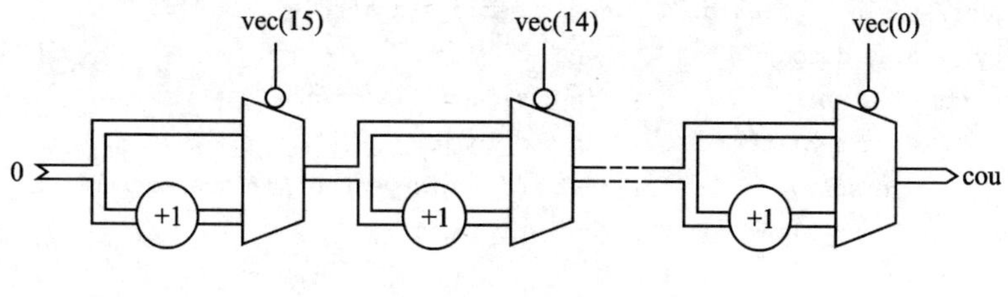

图 8.8　Next 语句

8.8　样　例

本例要解决的问题是设计一个带 0 空白显示控制的 BCD - 7 段译码器。这个电路用于驱动计算器和仪表板中的 LED 显示。它是纯组合电路。显示译码器(display decoder)的方块图如图 8.9 所示。这个电路将 4 位 BCD 输入值解析成对应显示段的 7 位输出。当输入值是零,且 zero - blank 输入是高电平时,取消显示,并将 zero - blank 输出置高电平。其他情况下,zero - blank 输出为低电平。

将段编号为 0～6,对应于图 8.10 所示的段位置。每个十进制数字对应的发光段如图 8.11所示。大于 9 的未被定义的值映射到任意显示模式上,本例中字母 E 表示错误。

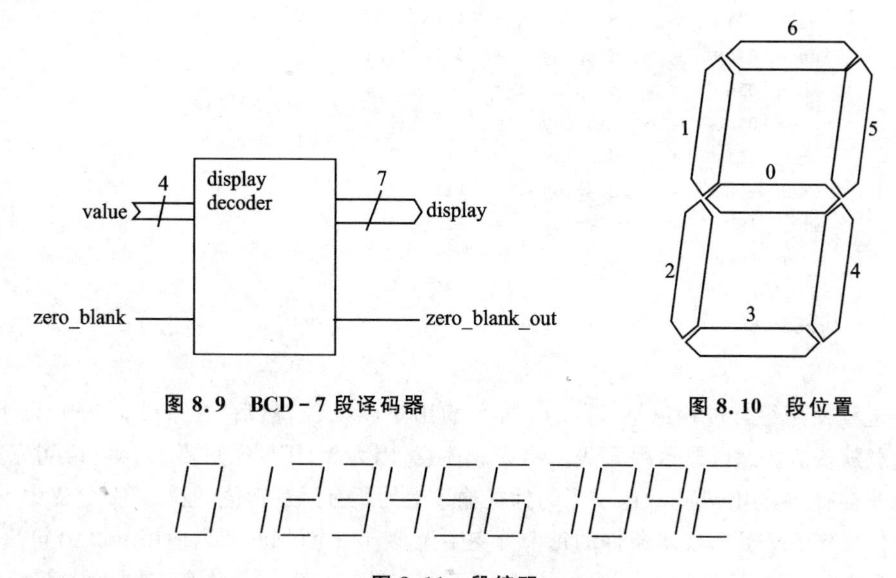

图 8.9　BCD - 7 段译码器

图 8.10　段位置

图 8.11　段编码

第一个阶段是根据方块图来写实体。因为 value 表示数值,所以采用无符号类型。display 输出只是一种位模式,没有数值解释,使用 std_logic_vector 类型。

```
library ieee;
use ieee.std_logic_1164.all,  ieee.numeric_std.all;
entity display_decoder is
    port  (value           :  in unsigned   (3 downto 0);
           zero_blank      :  in std_logic;
           display         :  out std_logic_vector   (6 downto 0);
           zero_blank_out  :  out std_logic);
end;
```

结构体包含一个进程,包含解析 value 的 case 语句。

```
architecture behaviour of display_decoder is
begin
  process  (value,  zero_blank)  begin
    display <= "1001111";
    zero_blank_out <=  '0';
    case value is
      when "0000"  =>
        display <= "1111110";
        if zero_blank =  '1'  then
          display <= "0000000";
          zero_blank_out <=  '1';
        end if;
      when "0001"  =>  display <= "0110000";
      when "0010"  =>  display <= "1101101";
      when "0011"  =>  display <= "1111001";
      when "0100"  =>  display <= "0110011";
      when "0101"  =>  display <= "1011011";
      when "0110"  =>  display <= "1011111";
      when "0111"  =>  display <= "1110000";
      when "1000"  =>  display <= "1111111";
      when "1001"  =>  display <= "1110011"
      when others =>  null;
    end case;
  end process;
end;
```

这个进程使用组合进程风格,开始时所有输出赋默认值,然后,在条件语句中选择性地重载默认值。默认显示用 E 表示错误。注意,因为 VHDL 规则要求 case 语句完整,所以非常有必要用 when others 子句捕捉输入上的所有元逻辑值,但在那个分支中不必有赋值语句。VHDL 要求条件的每个分支中至少有一个语句,所以使用 null 语句。

还要注意如何处理消零(zero blanking)。最初,在 case 语句的外面,将 zero_blank_out 信号赋‘0’值。然后,只在 zero_blank 输入置‘1’的情况下,在译码器零分支中的 if 语句里才重载 zero_blank_out 和 display 输出。

第 9 章 寄存器

本章介绍如何用 VHDL 描述寄存器。本章和本书的其余部分中，寄存器这个词始终是指触发器或者共用控制的触发器组。

本章首先介绍如何对寄存器建模，综合器如何将这个模型映射到触发器上。然后介绍如何为其他行为建模，如可重置寄存器、门控寄存器。这些模型使用综合模板以确保从 VHDL 模型到硬件的正确映射。

9.1 基本的 D 类型寄存器

要介绍用 VHDL 来描述寄存器的最好方法是举例说明。下面的例子是一个完整的 VHDL 设计，包括实体和结构体。这个例子只是为了说明内容；实际中不要求将每个寄存器描述成一个单独的设计单元，而且也很少这么做。

使用进程来描述用于逻辑综合的寄存器是最好的方法。仿真中也有一些其他的方法，但是它们未必可综合。

```
library ieee;
use ieee.std_logic_1164.all;
entity Dtype is
  port  (d,  ck :  in std_logic;
         q       :  out std_logic);
end;
architecture behaviour of Dtype is
begin
  process
  begin
    wait until rising_edge(ck);
```

```
    q <= d;
  end process;
end;
```

本例中寄存器用进程语句来描述。因为进程与综合器中的一个内置模板匹配,所以它被看作寄存器。本例是一个 VHDL 构件,没有到硬件的直接映射,所以必须使用模板方法来识别寄存器,模板是包含 until rising_edge(ck)表达式的 wait 语句。如果要将进程解释为寄存器,必须使用这个表达式,尽管还有其他行为类似的模板可以代替这个模板。9.4 节将介绍全部寄存器模板。

9.2 仿真模型

下面以基本寄存器为例来解释仿真模型,将上例中的进程再重复一遍:

```
process
begin
  wait until rising_edge(ck);
  q <= d;
end process;
```

本例中,wait 语句是进程的第一条语句,所以当开始仿真时,进程执行会暂停在这里。wait 语句的条件是:

```
wait until rising_edge(ck);
```

条件通常位于 on 子句和 until 子句两个部分内。on 子句包含一组信号,称为敏感列表。如果 on 子句内的任意信号上发生了事件,wait 子句就被激活。本例中没有显式的 on 子句,所以认为 on 子句隐含了 until 子句中的所有信号。本例中,until 子句中唯一的信号是信号 ck,所以隐式的 on 子句只包含这个信号。wait 语句的完整形式如下:

```
wait on ck until rising_edge(ck);
```

这个 on 子句的意思是,只有信号 ck 上有事件发生,才会激活 wait 语句。如果事件发生在 d 上,则不会激活 wait 语句。

一旦 wait 语句被激活,就判断 until 条件。until 条件是一个布尔表达式,所以取值必须为真或假。如果为假,wait 语句失效,进程暂停。反之,进程继续执行。

本例中,until 条件是 rising_edge(ck)函数调用。如果 ck 上发生了事件,并且 ck 的当前值是'1',那么函数返回真。ck 上发生事件且 ck 当前值为“1”的唯一情况是上升沿,所以该 wait 语句的整体效果是当时钟信号 ck 上升沿到来时,进程继续。

一旦进程继续,就执行进程中的语句。这个进程中唯一的语句是:

```
q <= d;
```

这对q产生了一个事务。像并发信号赋值(信号赋值在进程之外,见第3章)一样,信号q没有被立即更新,但是在当前仿真时刻,事务进入队列等候下一个δ周期。如果信号值发生改变,那么下一个δ周期会看到那个变化。当进程结束时,再次返回wait语句所在的起点,进程暂停并保持,直到下一个激活事件,即信号ck的下一个上升沿。只有当进程暂停于wait语句时,事件处理才继续。

总之,在时钟信号ck的上升沿之后,进程执行一次,更新q上的事务并进入队列等候。该事务导致q在下一个δ周期被更新,换句话说,与时钟沿同步。如果信号q上的值发生变化,这个更新事务只会产生一个事件。q值保持,直到进程的下一个激活事件,即信号ck的下一个上升沿使进程再次执行,q值才会发生改变。可以看到,这是边沿触发寄存器的行为。

9.3　综合模型

刚才描述的模型的仿真行为等价于边沿触发寄存器(或者触发器)。综合器通过识别wait语句的特定语法来识别它。

并不是所有进程都有硬件映射,综合器只能映射那些满足特定规则或模板的进程。上例中,对寄存器的特定规则就是需要wait语句。until子句可不添加其他条件,on子句可不添加其他信号。这个规则的一个例外是异步复位,将在9.9节中讨论。

这种特定综合规则称为模板。需要知道规则何时来自于VHDL语言的定义,何时来自于综合模板。这是因为在设计周期的仿真阶段,由VHDL规则引起的错误会被发现,而由综合模板引起的错误不会被发现。此外,不同综合系统的模板可能不同,而不同仿真器的VHDL规则完全相同。这里描述的寄存器模型是综合模板,所以在提交设计项目之前,最好检查待使用的综合器的特定规则,并用一些测试综合来验证这些规则。本例中的模板已经被标准化,可以被所有综合工具接受。

综合器将这个寄存器模型实现为组合逻辑块,表示进程中的顺序代码,在组合逻辑块每个输出和逻辑块内每个反馈上跟随一个寄存器。逻辑块的输出是进程中所有被赋值的信号。因此,寄存器化进程中的所有信号赋值都会产生目标信号寄存器。

更简单地说,寄存器化进程和组合进程可以用相同的方式解释,它们根据内容产生相同的组合逻辑。然而,寄存器化进程对所有的进程输出和反馈通路添加了寄存器。因为反馈被寄存器化,所以没有锁存器推断。

下面举一个小的组合进程的例子来说明。

```
process
begin
```

```
    wait on a,  b;
    z <= a and b;
  end process;
```

硬件解释如图 9.1 所示。

将这个进程放入寄存器模版,会得到相同的电路,但在输出上有一个寄存器:

```
process
begin
  wait until rising_edge(ck);
  z <= a and b;
end process;
```

硬件解释如图 9.2 所示。

时钟信号必须是单比特类型,通常是 std_logic 类型。这个例子说明了综合器解释寄存器化进程的方式:不考虑寄存器模板的部分,首先将进程的内容解释成组合进程,然后在每个输出端添加一个寄存器。组合进程中锁存器推断的地方,由寄存器化进程的门控寄存器推断来代替。

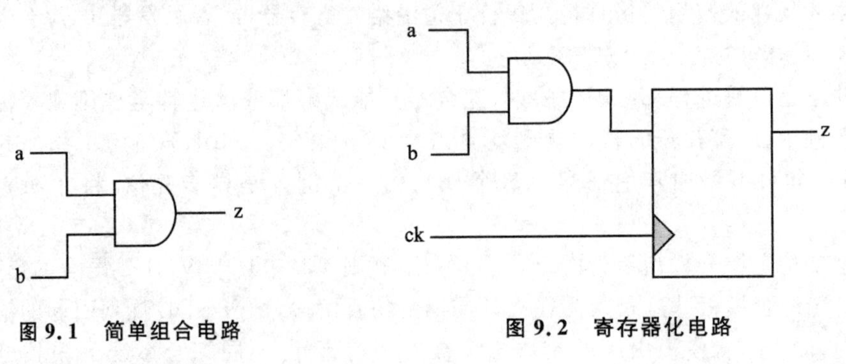

图 9.1 简单组合电路

图 9.2 寄存器化电路

9.4 寄存器模板

目前为止,所有讨论都集中在用于寄存器化进程的一个模板上。实际上,模板不止有一个。下面将介绍 4 个最常见模板,尽管还有其他模板,这个列表并不完整,但是该列表中的模板可被所有综合工具支持。仿真中,这些示例模板有两种稍有不同的运算模式,但在综合时完全等价。

9.4.1 基本模板

前文使用过的模板称为基本模板:

```
process
begin
   wait until rising_edge(ck);
   q <= d;
end process;
```

这是寄存器化进程最简洁的形式，只可用于具有相关 rising_edge 函数的类型。最常见逻辑类型 std_logic 包含这个函数，在 std_logic_1164 程序包中有定义。

这个模板可以包括显式的 on 子句：

```
process
begin
  wait on ck until rising_edge(ck);
  q <= d;
end process;
```

这个模板有一种改进形式，通过使用识别时钟沿的简化表达式，避免了函数的调用，得到具有事件表达式的基本模板：

```
process
begin
  wait until ck'event and ck = '1';
  q <= d;
end process;
```

这种形式曾经是首选形式，但现在已被前面介绍的使用边沿函数的模板所取代。

注意这个 wait 语句中有一些冗余。wait 语句只被信号 ck 上的事件激活，因此没必要判断 ck'event。然而，综合系统通常需要判断这个事件，以便识别这个进程是寄存器模板，而不是组合进程，所以即使它是冗余的，也应包括这个事件判断。

9.4.2 If 语句模板

仿真中，这个模板有一个稍有不同的运算模式。下面是 if 语句模板：

```
process
begin
  wait on ck;
  if rising_edge(ck) then
    q<= d;
  end if;
end process;
```

这个模板中的 wait 语句没有 until 子句。这意味着，它必须有显式的 on 子句。on 子句的意思是,只要时钟信号 ck 上有事件,不管这个事件是什么,都激活进程。然后 if 语句滤除了一类事件,本例中是上升沿。如果信号 ck 变为'0',那么 if 语句跳过赋值语句,信号 q 没有被赋值,保持原值。就是说,下降沿不影响 q 值。然而,如果信号 ck 变成'1',则执行赋值语句,输出获得新值,所以这个进程的模型仍然为上升沿触发寄存器。

这个模板也可以用事件表达式来判断时钟沿:

```
process
begin
  wait on ck;
  if ck'event and ck = '1'  then
    q <= d;
  end if;
end process;
```

9.4.3 敏感列表模板

最后介绍敏感列表模板。进程不再用 wait 语句来指定激活进程的信号集合,而是使用敏感列表。下面是敏感列表模板的例子:

```
process (ck)
begin
  if rising_edge(ck)  then
    q<= d;
  end if;
end process;
```

这个例子中,进程暂停,直到敏感列表中的信号上有事件发生,本例中是(ck)。进程被激活,执行一次,然后再次暂停。这个例子与 if 模板类似,进程由 ck 上的任意事件激活。敏感列表进程内有一个 if 语句,滤除了除信号 ck 的上升沿之外的所有事件。

这个进程在功能上等价于 if 模板,但有一个细微差异。仿真中,设计的初始化阶段运行每个进程,直到到达第一个 wait 语句。然而,在进程的敏感列表形式中,没有 wait 语句(这是 VHDL 的规则),所以整个进程执行一次。

因此,功能上完全等价的形式如下所示:

```
process
begin
    if rising_edge(ck)  then
        q <= d;
    end if;
    wait on ck;
```

```
end process;
```

实际上,if 模板也可以这样写。

像 if 模板一样,条件可用事件表达式来表示:

```
process (ck)
begin
    if ck' event and ck = '1'  then
        q <= d;
    end if;
end process;
```

与基本模板相比,敏感列表模板不太好用,但是敏感列表模板的变型可用于处理异步复位,异步复位将在 9.9 节中讨论。许多设计师选择使用敏感列表模板的原因在于敏感列表模板很容易与可重置形式相互转换。这种形式常用于所有寄存器,包括可重置的和不可重置的寄存器。

9.4.4 确定 Wait 语句的位置

如前例所示,敏感列表模板等价于 if 语句模板,但是 if 语句模板将 wait 语句放在进程的尾部。这就是说这两个模板在综合中等价,但在仿真中有细微差异。这个差别可用于正确初始化仿真,而不影响综合结果。一般规则是对作为寄存器模板的进程,wait 语句可放在进程的开始或者结尾。

仿真开始时, wait 语句放在结尾的进程将被全部执行,而 wait 语句放在开始的进程不会被执行。

还要注意 9.12 节中关于寄存器初始值的部分也会影响仿真结果,但不影响综合。

9.4.5 指定有效边沿

到目前为止,所有示例都对时钟信号的上升沿敏感,也可以指定寄存器对时钟的下降沿敏感。

用于下降沿敏感寄存器的边沿函数模板如下所示:

```
process  (ck)
begin
  if falling_edge(ck)  then
    q <= d;
  end if;
end process;
```

其他模板也都能用于指定下降沿敏感寄存器。

一个常见问题是，当使用 std_logic 时，检测边沿的事件表达式很简单，因为它只在边沿结束时检查数值，而不再在边沿开始时检查数值。因此，从'X'到'1'的转换会被认为是上升沿。一些设计师倾向于仅将'0'到'1'的变换看作上升沿。于是事件表达式的形式变得更复杂：

```
process  (ck)
begin
  if ck'event and ck = '1'  and ck'last_value = '0'  then
    q <= d;
  end if;
end process;
```

这个模板还检测 ck 的末值，即发生事件之前的值。这种方法过于谨慎，但一些设计师坚持使用这个方法。实际上，边沿函数(rising_edge 和 falling_edge)正实现了这个表达式，所以使用边沿函数模板可以帮助进行额外的检查。

最好保证时钟信号在仿真期间只取真实值。这应该很容易实现，因为时钟分布电路是简单电路。这种设计方法很好，因为同步设计要求时钟可靠、无毛刺，仿真时在一组可靠的真实值中进行转换。

非真实值主要来自于解析过程。如果没有特殊说明，所有信号都用信号类型的最左端值初始化。也就是说默认情况下，std_logic 时钟将初始化成元逻辑值'U'。为了避免出现仿真期间错误触发寄存器的情况，当对时钟进行声明时，给它一个实际初始值：

```
signal ck : std_logic := '0';
```

或者

```
signal ck : std_logic := '1';
```

使用边沿函数可能是最简单的指定有效沿的方法，比其他形式更具可读性。它已经被标准化了，并被普遍认为是最好的做法。

9.5 寄存器类型

寄存器模型不限于单比特信号类型。实际上，单比特寄存器非常少。寄存器化的信号可以是综合支持的任意类型，包括用于计数器的整数类型、用于状态机的枚举类型、用于描述总线的数组类型和将总线分裂为域的记录类型。

下面的例子是一个 8 比特有符号类型的信号寄存器：

```
library ieee;
```

```
use ieee.std_logic_1164.all;
use ieee.numeric_std.all;
entity Dtype is
    port   (d  :  in signed(7 downto 0);
            ck :  in std_logic;
            q  :  out signed(7 downto 0));
end;
architecture behaviour of Dtype is
begin
    process  (ck)
    begin
        if rising_edge(ck)  then
            q <= d;
        end if;
    end process;
end;
```

寄存器模型没有限制只能寄存一个信号。同一个寄存器化进程中可寄存任意数量的信号。进程中所有赋值目标信号都会被寄存。

```
process  (ck)
begin
  if rising_edge(ck)  then
    q0 <= d0;
    q1 <= d1;
    q2 <= d2;
  end if;
end process;
```

实际上，寄存器进程会与其他逻辑混合，所以结构体可以包含许多并发赋值，表示组合逻辑的进程以及表示寄存器的进程。将寄存器分成单独的设计单元会使模型变得复杂，使设计难于理解。示例中那样做仅仅是为了在上下文中对进程进行说明。

9.6　时钟类型

目前为止，所有例子的时钟都采用 std_logic 类型，这不是模板的要求。时钟信号可采用任意单比特逻辑类型，包括标准类型 bit、boolean 和 std_logic，还有任意自定义逻辑类型。

然而，时钟信号最好使用 std_logic 类型，所以本书中的所有示例都遵循这个原则。

9.7 时钟门控

目前为止,所有寄存器示例都是非门控的。就是说,寄存器在每个时钟周期获得一个新值。实际的电路设计中,寄存器很少是非门控的,通常会使用某种形式的门控。

从电路设计的角度来看,有两种寄存器门控的方法:时钟门控和数据门控。本节介绍时钟门控,下节介绍数据门控。

时钟门控中,时钟信号由其他控制信号开启或关闭。但是可综合设计中很少使用时钟门控,甚至认为使用时钟门控是一种不好的做法,主要有两个原因:

第一个原因是出现了测试综合工具。对于同步设计,测试综合将自动重叠扫描路径与生成内置测试模式相结合,以给出完整的设计测试方案。特别是扫描重叠技术要求扫描控制电路能直接控制设计中的时钟。

第二个原因是逻辑综合中用于逻辑最小化的算法不能保证无毛刺逻辑。这确实不是逻辑最小化的目的,因为逻辑最小化主要用于节省面积和最优化速度。因此,综合工具可能会生成容易产生毛刺的逻辑。门控时钟控制信号的毛刺对电路的正确工作影响很大。

也有例外的情况。下面是一个合法使用时钟门控的例子,在低功耗电路设计中,时钟门控用于禁用寄存器、寄存器堆甚至一个完整的子程序,使功耗降为零(或者至少可忽略)。时钟线自身的充放电确实会产生很大功耗,所以禁用时钟线,使电路的一个区域不充电可以大大地节省功耗。

时钟门控一个很好的应用是大型寄存器堆。在读模式下,不需要对寄存器堆计时,寄存器仅在写模式下要计时。因此,可通过写使能控制信号来门控时钟。

出于这个原因,需要注意,使用门控时钟时,设计者应该检查综合的时钟电路是否安全。减小门控时钟上毛刺最简单的规则是使门控电路的约束尽可能简单,由来自稳定源的最小控制逻辑来驱动门控信号,或者来自寄存器,或者来自没有毛刺的初级输入。

本章开始时介绍了基本 D 类型,下面是一个门控时钟用于改进版基本 D 类型的例子。

```
library ieee;
use ieee.std_logic_1164.all;
entity GDtype is
  port  (d,  ck,  en   :  in std_logic;
         q              :  out std_logic);
end;
architecture behaviour of GDtype is
```

```
  signal cken    :  std_logic;
begin
  cken <= ck when en =  '1'  else  '1' ;
  process   (ck)
  begin
    if rising_edge(cken)
      q <= d;
    end if;
  end process;
end;
```

最终电路如图 9.3 所示。

注意，时钟通过使时钟使能信号保持高电平来禁用时钟。假定同一时钟沿(即时钟上升沿)触发另一个寄存器输出，使能信号由这一输出驱动，所以当时钟是高电平时，上升沿之后使能信号的改变会立即发生。毛刺可能出现在时钟周期的开头部分，所以通过保持时钟为高电平来禁用时钟，可以有效地避免电路出现毛刺。当然，一旦时钟变为低电平，电路将再次对使能信号上的毛刺敏感，但是假定使能信号的传播时间小于时钟的高电平周期，这一设计是安全的。

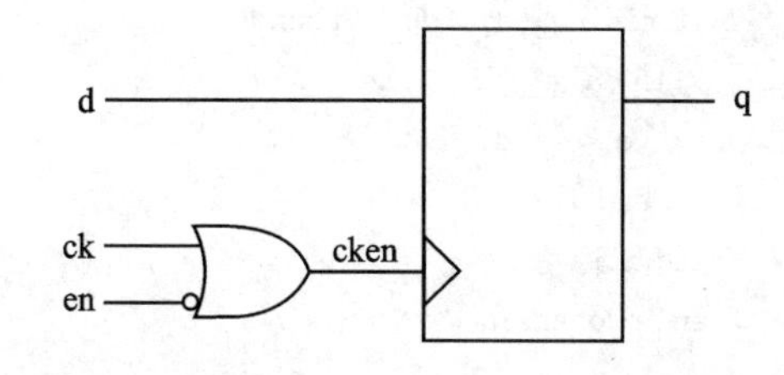

图 9.3　时钟门控电路

9.8　数据门控

数据门控是可综合寄存器使能控制抗毛刺的首选方法。之所以称为数据门控是因为它控制寄存器的数据输入，而不是时钟输入。因此，寄存器被不停计时。当使能处于无效状态时，数据门控通过将寄存器的输出反馈回数据门控的输入来工作。基本电路如图 9.4 所示。

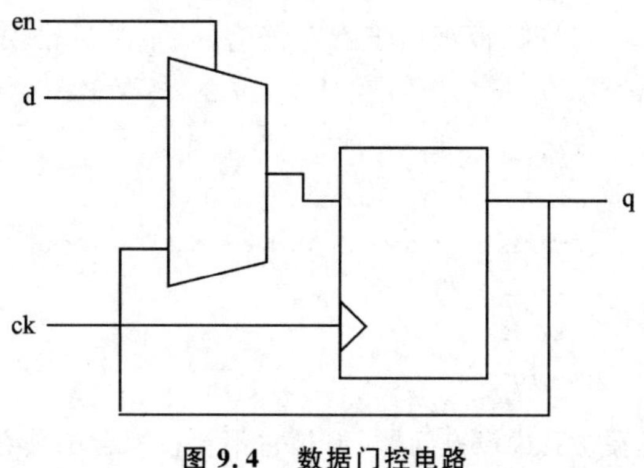

图 9.4　数据门控电路

一个常见顾虑是多路选择器的开销很大。实际上，数据门控寄存器已经被大多数技术采用，为了消除开销，寄存器已经进行了优化，面积与门控时钟寄存器类似，额外的好处是没有时序问题和电路的验证问题。

基于前面时钟门控的例子,门控数据寄存器的 VHDL 如下所示:

```
library ieee;
use ieee.std_logic_1164.all;
entity GDtype is
  port  (d,  ck,  en :  in std_logic;
         q           :  out std_logic);
end;
architecture behaviour of GDtype is
begin
  process  (ck)
  begin
  if rising_edge(ck)  then
    if en =  '1'  then
      q <= d;
     end if;
  end if;
  end process;
end;
```

这个寄存器模型的组合部分看起来和锁存器电路完全一样。然而在寄存器模型内部变成了门控数据寄存器。

称其为门控寄存器模型的原因在于,仿真中 q 值保持,直到赋予新值。本例中,只要使能信号处于无效状态,就绕过赋值语句,所以即使寄存器正被计时,q 值也得以保持。硬件方面,与输出连回输入的寄存器等价。这实际上正是综合器做的事情。在寄存器化进程综合期间,分析 if 语句的结构,来检查是否存在导致寄存器化信号不能获得新值的情况。如果检测到这样的条件,它们由前值的反馈来实现。在信号需要反馈的条件下,这些条件变成多路选择器的控制信号。

当将 if 模板用于寄存器时,一个常见错误是试图将块 if 语句与使能 if 语句相结合:

```
process  (ck)
begin
  if rising_edge(ck)  and en =  '1'  then
    q <= d;
  end if;
end process;
```

这在仿真中没有问题,但是它不会在综合中被看作寄存器模板,因为不符合任何常见的寄存器模板。

注意:VHDL 综合标准已经添加了这种风格的进程,所以一些工具认可它。然而,综合标准的采用很缓慢且不完整,所以读者需要检查文档,看所选的综合工具是否采用了这一综合标准。如果读者对交叉工具的可移植性感兴趣，不要使用它。

在所有综合器都遵守新标准前，一个值得遵循的安全规则是将寄存器模板与它的内容分开，换句话说，必须将检测时钟边沿的 if 语句与实现寄存器使能的 if 语句分开。这一进程的安全、便携的形式如下：

```
process  (ck)
begin
  if rising_edge(ck)  then
    if en =  '1'  then
      q <= d;
    end if;
  end if;
end process;
```

9.9 异步复位

为寄存器重置一个预定义的值很有用，尤其适用于多位寄存器。

寄存器复位有两种形式：异步和同步。需要区别这两种形式，并根据情况使用正确的形式。本节介绍异步复位，下一节介绍同步复位。

异步复位重载时钟后寄存器的值立即改变。异步复位一般用于执行芯片外强加的全局系统级复位，因此应由电路的初级输入来控制。异步复位控制信号总是有效的，所以异步复位对复位信号上的毛刺非常敏感。综合电路不能保证没有毛刺，可能永远都不能保证。因此如果电路中使用异步复位时，需要非常仔细的设计，以确保操作安全。

系统级的异步复位中，异步复位信号通常由初级输入来驱动。内部复位通常是同步的。

异步复位需要另一种可由综合工具识别的寄存器模板。和基本 D 类型寄存器类似，异步复位模型有许多不同方式来书写，都可用于仿真，但只有那些符合综合模板的模型才可综合。

下面基于本章开头介绍的 D 类型寄存器，介绍一个基本可复位寄存器的例子。

```
process(ck,  rst)
begin
  if rst =  '1'  then
    q <= '0';
  elsif rising_edge(ck)  then
    q <= d;
  end if;
```

```
end process;
```

电路如图 9.5 所示。注意如何用寄存器的异步清零输入来执行异步复位。

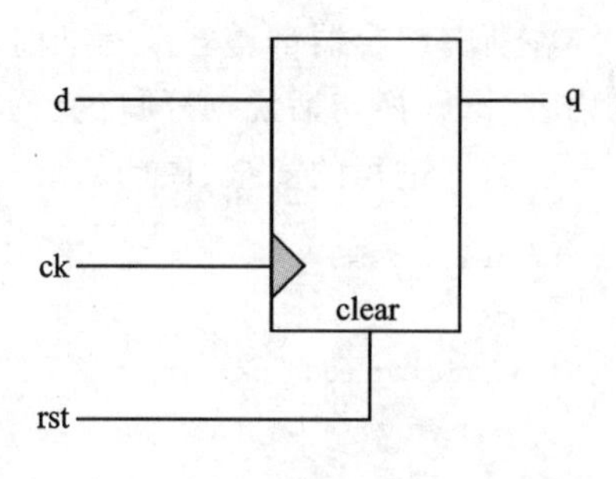

图 9.5 异步复位

这个模板和基本寄存器模板之间的区别在于进程的敏感列表添加了复位信号,并在被计时的分支之前添加了 if 语句的复位分支。也就是说,仿真期间时钟或者复位信号上的任意事件都会导致进程执行。if 语句两个分支的条件实现了异步复位和时钟激活。

复位条件必须作为 if 语句的第一个分支,因为异步复位重载时钟。只要复位信号有效,就产生复位值。当复位无效时,if 语句的第二个分支检测上升时钟沿。

复位值可以是任意常数。可使用多比特类型,如数组类型、记录类型、整数类型和枚举类型。下面例子中的 q 和 d 都是 4 位无符号数:

```
process(ck,  rst)
begin
  if rst =  '1'  then
    q <= to_unsigned(10,  q'length);
  elsif rising_edge(ck)  then
    q <= d;
  end if;
end process;
```

最终的复位电路如图 9.6 所示。图中只显示了复位线,复位信号连接到每个寄存器的 preset 输入或者 clear 输入形成复位值的位模式(等价于无符号整数值 10)。

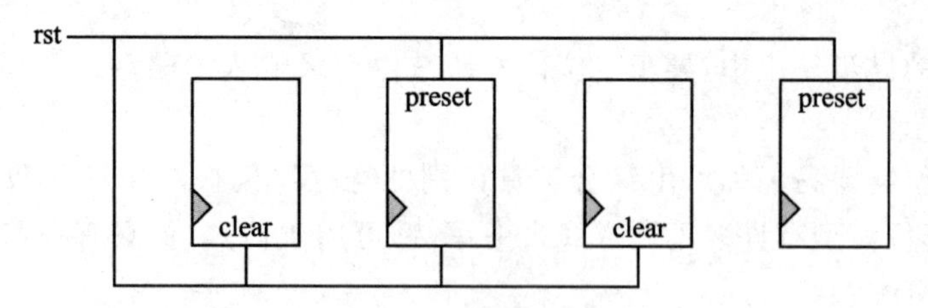

图 9.6 异步复位到一个值

因为异步复位由寄存器的 preset 输入和 clear 输入来实现,所以复位值必须是常数,不能使用信号值。

异步复位的另一个综合规则是可综合的寄存器上不能既有异步 preset 控制又有异步 clear 控制,尽管这样为寄存器建模很容易。下面给出同时具有 preset 控制和 clear 控制的寄存器 VHDL 模型:

```
process(ck, preset,  clear)
```

```
  begin
    if preset = '1'  then
      q <= '1';
    elsif clear = '1'  then
      q <= '0';
    elsif rising_edge(ck)  then
      q <= d;
    end if;
  end process;
```

尽管有一些综合器支持这一模型,一般情况下这个模型是不可综合的。原因在于综合并不只作用于单比特寄存器(换句话说,它不只作用于一位触发器)。而大多数寄存器是多比特寄存器。

preset(预置)和 clear(清零)的概念对多位寄存器不是非常有用,复位至指定值的概念更有用。换句话说,寄存器综合可使寄存器复位到任意值,不仅限于全零或者全一。

综合供应商通常不允许多个复位控制,因为将寄存器的每个触发器复位逻辑解析成预置线和清零线非常复杂。异步复位电路中的毛刺会对设计产生致命影响,因为复位线即时工作并重载时钟。因此,设计中禁止使用这样的解析方式。

在一些特殊情况下(当复位分支中各值相互排斥时)不必解析逻辑,但一般不这样做。

下面给出一个完整的异步可复位的计数器,使用无符号数据类型,从 0 到 15 计数,再循环计数到 0。它利用了数值类型算术运算符的特性,溢出时,数值类型环绕式处理。异步复位将计数器设置为零。

```
signal ck,  rst   : std_logic;
signal count   :  unsigned(3 downto 0);
...
process (ck,  rst)
begin
  if rst =  '1'  then
    count <= to_unsigned(0, count'length);
  elsif rising_edge(ck)  then
    count <= count + 1;
  end if;
end process;
```

9.9.1　异步复位的仿真模型

再来看一看有异步复位的寄存器化进程的仿真行为。这个行为比之前描述的基本寄存器化进程复杂的多。

再次给出最简单的异步可复位寄存器模型：

```
process(ck,  rst)
begin
  if rst = '1'  then
    q <= '0';
  elsif rising_edge(ck)  then
    q <= d;
  end if;
end process;
```

注意,它在形式上与基本寄存器的敏感列表模板类似。区别在于现在的敏感列表中有两个信号:复位信号和时钟信号。也就是说,当这两个信号中的任一信号上有事件发生时,这个进程将被激活。

看看当复位信号 rst 变成高电平、异步复位有效时,会发生什么。rst 上的事件导致执行进程。因为复位信号已变为高电平,执行 if 语句的第一个分支,并且信号 q 有一个事务添加到事务队列,该事务将 q 设为'0'。这个进程执行后暂停。进程暂停期间,更新信号 q 为'0'(或者保持'0',如果 q 已经为 0)。

启动复位时,如果发生时钟事件,会再次触发进程,但这仅重新执行 if 语句的第一个分支。第一个分支不检测 rst 上的事件,仅通过条件 rst='1' 来选择,所以时钟信号上的当前事件不会执行 if 语句的第二个分支。也就是说,正如预期那样,复位信号重载时钟,并重新声明复位条件。

这个模型在仿真期间有一些低效的部分,因为时钟上的事件导致复位条件被重新断言,q 上产生额外的不必要的事务。这些事务并不会引起事件发生,因为 q 一直保持不变。

当 rst 信号再次变为低电平时,进程立刻被再次触发。但是因为 rst 现在是'0',所以不会选择 if 语句的第一个分支。ck 上已经没有事件,所以也不会选择第二个分支。因此,rst 的下降沿不影响 q 值。

在下一个时钟沿上,进程被再次执行。因为 rst 值是'0',不会选择 if 语句的第一个分支。如果时钟沿是上升沿,将选择 if 语句的第二个分支,信号 q 被赋予输入 d 的值。

可看到这个进程和传统的寄存器化进程相同,只要复位信号保持无效,该进程就继续这样执行。

总之,复位信号重载时钟信号,并用作电平敏感控制信号。复位立即激活,与时钟不同步。当复位无效时,模型计时部分的行为和传统寄存器相同。

还有许多其他方法用 VHDL 为这个行为建模。但是因为这个模型相对简单,所以选择这个模型。记住,综合器将这个模型与模板进行匹配,将它看作异步可复位寄存器。如果使用一个不同的模型,也可以正确仿真,但在综合期间,模型与模板将不匹配。

9.9.2 异步复位模板

讨论简单寄存器时涉及4种标准模板。这些模板不都能转换成异步可复位寄存器。实际上，只有两种模板有可复位版本：敏感列表模板和if语句模板。

前节使用的正是敏感列表模板。它的基本形式如下：

```
process(ck, rst)
begin
    if rst = '1' then
        q <= '0';
    elsif rising_edge(ck) then
        q <= d;
    end if;
end process;
```

if语句模板与上述模板类似，但使用wait语句，而不是敏感列表：

```
process
begin
    wait on ck, rst;
    if rst = '1' then
        q <= '0';
    elsif rising_edge(ck) then
        q <= d;
    end if;
end process;
```

两个模板使用相同if语句结构，这只是进程对进程控制信号敏感所采用的方式，这两种模板的进程控制信号不同。

9.10 同步复位

同步复位控制的结构非常类似于9.8节中介绍的数据门控电路的结构。唯一区别在于当复位信号处于有效状态时，将复位值提供给寄存器输入，而不是将寄存器的输出反馈回它的输入。

与异步复位相比，同步复位与时钟有效沿有关，所以适合同步设计理念。就其本身而言，同步复位根本不需要特殊处理，并且同步复位仅仅是一种组合逻辑的特殊情况，它具有寄存器化输出。同步复位可由电路中的任何数据信号来控制，并对毛刺不敏感。所有由电路内的逻辑驱动的复位通常是同步复位。

同步可复位进程的 VHDL 如下所示：

```
signal d,  ck,  rst :  std_logic;
signal q :  std_logic;
...
process  (ck)
begin
    if rising_edge(ck)  then
        if rst =  '1'  then
            q <= '0 ';
        else
            q <= d;
        end if;
    end if;
end process;
```

电路如图 9.7 所示。

本例是一个复位到‘0’的寄存器。寄存器的复位值没有限制，这个特性对数组、记录、整数和枚举类型等其他类型尤其有用。

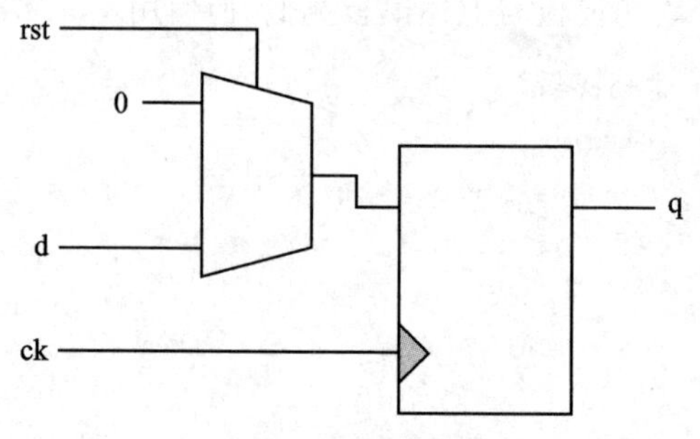

图 9.7　同步复位

下面的例子中，q 和 d 都是 4 位无符号类型信号：

```
signal d : unsigned (3 downto 0);
signal ck, rst  :  in std_logic;
signal q : out unsigned (3 downto 0);
...
process  (ck)
begin
  if rising_edge(ck)  then
    if rst = '1'  then
      q <= to_unsigned(10, q' length);
    else
      q <= d;
    end if;
  end if;
end process;
```

最终复位电路如图 9.8 所示。图中只显示了复位线，复位信号控制每个寄存器来实现复位值的位模式(本例中，等价于无符号整数值 10)。

实际上，同步复位是一种多路传输寄存器的特殊情况，‘复位’值可以不必是常

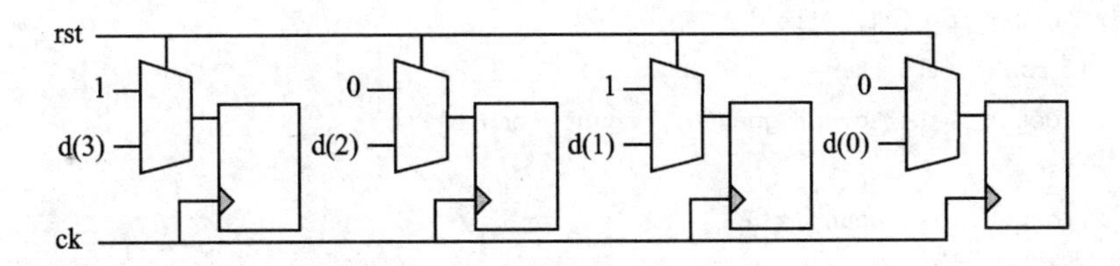

图 9.8　同步复位到一个值

数,而是另一个信号。

下面给出了一个可复位计数器的例子,使用无符号类型,从 0 到 15 计数,然后绕回到 0。这是前一节中例子的同步可复位版本。

```
signal ck,  rst   :  std_logic;
signal count   : unsigned(3 downto 0);
...
process   (ck)
begin
  if rising_edge(ck)   then
    if rst = '1'   then
      count <= to_unsigned(0,   count' length);
    else
      count <= count + 1;
    end if;
  end if;
end process;
```

注意复位 if 语句被嵌套到寄存器模板 if 语句中。有一点与数据门控相同,寄存器模板部分必须与模型组合部分分开。

9.11　寄存器化变量

也可以用变量创建寄存器。寄存器化进程被综合解释为组合电路,然后在寄存器化进程中每个被赋值信号和每个反馈路径上放置一个寄存器。这通常意味着,变量没有被寄存器化。然而,如果先前变量值存在反馈,那么这个反馈必须经由寄存器使进程同步。

计数器还有另一种方式,使用无符号类型绕回式处理来实现整数:

```
process   (ck)
  variable count    : unsigned (7 downto 0);
begin
```

```
    if rising_edge(ck)  then
      if rst = '1'  then
        count  := to_unsigned(0,  count'length);
      else
        count  := count + 1;
      end if;
      result <= count;
    end if;
  end process;
```

本例中,在内部 if 语句的 else 部分里,读取 count 的前值以计算下一个值。这是一个反馈,因为读取发生在赋值之前。

注意,这个例子实际上创建了两个寄存器。根据反馈规则,变量 count 将被寄存器化。然而,因为寄存器化进程中所有被赋值的信号都会被寄存器化,信号 result 上也将有一个寄存器。额外的寄存器总是与 count 寄存器的值相同。综合器会优化掉这个冗余寄存器,所以可忽略它。

9.12 初始值

8.3 节已对初始值进行了讨论。在此需要再次提醒与初始值相关的错误,因为大部分与初始值相关的错误都发生在寄存器化逻辑中。

在称为解析的预仿真期间,VHDL 模型中的每个信号被赋了一个初始值。初始值可能是信号声明中自定义的,或者默认为信号类型或子类型的最左端值。也就是说任何仿真器上的每个仿真,都保证在一个已知的状态下开始。尤其是计数器和状态机在仿真期间总是开始于一个已知状态。

解析没有硬件等价形式,所以综合忽略初始值。这意味着,寄存器将会在一个未知状态下开始,尤其是计数器和状态机。设计师应该考虑到这一点,通过在初始化方案中进行设计,或者通过提供外部复位来确保电路进入一个已知状态。仿真中,可以通过给寄存器化信号一个'差'的初始值确保电路初始化正确,来验证这两个方案。

第 10 章 层次结构

设计中应广泛使用层次结构，以便对设计问题分而治之。此外，这种方式可以更容易地将第三方元件纳入设计，以提高设计的完整性。

VHDL 层次结构中最一般的形式是元件，至少 RTL 设计中是这样。不要将子程序作为一种层次结构设计的形式。在更高层结构体中，任意实体/结构体对都可用作元件。因此，复杂电路可由低层元件分级构建。

可使用类属(*generics*)来设计参数化电路。将类属与综合结合起来，功能十分强大，这样可以设计独立于工艺的电路。

10.1 元件作用

使用层次结构的原因有很多。

每个子元件在被纳入更高层设计之前，都可分别进行设计和测试。中间层次的测试比系统测试简单得多，通常也更完整。将元件用于层次结构符合测试驱动的设计模式，因为它使子系统的测试变得更容易。换言之，子元件更可靠，并且这也有助于设计的完整性。

将有用的子元件集成到一个可复用的库中是一个好方法，这样它们能用于同一个设计中的其他地方以及其他设计中。逻辑综合从中获得的一个好处是这样的模块与工艺独立，能重复用于各种不同的项目中。换言之，一段时间后，随着可用的元件越来越多，每个设计的复用级数增加。

需要一种策略将有用元件集成到可复用的库中。软件和硬件设计中的许多复用策略过于官僚，不允许用户将可复用元件添加到库中，因此不采用这些策略。实际可行的复用策略应尽可能鼓励生成和使用可复用元件。

VHDL 的第一个正式版本 VHDL－1987 处理元件时非常笨拙。最初的语言设计师努力使元件机制尽可能灵活,这个目的达到了,但另一个结果是元件使用起来不方便,灵活性没有被充分挖掘。这种元件形式称为"间接绑定"。VHDL-1993 加入了一种形式更简单的元件形式,使元件可用性更强,这种形式称为"直接绑定"。

首先用一个间接绑定的例子来说明如何使用元件。然后,将这个例子转换成更简单的直接绑定形式。本书剩余部分都会采用直接绑定形式,出于完整性的考虑,这里介绍间接绑定。

这个例子很小,重点在元件,而不是元件的内容上。它是简单的两寄存器流水。问题如图 10.1 所示,创建一个包含两个串行连接的寄存器元件的电路。

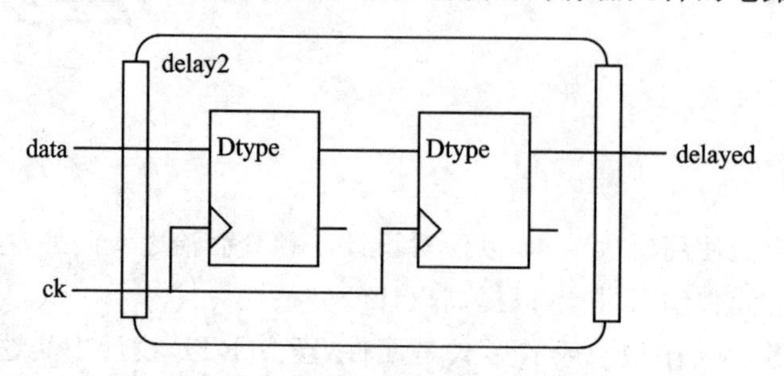

图 10.1 目标电路

假定要使用的寄存器元件已经存在,并有如下接口:

```
library ieee;
use ieee.std_logic_1164.all;
entity Dtype is
    port  (D, Ck : in std_logic; Q, Qbar : out std_logic);
end;
```

10.2 间接绑定

由于 VHDL 的间接绑定机制十分灵活,根据细节程度,有多种使用元件描述的方法。一些创建元件实例(component instances)所需要的信息是可选的,如果省略,则使用默认值。下一小节会详细讨论。最完整形式的目标电路如下:

```
library ieee;
use ieee.std_logic_1164.all;
entity delay2 is
  port  (data,  ck :  in std_logic;  delayed :  out std_logic);
end;
architecture behaviour of delay2 is
   -- component declaration
```

```
  component dtype
    port  (d,  ck : in std_logic;  q,  qbar  :  out std_logic);
  end component;
  -- configuration specification
  for all  :  dtype use entity work.Dtype(behaviour)
    port map  (D => d,  Ck => ck, Q => q, Qbar => qbar);
  signal internal  :  std_logic;
begin
  -- component instances
    d1  :  dtype
      port map  (d => data,  ck => ck, q => internal,  qbar => open);
    d2  : dtype
      port map  (d => internal,  ck => ck,  q => delayed,  qbar => open);
end;
```

注意,实体只有 3 个端口声明,因为与 dtype 元件相比,目标电路只有 delayed 输出,dtype 元件既有 q 输出又有 qbar 输出。

名为 behaviour 的结构体不包含行为级 VHDL,但因为它是可综合设计的一部分,所以还是采用这一名称。结构体名称应反映结构体的用法,而不是它的内容。

结构体包含 3 个与元件使用有关的部分。注释已经进行了标记,给出了 3 部分的名称:元件声明(component declaration)、配置说明(configuration specification)和元件实例(component instances)。元件实例构成了电路。元件声明和配置说明声明了元件实例的选择和连接方式。

下面 3 个小节将讨论结构体的 3 个部分。

10.2.1　元件实例

元件实例是并发语句。硬件本质上是并发的,它们类似于为硬件元件建模。上例中,有两个元件实例,被标记为 d1 和 d2。这些标号只供参考,但必须存在,并且在结构体内唯一。这个例子中,每个元件实例使用元件 dtype 及连接线,创建了一个子电路。

应注意,这个元件实例是元件声明的实例,而不是实体的实例。元件声明与实体之间的关系由配置说明控制。这个例子中,通过将实体名称和实体端口名称的首字母大写,区分实体和元件声明。目标电路中的元件实例和内部信号的名称小写。换句话说,目标电路内声明的一切事物采用小写的名称,而目标电路之外的一切事物,即被用作元件的实体,采用首字母大写的名称。因为 VHDL 对名称的大小写不敏感,这个区别只是为了清晰,没有其他意义。

再来看这个例子的元件实例部分:

```
d1   : dtype
     port map  (d => data,  ck => clock, q => internal, qbar => open);
d2   : dtype
     port map  (d => internal,  ck => clock,  q => delayed,  qbar => open);
```

元件实例有两部分,元件名称和元件端口映射。元件名称很明显,被标记为实例(d1),给出了实例使用的元件名称(dtype)。注意,这是元件声明的名称,不是实体的名称。元件必须在被实例化之前声明,或者在结构体中(见后文),或者在程序包中(见 10.4 节)。

端口映射描述了结构体中的信号如何连接到元件端口。有两种指定端口映射的方式:命名关联和位置关联。本例采用命名关联。

命名关联通过名称列出每个端口(记住,是元件端口,不是实体端口)。端口名称后是"=>"符号,这个符号称为箭头,读为'被连接到',接着是被连接到的信号。当然,这个信号必须被声明为目标电路结构体中的信号或是目标电路实体中的端口。可通过使用关键字 open,将元件的输出端口悬空。

位置关联省略端口名称和箭头,以元件端口声明的顺序列出信号。因此,用位置关联重写上面的例子,可以得到:

```
d1 : dtype port map  (data,  clock,  internal,  open);
d2 : dtype port map  (internal,  clock,  delayed,  open);
```

显然,位置关联更简单和更短,但命名关联清晰地指出了每个信号被连接到哪个端口。这样,模型的读者可以更清楚地看懂元件实例。命名关联还可改变端口的排序,这样可以使设计中的数据流看起来更自然。最后,命名关联还可以帮助 VHDL 分析器检查设计的一致性。

10.2.2 元件声明

元件声明定义了可被实例化的元件。这实际上是说,实体可用作元件。然而,元件声明本身没有指定实体的位置,甚至没有指定它叫什么或者它的端口名称。这些是配置说明的工作,将在下一节介绍。

实际上,元件声明通常与它表示的实体相匹配。换言之,名称、端口名称和它们的顺序可以直接从实体中得到。唯一区别是元件的语法略有不同。下面两个例子用实体及其代表的元件来强调它们的不同点。

实体声明 Dtype:

```
entity Dtype is
    port  (D, Ck : in std_logic; Q, Qbar : out std_logic);
end;
```

元件声明 dtype：

```
component dtype
    port  (d,  ck : in std_logic; q,  qbar : out std_logic);
end component;
```

间接绑定最笨拙的部分可能就是需要对元件进行声明。可通过使用元件程序包来减少元件声明。直接绑定时不需要元件声明。

10.2.3 配置说明

配置说明减小了实体及其元件声明之间的差距。将实体与元件分开的原因在于，在仿真过程中元件和实体之间的关联(技术上称为绑定)尽可能推迟，这是语言的一个特性。实际上，在分析阶段根本没有进行绑定，而是将它推迟到解析阶段(仿真的开始)。换言之，层次结构设计能以任何顺序编译(极端情况是自顶向下或者自底向上)。

配置说明定义了实体的位置、实体的名称、元件端口与实体端口的关联方式。配置说明的完整形式很长，所有项目都有合理的默认值，并且配置说明本身在实际中也是可选的，在完全省略配置说明的情况下，所有值都将取默认值。

先来解释配置说明的每个部分。这里再重复上例中的配置说明：

```
for all   : dtype use entity work.Dtype(behaviour)
    port map   (D => d, Ck => ck,  Q => q, Qbar => qbar);
```

配置说明包括 3 部分。

第一部分指定配置所用的元件。本例中，元件通过关键字 all 来选择，所以所有称为 dtype 的元件都由这个说明来配置。每个元件也可有单独的配置说明：

```
for d1   : dtype   ...
for d2   : dtype   ...
```

第二部分选择了元件所用的实体，称为实体绑定。实体绑定必须既指定实体名称又指定实体在哪个库中。本例中，指定的实体与目标电路在同一个库中，所以由保留库名 work 来指代这个实体。

实体绑定还指定了元件所用的结构体。RTL 设计中很少使用多结构体，所以很少需要选择结构体。本例中，指定了结构体 behaviour。省略结构体时还要省略圆括号。默认结构体是最近被编译的结构体，这一点比较奇怪。对于单结构体的实体，自动选择这个唯一的结构体。

还有其他绑定形式，但综合器通常不支持这些绑定形式，所以这里不讨论它们。

配置说明的第三部分定义了端口绑定，即将实体端口与元件端口关联起来。实体与元件中的端口名称可以不同，尽管它们通常是相同的。端口绑定是可选的，如果省略端口绑定,那么元件端口被绑定到同名的实体端口。如果存在端口绑定,那么端口绑定被括在圆括号内,列出一组实体端口,与相应的元件端口关联。换句话说,端口绑定的入口是实体端口名称,箭头,元件端口名称。可省略实体端口名称和箭头,这种情况下,按照实体定义的顺序,将元件端口绑定到实体上。

10.2.4 默认绑定

如果配置说明完全缺失,那么在 work 库中,元件被绑定到同名实体和最近被分析的结构体上,端口被绑定到同名实体端口。这是最常见的期望的绑定方式,因此配置说明可有可无。

有一种情况必须有配置说明,就是元件被绑定到不同库中的实体的情况。另外,一些 VHDL 系统不执行默认实体绑定,所以它们必须包括配置说明,即使实体位于库 work 中也如此。这些系统不执行默认实体绑定的原因在于 VHDL 标准没有要求。这是一个有争议的问题,默认绑定已成为公认做法,所以供应商的做法不符合大多数用户的期望。

通过使用 library 子句和 use 子句使库中的所有实体可见,来完成绑定。例如,如果元件在 basic_gates 库中,那么可将下列 library 子句和 use 子句添加到结构体中,使库中的所有实体可见,就不需要配置说明了。

```
library basic_gates;
use basic_gates.all;
architecture behaviour of delay2 is
  component dtype
    port  (d,  ck :  in std_logic;  q,  qbar :  out std_logic);
  end component;
  signal internal   :  std_logic;
begin
  d1   :  dtype port map  (data,  clock,  internal,  open);
  d2   :  dtype port map  (internal,  clock,  delayed,  open);
end;
```

这种方法带来的问题是库中的所有实体都可见,不管是否用到它们,这样会在可见名称的数量上引起混乱。可能导致名称冲突,尤其是用这种方式使多个库可见的情况下。避免混乱的更好方法是使用最小配置说明,只绑定实体,并对其他所有事物使用默认值:

```
library basic_gates;
architecture behaviour of delay2 is
  component dtype
    port  (d,  ck :  in std_logic; q,  qbar : out std_logic);
```

```
    end component;
    for all    :  dtype use entity basic_gates.Dtype;
    signal internal    :  std_logic;
  begin
    d1    : dtype port map    (data,   clock,   internal,   open);
    d2    : dtype port map    (internal,   clock,   delayed,   open);
  end;
```

注意，为了绑定实体，仍然需要 library 子句。

由于 VHDL 默认绑定规则在解释中的差异，建议至少使用一个最小配置，即使创建的实体元件在 work 库中；不要依赖默认的实体绑定。

10.2.5　间接绑定过程总结

元件实例、元件声明和被用作元件的实体之间关系正如一个双层绑定过程。外层定义了目标电路中的信号与元件端口之间的连接，由元件实例来描述。内层定义了元件与实体之间的绑定，由配置说明来描述。这个两层模型如图 10.2 所示。

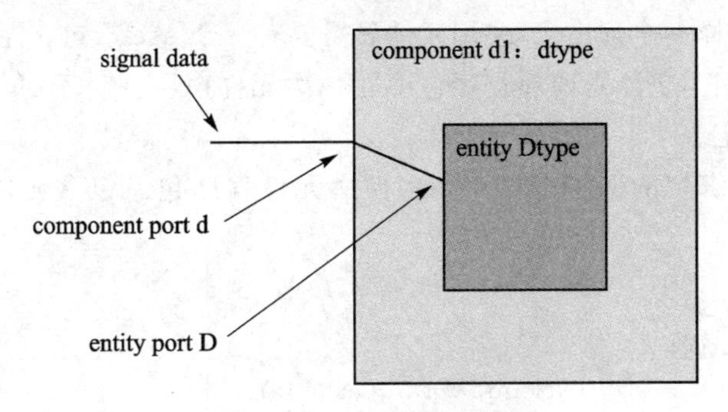

图 10.2　双层间接绑定

10.3　直接绑定

一种更简单的元件实例化形式是直接绑定。在直接绑定中，元件实例被直接绑定到实体上，不需要中间的元件声明或者配置说明。换句话说，直接绑定只有一层，不同于双层间接绑定。

直接绑定的语法类似于元件实例和配置说明的组合。可将上例缩减成一个非常简单的结构体：

```
library basic_gates;
architecture behaviour of delay2 is
  signal internal : std_logic;
```

```
begin
  d1   : entity basic_gates.dtype(behaviour)
    port map  (data,  clock,  internal,  open);
  d2   : entity basic_gates.dtype(behaviour)
    port map  (internal,  clock,  delayed,  open);
end;
```

对设计中简单的层次结构,推荐采用直接绑定。然而,间接绑定也有用途,下一节会介绍。

10.4 元件程序包

将工程或者元件库内的一组元件集合到一起,写一个程序包包含所有元件声明,这样很方便。这个程序包可用于那些元件的实例化,并作为用户参考。例如,当读者写一个可复用的元件库时,这是一种好的做法。这种方法利用了间接绑定,并将元件声明移到了单独的程序包中。

一旦有了这样一个程序包,使用元件只需要有一个 use 子句。注意,只有常用元件值得这样做,因为仍然需要在程序包中写一次元件声明。对于简单层次结构的设计,使用直接绑定。

用之前间接绑定的例子来说明如何使用元件程序包。包含元件声明的程序包如下:

```
package basic_gates is
  component dtype
    port  (d,  ck :  in bit; q,  qbar : out bit);
  end component;
  ... other components
end;
```

只有元件声明才能放在程序包中;配置说明是绑定过程的一部分,所以它一定针对某个具体设计,配置说明放在待绑定的结构体中。

假定程序包被解析到当前 work 库中,这个元件将用于如下目标电路:

```
use work.basic_gates.all;
architecture behaviour of delay2 is
  signal internal   :  std_logic;
  for all   :  dtype use entity work.Dtype;
begin
  d1   :  dtype port map   (data,  clock,  internal,  open);
  d2   :  dtype port map   (internal,  clock,  delayed,  open);
```

```
end;
```

本例使用最小配置说明间接绑定，正如 10.2 节中建议的那样。

程序包可用这种方式解析到任何库中，不需要与元件声明代表的实体位于相同的库。然而，最好将程序包解析到与实体相同的库中。这样的元件程序包非常普遍，尤其对于可复用库。这些库包含了所有被描述为实体/结构体对的相关电路。为了使用方便，将所有实体描述为单个程序包中的元件声明。通常，为了清晰说明程序包的用途，程序包具有与库相同的名称。

若实体在不同 VHDL 库中，则需要配置说明。使用前面的例子，再次假定 Dtype 实体和它的元件程序包在 basic_gates 库中，而不是 work 库中，此时结构体如下所示：

```
library basic_gates;
use basic_gates.basic_gates.all;
architecture behaviour of delay2 is
  signal internal : bit;
  for all   :  dtype use entity basic_gates.Dtype;
begin
  d1   : dtype port map   (data,  clock,   internal,   open);
  d2   : dtype port map   (internal,  clock,   delayed,   open);
end;
```

10.5　参数化元件

可使用类属来设计参数化电路。类属与综合相结合功能非常强大，可以设计与工艺独立的电路。在已制定复用策略的地方，类属的功能尤其强大，所以很多模型采用类属与复用相结合的风格。在设计的早期阶段，审查时最好考虑设计的子元件的可复用性，这样可复用的子元件就可以被参数化。

类属最常见的用法是对元件端口的位宽进行参数化，例如，在一个设计中，一个 ALU 模型能用作 8 位 ALU，而在另一个设计中，同一个 ALU 模型能用作 16 位 ALU。其他用途包括将设计中的流水线级数参数化，包含/排除输出寄存器等特性。

10.5.1　类属实体

用一个简单的例子来说明类属的用法，考虑一个具有并行负载的移位器。这个例子并不是典型的用法，因为这样一个简单的电路会被嵌入到更大设计中，没有自己的实体和结构体。使用这个简单例子的原因在于可以将重点关注在 VHDL 上，而不是电路上。

这个移位器的接口如下:

```
library ieee;
use ieee.std_logic_1164.all;
entity shifter is
  generic  (n   : natural);
  port  (ck       : in  std_logic;
         load     : in  std_logic;
         shift    : in  std_logic;
         input    : in  std_logic_vector(n - 1 downto 0);
         output   : out std_logic);
end;
```

这个实体有一个额外域,generic 子句,定义了电路参数。这个例子中,只有一个参数 n 指定移位器宽度,后面用于定义 input 端口的宽度。端口宽度的定义可以进行简单运算,将类属参数设置为实际值后,运算结果为常数。通常,这要求使用整数的内置运算符,正如本例中,在 n 位信号范围定义为(n - 1 downto 0)的地方,使用内置整数减法。

在开始写类属模型之前,先说明如何将实体用作元件。

10.5.2 使用类属元件

将类属实体用作元件的方式与非类属实体一样。唯一的区别是必须为每个元件实例的类属参数指定值。这个值必须是常数,以便综合器可以计算出端口的位宽,这个值通常在元件实例的类属映射(generic map)中直接赋值。

例如,下面是一个 8 位移位器元件,使用了移位器的可参数化实体。

```
library ieee;
use ieee.std_logic_1164.all;
entity shifter8 is
  port  (ck       : in  std_logic;
         load     : in  std_logic;
         shift    : in  std_logic;
         input    : in  std_logic_vector(7 downto 0);
         output   : out std_logic);
end;
architecture behavieur of shifter8 is
begin
  shift   : entity work.shifter
    generic map   (n => 8)
```

```
    port map  (ck,  load,  shift,  input,  output);
end;
```

元件实例包含一个额外域,类属映射(generic map),给出了用于类属参数的数值。创建移位器电路的实例时,用这个值替代参数 n。

也可以用位置关联书写类属映射:

```
shift  :  entity work.shifter
  generic map  (8)
  port map  (ck,  load,  shift,  input,  output);
```

记住,综合中的规则是,对于综合器,所有信号的位宽必须已知,以便能计算出要实现的总线的位宽。对于参数化的电路,先用实际值替代类属参数,然后进行计算。因此类属可当作常数处理。

在最初的实体定义中,端口 input 有如下定义:

```
input  :  in std_logic_vector(n - 1 downto 0);
```

创建实例时,值 n 将由实际值替代,上例中,用数值 8 来代替。换言之,端口声明变为:

```
input  :  in std_logic_vector(7 downto 0);
```

所以,综合器为这个端口创建一个 8 位总线。

10.5.3 参数化的结构体

讨论了类属实体作为元件的用法后,就可以写类属电路了。

在结构体内,类属参数的行为和常数一样,所以类属参数可用于任何使用常数的地方。

行波进位加法器的结构体如下所示:

```
architecture behaviour of shifter is
  signal store :  std_logic_vector (n - 1 downto 0);
begin
  process
  begin
    wait until rising_edge(ck);
    if load =  '1'  then
      store <= input;
    elsif shift =  '1'  then
      store <= store(store 'left - 1 downto 0) & store(store 'left) ;
    end if;
  end;
```

```
    output <= store(store 'left);
  end;
```

注意,如何用类属参数 n 定义 store 信号,寄存器进程随后将 store 信号寄存器化。在结构体内,使用属性而不是常数值来指代 store 的范围,这样位宽可以调整至不同大小。例如,用 store 的片(*slice*)来实现移位:

```
store <= store(store 'left - 1 downto 0) & store(store 'left);
```

使用片时,为了可综合,片的范围必须是固定的。本例中,一旦属性被替代,将作为常数处理。对于 n = 8 的情况,store 的范围为(7 downto 0):

```
store <= store(7 - 1 downto 0)  & store(7);
```

现在,使用内置整数运算符来表示,可以当作一个固定片与一个比特连接,得到与 store 位宽相同的结果:

```
store <= store(6 downto 0)  & store(7);
```

也可以用类属参数来表示:

```
architecture behaviour of shifter is
  signal store : std_logic_vector(n - 1 downto 0);
begin
  process
  begin
    wait until rising_edge(ck);
    if load =  '1'  then
      store <= input;
    elsif shift = '1' then
      store <= store(n - 2 downto 0)
    end if;
  end;
  output <= store(n - 1);
end;
```

所有片和索引都由整数及其内置运算符来表示,所以这个类属结构体是可综合的。

10.5.4 类属参数类型

在仿真 VHDL 中,类属参数可以是任意类型。但综合器支持的类属参数类型是通常唯一可使用的以整数类型,一些综合器也支持枚举类型,包括用途广泛的 boolean、bit 和 std_logic。

移位器电路遵守这些约束,所用类属参数类型是自然数类型,即整型的子类型。

移位器的二进制位数使用自然数类型，说明其不能为负数。

所有用于综合的位数组类型都用整数作下标，包括可综合类型 bit_vector、std_logic_vector、signed、unsigned、sfixed、ufixed 和 float。因此，可用整数类属约束这些类型中的数组端口。

其他类型的类属参数能实现其他可参数化的功能。例如，布尔类型能用于指定条件功能。10.6 节介绍 if generate 语句时会给出一个例子，条件功能最容易用 if generate 语句实现。

10.6　生成语句

生成语句用于创建重复硬件结构或者条件硬件结构。生成语句是并发语句，能用于任何结构体，因为当它们与类属一起用于参数化电路时才发挥出作用，所以在这里介绍生成语句。有两种生成语句：for generate 语句和 if generate 语句，for generate 语句用于重复结构，if generate 语句用于条件结构。

10.6.1　For Generate 语句

for generate 语句将内容复制指定次数。实际上，它是并发形式的 for loop。然而作为并发语句，它可用于复制其他的并发语句，包括进程、并发的信号赋值、元件实例和其他生成语句。换言之，for generate 语句能复制 for loops 不能复制的结构。最明显的例子是寄存器：因为一个寄存器是一个进程，可以用 for generate 语句复制寄存器进程，来复制寄存器得到一个寄存器堆。

下面举例说明 for generate 语句的用法，用多个寄存器进程写一个简单的可参数化寄存器堆。这个电路有一个 enable 输入的数组，与寄存器一一对应。类属寄存器堆如下所示：

```
library ieee;
use ieee.std_logic_1164.all;
entity register_bank is
  generic  (n   :  natural);
  port   (ck        : in   std_logic;
          d         : in   std_logic_vector(n - 1 downto 0);
          enable    : in   std_logic_vector(n - 1 downto 0);
          q         : out std_logic_vector(n - 1 downto 0));
end;
architecture behaviour of register_bank is
begin
```

```
  bank:  for i in 0 to n - 1 generate
    process
    begin
      wait until rising_edge(ck);
      if enable(i)  = '1'  then
        q(i) <= d(i);
      end if;
    end;
  end generate;
end;
```

for generate 看上去与 for loop 类似。注意,它有一个标号(bank:),并且这是必须的。for loop 是顺序语句,而 for generate 是并发语句。它们在其他许多方面都很类似。有一个生成常数来控制生成过程,上例中为 i。因为循环内部将 i 值作为常数处理,所以称其为生成常数。for generate 语句条件的规则与 for loop 的规则相同。生成范围必须固定,因为综合器必须知道要复制这个结构多少次,所以不能用信号值来定义范围。

生成语句的执行顺序无关紧要,因为对于正在执行的并发语句,不存在执行顺序。在这个例子中,用升序范围指定了顺序,所以计数器向上计数。理论上并发语句都是同时执行的,所以颠倒生成顺序不会导致最终电路不同。尽管这个例子采用了自上而下的信号流,尤其是执行路径部分,但是需要注意这实际上是并发描述,所以可以用任意顺序来书写。使用自上而下的信号流是为了让读者看得更加清楚。

注意,d、q 和 enable 信号是数组信号,生成语句中用生成常数作为它们的下标。对于生成常数的每个取值,用数值代替语句中的生成常数,复制得到的电路,创建等价电路。例如,在第一次复制中,i 由 0 替代。

生成 8 比特实例后的等价结构体代码如下所示:

```
architecture behaviour of register_bank is
begin
  process
  begin
    wait until rising_edge(ck);
    if enable(0)  =  '1'  then
      q(0) <= d(0);
    end if;
  end;
  ... other processes
  process
  begin
    wait until rising_edge(ck);
```

```
      if enable(7)   =   '1'   then
        q(7) <= d(7);
      end if;
    end;
  end;
```

最终电路如图 10.3 所示。

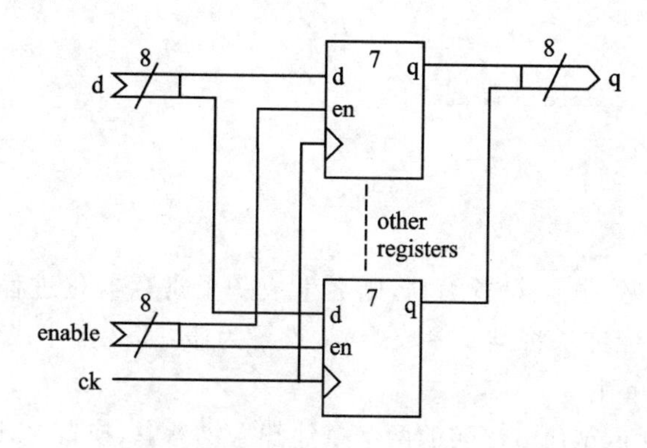

图 10.3　For - generate 电路

10.6.2　If Generate 语句

if generate 语句可用来描述可选择的结构。例如，若想把一个可选的输出寄存器添加到通用的元件中，并用布尔类属参数来控制该输出寄存器的生成，则可以用 if generate 语句来描述。for generate 语句经常会用到，而 if generate 语句只在偶然的情况下才会用到，因此不太常见。

if generate 语句由 boolean 表达式控制，可以是 boolean 类属参数值，也可以是判断一个整数是否等于某个值的结果。无论哪种方式，结果都是布尔类型，并且是常数。不能将信号用于条件中。

介绍 if generate 语句用法的最好办法是举例说明，下面的例子是一个可选输出寄存器。这个例子只包括了寄存器，但可以将它加入任何类属实体中。

```
library ieee;
use ieee.std_logic_1164.all;
entity optional_register is
  generic  (n  :  natural;  store  : boolean);
  port   (a   :  in std_logic_vector   (n - 1 downto 0);
          ck  :  in std_logic;
          z   :  out std_logic_vector   (n - 1 downto 0));
end;
architecture behaviour of optional_register is
```

```
begin
  gen:  if store generate
    process
    begin
      wait until rising_edge(ck);
        z <= a;
    end process;
  end generate;
  notgen:  if not store generate
    z   <=   a;
  end generate;
end;
```

如果将类属参数 store 设置为真,则会生成一个寄存器化进程,输出 z 是输入 a 的寄存器化结果。但如果将类属参数 store 设置为假,那么会生成并发信号赋值,输出 z 被直接连接到 a 上。

如本例所示,if generate 语句的两个条件都需要考虑,换言之,if generate 语句经常成对出现,并且像本例一样,两个条件相反。VHDL-1993 中并没有 else generate 语句,但显然是需要 else generate 语句的,上面的例子正好实现了 else generate 语句的功能。

注意:VHDL-2008 有 else generate 语句。所以,VHDL 综合工具和仿真工具中添加了这个功能后,上面的例子可以写得更加清晰:

```
gen:  if store generate
  process
  begin
    wait until rising_edge(ck);
    z <= a;
  end process;
else generate
  z <= a;
end generate;
```

VHDL-2008 中还有 elsif generate 语句,可以判断多个条件:

```
gen:  if registered generate
  process
  begin
    wait until rising_edge(ck);
    z <= a;
  end process;
elsif latched generate
```

```
    process   (a, enable)
    begin
      if enable = '1'  then
        z  <=  a;
      end if;
    end process;
  else generate
    z <= a;
  end generate;
```

然而在使用之前,需要确认这些语句在仿真器和综合器中是否可用。

10.6.3　生成语句中的元件实例

在生成语句内部使用元件的间接绑定时,常出现一个问题,这也是使用生成语句时最常见的错误之一。这个问题是将生成语句看作主结构体的独立子块,所以不用结构体中的配置说明对生成模块内的元件进行配置。换言之,要求配置说明与元件实例在同样的范围(子模块的术语)内,但生成语句与结构体不在同样的范围内。

为了说明这个问题,举一个带有配置说明的错误结构体例子。这个例子是一个通用的字宽寄存器,用前面程序包中定义的 dtype 元件来实现:

```
library ieee;
use ieee.std_logic_1164.all;
entity word_delay is
  generic   (n   : natural);
  port   (d :  in std_logic_vector(n - 1 downto 0);
          ck :  in std_logic;
          q :  out std_logic_vector(n - 1 downto 0));
end;
use basic_gates.basic_gates.all;
architecture behaviour of word_delay is
  for all   : dtype use entity work.Dtype;
begin
  gen:  for i in 0 to n - 1 generate
    d1   : dtype port map  (d(i),  ck,  q(i),  open);
  end generate;
end;
```

例子中的错误被 VHDL 的规则掩盖了,这个例子不会产生编译错误。这是因为配置说明使用了 all 选择,但是根本没有元件实例能与之合法匹配。事实上,这个例子中,配置说明没有绑定任何元件,并且元件实例未被绑定。

如果配置选择表述明确,那么错误会显示出来:

```
for d1    : dtype use entity work.Dtype;
```

这种形式的配置说明在编译时会产生错误,因为结构体内没有标号为 d1 的元件实例。

如果仍要求间接绑定,那么解决方法是将声明添加到生成语句中:

```
architecture behaviour of word_delay is
begin
  gen:  for i in 0 to n - 1 generate
    for all    :  dtype use entity work.Dtype;
  begin
    d1    : dtype port map   (d(i),   ck,   q(i),   open);
  end generate;
end;
```

另一种解决方法是使用直接绑定来完全消除配置说明:

```
architecture behaviour of word_delay is
begin
  gen:  for i in 0 to n - 1 generate
    d1    :  entity work.dtype port map   (d(i),   ck,   q(i),   open);
  end generate;
end;
```

10.7 样　例

10.7.1 伪随机二进制序列(PRBS)发生器

本节介绍的是一个简单的例子,说明了 VHDL 中许多用于创建参数化电路的有用特性,同时也说明了在参数化设计中查找表的用法。

伪随机二进制序列(PRBS)是一个二进制序列,每个比特都是伪随机数。换句话说,它们并不是真正的随机数,但它们可很好地近似为随机数。最常见的应用是创建数字白噪声,还可用于在内建自测的电路中创建测试向量。

伪随机序列的特性之一是它们平均分布,所以创建白噪声时,可以得到平坦的频率分布。

PRBS 发生器的电路很简单。它是一个移位寄存器,将寄存器中两个或多个输出的异或反馈到输入端。因此它也称作线性反馈移位寄存器或者 LFSR。术语

PRBS 反映了电路的功能，而术语 LFSR 反映了电路的实现方式。

PRBS 发生器经历一系列非连续的状态（即伪随机部分）。状态的数量决定了发生器的重复频率。状态越多，电路越大，序列看起来也越随机。

状态的最大可能数量比二进制位组合方式的总数少一。换句话说，对于 n 位寄存器，状态的数量是 2^n-1。唯一未被包含的状态是全零状态，因为该状态没有出口（换句话说，发生器不能跳出这个状态）。这个局限性成为了设计要求的一部分，必须设计 PRBS 发生器以避免全零状态或者使其可跳出全零状态。

图 10.4 显示了一个 4 位 PRBS 发生器的例子，在寄存器的第四个二进制位和第二个二进制位的输出有抽头。

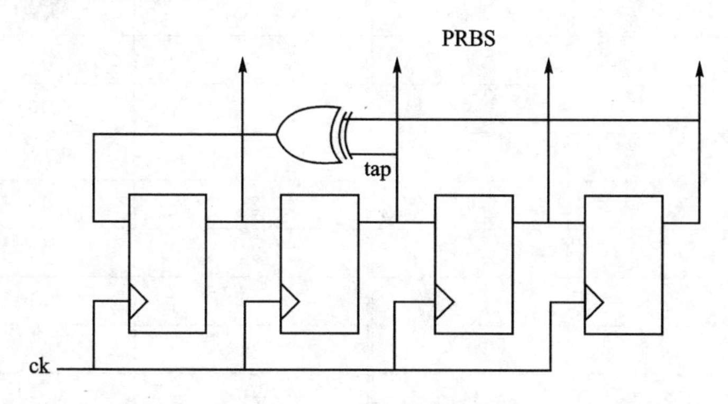

图 10.4　4 位 PRBS 发生器

PRBS 发生器的实体是通用的，PRBS 输出具有参数化的输出总线。它还有一个时钟和一个复位输入。复位可将寄存器设置到除全零状态外的任意值，全零状态将使发生器陷入循环。

实体声明如下所示：

```
library ieee;
use ieee.std_logic_1164.all;
entity PRBS is
  generic  (bits  :  integer range 4 to 32);
  port  (ck,  rst  :  in std_logic;
         q :  out std_logic_vector(bits - 1 downto 0));
end;
```

类属参数的定义将类属值的范围定为 4～32，所以限制了内置范围，只允许使用 4～32 位的 PRBS 发生器。对类属参数进行范围约束的优点是任何元件用户都可看到这个约束，通过读取实体可知道哪些接口可用。这样使实体一目了然。它对编译器也是可见的，如果使用范围之外的值，编译器将生成错误。

尽管可创建任意长度和任意抽头点的 LFSRs，但在实现时有一个问题，并不是所有发生器都能访问所有可能状态。一些发生器只能访问一部分可能状态，但是存在一类特殊的发生器可以遍历所有可能状态,这些发生器称为最大长度 LFSRs。为了满足设计需求,必须用类属元件来实现最大长度 LFSR,不能用其他类型。

有一组特殊的最大长度 LFSRs,它们只需要两个抽头点。这是最容易实现的 LFSRs,并适合实现这个可参数化电路。

表 10.1 给出了一个两抽头最大长度 LFSRs 的示例。数据来自(Horowitz 和 Hill,1989)。这个表并不完整,但给出了可选择的抽头点位置。因为其中一个抽头总在移位寄存器的结尾处(第 n 位),表格给出了第二个抽头点的位置(t)。

表 10.1 最大长度 PRBS 发生器的抽头点

PRBS 大小(n)	抽头点(t)	PRBS 大小(n)	抽头点(t)
4	3	20	17
5	3	21	19
6	5	22	21
7	6	23	18
9	5	25	22
10	7	28	25
11	9	29	27
15	14	31	28
17	14	33	20
18	11		

注意,这个表有一些不足之处。对某些长度值,不存在两抽头最大长度 LFSR。这些情况下,使用下一个较大的移位寄存器长度值。

可以看到移位寄存器的长度和抽头点都不遵循任何规律。设计目标是创建一个可参数化的电路,用户指定位宽,最多为 32 位,这个电路将实现下一个最大的两抽头最大长度 LFSR。换句话说,如果用户指定一个至少 32 位的 PRBS 发生器,将生成下一个最大 LFSR,它是 33 位的电路,在第 20 个二进制位有一个抽头。用户不接触实现方式,因此不需要知道电路中需要 32 位发生器,实际上使用的是 33 位移位寄存器。

移位寄存器大小和抽头点必须利用查找表来实现,因为它们不遵循任何规律。查找表用整数常数数组来实现。

下面是查找表的类型定义:

```
type table is array  (natural range <>)  of integer;
```

下面是移位寄存器长度的查找表:

```
constant sizes  :  table(4 to 32)  :=
```

```
(              4,  5,  6,  7,  9,
  9, 10, 11, 15, 15, 15, 15, 17,
 17, 18, 20, 20, 21, 22, 23, 25,
 25, 28, 28, 28, 29, 31, 31, 33);
```

最后是抽头点的查找表：

```
constant taps    :  table (4 to 32)  :=
(              3,  3,  5,  6,  5,
  5,  7,  9, 14, 14, 14, 14, 14,
 14, 11, 17, 17, 19, 21, 18, 22,
 22, 25, 25, 25, 27, 28, 28, 20);
```

注意，这些表的取值范围是 4～32，目的是用该范围内的类属参数来索引这些常数数组。因此，如果类属参数是 32，那么尺寸数组中下标为 32 的元素取值为 33，抽头数组中的第 32 个元素取值为 20，正如要求的那样。

使用这些数组时要记住，对于每个实例，类属参数由相应的常数替代，而且常数替代在综合前进行。查找表被声明为常数，并由常数类属参数作下标，所以表的查找在综合之前进行。这一点在移位寄存器的信号声明中更为明显。信号声明如下所示：

```
signal shifter   :  std_logic_vector(sizes(bits)  downto 1);
```

信号声明以 1 结尾，这一点和常见取值范围不同，因为这是数据采用的约定，抽头点的编号从 1 到寄存器的长度，而不是从 0 开始。可将抽头点的编号减 1，但是可能会引入错误。最好如实使用所提供的数据，不进行转换。这样在实现中，根据数据表来检查数据很容易。

在综合之前，用数值取代类属参数。再次引用取值为 32 的例子，信号声明简化为：

```
signal shifter   :  std_logic_vector(sizes(32)  downto 1);
```

在常数数组中，数组下标 sizes(32)是常数下标。因此，它在综合之前进行取值。进一步简化如下：

```
signal shifter   :  std_logic_vector(33 downto 1);
```

现在，信号的尺寸已知，所以可综合。

结构体的其余部分非常简单。它包括一个用于描述移位寄存器的寄存器化进程和反馈路径。寄存器包含一个异步复位，可以异步复位为全一状态(这是一种避免全零状态的方法)。线性反馈是简单的 2 输入异或函数：

```
process
begin
```

```
    wait until ck 'event and ck =  '1';
    if ret =  '1'  then
      shifter <=  (others =>  '1');
    else
      shifter <=
        shifter(shifter 'left - 1 downto 1)
        &
        shifter(shifter 'left) xor shifter(taps(bits));
    end if;
  end process;
  q <= shifter(bits downto 1);
```

最后一行是将移位寄存器的相应二进制位连接到 PRBS 发生器的输出。移位器可比输出总线长,例如,32 位 PRBS 发生器使用 33 位移位器,所以可以用片来选择移位器的相关部分。因为输出信号的范围是(bits - 1 downto 0),结果还进行了归一化。

注意,反馈的抽头也使用查表技术:

```
shifter(shifter 'left) xor shifter(taps(bits));
```

替换类属参数得到:

```
shifter(shifter 'left) xor shifter(taps(32));
```

取常数值得到:

```
shifter(33) xor shifter(20);
```

合并在一起,得到完整的结构体如下:

```
architecture behaviour of PRBS is
  type table is array  (natural range <>)  of integer;
  constant sizes  :  table(4 to 32)  :=
    (              4,  5,  6,  7,  9,
      9, 10, 11, 15, 15, 15, 15, 17,
     17, 18, 20, 20, 21, 22, 23, 25,
     25, 28, 28, 28, 29, 31, 31, 33);
  constant taps   :  table(4 to 32)  :=
    (              3,  3,  5,  6,  5,
      5,  7,  9, 14, 14, 14, 14, 14,
     14, 11, 17, 17, 19, 21, 18, 22,
     22, 25, 25, 25, 27, 28, 28, 20);
  signal shifter  :  std_logic_vector(sizes(bits) downto 1);
begin
  process
```

```
  begin
    wait until ck 'event and ck = '1';
    if rst = '1' then
      shifter <= (others => '1');
    else
      shifter <=
        shifter(shifter 'left - 1 downto 1)
        &
        shifter(shifter 'left) xor shifter(taps(bits));
    end if;
  end process;
  q <= shifter(bits downto 1);
end;
```

这显然比非类属版本的库简单得多，适用于各种尺寸的 PRBS 发生器，并且使用查找表可以将关键的设计数据清楚地定义在同一个地方。

10.7.2 脉动(Systolic)处理器

本节介绍的是一个更大的例子，也更难懂。现实中不可能设计出这样一个处理器，但它是一个好的例子，因为它在层次结构设计中使用了几个类属的例子。

脉动处理器是流水线处理器的一种形式，流水线处理器非常适用于规则矩阵或者信号处理的问题。本例是脉动处理器的处理器单元(或者脉动)，这个处理单元将一个矩阵与一个矢量相乘。可用这个脉动建立一个完整的脉动处理器。

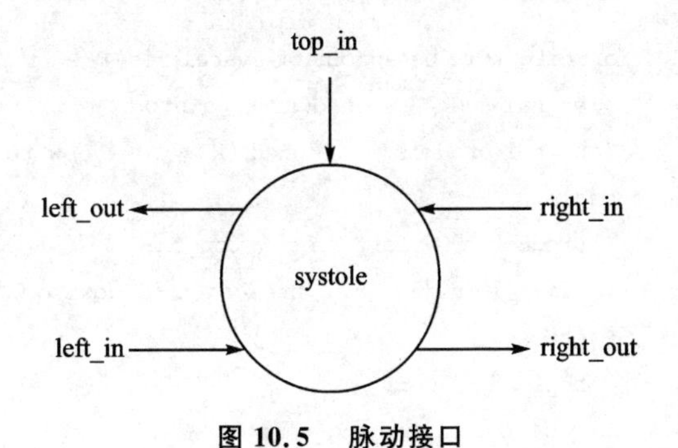

图 10.5 脉动接口

脉动的外部接口如图 10.5 所示。所有输入都是相同精度的整数，并用 numeric_std 的有符号类型表示，它们的位宽由类属参数控制。除图中所示的输入和输出之外，还需要一个时钟输入。

这个接口的实体如下：

```
library ieee;
use ieee.std_logic_1164.all;
use ieee.numeric_std.all;
entity systole is
  generic  (n  : natural);
  port  (left_in,  top_in,  right_in  :  in signed(n - 1 downto 0);
```

```
        ck :  in std_logic;
        left_out,  right_out   :  out signed(n - 1 downto 0));
end;
```

脉动是简单的乘累加结构,使用一个寄存器来存储中间结果。一个输入经寄存器直接连至输出。内部结构如图 10.6 所示。所有中间信号与输入和输出具有相同的精度,所以也应由类属参数进行参数化。

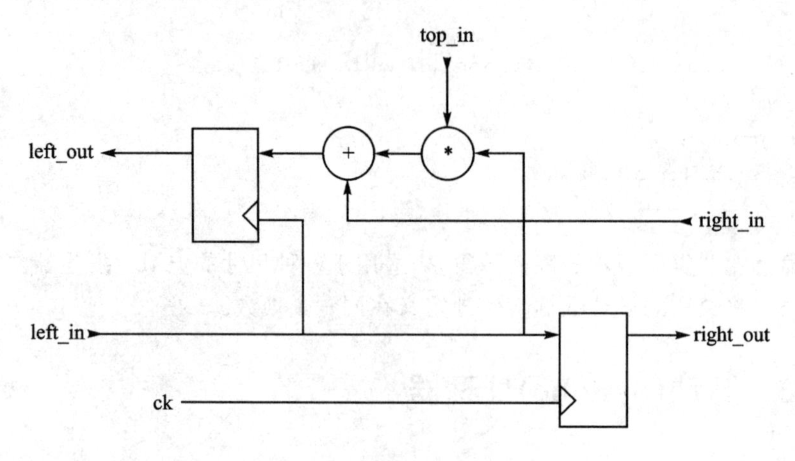

图 10.6 脉动的内部结构

脉动处理器的结构体如下:

```
architecture behaviour of systole is
  signal sum :  signed(n - 1 downto 0);
  signal product   : signed (2 * n - 1 downto 0);
begin
  product <= left_in *  top_in;
  sum <= right_in + product(n - 1 downto 0);
  process
  begin
    wait until rising_edge(ck);
    left_out <= sum;
    right_out <= left_in;
  end process;
end;
```

注意:为中间信号创建双倍长的 product,因为 numeric_std 中乘法运算符的输出结果为双倍长度。在加法中,利用片(*slice*)将结果截断成需要的长度,这样只保留 product 的低一半有效位。不用 resize 函数进行截断,因为它要求溢出时采取环绕式处理,此外用于有符号的 resize 函数保留了符号位(见 6.4 节对 resize 函数问题的解释)。

电路中不使用 product 的高有效位，所以综合时它们将被删除。因此，解决方案中的所有数据通路都是等宽度的，由类属参数 n 指定。设计了脉动元素后，就可以完成脉动乘法器了。

乘法器用于将一个 3×3 矩阵与一个 3－元素的矢量相乘。脉动乘法器由图 10.7 中的框图说明。数据输入经一个 8 位端口送入处理器，所以解决方案需要存储数据，并在正确时间将数据提供给数组。实际上，b 元素比 a 元素提前两个周期，这样 b(1) 与 a(1,1)在中间脉动上相遇。两个周期后，阵列的左手端将出现第一个结果。

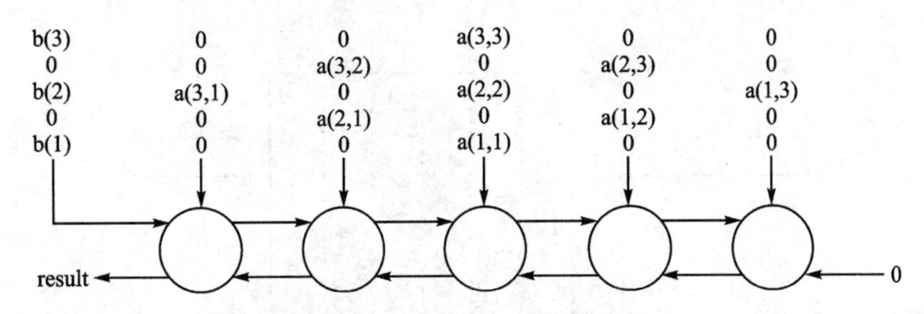

图 10.7　脉动乘法器的数据流

解决方案的第一个阶段是找到一个数据输入调度的方法。这要求数据样点在被送入脉动阵列之前先进行存储，这里最合适的解决方案是使用具有使能控制的移位寄存器。有效时，它们用作先入后出移位器。失效时，它们保持值不变，并输出零给脉动阵列。

移位器电路的接口如图 10.8 所示。使用字宽(w)和级数(n)将移位寄存器参数化。移位寄存器的设计如下所示：

```
library ieee;
use ieee.std_logic_1164.all,  ieee.numeric_std.all;
entity shifter is
  generic  (w,  n : natural);
  port  (d :  in signed(w - 1 downto 0);
          ck,  en  :  in std_logic;
          q :  out signed(w - 1 downto 0));
end;
architecture behaviour of shifter is
  type signed_array is array(0 to n)  of signed(w - 1 downto 0);
  signal data :  signed_array;
begin
  data(0) <= d;
  gen:  for i in 0 to n - 1 generate
    process
    begin
```

```
        wait until ck 'event and ck = '1';
        if en = '1' then
          data(i+1) <= data(i);
        end if;
      end process;
    end generate;
    q <= data(n) when en = '1' else (others => '0');
end;
```

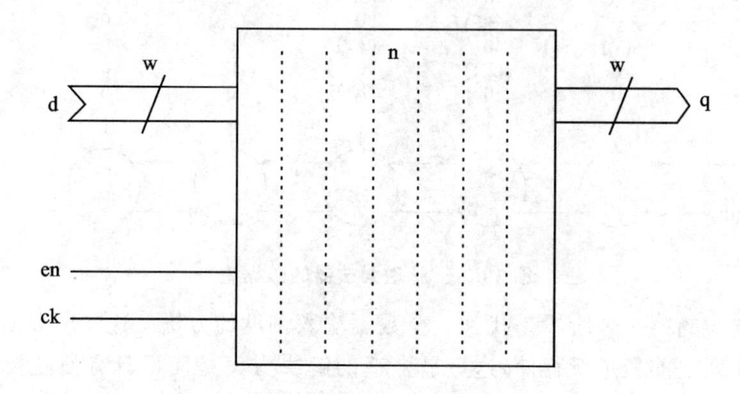

图 10.8　移位寄存器的接口

注意,使 data 数组元素个数比所需的多一个,并将 data(0)用作寄存器输入,这样简化了生成语句。这个元素没有被寄存器化,因为在寄存器化进程中,不会将它用作赋值目标。只有 data(1)到 data(n)元素会被寄存器化。

下一个阶段是创建脉动乘法器的基本结构,在这个阶段,没有使用控制器来同步脉动行为与移位寄存器。脉动乘法器的结构如图 10.9 所示。这个例子中,所有数据通路都是 16 位有符号数。

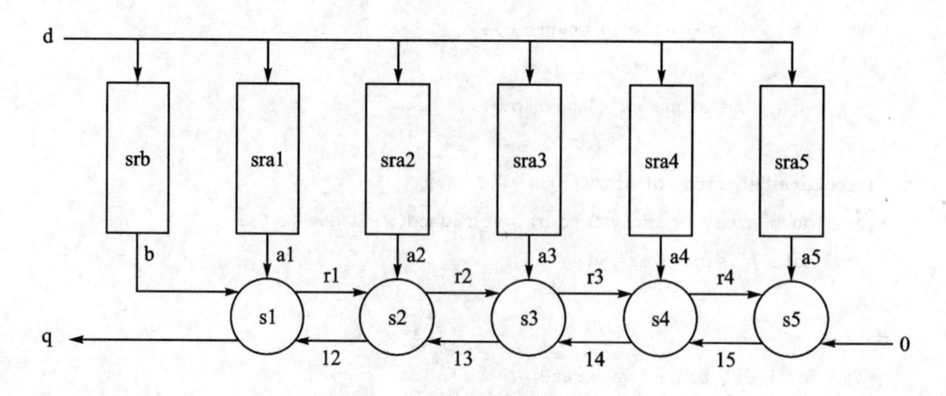

图 10.9　脉动乘法器的内部结构

脉动乘法器的接口如下列实体所示：

```
library ieee;
use ieee.std_logic_1164.all;
use ieee.numeric_std.all;
entity systolic_multiplier is
  port   (d :  in signed (15 downto 0);
          ck, rst   :  in std_logic;
          q : out signed (15 downto 0));
end;
```

结构体包含 systole 元件的 5 个元件实例和 shifter 元件的 6 个实例，shifter 元件实例使用不同类属的移位长度，反映了存储在每个移位器中各自数值的位数。

```
architecture behaviour of systolic_multiplier is
  signal b,  a1,  a2,  a3,  a4,  a5,  r1,  r2,  r3,  r4,  l2,  l3,  l4,  l5, nil
    :  signed (15 downto 0);
  signal enb,  ena1,  ena2,  ena3,  ena4,  ena5  :  std_logic;
begin
  nil <= (others => '0');
  s1   :  entity work.systole
    generic map  (16)  port map  (b,  a1,  l2,  ck,  q,  r1);
  s2   : entity work.systole
    generic map  (16)  port map  (r1,  a2,  l3,  ck,  l2,  r2);
  s3   :  entity work.systole
    generic map  (16)  port map  (r2,  a3,  l4,  ck,  l3,  r3);
  s4   : entity work.systole
    generic map  (16)  port map  (r3,  a4,  l5,  ck,  l4,  r4);
  s5   :  entity work.systole
    generic map  (16)  port map  (r4,  a5,  nil, ck,  l5,  open);
  srb   :  entity work.shifter
    generic map  (16,  3)  port map  (d,  ck,  enb,  b);
  sra1   :  entity work.shifter
    generic map  (16,  1)  port map  (d,  ck,  ena1,  a1);
  sra2   :  entity work.shifter
    generic map  (16,  2)  port map  (d,  ck,  ena2,  a2);
  sra3   :  entity work.shifter
    generic map  (16,  3)  port map  (d,  ck,  ena3,  a3);
  sra4   :  entity work.shifter
    generic map  (16,  2)  port map  (d,  ck,  ena4,  a4);
  sra5   :  entity work.shifter
    generzc map  (16,  1)  port map  (d,  ck,  ena5,  a5);
end;
```

设计的最后一步是设计控制器，使脉动乘法器同步。在结构描述中，控制器用进程表示，它控制移位寄存器的使能信号。控制器基本上是一个简单的序列发生器，解析各种使能信号。脉动乘法器的同步复位输入只用于复位序列发生器,不需要对其他元件复位。

控制器分为两个部分:计数器和译码器。计数器使用枚举类型,这样每个控制状态都有一个有意义的名称。计算分两个阶段进行:将数据加载到移位寄存器中;执行计算。加载移位寄存器需要 12 个时钟周期,执行计算需要 9 个时钟周期,共 21 个时钟周期。原则上,两个阶段可以重叠,但这个例子中,为了清晰,这两个阶段保持独立。结果出现在 q 输出端,结果的第一个元素在计算阶段的第五个周期出现,最后一个元素在第九个周期出现。

为了实现计数器,结构体中需要添加一个新类型和一个信号:

```
type state_type is
  (ld_a11,  ld_a12,  ld_a13,
   ld_a21,  ld_a22,  ld_a23,
   ld_a31,  ld_a32,  ld_a33,
   ld_b1,  ld_b2,  ld_b3,
   calc1,  calc2,  calc3,  calc4,  calc5,  calc6,  calc7,  calc8,  calc9);
signal state   :  state_type;
```

下一步是设计该类型的计数器。它必须有一个外部同步复位,在最后一个状态之后,必须将它重置到序列的起始点。计数器如下所示:

```
process
begin
  wait until ck 'event and ck =  '1';
  if rst = '1'  or state =  state_type 'right then
    state <= state_type 'left;
  else
    state <= state_type 'rightof(state);
  end if;
end process;
```

解决方案的最后一个部分是译码逻辑,用组合进程实现,包含了一个 case 语句来实现当前状态的解析:

```
process (state)
begin
  enb <=  '0';
  ena1  <=  '0';
  ena2  <=  '0';
  ena3  <=  '0';
  ena4  <=  '0';
  ena5  <=  '0';
  case state is
    when ld_a11 => ena3 <= '1';
    when ld_a12 => ena4 <= '1';
```

```
        when ld_a13 => ena5 <= '1';
        when ld_a21 => ena2 <= '1';
        when ld_a22 => ena3 <= '1';
        when ld_a23 => ena4 <= '1';
        when ld_a31 => ena1 <= '1';
        when ld_a32 => ena2 <= '1';
        when ld_a33 => ena3 <= '1';
        when ld_b1 => enb <= '1';
        when ld_b2 => enb <= '1';
        when ld_b3 => enb <= '1';
        when calc1 => enb <= '1';
        when calc2 => null;
        when calc3 => enb <= '1';  ena3 <= '1';
        when calc4 => ena2 <= '1';  ena4 <= '1';
        when calc5 => enb <= '1';  ena1 <= '1';
                      ena3  <= '1'; ena5 <= '1';
        when calc6 => ena2 <= '1'; ena4 <= '1';
        when calc7 => ena3 <= '1';
        when calc8 => null;
        when calc9 => null;
      end case;
    end process;
```

在 case 语句之前，将所有控制信号先设置为'0'。在 case 语句内，按要求选择性地将控制信号重载为'1'。与设置分支内的所有控制信号相比，这使得 case 语句更简单、更清晰。注意，对于 case 语句分支中没有赋值的地方，使用 null 语句。没有特殊理由，在 VHDL 中不允许存在空分支，所以 null 语句解决了这个问题。

第 11 章 子程序

VHDL 中的子程序与软件编程语言中的子程序十分类似。子程序由一系列依顺序执行的语句组成。在 VHDL 模型中的任何地方都可以调用这些子程序，从而执行这些语句。

VHDL 中有两种类型的子程序：function(函数)型和 procedure(过程)型。操作符(例如，加法操作符“+”)属于函数型子程序。

在 VHDL 中，通常用子程序执行重复的操作，实现逻辑综合；用元件(第 10 章)实现层次结构。本章介绍如何编写子程序，什么时候使用子程序。

11.1 子程序的作用

在软件语言中，子程序是层次结构的自然形式。任务被分解成多个子任务，每个子任务被编写成一个可由其他子程序调用的子程序。

然而在 VHDL 代码中，由实体/结构体组成的对子才是层次结构的自然形式，设计者可把它们当作元件调用。设计应当被分解成多个独立的元件，每个元件都能单独地进行仿真和测试。而在较高一层的结构体中，则可把这些元件作为实例加以引用(即 instantiated)。

具有软件背景的 VHDL 用户很容易把 VHDL 当作软件语言，将问题分割成多个子程序。这是一个常犯的错误。请记住，只有进程(process)才能为寄存器建模，而子程序不能描述进程，因为子程序只有顺序执行的语句，所以子程序只能描述组合逻辑。(译者注：子程序与进程完全不同，进程能描述时序逻辑，而子程序只能描述组合逻辑。)因此，子程序通常仅限于小的不可分割的(atomic)操作。

11.2 函　数

函数其实就是可在表达式中调用的子程序。在 VHDL 语言中,表达式可以出现在其代码段的许多地方,但最常见的情况是出现在赋值源(赋值号的右手边)和 if 语句或 case 语句中的条件中。

11.2.1 函数的使用

有一个名为 carry 的函数,它是全加器的进位函数,下面举例说明如何使用该函数:

```
library ieee;
use ieee.std_logic_1164.all;
entity carry_example is
  port  (a, b,  c : in std_logic;
         cout   :  out std_logic);
end;
architecture behaviour of carry_example is
begin
  cout <= carry(a, b, c);
end;
```

这个例子说明如何在并发信号赋值中调用函数(省略了函数的声明)。

设计者可在代码段的许多地方声明函数,诸如进程的声明部分(begin 之前),最常见的是结构体和程序包的声明部分,还有其他子程序内、程序包体内(此时只在程序包内可用),以及其他一个或两个不常用的地方。

如果结构体的声明部分中包含了函数,这个例子就完整了。11.6 节将详细讨论已在程序包中声明子程序的用法。

尽管函数只能包含依顺序执行的语句,但是设计者可以在顺序 VHDL 和并发 VHDL 代码段中调用函数。考虑并发函数调用的最好方法是通过它的等价进程。上述例子中,信号赋值的等价进程如下所示:

```
process  (a,  b,  c)
begin
  cout <= carry(a, b; c);
end process;
```

上面的例子表明赋值语句对 carry 函数中无论哪个参数的改变都是敏感的,所以无论哪个参数的任何改变都将导致赋值语句重新执行。换言之,含有函数调用的并发信号赋值其模型也是组合逻辑,这与没有函数调用的并发信号赋值模型完全相同。

11.2.2 函数的声明

下面介绍用上述例子中的 carry 函数来说明函数声明的构成。进位函数的 VHDL 语句如下:

```
function carry (bit1, bit2, bit3  :  in std_logic)
return std_logic is
  variable result : std_logic;
begin
  result := (bit1 and bit2) or (bit1 and bit3) or (bit2 and bit3);
  return result;
end;
```

首先看函数的结构,第一部分是函数的声明,给出了函数的名称、函数的参数和函数的返回类型。在这个例子中,函数名为 carry,有 3 个名为 bit1,bit2 和 bit3 的 in(输入)参数,返回 std_logic(标准逻辑)类型的结果 result。函数返回的结果可赋给 std_logic 类型的信号或变量,或者用于构建 std_logic 类型的表达式。

函数的参数必须是 in 模式。因为 in 模式是默认模式,所以函数声明中通常省略这个模式。

```
function carry (bit1, bit2, bit3  :  std_logic)
return std_logic is
...
```

将函数参数看作函数输入,返回值看作函数输出。函数只能返回一个值,但可以是任意类型的。因此,函数适用于描述具有多个输入和一个输出的组合逻辑块,例如进位逻辑。输出可以是数组或者记录类型,这样可以实现多个输出。

函数的第二个部分是声明部分。在这个例子中,函数包含一个名为 result 的局部变量:

```
variable result  :  std_logic;
```

变量能用于累加结果或者存储用于计算返回值(输出)的中间值。与进程不同,函数内部声明的变量不保存每次执行的值,每次函数被调用时,变量被再次初始化,所以它们不能用于存储内部状态。

函数还可包括只用于函数内的声明,如类型、子类型、常数和其他子程序。然而,除局部常数(变量、原文可能有错)外,这些都很少用到。

函数的第三部分是语句部分。这个例子中,包含两条语句:

```
result  :=  (bit1 and bit2)  or  (bit1 and bit3)  or  (bit2 and bit3);
```

```
return result;
```

第一条语句是简单的变量赋值，可以是任意顺序的 VHDL 语句。最后一个语句是 return 语句。函数必须以 return 语句结束；如果仿真器运行到达函数的结尾，而没有遇到 return 语句，那么会产生错误。

return 语句指定函数返回值，即电路的输出。这个例子中，返回值是存储在内部变量 result 中的数值。函数必须通过 return 语句退出。实际上，return 语句可以用复杂的表达式来计算返回值，所以 carry 函数可写为：

```
function carry (bit1, bit2, bit3 : in std_logic)  return std_logic is
begin
    return  (bit1 and bit2)  or  (bit1 and bit3)  or  (bit2 and bit3);
end;
```

当然，这样函数中就不需要声明局部变量或者使用变量。

11.2.3 初始值

函数中赋给变量的初始值是可综合的。这与在进程中声明的信号或者变量的初始值的解释不同。

产生这一点的原因在于仿真器解释子程序的方式。当调用子程序时，变量在调用时刻被初始化，并且每调用一次，变量都要被再次初始化。这与零时刻的解析不同，它是语句序列的一部分，像变量赋值一样可综合。例如，下列函数有一个 boolean 类型的参数，返回逻辑值相同的比特（型结果）：

```
function to_bit (a :  in boolean)  return bit is
  variable result : bit  := '0';
begin
  if a then
    result :=  '1';
  end if;
  return result;
end;
```

这个例子中，变量 result 被初始化为‘0’。只要输入参数 a 为真，即把 result 的值由‘0’改写为‘1’。这等价于下面的语句：

```
function to_bit  (a  :  in boolean)  return bit is
  variable result  : bit;
begin
  result  :=  '0'
  if a then
```

```
    result := '1';
  end if;
  return result;
end;
```

每次调用函数时,都要对变量再次做初始化,所以只需用一条参数赋值语句就可以对变量做初始化。把函数赋初始值的功能扩展到极端,上面这个函数可以写成下面的形式,该函数的全部功能只是给变量 result 赋初始值:

```
function to_bit  (a  :  in boolean)  return bit is
  variable result  : bit := bit'val(boolean'pos(a));
begin
  return result;
end;
```

上面这个例子中,属性 val 和 pos 用于完成转换。参数 a 为 boolean 类型,通过 boolean'pos 表达式被转换成整数值。然后,通过 bit'val 表达式,将整数值转换成 bit 类型。整数类型和比特类型的位置值存在对应的匹配关系,这个转换利用了这个事实,即'0'和假对应(都是 0),'1'和真对应(都是 1)。如果这两个类型的比特位置值没有对应关系,就不能用这个方法把一个值由 boolean 类型转换成 std_logic 类型。

这个例子还说明了变量初始值依赖于函数输入的参数值。可以认为变量初始化等价于一个未初始化变量的声明加一条赋值语句,赋值语句在函数体中。所以下列代码与上面的例子等价:

```
function to_bit  (a  :  in boolean)  return bit is
  variable result  : bit;
begin
  result  := bit'val(boolean'pos(a));
  return result;
end;
```

11.2.4 具有未限定参数的函数

函数最有用的特性之一是可以用非限定性数组作为参数。这看起来违背了数据通路位宽必须已知的综合规则。然而,当调用函数时,传给它的变量或信号的位宽会对这个参数进行约束。实际上,存在一族函数,每个函数对应一个数组位宽。设计中调用函数的地方,会创建一个新副本,并在综合之前,将其调整到参数的位宽。换言之,参数位宽自身必须是已知的(例如,不能用可变数组的比特片段作为参数),这是唯一的约束。然而,编写这样的非限定性函数时还有一些问题。

一个具有非限定参数的函数的例子如下所示:

```
function count_ones (vec : std_logic_vector)   return natural is
  variable count    :  natural;
begin
  count    := 0;
  for i in vec 'range loop
    if vec(i)  =  '1'   then
      count := count + 1;
    end if;
  end loop;
  return count;
end;
```

这个例子中,将参数 vec 定义为 std_logic_vector(非限定性数组类型),没有给出范围。因此,这个函数可用于任何 std_logic_vector 类型的信号或变量。

函数声明部分包含了名为 count 的中间变量的声明,这个中间变量用于累加函数返回值。在函数语句部分的开始,将变量初始化为 0,接着,在 for loop 内,输入数组 vec 中每发现一个'1',变量加一。

写这个函数的关键之处在于输入数组的位宽和方向都是未知的。在 for loop 中使用 range 属性,可以保证函数首先访问最左端的二进制位,并从左到右遍历数组。这适用于任何情况,即不管数组从 0 还是从 100 开始,数组具有升序范围还是降序范围,以及它的位宽是多少。

这是一个简单的例子,因为输入数组的范围和方向不影响算法。但情况并不总是这样。下面用一个更复杂的例子来说明非限定参数带来的其他问题。

函数设计需要灵活性,其原因在于,编写函数时并不确切地知道传给它的数组范围是什么。若将数组传给函数的非限定参数,则参数就能准确地取得传给它的数组范围。所编写的函数是否具有通用性十分重要,若函数的通用性好,则函数的使用就非常方便。假定用户使用的降序位数组都是以零结束的,这是很不好的编程习惯。即使用户确实使用降序位数组,在有些情况下,仍需要有不同范围的参数。请看下面的例子。在这个例子中,用户希望统计 16 位字的高字节中比特值为 1 的个数:

```
library ieee;
use ieee.std_logic_1164.all;
entity count_top_half is
    port (vec    :  in std_logic_vector(15 downto 0);
          count   :  out natural range 0 to 8);
end;
architecture behaviour of count_top_half is
begin
    count <= count_ones(vec(15 downto 8));
end;
```

用比特片段 vec(15 downto 8)将矢量的上半部分传给函数。因此,函数内部参数的范围是(15 downto 8)。

字符串值会产生一个问题。字符数组类型(如 std_logic_vector)的常数值可用字符串值来表示。例如:

```
count <= count_ones("00001111");
```

这个例子中,VHDL 语言定义字符串值的范围是 0～7,升序范围。如果函数采取降序范围定义,那么访问字符串值时将出现错误。例如,从高值到低值循环访问元素时将按从右到左的顺序,而不是从左到右。此外,不同的综合供应商对字符串值的实现方式不一致。下面是 3 种综合和仿真工具采取的 3 种不同解释:第一种使用范围 7 downto 0;第二种使用范围 0～7(正确解释),第三种使用范围 1～8,所有解释都对应同一个 8 位字符串。因此不能对字符串值的范围做假定,因为它可能因 VHDL 工具的不同而不同,事实上也的确如此。换言之,在编写一个适用于任何系统所有参数的函数时,对非限定性数组参数的范围或方向不做任何假定至关重要。

简化含有非限定参数函数的主要技巧是标准化。使用这个技巧时,in 参数被立即赋给局部变量,这些变量与参数的位宽相同,并遵循常见规范,后面将使用这些变量,而不是参数。

举例说明函数的写法,这个函数统计两个 std_logic_vector 参数中二进制位的匹配数:

```
function count_matches(a, b : std_logic_vector)
  return natural
is
  variable va : std_logic_vector (a'length-1 downto 0) := a;
  variable vb : std_logic_vector (b'length-1 downto 0) := b;
  variable count : natural := 0;
begin
  assert va'length = vb'length
    report "count matches: parameters must be the same size"
    severity failure;
  for i in va'range loop
    if va(i) = vb(i) then
      count := count + 1;
    end if;
  end loop;
  return count;
end;
```

这个函数有两个参数,a 和 b。通过对 va 和 vb 的赋值,将 a 和 b 标准化。赋值被纳入变量声明中,作为变量的初始值。注意计算 va 和 vb 位宽的方式,根据参数位宽,用两个局部变量范围约束中的 a'length 和 b''length 来计算。

这个函数的下一个特性是断言。这只是仿真特性,综合时不考虑,它用于检查两个数组是否具有相同大小。因为函数假定两个数组的大小相同,所以最好用断言来检查这一假定。如果函数错误地传递了不同位宽的参数,仿真器将打印断言信息来报告。某些条件下(如 a 比 b 长时),断言后继续执行,仿真器会产生后续的错误,所以断言的错误等级是 failure,会立即停止仿真。

必须标准化的原因是 for loop 由值 i 控制,i 取 va 范围内的值。然后用这个下标访问 vb 的元素。只有 vb 与 va 的范围相同,这样做才是安全的。

通常,最好对非限定性数组参数进行标准化。这样在编写函数时,可以避免所有常见的错误。

11.2.5 非限定性返回值

函数的返回类型还可以是非限定性数组。再次注意,为了避免常见错误,需要遵循一些重要的原则。

考虑函数返回 std_logic_vector 的情况,写 VHDL 时,用户必须知道 std_logic_vector 的位宽,以便声明位宽正确的信号或者变量来接收结果。而且,为了给总线分配正确的位数,综合器必须在综合之前计算返回值的位宽。换言之,在仿真运行期间,结果的位宽一定不能改变,否则就不能定义用来接收结果的信号或者变量了。实际上,这意味着结果数组的大小必须是固定的或者完全依赖于输入参数。返回值的位宽一定不能依赖参数值,因为参数值会使它发生改变。参数值是固定文字的情况除外。

实际上,VHDL 编码的一般规则确实允许在一些条件下(但不是在信号赋值中)返回不同长度的结果,但这些不适用于编写可综合代码。无论在什么情况下,上述规则是对可综合 VHDL 代码的要求。原因很简单:综合器必须知道需要多少个二进制位来实现返回值,这必须在函数结构中清楚地表示出来,根据参数的位宽而不是参数值进行计算。

例如,假设有一个名为 matches 的函数,返回的是两个 std_logic_vector 类型值的按位等于的运算结果。这个函数基于 8.7 节中的一个例子,那个例子用于说明 for loops 的用法。

```
function matches(a, b : std_logic_vector)
return std_logic_vector is
  variable va :  std_logic_vector(a 'length - 1 downto 0)  := a;
  variable vb :  std_logic_vector(b 'length - 1 downto 0)  := b;
  variable result  : std_logic_vector(a'length - 1 downto 0);
begin
```

```
    assert va 'length = vb 'length
      report "matches : parameters must be the same size"
      severity failure;
    for i in va 'range loop
      result(i) := va(i) xnor vb(i);
    end loop;
    return result;
  end;
```

在这个例子中,运算结果 result 的位宽受到输入参数 a 位宽的约束,两者位宽相同。而且,用断言表明 b 的位宽必须与 a 的位宽相同。用户在使用该函数时知道函数有这个约束(通过阅读文档,或通过函数自身获知),所以使用位宽正确的信号或者变量来接收结果。此外综合器也知道位宽,因为在综合函数体之前,用于控制结果 result 位宽的常数表达式 a 'length - 1 将被计算出结果。

考虑 8.7 节的原始例子,它是完整的实体/结构体对,下列代码说明如何借助函数编写这个电路。

```
library ieee;
use ieee.std_logic_1164.all;
entity match_bits is
  port   (a,  b : in std_logic_vector (7 downto 0);
          result  :  out std_logic_vector (7 downto 0));
end;
architecture behaviour of match_bits is
  begin
    result <= matches (a,  b);
end;
```

这个例子仍然不完整,没有说明函数是在何处被定义的。这个问题会在 11.6 节中得到解决,所以先让这个例子暂时处于不完整的状态。

一般规则要求返回的位宽必须不依赖于参数值,只有当那个参数总是取常数值时,可以不遵循这个规则。这种情况下,综合器可以用常数值来计算返回值的位宽。下面是一个简单的符号扩展函数,将 std_logic_vector 解释为有符号整数,并将这个整数有符号扩展到指定的宽度:

```
function extend  (a   :  std_logic_vector;  size   : natural)
return std_logic_vector is
  variable va : std_logic_vector(a 'length - 1 downto 0)   := a;
  variable result : std_logic_vector(size - 1 downto 0);
begin
  assert va 'length <= size
    report "extend: must extend to a longer length"
```

```
    severity failure;
  assert va 'length >= 1
    report "extend:  need at least a sign bit to sign extend"
    severity failure;
  result := (others => va(va 'left));
  result (va 'range) := va;
  return result;
end;
```

在这个例子中，result的长度根据输入参数size来定义。只有size与常数值关联时，这么做才是合法的，如果它与变量或者信号关联，综合会失败。失败的原因是，综合时信号result的位宽不是已知的，尽管仿真时可能正确。

断言对函数的使用强加了一些规则：这个例子中，必须进行符号扩展使其长度比输入参数更长，并且输入参数必须至少有一位用于符号拓展。符号拓展算法首先用输入参数的符号位对结果进行预填充，然后将输入参数复制到相应长度的子范围内。

函数必须与固定位宽的参数一起使用。下面是一个简单的实体/结构体对的例子，说明了如何用函数对8位输入进行符号扩展得到一个16位输出：

```
library ieee;
use ieee.std_logic_1164.all;
entity extend_example is
  port   (a :  in std_logic_vector(7 downto 0);
          z :  out std_logic_vector(15 downto 0));
end;
architecture behaviour of extend_example is
begin
  z <= extend(a,  16);
end;
```

首先取函数的一个副本，在函数副本内执行常数计算(包括数组大小的计算)，然后综合结果。参数替换之后的函数如下所示：

```
function extend (a : std_logic_vector(7 downto 0); 16 : natural)
  return std_logic_vector
is
  variable va : std_logic_vector(7 downto 0)  := a;
  variable result : std_logic_vector(15 downto 0);
begin
  assert 8 <= 16
    report "extend: must extend to a longer length"
    severity failure;
  assert 8 >= 1
    report "extend:  need at least a sign bit to sign extend"
```

```
    severity failure;
  result := (others => va(7));
  result (7 downto 0) := va;
  return result;
end;
```

显然,现在所有总线的位宽都是已知的。断言检查一次后就可以被忽略,留下可综合的基本函数。

像上述例子那样地编写可综合函数,大大扩展了可综合函数的应用范围,所以强烈建议读者认真阅读综合器的文档,尽可能多看一些具体例子,以便建立起函数还可以有哪些功能的概念。

11.2.6 多个返回

函数可能存在多个 return 语句,必须通过一条 return 语句才能退出,这是不可违背的规则;如果没有遇到 return 语句,函数就不能结束。然而,return 语句不一定非放在函数的尾部不可。

多个 return 语句常用于两种情况:跳出 for loop 并返回一个值,或者从条件的不同分支返回不同值。下面将说明这两种常见情况。

用一个 return 语句来跳出 for loop 并返回一个值,类似于 for loop 中的 exit 语句。下面的例子是一个具有两个 return 语句的函数:

```
function count_trailing (vec : std_logic_vector) return natural is
  variable result : natural := 0;
begin
  for i in vec 'reverse_range loop
    if vec(i) = '1' then
      return result;
    end if;
    result := result + 1;
  end loop;
  return result;
end;
```

从参数尾部起,每遇到一个'0',result 都增加一。当遇到'1'时,函数立即返回 result 值。但是如果没有遇到'1'(当参数只包含'0'时),那么最后一个 return 语句可以处理这种特殊情况,确保返回 result 值。

多个返回的第二种用法是根据条件的取值给出不同结果。与在条件中对中间变量赋值相比,这种方法的函数结构更加清晰。

对于不能直接进行转换的类型,类型转换函数中大量使用多个返回。下面的函数将 std_logic 参数转换成 character 类型:

```
function to_character (a : std_logic)  return character is
begin
  case a is
    when 'U'  => return 'U';
    when 'X'  => return 'X';
    when '0'  => return '0';
    when '1'  => return '1';
    when 'Z'  => return 'Z';
    when 'W'  => return 'W';
    when 'L'  => return 'L';
    when 'H'  => return 'H';
    when '-'  => return '-';
  end case;
end;
```

注意,这个函数并没有以 return 语句作为结尾,但是满足函数遇到 return 语句才结束的规则。

这个例子中,从'U'到'-'每个字符文字使用了两次。这乍一看令人困惑,但细看会发现非常清楚。case 语句对输入参数 a 进行分支,a 是 std_logic 类型,所以 case 语句选项(在 when 子句中)是 std_logic 类型的字符文字。然而,函数的返回类型是 character 类型,所以 return 语句的值是 character 类型的字符文字。

使用多个返回需要注意的最后一点是,当返回非限定性数组类型时,所有 return 语句返回数组的大小必须相同,因为在综合之前返回数组的大小已经确定。

重写 count_trailing 的例子,使其返回结果为无符号类型,而不是整数类型。因为返回值是非限定性数组,用一个额外参数来指定返回子类型的位宽。

```
function count_trailing(vec : std_logic_vector, size : natural)
  return unsigned
is
  variable result : unsigned(size - 1 downto 0)  :=  (others => '0');
begin
  for i in vec 'reverse_range loop
    if vec(i)  = '1'  then
      return result;
    end if;
    result := result + 1;
  end loop;
  return result;
end;
```

11.2.7 函数重载

没有必要使所有函数名称都唯一,可以通过重载来复用名称。当 VHDL 调用函数时,要调用哪个函数不仅由名称确定;参数的数量和类型,还有返回类型都用来区分函数。换言之,如果这些特征中的一个或多个是唯一的,函数就是唯一的。VHDL 分析器通过进程来识别重载函数,这个进程被称为重载解析。

过度重载函数会带来问题。分析器并不总是知道所有参数的类型或者预期的返回类型。当函数只通过返回类型来区别时,最大的问题就出现了。如果函数调用本身还是一个重载函数或者重载操作符的参数,那么分析器就不能从上下文中确定想要调用哪个函数。因此,建议对返回类型不同、参数相同的函数取不同的函数名称。实际上,正是由于这个原因,其他允许函数重载的编程语言(如 C++)不允许只通过函数返回类型来区分重载函数。所以即使 VHDL 允许这样做,也强烈建议不要这样做。

重载的一个应用是两种类型的行为相似,但是用于不同的情况。一个很好的例子就是作用于 bit 和 std_logic 类型的函数。这两个类型都是逻辑类型,并且在 RTL 级建模中它们几乎是可以互换的。使用 bit 类型建模和仿真更加简单,而使用 std_logic 可以访问三态。因此,写通用程序时,通常同时提供这两种版本的函数,且 bit 版本和 std_logic 版本的函数同名。

11.3 操作符

VHDL 的操作符已经在第 5 章中进行了详细的介绍,第 5 章主要介绍内置操作符的综合解释。本节将操作符看作子程序。

操作符是使用规则特殊的函数,操作符可以内置使用。换言之,它们可用于下列表达式中:

```
z <= a + b * c;
```

这个信号赋值的源表达式(右手边)包含两个操作符:“+”和“*”。这些实际上是函数调用,这个信号赋值可以写成下面的形式:

```
z <= "+"(a, "*"(b,  c));
```

上面两种不同方式的表达式是完全等价的。这个例子说明操作符是特殊的函数,函数名称与双引号中的操作符符号相同,双引号将操作符符号变成了字符串值。

定义类型时,VHDL 语言将自动定义一组操作符函数。这些操作符是内置操作符。另外,用户可以为没有内置操作符的数据类型添加操作符,也可以用行为不同的函数来替代内置操作符。这两种情况下,用户自定义操作符称为操作符重载。下面举例说明这两种操作符重载的情况。首先总结一下可用于所有类型的内置操作符。

11.3.1 内置操作符

不同数据类型有不同的内置操作符集。本节将总结操作符和数据类型之间的关系。

表11.1显示了各类型预定义的操作符,表中仅列出了standard程序包中可综合的类型,因为只有它们是内置数据类型。为简单起见,将表中的操作符分为6组。这与前面章节介绍操作符时的分组方式相同,但这里比较操作符被进一步分为等于操作符和排序操作符:

- 布尔:not, and, or, nand, nor, xor, xnor;
- 等于:=, /=;
- 排序:＜, ＜=, ＞, ＞=;
- 移位:sll, srl, sla, sra, rol, ror;

表11.1 用于每种类型的内置操作符

类 型	布 尔	等 于	排 序	移 位	算 术	拼 接
位,布尔	√	√	√			
枚举(enumeration)类型		√	√			
整数(integer)		√	√		√	
记录(record)类型		√				
数组		√	√	√		√
位数组,布尔数组	√	√	√	√		√

- 算术:**, abs, *, /, mod, rem, 符号+, 符号-, +, -;
- 拼接:&。

有一些特殊情况需要注意,即内置逻辑类型bit和boolean。尽管它们是枚举类型,但它们有预定义的逻辑操作符。此外,由这两种逻辑类型定义的数组类型也有预定义的按位逻辑运算。

其他逻辑类型如std_logic,只是枚举类型,所以最初被定义时,只有基本的关系操作符集。换言之,多值逻辑程序包的开发者需要重载该类型必需的其他操作符,std_logic已经这样做来提供逻辑操作符了。

类似地,数组类型,诸如signed(有符号)和unsigned(无符号)类型,有非数值比较操作符,但没有算术操作符,所以numeric_std程序包的开发者必需添加算术操作符,并替换内置比较操作符。

11.3.2 操作符重载

操作符是函数,名称是引号内的操作符记号。例如,integer (整数)类型的“+”操作符的函数声明如下:

```
function "+" (l, r : integer) return integer;
```

可用与重载函数相同的方式来重载操作符。

有两种使用操作符重载的情况。第一种情况是为没有操作符的类型添加操作符,第二种情况是改变现有操作符的行为。

重载整数的“+”操作符时,需要写一个该名称的函数,并给出参数类型和返回类型。然而,通过重载操作符来改变预定义类型的行为,这种作法并不好,因为可能会产生混淆。操作符重载在用户定义自己的类型时作用很大。

操作符重载的规则说明只能重载语言中已有定义的操作符,也就是上面列出的操作符集合。不能定义新的操作符,如“@”,因为语言中没有这样的操作符。其次,操作符参数的数量必须正确。大多数操作符有两个参数(二元操作符),所以它们必须写成有两个参数的函数。一些操作符只需要一个参数(一元操作符),所以它们必须写成有一个参数的函数。一些操作符既有一元形式又有二元形式,如“-”操作符:使用一个参数时,对符号进行重载,使用两个参数时,对减法进行重载。

定义操作符时,参数和返回的数据类型可以采取任意类型的组合形式。VHDL 分析器负责从众多符号相同的操作符中确定要用哪个操作符。确定使用哪个操作符的进程被称为操作符解析,它作用于操作符符号而不是函数名称,除此之外它与函数重载解析完全相同。它试着将操作符名称、参数数量、参数类型和返回类型与使用操作符的上下文进行匹配。过多的操作符重载会产生歧义,使操作符解析不能进行,从而导致操作符不可用。例如,如果两个操作符的参数完全相同,但返回类型不同,那么 VHDL 分析器可能无法根据上下文来确定使用这两个操作符函数中的哪一个。这个问题在程序包 std_logic_arith(第 7 章)中有所体现,这个程序包过度重载算术操作符,因此不推荐使用。

为了避免这样的问题,对于特殊类型,最好每个种类只提供一个操作符,并用类型转换来实现其他的组合形式。例如,为了进行 std_logic_vector 和整数加法,提供一个操作符,将两个 std_logic_vector 参数相加,得到 std_logic_vector 结果。然后,需要用户将 integer 转换成 std_logic_vector,并与另一个 std_logic_vector 相加。这个方法可以避免操作符重载时遇到问题。

当操作符重载时,推荐使用下列模板重载操作符。每种情况下,单词 type 指的是正用于操作符重载的数据类型。在数组拼接操作符中,单词 element 指数组的元素类型。

对应于一元操作符的单参数函数如下所示：

```
function "not"  (r : type)  return type;
function "-"  (r : type)  return type;
function "+"  (r : type)  return type;
function "abs"  (r : type)  return type;
```

下列操作符是缩减逻辑操作符，只可用于 VHDL-2008 中：

```
function "and"  (l : type)  return element;
function "or"  (l : type)  return element;
function "nand"  (l : type) return element;
function "nor"  (l : type)  return element;
function "xor"  (l : type)  return element;
function "xnor"  (l : type) return element;
```

对应于二元操作符的两参数函数如下所示：

```
function "and"  (l, r : type)  return type;
function "or"  (l, r : type)  return type;
function "nand"  (l, r : type)  return type;
function "nor"  (l, r : type)  return type;
function "xor"  (l, r : type)  return type;
function "xnor"  (l, r : type)  return type;
function "and"  (l : element;  r : type)  return type;
function "or"  (l : element;  r : type)  return type;
function "nand" (l : element;  r : type)  return type;
function "nor"  (l : element;  r : type)  return type;
function "xor"  (l : element;  r : type)  return type;
function "xnor" (l : element;  r : type)  return type;
function "and"  (l : type;  r : element)  return type;
function "or"  (l : type;  r : element)  return type;
function "nand" (l : type;  r : element)  return type;
function "nor"  (l : type;  r : element)  return type;
function "xor"  (l : type;  r : element)  return type;
function "xnor" (l : type;  r : element)  return type;
function "="  (l, r : type)  return boolean;
function "/="  (l, r : type)  return boolean;
function "<"  (l, r : type)  return boolean;
function "<="  (l, r : type)  return boolean;
function ">"  (l, r : type)  return boolean;
function ">="  (l, r : type)  return boolean;
function "sll"  (l : type;  r : integer)  return type;
function "srl"  (l : type;  r : integer)  return type;
```

```
function "sla"  (l : type;  r : integer)  return type;
function "sra"  (l : type;  r : integer)  return type;
function "rol"  (l : type;  r : integer)  return type;
function "ror"  (l : type;  r : integer)  return type;
function "**"  (l, r : type)  return type;
function "*"  (l, r : type)  return type;
function "/"  (l, r : type)  return type;
function "mod"  (l, r : type)  return type;
function "rem"  (l, r : type)  return type;
function "+"  (l, r : type)  return type;
function "-"  (l, r : type)  return type;
function "&"  (l, r : type)  return type;
function "&"  (l : element;  r : type)  return type;
function "&"  (l : type;  r : element)  return type;
function "&"  (l : element;  r : element)  return type;
```

这些模版与预定义的操作符对应,预定义的操作符被自动定义用于一个或者其他的标准类型。

最后一点要注意的是,操作符解析使用的是基类型,而不是子类型。不能为不同子类型重载不同的函数。如果使用子类型参数定义操作符,那么操作符将适用于所有采用参数基类型或者任一子类型的信号和变量,但是对于类型的取值有额外的约束。例如,如果操作符“+”对 natural 定义,natural 是 integer 的子类型,那么实际上这个操作符替换了 integer 操作符。然而,natural 的范围约束要求那个操作符不能再使用负值。

当重载操作符时,用于编写函数的所有准则都适用。例如,为了给非限定性数组类型重载操作符,使用 11.2 节描述的标准化技巧。如果操作符需要返回非限定类型,使用同一章节中的非限定返回类型的准则。最后,用 std_logic_1164 和 numeric_std 的源代码作为参考。

11.4 类型转换

内置类型转换和自定义类型转换很不一样,所以不能用重载内置类型转换来改变它们的行为。然而,自定义类型转换是子程序,它可写成函数。

11.4.1 内置类型转换

有些类型转换函数可自动在语言参考手册提到的‘密切相关类型’之间进行转换。所有整数类型被认为密切相关,可将任一整数类型值转换成任意其他整数类型。

通过使用目标类型的名称来完成类型转换，就好像它是函数一样。可将类型或者子类型当作类型转换函数的名称。使用子类型名称与使用基类型名称相比，在类型转换中没有区别，但是仿真期间，将会根据子类型的约束来检查结果。最好使用子类型名称进行类型转换，这样在类型转换期间，仿真器能检测到范围之外的值。例如，假设正在使用一个 short 类型，希望将它转换成 natural。用名称 natural 调用函数，执行转换。

```
signal sh :  short;
signal int   :  natural;
...
int <= natural(sh);
```

在下列条件下，数组类型被认为密切相关：

(1) 它们的维数相同；

(2) 它们的下标类型可以相互转换；

(3) 元素类型相同。

对于可综合模型，第一个条件永远成立，因为只有一维数组是可综合的。如果数组用整数类型作下标，第二个条件得到满足；实际上，综合中使用的大多数数组用 natural 类型作下标。然而，如果数组用枚举类型作下标，这个数组就只能转换成由相同枚举类型作下标的数组类型，因为不同枚举类型之间不能进行相互转换。通常最后一个条件是 VHDL 代码综合中唯一的约束条件。结果是，大多数 bit 数组之间可相互转换，例如，bit_vector 和 numeric_bit 中定义的 signed 和 unsigned 类型可相互转换。同样，std_logic 数组如 std_logic_vector，和 numeric_std 中定义 signed 和 unsigned 类型可以相互转换。

11.4.2 自定义类型转换

不能定义一个与类型同名的函数来进行新的类型转换。自定义类型转换只是函数，它们取某一类型的数值，返回另一个类型的数值，两者取值相同。有一些用于编写类型转换的约定需要了解和使用。

第一个约定是类型转换函数的名称。约定函数名称为 to_type，type 是类型转换的目标类型名称，也就是函数的返回类型。例如，所有转换成 integer 的类型转换函数被称为 to_integer。VHDL 分析器仍然有一些函数重载要解析，但经验表明使用这种方式的重载很少引起歧义，它可以确保函数的输入参数名称相同时，其类型总是不同的，而同名函数，其返回类型总是相同的，所以分析器在解析 to_integer 函数时没有问题。如果总是遵循这个约定，很容易就能记住类型转换函数的名称，阅读 VHDL 模型时，函数的功能也显而易见。

下面是一个简单的从 boolean 到 bit 类型的转换函数：

```
function to_bit (arg : boolean)  return bit is
begin
  case arg is
    when true => return '1';
    when false => return  '0';
  end case;
end;
```

并不总是能进行完整的类型转换,有时需要决定丢弃哪个值。例如,从 std_logic 到 bit 的转换,需要丢弃元逻辑值。这个转换函数如下所示:

```
function to_bit (arg : std_logic)  return bit is
begin
  case arg is
    when '1' => return  '1';
    when others => return '0';
  end case;
end;
```

这个例子中,将元逻辑值映射到'0'值上。或者,可发出断言。这个例子中,因为值的变化,比如从'Z'到'0'的变化本身可能并不重要,所以只给出警告(warning)。没必要给出错误(error):

```
function to_bit (arg : std_logic)  return bit is
begin
  case arg is
    when '1' => return  '1';
    when '0' => return  '0';
    when others =>
      assert false report "conversion from metalogical value"
        severity warning;
      return '0';
  end case;
end;
```

注意:仍然需要一个返回值,因为断言不会使仿真停止。

有时需要额外的参数来给类型转换函数提供关于类型转换的额外信息。写类型转换函数的第二个约定是在多于一个参数的函数中,总是转换第一个参数值。使用第二个参数的一种情况是将非数组类型转换成数组类型。参数用来指定转换中使用多少二进制位。例如,在 integer 到 std_logic_vector 的转换中,需要告诉类型转换函数在按位表示中使用多少二进制位:

```
function to_std_logic_vector  (arg : integer;  size : natural)
```

```
    return std_logic_vector
  is
    variable v : integer := arg;
    constant negative : boolean := arg < 0;
    variable result : std_logic_vector(size - 1 downto 0);
  begin
    if negative then
      v := -(v + 1);
    end if;
    for count in 0 to size - 1 loop
      if (v rem 2) = 1 then
        result(count) := '1';
      else
        result(count) := '0';
      end if;
      v := v / 2;
    end loop;
    if negative then
      result := not result;
    end if;
    return result;
  end;
```

第二种使用额外参数的情况是在具有元逻辑值的逻辑类型之间进行转换时，需要指定如何处理额外的数值。例如，std_logic 到 bit 的另一个版本转换函数如下所示：

```
function to_bit (arg : std_logic;  xmap : bit := '0')  return bit is
begin
  case arg is
    when '1' => return  '1';
    when '0' => return  '0';
    when others => return xmap;
  end case;
end;
```

Bit 类型有两个值。std_logic 总共有 9 个值，其中只有两个值（'1'和'0'）可直接映射到 bit 值上。在上面这个例子中，为了能将 std_logic 类型的其他 7 个元逻辑值也映射到一个比特上，添加了一个参数（xmap）用于处理其他 7 个元逻辑值的映射。因为已给出一个默认值，所以不会出现问题。假如没有添加参数 xmap，那么其他 7 个元逻辑值将被映射到'0'，使得该函数的功能与原函数的功能完全相同。总而言之，这个添加的参数只对仿真产生影响；不会影响综合，因为综合器消除了那 7 个元逻辑值，所以综合出的电路与最初的 to_bit 完全相同。

11.5 过　程

过程是子程序,从这个意义看,过程与函数一样。过程的声明看起来与函数一样,但是它们的用法和规则不同。与函数类似,过程可在下列任一声明域中声明:结构体、进程和其他子程序内,但大多数在程序包内声明,这也是最有用的声明方式。

适用于函数的一般准则也同样适用于过程:不应该将过程作为分割设计的一种方式;而应该用元件来分割设计。过程主要应该被用于小的不可分割的(原子)操作,以及经常需要用到的子程序。

11.5.1 过程参数

过程的第一个不同之处是参数可以采用 in 模式、out 模式或者 inout 模式。不要与实体端口模式混淆,实体端口模式的解释略有不同。过程没有返回值,所以参数是唯一的传递方式,数值只能通过参数传入和传出过程。

in 模式相当于函数的输入参数。in 模式的参数用于将数值传入过程,但不能用于将数值传出过程。out 模式用于从过程中传出参数,但不能用于将数值传入过程。从这个意义上说,它们相当于函数的返回值,只是 out 参数的数量可以任意。最后 inout 模式可用于将数值传入过程,可以在过程内修改这个数值,然后再将数值传递出来。inout 模式不能为三态或者双向信号建模。

下面用全加器的例子来说明过程的用法。这里使用过程是因为全加器有两个输出:

```
procedure full_adder (a, b, c   :  in std_logic;
                      sum, cout  :  out std_logic)  is
begin
    sum := a xor b xor c;
    cout := (a and b) or (a and c) or (b and c);
end;
```

注意,过程中使用的赋值是变量赋值,因为过程的 out 参数默认为变量。此外,还可指定信号参数,本节稍后会分别进行介绍。这个过程只能在顺序过程调用中,因为 out 参数是变量,因此它们只能用于变量赋值,不能用于信号赋值。

下面的例子说明了在依顺序执行的过程调用中如何使用过程,将 4 个全加器放到一起得到一个具有进位输入和进位输出的 4 位加法器。

```
library ieee;
use ieee.std_logic_1164.all;
```

```
entity adder4 is
  port   (a, b : in std_logic_vector (3 downto 0);
          cin : in std_logic;
          sum : out std_logic_vector (3 downto 0);
          cout : out std_logic);
end;
architecture behaviour of adder4 is
begin
  process   (a,  b, cin)
    variable result   :  std_logic_vector(3 downto 0);
    variable carry :  std_logic;
  begin
    full_adder (a(0),  b(0),  cin,  result(0),  carry);
    full_adder (a(1),  b(1),  carry,  result(1),  carry);
    full_adder (a(2),  b(2),  carry,  result(2),  carry);
    full_adder (a(3),  b(3),  carry,  result(3),  carry);
    sum <= result;
    cout <= carry;
  end process;
end;
```

这个模型有许多微妙之处。第一点是信号被用于过程的 in 参数。这是因为将信号或变量传递给子程序的 in 参数时,过程与函数并没有什么区别。然而,out 参数必须与变量关联,因此使用两个中间变量 result 和 carry 来做关联。注意:在 add1～add3 的过程调用中 carry 既是进位输入,又是进位输出。因为这是依顺序执行的 VHDL,首先传入进位的值 carry,接着执行过程,计算出一个新的进位输出值 carry,然后这个输出通过 cout 参数传递回去,从而被赋回给进位变量 carry。最后,这些变量被赋给实体的 out 参数,这些 out 参数都是信号。

11.5.2 具有非限定性参数的过程

过程也可以用非限定性参数进行声明,声明方式与函数类似。对于 in 参数,规则与函数完全相同。主要区别是过程可以使用同样的方式声明 out 参数。

与使用非限定 in 参数类似,使用非限定 out 参数有它自己的缺陷。问题在于调用过程时,参数继承了与调用中的参数相关联的变量的范围,与 in 参数的情况一样。

例如,一个过程有下列接口:

```
procedure add (a, b :  in std_logic_vector;
               sum :  out std_logic_vector);
```

当过程被调用时,这 3 个参数的范围来自于调用时传给它们的变量。例如:

```
library ieee;
```

```
use ieee.std_logic_1164.all;
entity add_example is
  port   (a, b   : in std_logic_vector(7 downto 0);
           sum : out std_logic_vector(7 downto 0));
end;
architecture behaviour of add_example is
begin
  process (a, b)
    variable result : std_logic_vector(7 downto 0);
  begin
    add(a, b, result);
    sum <= result;
  end process;
end;
```

这个例子中参数的范围都是 7 downto 0。子程序的编写者不能对参数范围进行假定。这和函数参数用法相同,但在这里,它是 out 参数,通过传给它的变量对这个参数进行了限定。在某种意义上,这个参数的范围被传入了过程,即使这个参数具有 out 模式。

编写此类过程时,一种安全的方法是对所有非限定参数进行标准化。out 参数的标准化与 in 参数的标准化略有不同。创建一个局部变量,作为输出的临时工作变量,在过程结束而不是过程开始时,将局部变量赋给参数。

用加法过程来说明如何实现:

```
procedure add   (a, b : in std_logic_vector;
                 sum : out std_logic_vector) is
  variable a_int : std_logic_vector(a'length - 1 downto 0) := a;
  variable b_int : std_logic_vector(b'length - 1 downto 0) := b;
  variable sum_int : std_logic_vector(sum'length - 1 downto 0);
  variable carry : std_logic := '0';
begin
  assert a_int 'length = b_int 'length
    report "inputs must be same length"
    severity failure;
  assert sum_int 'length = a_int 'length
    report "output and inputs must be same length"
    severity failure;
  for i in a_int 'range loop
    sum_int(i) := a_int(i) xor b_int(i) xor carry;
    carry := (a_int(i) and b_int(i)) or
             (a_int(i) and carry) or (b_int(i) and carry);
  end loop;
```

```
  sum := sum_int;
end;
```

断言可以检查过程的使用者是否遵循了过程中所做的假定。这个例子要求 3 个参数的长度相同,这样过程可以很简洁。注意如何使用 length 属性来获取参数 sum 的长度,即使参数 sum 是一个输出并且是不可读的。out 参数值是不可读的,参数的位宽属性是可读的。

11.5.3　使用 Inout 参数

inout 参数可被过程修改。它能被读取,然后被赋予新值。从概念上看,它既是 in 参数又是 out 参数。再次声明它不等价于双向信号和三态信号。

下面是一个使用 inout 参数的简单例子:

```
procedure invert (arg : inout std_logic_vector)  is
begin
  for i in arg 'range loop
    arg(i) := not arg(i);
  end loop;
end;
```

对参数的每个元素取反,并将结果传送回去。这个例子说明了 inout 参数可以是非限定性的。这个例子没有利用 inout 参数的标准化,仅结合使用了 in 参数和 out 参数。

下面用标准化重写这个例子:

```
procedure invert (arg : inout std_logic_vector)  is
  variable arg_int : std_logic_vector(arg 'length - 1 downto 0);
begin
  arg_int := arg;
  for i in arg_int 'range loop
    arg_int(i) := not arg_int(i);
  end loop;
  arg := arg_int;
end;
```

11.5.4　信号参数

到目前为止,所有的过程例子都有变量形式的 out 参数和 inout 参数。换言之,这些例子只能在顺序 VHDL 中被调用,即在进程中或者另一个子程序中。

前面的例子仅说明了子程序最常见的用法,但是参数的完整形式要比这些例子复杂得多。为了完整起见,下面给出一个使用信号参数的例子来说明参数的完整形式。

子程序参数可有 3 种模式:in,out 和 inout。它还有 3 个类:常数、变量和信号。不是所有的组合形式都可用,例如,常数 out 参数没有任何意义。但是仍然有许多合法的组合形式。函数参数只能是 in 模式,但可以使用任意类。

信号参数必须与信号关联。变量参数必须与变量关联。常数参数可与任意表达式关联,例如,变量、信号、另一个函数调用,但常数参数只能是 in 模式。

默认 in 模式的参数是常数。到目前为止所有例子都使用这类参数。这就是为什么同一个函数可以用变量和信号作为参数。可以使 in 参数变为变量或者信号来限制 in 参数的使用,但实际上很少这样做。

默认 out 模式和 inout 模式的参数是变量。这就是为什么使用过程时,它们必须与变量相关联,它们只能在顺序 VHDL 内使用。它们不能是常数,但它们可以是信号。

可以通过使 out 和 inout 参数成为信号来将它们与信号关联起来,然后就可以在顺序 VHDL 或者并发 VHDL 中使用过程了。但是信号参数不能与变量相关联。例如,用信号参数实现前文的全加器如下所示:

```
procedure full_adder_s (a, b, c : in std_logic;
                        signal sum, cout : out std_logic)  is
begin
    sum <= a xor b xor c;
    cout <= (a and b) or (a and c) or (b and c);
end;
```

这个过程有许多特性需要强调。第一个是只有 out 参数被改为信号类。in 参数是常数,所以可与信号或者变量相关联。在过程内,对 out 参数的赋值变成了信号赋值。最后,过程的名称被改变了。这是因为重载解析不考虑参数的类,当解析过程调用时,只解析类型,所以这个过程的参数看起来与原始版本相同,如果名称相同,将无法区分这个过程和原过程。

为了避免重载解析引起的问题,最好用一种表示法来区分用变量参数编写的过程和用信号参数编写的过程。建议用信号参数定义的过程名称使用后缀'_s'或者'_signal'。使用中,不需要像前面的例子那样,声明中间变量来对结果进行累加。然而,对于进位路径,还是需要声明中间信号。同一个 4 位加法器的例子如下所示:

```
library ieee;
use ieee.std_logic_1164.all;
entity adder4 is
    port  (a, b : in std_logic_vector (3 downto 0);
```

```
            cin : in std_logic;
            sum : out std_logic_vector (3 downto 0);
            cout : out std_logic);
end;
architecture behaviour of adder4 is
    signal c : std_logic_vector (2 downto 0);
begin
    full_adder_s (a(0), b(0), cin, sum(0), c(0));
    full_adder_s (a(1), b(1), c(0), sum(1), c(1));
    full_adder_s (a(2), b(2), c(1), sum(2), c(2));
    full_adder_s (a(3), b(3), c(2), sum(3), cout);
end;
```

在这个解决方案中,过程被用作并发过程调用,所以没有进程。

每当一个输入发生变化时,并发过程调用就会被重新估算。输入是 in 模式和 inout 模式参数的集合。因此,它等价于组合逻辑块。实际上,它等价于一个在顺序 VHDL 中包含过程调用的进程,所以上例中的第一个过程等价于:

```
process  (a(0) , b(0) , cin)
begin
  full_adder_s (a(0), b(0), cin, sum(0), c(0));
end process;
```

在 VHDL 中,过程中(但不是函数中)有 wait 语句是合法的,但综合禁用 wait 语句,所以过程可以用这个等价形式实现为组合逻辑。

11.6　声明子程序

到目前为止,大多数例子都是不完整的。它们是子程序,接着给出例子来说明如何使用子程序,但没有解决子程序在何处声明的问题。本节讨论子程序声明位置的规则,接着讨论如何在子程序中使用程序包。

11.6.1　局部子程序声明

在结构体、进程内和其他子程序内可局部声明子程序。这些情况下,子程序只能在那个结构内使用。例如,进程中声明的子程序只能用于那个进程。存在局部声明的唯一原因是通过将模型分解成可管理的部分来阐明模型。对于可综合的硬件模型,最好将模型分解成元件。但是,存在一些适用局部声明的情况,所以下面讨论这些规则。

主要规则前面已经提到了:局部声明的子程序只能局部使用。唯一可以局部声明子程序并在其他地方使用的位置就是程序包,下一节将对此进行讨论。

下面的例子结合了前面例子中的函数和用法,介绍了局部子程序的声明和用法。

```
library ieee;
use ieee.std_logic_1164.all;
entity carry_example is
  port (a, b, c : in std_logic;
        cout : out std_logic);
end;
architecture behaviour of carry_example is
  function carry (bit1, bit2, bit3 : in std_logic)   return std_logic
  is
  begin
    return (bit1 and bit2) or (bit1 and bit3) or (bit2 and bit3);
    end;
begin
  cout <= carry(a, b, c);
end;
```

这个函数是结构体的局部函数,所以可用于结构体内的任何地方。

函数还可以在进程中声明。这个结构体还可以用组合进程来写:

```
architecture behaviour of carry_example is
begin
  process (a, b, c)
    function carry (bit1, bit2, bit3 : in std_logic)
      return std_logic is
    begin
      return (bit1 and bit2) or (bit1 and bit3) or
            (bit2 and bit3);
    end;
  begin
    cout <= carry(a, b, c);
  end process;
end;
```

11.6.2 程序包中的子程序

编写子程序的主要原因是为常见操作建模,这样它们可用在其他地方。这些子程序可以被收集到一个程序包内。这样,通过共享程序包,子程序可以用于整个设计甚至其他设计中。

程序包有两个部分,包头(也称为程序包)和包体。包头包含子程序的声明,而包体包含子程序体。通常,程序包用于将一组密切相关的子程序集中到一起。子程序经常与程序包中声明的新类型相关联,作用于新类型的子程序存储在新类型所在的程序包中,这样使用新类型的用户也总能使用这些子程序。这尤其适用于操作符,最好将操作符和它们操作的类型放在一起。

举一个例子,在前面的 carry 函数和 full_adder 过程中加入 sum 函数。最后,将它们一起放到一个名为 std_logic_vector_arith 的程序包中,程序包如下所示:

```
library ieee;
use ieee.std_logic_1164.all;
package std_logic_vector_arith is
  function carry (a, b, c : std_logic)  return std_logic;
  function sum (a, b, c : std_logic)  return std_logic;
  procedure full_adder (a, b, c : in std_logic;
                        s, cout : out std_logic);
end;
```

包头声明了子程序,但没有子程序体。子程序体在包体中定义:

```
package body std_logic_vector_arith is
  function carry (a, b, c : std_logic)  return std_logic is
  begin
    return (a and b) or (a and c) or (b and c);
  end;
  function sum (a, b, c : std_logic)  return std_logic is
  begin
    return a xor b xor c;
  end;
  procedure full_adder (a, b, c : in std_logic;
                        s, cout : out std_logic)  is
  begin
    s := sum (a, b, c);
    cout := carry (a, b, c);
  end;
end;
```

包头与包体的分离类似于实体与结构体的分离。它意味着接口与内容分开。这样在不影响接口的情况下,可修改包体内容。可能对于程序包的使用者更重要的是,这样使程序包更具可读性。

注意:子程序声明和子程序体之间的区别。子程序声明如下:

```
function carry (a, b, c : std_logic)  return std_logic;
```

分号在返回类型之后。对于过程,分号紧随右括号:

```
procedure full_adder (a, b, c : in std_logic;
                      s, cout : out std_logic);
```

用关键字 is 替换那个分号,以此来识别子程序体:

```
function carry (a, b, c : std_logic)  return std_logic is   ...
procedure full_adder (a, b, c : in std_logic;
                      s, cout : out std_logic)  is   ...
```

11.6.3 使用程序包

像前文那样声明了程序包后,可以通过在需要程序包的设计单元之前放置 use 子句来使用这个程序包。实际上,有许多地方可以放置 use 子句,但最常见的位置是在设计单元之前。下面是本章第一个例子的完整形式,这个例子使用 carry 函数,添加了 use 子句:

```
library ieee;
use ieee.std_logic_1164.all;
entity carry_example is
    port (a, b, c : in std_logic;
          cout : out std_logic);
end;
use work.std_logic_vector_arith.all;
architecture behaviour of carry_example is
begin
    cout <= carry(a, b, c);
end;
```

这个例子中 use 子句在结构体之前,因为结构体是需要程序包的地方。如果程序包定义了一个类型,并且接口要使用这个类型,那么将 use 子句放在实体之前。

需要对 use 子句的构成进行说明。这个例子中的 use 子句 work. std_logic_vector_arith. all 由 3 部分组成。

use 子句的第一部分指的是程序包所在的库,本例中是 work。关键字 work 指的是当前工作库,即结构体将要被编译进的库。use 子句总能指向库 work,但其他库只有用 library 子句声明后,才可以用 use 子句指向它们。实际上,在每个设计单元之前有库 work 的隐式 library 子句。这个 library 子句如下所示:

```
library work;
```

因为是隐式的,work 库就不需要 library 子句了,但其他库必须像这样被声明。

use 子句的第二部分是程序包的名称,本例中是 std_logic_vector_arith。这是不言自明的。这样程序包可用于设计单元中。

use 子句的第三部分是那个程序包中可用于设计单元的一个或多个项目，本例中是 all。关键字 all 使程序包中的所有事物都可用。也可以指定个别子程序，但实际中很少这样做，并且其他形式的 use 子句很少见。

11.7 样　例

下面介绍一个实际中操作符重载的例子，编写一个程序包，定义一个新类型，将复数(complex)建模为 std_logic 数组。

复数表示法使用数组的左半部分作为实数部分，右半部分作为虚数部分。数组长度限制为偶数，这样左右两部分的长度相同。

第一步创建包声明的骨架，其中包含类型定义：

```
library ieee;
use ieee.std_logic_1164.all;
package complex_std is
    type complex is array (natural range <>)  of std_logic;
end;
```

这里定义了一个非限定性 std_logic 数组，称为 complex。注意，与 std_logic_vector 不同，它是一个全新的、独立的类型。

通过声明类型，自动生成了一套可用于这个类型的内置操作符。该类型的内置操作符包括等于、排序和拼接操作符，参看表 11.1。换言之，VHDL 分析器自动生成下列操作符：

等于：=，/=；

排序：<，<=，>，>=；

拼接：&。

更具体地说，自动声明了下列函数：

```
function "="  (l, r : complex)  return boolean;
function "/="  (l, r : complex)  return boolean;
function "<"  (l, r : complex)  return boolean;
function "<="  (l, r : complex)  return boolean;
function ">"  (l, r : complex)  return boolean;
function ">="  (l, r : complex)  return boolean;
function "&"  (l, r : complex)  return complex;
function "&"  (l : std_logic;  r : complex)  return complex;
function "&"  (l : complex;  r : std_logic)  return complex;
function "&"  (l : std_logic;  r : std_logic)  return complex;
```

然而，没有预定义布尔操作符和算术操作符：

布尔:not, and, or, nand, nor, xor;

算术:* *, abs, *, /, mod, rem, 符号+, 符号-, +, -。

拼接操作符非常有用,因为可以用它们构建出复数。实际上,有 4 个拼接操作符,一个操作符将两个 complex 拼接起来;一个操作符将一个 complex 与一个 std_logic 拼接起来;一个操作符将一个 std_logic 与一个 complex 拼接起来;一个操作符将两个 std_logic 拼接起来。它们都可创建 complex。

预定义的等于操作符和排序操作符有一些问题,缺少布尔操作符和算术操作符也会带来一些问题。等于操作符的问题是:预定义数组不能给出数值类型的正确排序,包括 complex 类型。数组的长度不同,根据数组比较的规则,无论它们的值是多少,这些数组都不相等。换言之,在比较中需要前导零。为了解决这个问题,等于操作符和不等于操作符必须对 complex 类型重载。

排序操作符也会引起问题。语言隐式地定义了 complex 类型的排序操作符,但是并不合理。调用这些操作符产生错误的最佳解决办法是用操作符重载它们。

此外,这个类型没有定义布尔操作符和算术操作符,还需要添加这些操作符。用这种方式添加所有布尔操作符和可综合的算术操作符,算术操作符包括符号"-"、abs、"+"、"-"和"*"。

最后,最好将复数分成实数部分和虚数部分,再把这两部分放到一起。复数的精度最好可以改变,例如,将 16 位复数转换成 24 位复数。可以定义一组实用函数来实现。所有内部行为可以根据 numeric_std 程序包中定义的整数算术运算来定义。最好采用类似于复用硬件元件的方式,使用现有程序包来建立层次,而不是对基本操作进行改造。用于组装和拆分 complex 类型的实用函数使用 numeric_std 中的 signed 类型来表示实数部分和虚数部分。

第一步是添加被重载到 complex_std 程序包中的操作符的函数声明。函数声明应当在 complex 类型声明之后,但顺序任意。此外,还可添加实用函数声明。

```
library ieee;
use ieee.std_logic_1164.all;
use ieee.numeric_std.all;
package complex_std is
    type complex is array (natural range <>)  of std_logic;
    function "not" (r : complex)  return complex;
    function "and" (l, r : complex)  return complex;
    function "or" (l, r : complex)  return complex;
    function "nand" (l, r : complex)  return complex;
    function "nor" (l, r : complex)  return complex;
    function "xor" (l, r : complex)  return complex;
    function "=" (l, r : complex)  return boolean;
    function "/=" (l, r : complex)  return boolean;
    function "<" (l, r : complex)  return boolean;
```

```
    function "<=" (l, r : complex)  return boolean;
    function ">" (l, r : complex)  return boolean;
    function ">=" (l, r : complex)  return boolean;
    function "-" (r : complex)  return complex;
    function "abs" (r : complex)  return complex;
    function "+" (l, r : complex)  return complex;
    function "-" (l, r : complex)  return complex;
    function "*" (l, r : complex)  return complex;
    function real_part (arg : complex)  return signed;
    function imag_part (arg : complex)  return signed;
    function create (R, I : signed)  return complex;
    function resize (arg : complex;  size : natural)  return complex;
end;
```

library 和 use 子句使得程序包接口中可使用 std_logic_1164 和 numeric_std 程序包。包体中也可以使用这两个程序包,因为包体从它们的包头中继承了 use 子句。

最后一步是编写包含操作符函数体的包体。为清晰起见,函数体已从包体中分离出来,这样每个函数体可以单独讨论,但实际上,函数体将出现在省略号(...)所在的地方。

```
package body complex_std is
...
end;
```

下面例子中的函数是纯局部函数,用于计算两个整数中的最大值。在程序包内部,使用这个函数来计算结果的长度。函数在使用时,用途变得更加清晰。

```
function max (l, r : natural)  return natural is
begin
    if l > r then
        return l;
    else
        return r;
    end if;
end;
```

下面来看第一组函数,包括 create、real_part、imag_part 和 resize,操作符将使用这些实用函数。

create 函数将两个 signed 类型的元素拼接形成一个复数。为了得到复数,实数部分和虚数部分的长度必须相同。设计时可以选择两个参数位宽不同时的处理方法。可以给出错误信息,也可以将两个参数标准化到相同位宽。后者更灵活,所以现在使用这种方法。换言之,函数返回的复数长度是函数的实数参数和虚数参数中较长参数长度的两倍。实际上,最常见的用法是使用相同位宽的参数,所以结果是参数的简单拼接。

```
function create (R, I : signed)  return complex is
    constant length : natural := max(R 'length, I 'length);
    variable R_int, I_int : signed (length - 1 downto 0);
begin
    R_int := resize(R, length);
    I_int := resize(I, length);
    return complex(R_int)
end;
```

resize 函数调整 numeric_std 中 signed 类型的位宽,拼接两个 signed 数(再次使用 signed 的拼接操作符),然后通过类型转换转换成 complex,得到结果。实际上,可以写成一个表达式:

```
function create (R, I : signed)  return complex is
    constant length : natural := max(R 'length, I 'length);
begin
    return complex(resize(R, length) & resize(I, length));
end;
```

函数 real_part 和 imag_part 对参数执行简单的片操作。它们也检查复数的长度是否为偶数。最后,它们将结果转换成 signed 类型。

```
function real_part (arg : complex)  return signed is
    variable arg_int : complex (arg 'length - 1 downto 0)  := arg;
begin
    assert arg 'length rem 2 = 0
        report "complex.real_part: argument length must be even"
        severity failure;
    return signed(arg_int(arg_int 'length - 1 downto arg_int 'length/2));
end;
function imag_part (arg : complex)  return signed is
    variable arg_int : complex (arg 'length - 1 downto 0) := arg;
begin
    assert arg 'length rem 2 = 0
        report "complex.imag_part: argument length must be even"
        severity failure;
    return signed(arg_int(arg_int 'length/2 - 1 downto 0));
end;
```

注意:每种情况下如何对参数进行标准化,以简化函数的其余部分。然而,real_part 函数的返回值有一个偏移,可能不合需求。最好对所有函数都进行标准化,所以这个函数需要一个标准化的中间变量来存储结果。

```
function real_part (arg : complex)  return signed is
```

```
        variable arg_int : complex (arg 'length - 1 downto 0) := arg;
        variable result : signed(arg 'length/2 - 1 downto 0);
    begin
        assert arg 'length rem 2 = 0
            report "complex.real_part: argument length must be even"
            severity failure;
        result :=
            signed(arg_int(arg_int 'length - 1 downto arg_int 'length/2));
        return result;
    end;
```

resize 函数改变了 complex 参数的位宽，并返回结果。根据 numeric_std resize 函数和刚定义的 3 个实用函数，对 resize 函数进行定义。

```
function resize (arg : complex;  size : natural)  return complex is
begin
  assert size rem 2 = 0
    report "complex.resize: size must be even"
    severity failure;
  return create (resize(real_part(arg),size/2),
                 resize(imag_part(arg),size/2));
end;
```

这个函数非常简单，因为它使用了程序包 complex_std 和程序包 numeric_std 中的现有函数。它用两个有符号数创建出复数，每个有符号数由 numeric_std 的 resize 创建，resize 作用于参数的实数部分和虚数部分。断言用来检查复数的长度是否为偶数，不允许用户指定奇数位宽。当 complex 参数传给 real_part 和 imag_part 函数时，会检查它的长度，所以不需要额外的断言。

再次记住，截断时，numeric_std 的 resize 函数保留了符号位，而常规约定是丢弃高有效位，如果截断引起溢出，则允许结果环绕式处理。如果希望遵循常规约定，那么应重新编写这个函数，不使用 resize 函数。

布尔操作符非常简单，就是简单地按顺序对每个元素进行操作。std_logic_1164 程序包和数值程序包的常见约定是布尔操作符取两个相同位宽的参数，并返回同样位宽的结果。不允许参数长度不同。not 操作符只有一个参数。这种情况下，遵守约定的同时要添加一个额外规则，规定返回值有一个标准化范围。

not 操作符如下所示：

```
function "not" (arg : complex)  return complex is
  variable result : complex(arg 'length - 1 downto 0) := arg;
begin
  for i in result 'range loop
    result(i) := not result(i);
  end loop;
```

```
    return result;
  end;
```

因为循环内的 not 操作符用于 std_logic 类型,所以根据 complex 的元素类型的逻辑行为来定义 complex 类型的 not 操作符,这是一种好的做法。

二元操作符类似,但它有两个参数,并且必须有一个断言来强制执行两参数必须等长的规则。

```
  function "and" (l, r : complex)  return complex is
    variable l_int : complex(l 'length - 1 downto 0) := l;
    variable r_int : complex(r 'length - 1 downto 0) := r;
    variable result : complex(l 'length - 1 downto 0);
  begin
    assert l 'length = r 'length
      report "complex_std: " "and" " arguments are different lengths"
      severity failure;
    for i in result 'range loop
      result(i) := l_int(i) and r_int(i);
    end loop;
    return result;
  end;
```

所有其他布尔操作符可以用完全相同的方式编写,循环内部使用相应的元素操作符。如果需要,所有布尔操作符都可用一个额外断言来检查偶数长度的规则。

许多其他操作符可以用相同的方式作用在 numeric_std 上。例如,如果实数部分和虚数部分都相等,等于函数为真。复数的两个部分是 signed 类型,所以使用 signed 的等于进行比较。为了比较不同长度的操作数,并考虑前导零,下面是用于 signed 类型的等于操作符,这个操作符完全满足要求。

```
  function "=" (l, r : complex)  return boolean is
  begin
    return real_part(l) = real_part(r)
          and
          imag_part(l) = imag_part(r);
  end;
```

不等于函数可以根据等于函数来定义:

```
  function "/=" (l, r : complex)  return boolean is
  begin
    return not (l = r);
  end;
```

要求排序操作符调用时给出错误信息。这通过断言来完成,断言将总是失败。

```
  function "<" (l, r : complex)  return boolean is
```

```
begin
  assert false
    report "complex_std: " "<" " illegal operation"
    severity failure;
  return false;
end;
```

尽管断言会停止仿真，但是断言后仍然需要 return 语句，因为大多数 VHDL 分析器要求函数内至少有一个 return 语句。如果缺少 return 语句，程序包将不会编译成功。所有其他排序操作符可以用相同的方式编写。

最后，用 numeric_std 的算术操作符定义符号 "－"、abs、"＋"、"－"和"＊"，这些算术操作符使用相同的约定。换言之，符号操作符"－"和 abs 操作符返回结果的长度与参数长度相同，"＋"和"－"操作符返回结果的长度是较长参数的长度，"＊"操作符返回结果的长度是参数长度之和。

```
function " - " (r : complex)  return complex is
begin
  return create( - real_part(r),   - imag_part(r));
end;
function "abs" (r : complex)  return complex is
begin
  return create(abs real_part(r),  abs imag_part(r));
end;
function " + " (l, r : complex)  return complex is
begin
  return create(real_part(l) + real_part(r),
                imag_part(l) + imag_part(r));
end;
function " - " (l, r : complex)  return complex is
begin
  return create(real_part(l) - real_part(r) ,
                imag_part(l) - imag_part(r));
end;
function " * " (l, r : complex)  return complex is
begin
  return
    create(
      real_part(l) * real part(r) - imag_part(l) * imag_part(r),
      real_part(l) * imag_part(r) + imag_part(l) * real_part (r));
end;
```

关于这个程序包的一点重要说明是，程序包内没有地方定义如何执行算术运算及如何执行位逻辑。布尔运算和算术运算始终由预定义的、经过测试的程序包 std_logic_1164 和 numeric_std 来提供。

第 12 章

特殊结构

本章是本书的扫尾章，将介绍一些十分重要但放在前面讨论又不太合适的硬件结构。这些特殊结构将放在本章一并介绍。第一个特殊结构是三态门驱动器，本章将介绍在仿真中如何使用综合模板为三态门驱动器建模，以及如何为三态总线建模。然后将讨论有限状态机(FSMs)，有限状态机常用于实现控制器。其中介绍了多种模板，可用于编写 Moore 机，Mealy 机以及具有组合输出或者寄存器输出的有限状态机。接着将讨论存储器，综合时可以选用寄存器堆来实现存储功能，也可以选用 RAM 组件来实现存储功能。还将介绍许多不同类型的模板，用这些模板可以综合出不同类型的 RAM。最后将介绍译码器，在综合时选用 ROM 推断，可将译码器转换成 ROM。

12.1 三　态

在 VHDL 中，三态系统的建模要考虑两个方面的问题：① 三态门驱动器的建模，② 三态总线的建模。

因为从 VHDL 到三态门驱动器没有直接的映射关系，所以必须将三态门驱动器的硬件结构看作模板。换言之，综合器必须能根据代码段推断出这段代码表示一个三态门，就如同它可以推断出某段代码表示锁存器或寄存器一样。

通常用描述三态行为的顺序 VHDL 模板为三态门建立模型。换言之，必须用进程为三态门建模。虽然编写一个具有三态驱动行为的并发信号赋值(使用条件赋值)很简单，但大多数综合器不会将它综合成三态门驱动器，因为它与模板不匹配。

三态总线必须使用能为高阻态值建模的多值逻辑类型。这种逻辑类型能够描述同一总线中多条信号线被驱动的情况。用 VHDL 的术语来说，这意味着该类型必须能够被解析(*resolved*)，换言之，该类型能够成为多个信号的赋值目标(译者注：即多值逻辑类型可以为总线上的每条信号线赋不同的逻辑值建模)。在仿真中,每个信号的解析由解析函数实现,该解析函数能分辨并处理每个三态门在驱动每条信号线时所产生的每个逻辑值。然后,由解析函数确定每个信号应该取什么值。解析只适用于信号,所以三态总线必须由信号建模,不能由变量来建模。

IEEE 标准类型 std_logic 将高阻态的模型值定义为'Z',并且用三态门驱动器建模的方式来解析'Z'值。例如,若某总线信号由两个三态门驱动,其中一个门的驱动值为'1',另一个门的驱动值为'Z',则该信号的取值应为'1'。如果正在用可综合的 VHDL,除了上面这一点外,对被解析类型的操作没有必要有更多的了解。可用作三态总线的是解析子类型 std_logic,而不是它的基类型 std_ulogic,知道这点就足够了。

三态门驱动器模板使用包含 if 语句的组合进程。下面例子中列出的 VHDL 代码只是展现了上述三态门驱动器的进程:

```
process (d, en)
begin
  if en = '1'  then
    q <= d;
  else
    q <= 'Z';
  end if;
end process;
```

可以看到这个进程是组合逻辑进程,包含由 if 语句建模的两选一多路选择器。然而,因为在 if 语句的一个分支中对 q 赋值'Z',所以它被解释为三态门驱动器。等价电路如图 12.1 所示。

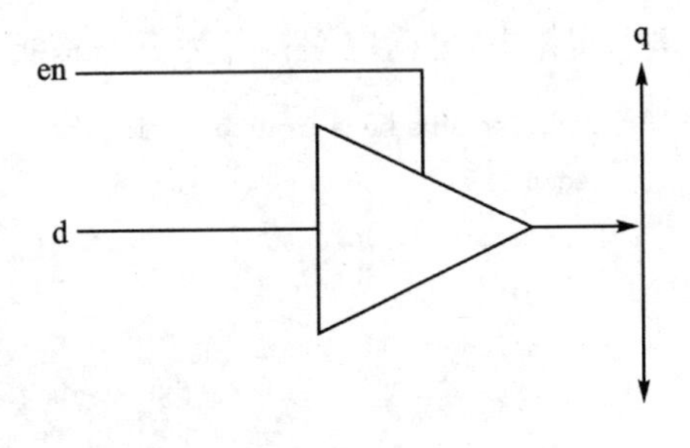

图 12.1　三态门驱动器

三态门驱动器的实现方法与寄存器类似。像执行组合进程一样执行这个进程(忽略三态部分),然后将一个三态门驱动器添加到输出。因为与寄存器模板相似,所以不能将这两个模板组合到一起。换言之,不能将一个具有三态的输出的寄存器描述为一个进程。相反,它应该由单独的进程来建模;一个寄存器化的进程为寄存器建模,一个组合进程为其输出的三态门驱动器建模。

编写三态门驱动器的规则会因综合器的不同而不同。最安全的模板就是上面的例子中那样,它是最简单的标准形式。假定将整个进程用三态门驱动器来实现,if 语句必须使用所示形式,具有两个分支:一个分支包含高阻态赋值,另一个包含其他组合逻辑。大多数综合器的灵活性更高,但不同综合器之间的灵活性不一定可移植。

任何情况下,对于原设计师和之后使用它的其他任何人来说,使用模板可以使电路的目的更加清晰,所以推荐使用模板,但不是强制性要求。

三态总线只是一个子类型的信号,这个子类型被称为解析子类型,它可为三态建模。它总是 std_logic 类型或者 std_logic 数组类型,这个子类型已经有一个为三态建模的解析函数,而且它是唯一的标准类型。然而,这个子类型本身不足以使一个信号成为三态,毕竟子类型 std_logic 是用于设计中的所有信号。还需要其他的条件,如果信号由三态门驱动器来驱动,那么信号就被当作三态总线处理。只要信号的任一驱动器是三态门驱动器,那么那个信号的所有驱动器必定是三态门驱动器。而且,如果数组信号的一个元素是一个三态信号,那么所有元素必定是三态信号。

唯一需要对三态信号进行特殊处理的情况就是当三态信号用在实体端口时。应使用 inout 模式为三态端口建模,这样综合器就能知道这些端口必须用三态总线来实现。即使三态门驱动器正驱动这个总线,但总线没有被读取,也应遵守这个规则。以上述基本驱动器例子为例,使用实体/结构体对:

```
library ieee;
use ieee.std_logic_1164.all;
entity tristate is
  port (d : in std_logic;
        en : in std_logic;
        q : inout std_logic);
end;
```

这个实体中,已确定端口 q 为三态总线,因此应该用三态门驱动器驱动它。

```
architecture behaviour of tristate is
begin
  process (d, en)
  begin
    if en = '1' then
      q <= d;
    else
      q <= 'Z';
    end if;
  end process;
end;
```

通常,三态门驱动器会与结构体中的其他逻辑混用。为清晰起见,这个例子只使用三态门驱动器作为结构体中唯一的元件来说明驱动器进程和端口模式之间的关系。这个端口是 inout 模式,但是事实上,进程只对这个端口进行写操作,不对端口进行读取。

注意:互联网上有许多关于用 in 或 out 参数建模的三态总线的例子。现代综合器不需要 inout 端口来知道端口是三态总线并对它进行正确综合。然而，仍然建议所有三态总线都使用 inout 端口，因为它使实体接口的含义更加清晰。

使用 std_logic 的数组，如 std_ logic_vector、numeric_std 的综合类型 signed 和 unsigned，可以很容易地创建数组驱动器。

注意：VHDL - 1993 兼容版本的 fixed_pkg 和 float_pkg 的定点类型和浮点类型不能用于三态，因为它们使用 std_ulogic。这个问题在程序包的 VHDL - 2008 版本中得以解决，所以在 VHDL - 2008 版本中，这些类型也将能用作三态总线。与此同时，应当使用 std_logic_vector 来实现三态总线，并且定点类型和浮点类型与 std_logic_vector 类型之间的转换使用 6.7 节描述的位保留类型转换。

对于三态数组，值‘Z’的赋值被改为‘Z’值字符串的数组赋值：

```
library ieee;
use ieee.std_logic_1164.all
use ieee.numeric_std.all;
entity tristate_vec is
  port (d : in signed(7 downto 0);
        en : in std_logic;
        q : inout signed(7 downto 0));
end;
architecture behaviour of tristate_vec is
begin
  process (d, en)
  begin
    if en = '1' then
      q <= d;
    else
      q <= "ZZZZZZZZ";
    end if;
  end process;
end;
```

另一种方法更加简单，尤其对于大的总线而言，它是唯一适用于通用位宽总线的形式，这种方法就是使用一个具有 others 子句的集合体：

```
q <= (others => 'Z');
```

用一个更大的例子来说明三态的用法，使用可综合的三态模板来写三态多路选择器。为清晰起见，将设计的实体和结构体分开。实体如下：

```
library ieee;
use ieee.std_logic_1164.all;
entity tristate_mux is
```

```
    port (a, b, sel, en : in std_logic;
          z : inout std_logic);
  end;
```

这个问题有两个可能的方案:可以用两个三态门驱动器驱动同一个输出,也可以在多路选择器之后紧随一个三态门驱动器。下面对这两个方案进行说明。

第一种方案实现电路的框图如图 12.2 所示。输入 a 和 b 是数据输入,sel 在 a(sel=0)和 b(sel=1)之间选择。输入 en 启动输出驱动器:当 en=0 时,输出是高阻抗。这个两驱动器方案的结构体如下:

```
architecture behaviour of tristate_mux is
begin
  t0: process (en, sel, a)
  begin
    if en = '1' and sel = '0'  then
      z <= a;
    else
      z <= (others => 'Z');
    end if;
  end process;
  t1: process (en, sel, b)
  begin
    if en = '1' and sel = '1'  then
      z <= b;
    else
      z <= (others => 'Z');
    end if;
  end process;
end;
```

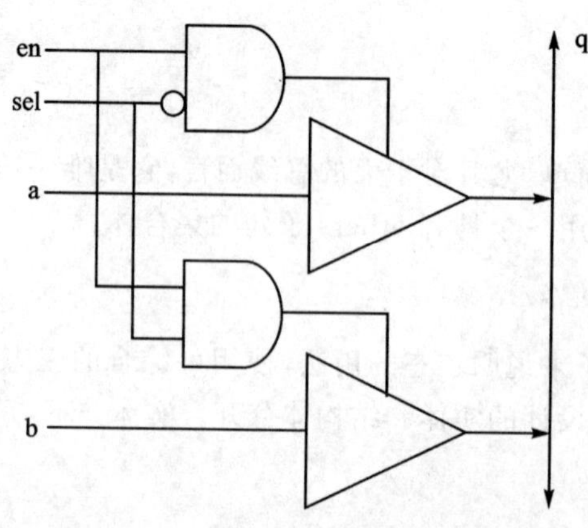

图 12.2　使用两个驱动器的三态多路选择器

这个方案包含三态门驱动器模板的两个副本。这个驱动器被直接连接到三态端口 z。注意,不要将这两个驱动器组合到一个进程中,这是一个常见错误。这个设计更加清晰和简单,因此,如果以这种方式分别表示设计的每个部分,就不容易出错。它与原框图一一对应。

另一个方案使用一个三态门驱动器,这个三态门驱动器的输入上具有一个多路选择器,如图 12.3 所示。

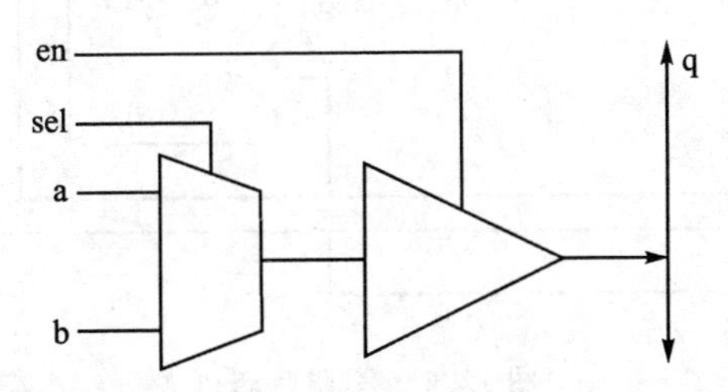

图 12.3　使用一个驱动器的三态多路选择器

因为三态门驱动器进程可包含 if 语句组合分支(就是说,这个分支没有高阻态赋值)中的其他逻辑,所以可使用一个进程来表示它:

```
process (en, sel, a)
begin
  -- tristate driver
  if en = '1' then
    -- multiplexer
    if sel = '0' then
      z <= a;
    else
      z <= b;
    end if;
  else
    z <= (others => 'Z');
  end if;
end process;
```

注意,这里将组合部分与三态门驱动器部分分离,外层 if 语句表示三态门驱动器,多路选择器逻辑被完全包含在外层 if 语句的第一个分支内。

12.2　有限状态机

有限状态机(FSM)的基本形式是时序电路,在这个电路中,下一个状态和电路的输出依赖当前状态和输入。有限状态机最常见应用是在控制电路中。FSM 的基本形式如图 12.4 所示。

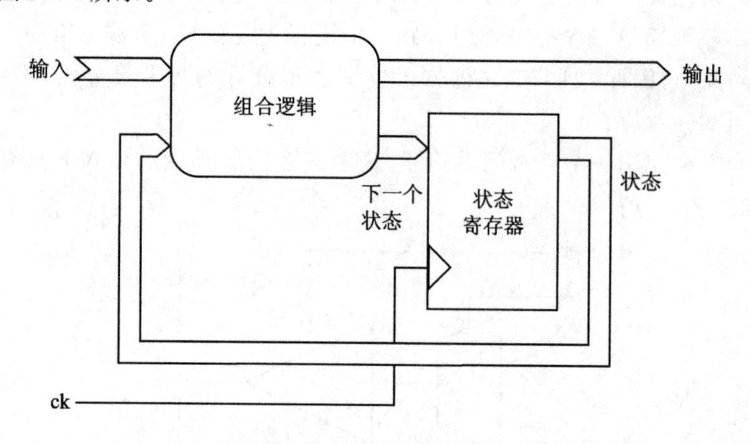

图 12.4 有限状态机

在 VHDL 中,可将 FSM 建模为一个组合块和一个寄存器块。大多数综合器能在有限状态机上执行状态优化,使电路面积最小。只有 FSM 模型符合允许发生 FSM 推断的模型之一时,这个优化才可用。

照例,不同模板的范围因综合器的不同而不同,并且一些综合器支持几个其他版本的模板,但这里介绍的模板是常见形式,并且是推荐形式。FSM 模板的关键特征是用枚举类型表示当前状态和下一个状态,每个状态对应一个值。输入和输出可以是任意类型。

这个例子是一个非常简单的状态机,在一比特宽的串行输入上检测某个比特序列(一个签名)。这个状态机用图 12.5 中的状态转移图来定义。状态转移图中状态显示为圆圈,圆圈内有状态名称。状态自身还标注了输出值,当状态机处于那个状态时,需要输出那个值。状态转移用输入值标识,输入值引起了这个状态转移。这是一个 Moore 机,因为输出只依赖当前状态,与输入无关。

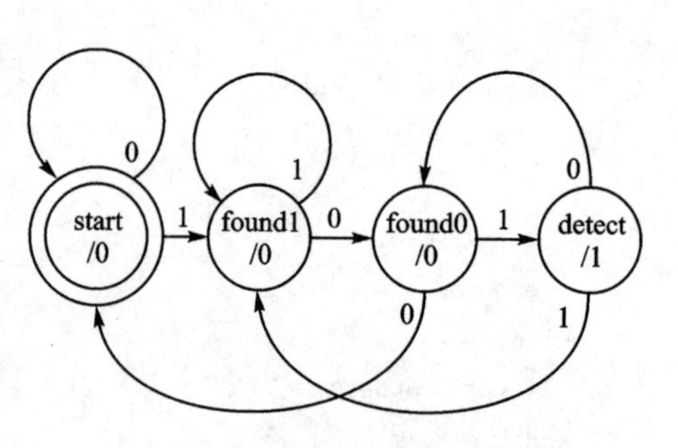

图 12.5 签名检测器状态转移图

正如文中所示,这个 VHDL 例子使用一个单独的实体和结构体。通常,状态机可与其他电路混合,为了清晰起见,这里将它们完全分离。所有例子的实体都相同,如下所示:

```
library ieee;
use ieee.std_logic_1164.all;
entity signature_detector is
  port (d : in std_logic;
```

```
        ck : in std_logic;
        found : out std_logic);
end;
```

12.2.1 两个进程,一个译码器

这个 FSM 模板将所有译码逻辑放入一个组合进程中,此外还有一个寄存器化进程,这个寄存器化进程只生成状态寄存器,内部没有逻辑。

```
architecture behaviour of signature_detector is
  type state_type is (start, found1, found0, detect);
  signal state, next_state : state_type;
begin
  -- register block
  process
  begin
    wait until rising_edge(ck);
    state <= next_state;
  end process;
  -- combinational logic block
  process (state, d)
  begin
    case state is
      when start =>
        found <= '0';
        if d = '1' then
          next_state <= found1;
        else
          next_state <= start;
        end if;
      when found1 =>
        found <= '0';
        if d = '0' then
          next_state <= found0;
        else
          next_state <= found1;
        end if;
      when found0 =>
        found <= '0';
        if d = '1' then
          next_state <= detect;
```

```
        else
          next_state <= start;
        end if;
      when detect =>
        found <= '1';
        if d = '1'  then
          next_state <= found1;
        else
          next_state <= found0;
        end if;
    end case;
  end process;
end;
```

组合逻辑块用进程来建模,case 语句根据状态的当前值进行分支。case 语句的每个分支包含对下一个状态和输出信号的简单赋值。状态转移图中的分支用 if 语句建模,if 语句在 case 语句的分支内,就像这个例子所示。为了给 Mealy 机建模,输出也应当以输入为条件,所以对输出的赋值也在 if 语句内部。case 语句必须完整,即必须包含所有状态,并且它应当是纯组合的,没有锁存器,也就是说在所有条件下,所有输出都获得一个值。

这个逻辑块可用组合进程的方式重写,在 case 语句之前赋默认值,然后在 case 语句内重载它,这样可以确保是组合进程:

```
process (state, d)
begin
  next_state <= start;
  found <= '0';
  case state is
    when start =>
      if d = '1' then
        next_state <= found1;
      end if;
    when found1 =>
      if d = '0'  then
        next_state <= found0;
      else
        next_state <= found1;
      end if;
    when found0  =>
      if d = '1'  then
        next_state <= detect;
      end if;
```

```
    when detect =>
      found <=  '1';
      if d = '1'  then
        next_state <= found1;
      else
        next_state <=  found0;
      end if;
  end case;
end process;
```

12.2.2 两个进程，两个译码器

这个 FSM 模板将所有输出逻辑放到一个组合进程中，所有状态逻辑放到一个寄存器化进程内。因此，有两个译码器：一个解析状态转移，另一个解析状态来生成输出。

前面的例子用这种方式实现，如下所示：

```
architecture behaviour of signature_detector is
  type state_type is (start, found1, found0, detect);
  signal state : state_type;
begin
  -- register block
  process
  begin
    wait until rising_edge(ck);
    case state is
      when start =>
        if d = '1'  then
          state <= found1;
        else
          state <= start;
        end if;
      when found1  =>
        if d = '0'  then
          state <= found0;
        else
          state <= found1;
        end if;
      when found0   =>
        if d = '1'  then
          state <= detect;
        else
```

```
          state <= start;
        end if;
      when detect =>
        if d = '1'  then
          state <= found1;
        else
          state <= found0;
        end if;
    end case;
  end process;
  -- combinational logic block
  process (state)
  begin
    case state is
      when start | found1 | found0  =>
        found <= '0';
      when detect =>
        found <= '1';
    end case;
  end process;
end;
```

这个模板清楚地显示了 Moore 和 Mealy 状态机之间的区别。在 Moore 机中，输入仅由状态生成。换言之在一个周期内，输入可发生变化，但不影响输出。在 Mealy 机中，输出是状态和输入的组合。如果一个周期内输入改变，可能会导致输出发生变化。这个例子中，组合逻辑块只依赖状态，并且没有任何其他输入，因此它是一个 Moore 机。

注意：这种 FSM 还消除了 next_state 信号。

12.2.3 一个进程，一个译码器

有一种形式的 FSM 只使用一个寄存器化进程。这种方法在状态和 FSM 输出上各放一个寄存器，如图 12.6 所示。当对这种形式的输出编码时，设计中需要考虑由输出寄存器引入的一个周期的延迟。所以输出信号赋值必须在需要输出之前的一个周期完成。换言之，它们是指定状态转移之后输出将得到的值，而不是当前状态的输出。

前面的例子用一个进程形式的 FSM 实现，如下所示：

```
architecture behaviour of signature_detector is
  type state_type is (start, found1, found0, detect);
  signal state : state_type;
```

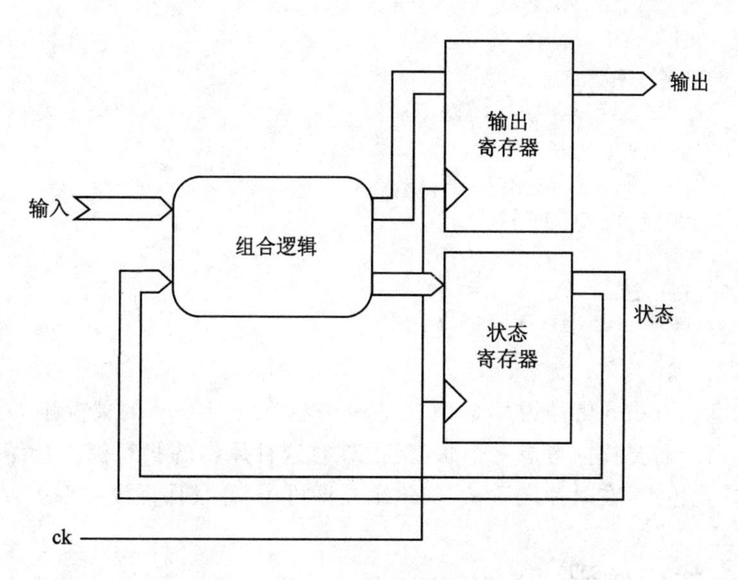

图 12.6　一个进程的有限状态机

```
begin
  -- register block
  process
  begin
    wait until rising_edge(ck);
    found <= '0';
    case state is
      when start =>
        if d = '1' then
          state <= found1;
        else
          state <= start;
        end if;
      when found1 =>
        if d = '0' then
          state <= found0;
        else
          state <= found1;
        end if;
      when found0 =>
        if d = '1' then
          state <= detect;
          found <= '1';
        else
          state <= start;
```

```
          end if;
        when detect =>
          if d = '1'  then
            state <= found1;
          else
            state <= found0;
          end if;
      end case;
    end process;
  end;
```

注意,默认 found 信号为'0',但在下一个状态为 detect 的情况下,这个赋值由'1'重载。由于需要提前考虑一个状态,很难对这种风格的状态机进行编程,但它确实有寄存器化输出,在时钟之后,这些输出立即可用,并且保证没有毛刺。

12.2.4 状态编码

FSM 推断是自动的,并且 FSM 综合会为状态选择最有效的编码。然而,有时想要指定编码。一些综合器允许用户指定状态值的二进制编码。通常,可以指定一个预定义序列,如独热编码或者连续编码(0, 1, 2...)。另外,还可指定实际的二进制编码。一些综合器根本不支持用户指定编码,这种情况下,编码将被自动选择。

不幸的是,指定状态编码的方法完全是综合器特有的,所以必须查看综合器手册来决定如何做。通常,它可能是 VHDL 文件的一个属性,也可能是设置文件的一个设置项。下面是一个使用属性的例子:

```
signal state : state_type;
attribute fsm_encoding : string;
attribute fsm_encoding of state : signal is "one_hot";
```

这是一个完全虚构的属性。实际中,真实的名称和值会不同,只能从综合器手册得知这个属性是什么。

没有明确编码时,综合器将会自动分配状态。通常,这就足够了,很少需要选择编码。

12.2.5 非法状态和复位

VHDL 中 FSM 使用枚举类型,这个类型的取值数可能不会恰好是 2 的乘方个。当映射到逻辑上时,会有一些状态编码没有对应状态,这些被称为非法状态。即使枚举类型确实有 2 的乘方个取值,但 FSM 综合可选择独热编码,每个状态有一个寄存器,因此对于 RTL 模型中的 S 个状态,硬件中有 2^S 个可能状态,但除了那 S 个状态以外，所有其他状态都是非法的。

如果 FSM 进入一个非法状态，由于 FSM 综合不允许这种情况，它可能被困在那里，下一个状态逻辑的优化不考虑非法状态。实际上，这么做使得独热编码成为效率最低的编码方式，但它通常(尤其对于寄存器数量多的 FPGA 技术)是最好的编码方式。

非法状态不是由错误综合引起的，它们取决于硬件的上电行为，所以解决这个问题不是 FSM 综合的工作，这是设计问题。唯一使 FSM 进入非法状态的时间是在上电的时候，那时无法控制初始状态。一旦 FSM 处于合法状态，它将总是停留在合法状态中，因为 FSM 综合确保了这点。所以，为了避免非法状态，必须使 FSM 可以复位。上电后，通过复位到一个合法状态，非法状态的问题得以解决。

复位可以很容易地添加到模板的寄存器部分来实现，复位不影响组合部分。例如，使用两个进程、一个译码器的 FSM 模型，对 start 状态的同步复位可以通过将复位输入添加到实体并重写寄存器部分来实现。

```
-- register block
process
begin
  wait until rising_edge(ck);
  if rst = '1' then
    state <= start;
  else
    state <= next_state;
  end if;
end process;
```

这是同步复位。照例，如果设计需要，可使用异步复位。然而，9.9 节中介绍的一般规则是使用同步复位，除非迫不得已，一般都使用同步复位。

12.3　RAMs 和寄存器堆

从概念上看，寄存器堆与 RAM 不同，因为寄存器堆是一个二维阵列的触发器，RAM 是一个二维阵列的存储器单元。然而，这是实现时的差别，在 RTL 设计的层次上，它们没有差别。因此，两个结构将一起讨论。这两个结构共同被称为存储器，所以这个术语可以用于任何使用这两个结构的地方。术语 RAM 和寄存器堆用来区分这两个存储器类型。

通过在数组信号上使用第 9 章的寄存器模型，生成寄存器数组来创建存储器。数组的每个元素可以通过数组下标来访问。寄存器堆的元素类型可以是任何可综合类型。例如，存储器可以由 float 数组构成。然而，RAM 通常要求只使用 std_logic_ vector 数组。

综合器根据存储器模型推断 RAMs,所以为了生成 RAM,必须使用 RAM 推断模板中的一个模板。这个推断部分取决于目标工艺中可用的功能,部分取决于存储器的大小:小的存储器实现为寄存器堆更高效,而较大的存储器实现为 RAMs 更高效。

RAM 推断的问题是模板可能因工艺的不同而不同,一个工艺可以实现特定类型的 RAM,而另一个工艺却不能。如果使用工艺不支持的模板,这个存储器将会被实现为一个寄存器堆。所以如果想要一个 RAM,一定要查看文档来获知哪些模板可与目标综合器/工艺一起组合使用,查看综合工具的日志以确保已经映射。

以下 3 个子节中将解释 3 个不同的存储器模型。通过例子来说明这些存储器模型,这些例子被写成通用元件。为了得到 RAM,数据输入、输出和存储器自身必须是 std_logic_vector。地址是无符号数,它指定了进入字长数组的偏移量,所以用 unsigned 类型表示地址。

这 3 个不同的版本反映了不同的读取方式:同步或者异步、写方式不同:写新值时,是否要读出字的前一个值,从概念上看,它是先读后写;或者是否读出这个被写入的新值,从概念上看,它是先写后读。

在每个例子中,字的位宽(word_size)和地址总线的位宽(address_size)的存储器被参数化。这个寄存器堆中字的数量是用地址总线位宽可寻址的字的全部集合,即 $2^{address\_size}$。对于所有这些例子,除了实体名称外,接口相同,这样模型中的差别更加明显。

```
library ieee;
use ieee.std_logic_1164.all;
use ieee.numeric_std.all;
entity RAM is
    generic (word_size : natural;
             address_size : natural);
    port (d : in std_logic_vector(word_size - 1 downto 0);
          ck : in std_logic;
          write : in std_logic;
          address : in unsigned(address_size - 1 downto 0);
          q : out std_logic_vector(word_size - 1 downto 0));
end;
```

注意:如何通过类属参数改变了端口位宽。

12.3.1 异步读,同步写

这个模型实现了一个读操作和写操作独立的存储器,这样读是组合电路(即异步的)，而写是同步的。换言之，如果对同一个地址进行读和写，由于写操作更新了存储器的内容，读输出将改变。结构体如下：

```
architecture behaviour of RAM is
    type memory_type is array (0 to 2 * * address_size - 1)  of
        std_logic_vector(word_size - 1 downto 0);
    signal memory : memory_type;
begin
    - - write
    process
    begin
        wait until rising_edge(ck);
        if write = '1' then
          memory(to_integer(address)) <= d;
        end if;
    end process;
    - - read
    q <= memory(to_integer(address));
end;
```

写结构体时的主要困难在于 address 总线由数组表示，这个例子中是 unsigned 类型的信号。这个地址应该用于索引寄存器数组，但是在 VHDL 中，使用一个数组类型来索引另一个数组类型是非法的，必须使用一个标量类型，如 integer。解决办法是在使用的地方，使用一个类型转换函数将地址总线转换成整数值；这个函数的返回值可用作数组下标。类型转换不会产生任何硬件，所以这个解决方法没有综合开销，但有一个很小的仿真开销。这个例子中，用 numeric_std 的 to_integer 函数来执行这个类型转换。

注意：如何通过类属参数 address_size 改变 memory 中元素的数量，使得全部地址范围被覆盖。这种方法的优点是使存储器简单，例如，没有越界的地址。然而，如果需要一个非常规大小的存储器，例如，如果存储器的大小不是 2 的乘方，可以使用第三个类属参数来控制地址范围。

读赋值使用赋值源的动态下标：memory 的一个元素被选择，并写给输出 q。如果生成寄存器堆，那么读操作将用多路选择器结构来实现，选择其中一个寄存器输出。如果生成 RAM，那么它将用功能上等价的存储器读操作来实现。注意，读是组合逻辑，所以，如果 RAM 内容改变，输出将会改变。

这个结构体也包含了进程，这个进程使用寄存器的边沿函数模板，在 9.4 节中解释了这个模板。它实现了存储器的写行为。这里可以使用任何寄存器模板。写赋值使用赋值目标的动态下标：选择 memory 的一个元素来接收输入 d 上的值，假定控制信号 write 有效。其他元素保留它们的值。通过为信号 memory 的每个元素创建寄存器或存储器,综合器实现了写操作,因为在这个进程中,memory 的所有元素被潜在地赋值。如果用寄存器堆实现,那么动态下标用多路分配器结构实现,这个结构能将输入 d 分配给寄存器堆中的任一寄存器。如果用 RAM 来实现,它将被实现为功能上等价的存储器写操作。这是最简单形式的存储器模板。大多数实际 RAMs 具有同步的读操作和写操作。为此,这个模型几乎总是被映射到寄存器堆上,而不是 RAM 上。

如果想要寄存器堆,推荐使用这个模板,但是如果想要 RAM,不推荐使用这个模板。以下章节中,将讨论映射到 RAMs 上的模板。

12.3.2 同步先读后写

这个存储器模型实现了一个读写同步的存储器,并且在写操作期间,新值写入存储器时,旧值出现在输出端口。这个实体与前一个例子的接口相同,只是名称不同:RAM_RBW。结构体如下所示:

```
architecture behaviour of RAM_RBW is
  type memory_type is array (0 to 2 ** address_size - 1) of
    std_logic_vector(word_size - 1 downto 0);
  signal memory : memory_type;
begin
  process
  begin
    wait until rising_edge(ck);
    -- read
    q <= memory(to_integer(address));
    -- write
    if write = '1' then
      memory(to_integer(address)) <= d;
    end if;
  end process;
end;
```

这个结构体和前面一样,包含了一个使用寄存器的边沿函数模板的进程。读操作和写操作在同一个进程中发生。这里可以使用任一个存储器模板。

像前一个例子中那样,读赋值使用赋值源的动态下标:memory 的一个元素被选择,并写给输出 q。区别在于它现在是同步的,因为读操作发生在寄存器化进程中。如果生成寄存器堆,那么这个读操作将由具有一个寄存器化输出的多路选择器实现。如果生成 RAM,那么它将由功能上等价的缓冲存储器读操作来实现。注意,读操作是读取旧值,而不是新值,并在输出缓冲寄存器内保持这个旧值。在这个进程中,第一次读的位置无关紧要，定位在那里是为了使读者看得更清楚。从 VHDL 的角度来看，读取旧值的原因在于 memory 在写之前的一个 δ 周期被读取。

写赋值与前一个例子完全相同。

12.3.3 同步先写后读

这个存储器模型在写操作期间，新值写入存储器的同时，这个值也出现在输出端口。其设计比“先读后写”的模型稍微复杂些，并不是每种工艺技术都可以使用，但仍然很常见。

这个实体与前面的例子接口相同，只是名称不同：RAM_WBR。结构体如下所示：

```
architecture behaviour of RAM_WBR is
  type memory_type is array (0 to 2 * * address_size - 1)  of
    std_logic_vector(word_size - 1 downto 0);
  signal memory : memory_type;
  signal read_address : unsigned(address 'range);
begin
  process
  begin
    wait until rising_edge(ck);
    - - write
    if write = '1'  then
      memory(to_integer(address)) <= d;
    end if;
    read_address <= address;
  end process;
  - - read
  q <= memory(to_integer(read_address));
end;
```

这个进程的第一个部分使用与前一个例子相同的方式实现写操作。然而，对内部信号的赋值也在这个进程内，read_address 是输入 address 的寄存器化形式。

在结构体尾部的并发信号赋值中，在读操作中，用地址的寄存器化形式做 memory 的下标。换言之，通过访问前一个时钟周期内指定的地址，读操作读取在前一个时钟周期内被写入的数值。这类似于具有同步输出和先写后读的存储器，它是可编程设备上先读后写模式的替代形式。综合器将它重建成功能等价的输出缓冲器。

如果生成寄存器堆，那么读操作将用简单的多路选择器结构来实现，有一个寄存器化输出。如果生成 RAM，那么它将用缓冲存储器读操作来实现，用旁路逻辑来处理同时读写同一地址的情况，所以当输入值被写给 RAM 时，它同时直接给输出缓冲器。这个旁路逻辑使先写后读的版本比先读后写的版本面积更大、速度更慢。

12.3.4 RAM 读优化

许多设计不需要同时读写,而是允许在不同周期分别执行读操作和写操作。一些综合器允许通过指明不需要同时读写来优化 RAM 推断。这使得综合器可以从目标工艺中选择最小、也可能最快的 RAM 来实现,不管设计中使用了哪个存储器模型。指定不重叠的读写后,就可以用 RAM 推断来实现存储器,否则存储器可能由寄存器堆来实现。

不幸的是,这种指定方式完全是综合器特有的,所以必须查看综合器手册来确定如何做。通常,它可能是 VHDL 文件中的属性,也可能是设置文件中的设置项。下面是使用属性的例子:

```
signal memory : memory_type;
attribute ram_type : string;
attribute ram_type of memory : signal is "no_rw_overlap";
```

这是完全虚构的属性。实际中,真实的名称和值可能不同。

12.3.5 获得寄存器堆

有时确实只想得到寄存器堆,这种情况下,需要禁用 RAM 推断。像所有其他综合选择一样,禁用 RAM 推断的方式完全是综合器特有的,所以必须查看综合器手册来决定如何做。通常,它可能是 VHDL 文件中的属性,也可能是设置文件中的设置项。下面是使用属性的例子:

```
signal memory : memory_type;
attribute ram_type : string;
attribute ram_type of memory : signal is "registers";
```

这是完全虚构的属性。实际中,真实的名称和值可能不同。

12.3.6 复 位

在需要一个 RAM 的存储器模型中,不能使用异步复位和同步复位,因为通常 RAMs 没有这个功能,所以只有不可复位的寄存器模板才能使用 RAM 推断。如果想要对 RAM 复位,那么复位需要在设计的更高层次实现,对所有地址写一系列复位值。不要试图在 RAM 结构体内建立这个功能,这可能禁用 RAM 推断算法,反而生成一个寄存器堆。相反,寄存器堆可以选择这两种复位中的任意一种,因为它只是普通寄存器的可寻址数组,正如第 9 章所描述的那样。

12.4 译码器和 ROMs

ROM 是由综合器推断的另一种结构，需要使用特定模板来获得 ROM 推断。此外，如果目标工艺不支持 ROMs，或者综合器不能实现满足设计需求的 ROM，那么它将被实现为解析逻辑。实际上在 FPGAs 中，基本逻辑元素正是 ROM，所以通过使用 ROM 模型，可以实现有效的映射。

ROMs 与 RAMs 相比，区别在于不能设计出通用 ROM，在随后需要的地方复用它，这是因为每个 ROM 的数据内容不同，并且这些内容被写死到设计中。因此，对于设计中的每个 ROM，需要使用相同的 ROM 模板设计不同的实体和结构体。

注意：建议将 ROM 分割到自己的设计单元中，具有单独的实体和结构体，而不是将它与设计的其余部分混合到一起。这样更可能产生 ROM 推断，一些综合工具需要这么做。

12.4.1 Case 语句译码器

最常见的 ROM 模板使用 case 语句来解析 ROM 地址的所有可能值，将每个值映射到一个信号赋值上，这个信号赋值中赋值目标是同一个信号，赋值源是一个常数。

例如，下面是一个译码器，使用 ROM 模板，将 3 位格雷(Gray)码解析成二进制数：

```
library ieee;
use ieee.std_logic_1164.all;
use ieee.numeric_std.all;
entity gray_decode is
    port (gray : in std_logic_vector(2 downto 0);
          binary : out unsigned(2 downto 0));
end;
architecture behaviour of gray_decode is
begin
    process (gray)
    begin
        case gray is
            when "000" => binary <= "000";
            when "001" => binary <= "001";
            when "011" => binary <= "010";
```

```
            when "010" => binary <= "011";
            when "110" => binary <= "100";
            when "111" => binary <= "101";
            when "101" => binary <= "110";
            when "100" => binary <= "111";
            when others => binary <= "XXX";
        end case;
    end process;
end;
```

注意:仿真期间用 when others 子句将输出设置成未知值。这是仿真需要,有许多元逻辑值的输入组合未被其他情况覆盖。这个值在综合中会被忽略,因为 case 语句被认为是完整的,包含所有实际输入的编码。

12.4.2 查找表译码器

ROM 也有查找表形式,它更加简单、更加简洁,尤其适用于输入编码是数字的地方。因为二进制数值是数值类型,所以可以用它实现从二进制到格雷码的反编码:

```
library ieee;
use ieee.std_logic_1164.all;
use ieee.numeric_std.all;
entity gray_encode is
    port (binary : in unsigned(2 downto 0);
          gray : out std_logic_vector(2 downto 0));
end;
architecture behaviour of gray_encode is
    type memory_type is array (0 to 7) of
        std_logic_vector(2 downto 0);
    constant memory : memory_type :=
        ("000", "001", "011", "010", "110", "111", "101", "100");
begin
    gray <= memory(to_integer(binary));
end;
```

将可能的输出值存在常数数组中,这样每个输出值在这个数组中的偏移量等于输入地址,用输入地址选择输出值,这个例子中,输入端口是 binary。如果常数的初始值采用集合体的显式形式,会更加清晰:

```
constant memory : memory_type :=
    (0 => "000",
     1 => "001",
     2 => "011",
     3 => "010",
     4 => "110",
     5 => "111",
     6 => "101",
     7 => "100");
```

VHDL 中,数组类型(如 unsigned)不能用作数组的下标,因此必须使用 natural 范围声明数组类型,这也是为什么集合体内的偏移量被表示成整数值,而不是位串。使用 to_integer 函数将输入信号 binary 的类型转换成 natural 类型,然后用这个结果做数组的下标。

第13章 测试平台

大多数硬件描述语言的电路说明和测试波形用不同的方法来描述，测试波形可以用仿真器中的波形捕捉工具或者用单独的波形语言来描述。然而大多数 VHDL 仿真器没有任何波形捕捉工具，因为 VHDL 本身足以被用作波形语言来使用。这样就产生了测试平台，它只是 VHDL 模型的一个命名约定，这个模型生成波形，使用这个波形来测试电路模型。

13.1 测试平台

测试平台只适用于 VHDL 仿真。测试平台不会被综合。然而，测试平台的编写是设计过程中的一个重要部分，并且许多设计师在这里遇到困难，因此在关于综合 VHDL 的书中专门用一章来讲述测试平台的编写。

对测试平台的需求是显而易见的。在综合之前，为了确保正确性，可综合的模型应当在仿真中被广泛测试。综合器基于‘仿真结果就是实际结果’(WYSIWYG)的原则工作，所以设计中的任何错误都会被忠实地综合成最终电路中的错误。作为设计师应仔细地测试，而且在综合之前，应当在 RTL 模型上进行测试。这是错误能够并应当被发现的地方。

诊断综合器生成的网表中的错误几乎是不可能的。无论如何，在设计周期内，等到从综合中获得门级模型才开始检查设计的一致性就太迟了。在设计的后期，唯一应该被执行的检查就是电路行为的可行/不可行测试，以确保从综合器映射到门时不会出现时序问题。

因为测试平台不被综合，所有 VHDL 语言都可用于编写测试平台。当编写测试平台时，不需要考虑其他章介绍的用于编写可综合模型的约束，并且还可以使用许多尚未介绍的 VHDL 形式。

本章通过许多例子，逐步介绍编写测试平台中使用的方法，先从一个简单组合电路开始，然后逐渐用更加复杂的例子来介绍新的概念。

13.2　组合测试平台

第一个例子是一种推荐使用的测试平台基本结构。这个例子很简单，这样对例子的理解不会妨碍对测试平台的理解。任务是测试一个简单的多路选择器，它有下列接口：

```
library ieee;
use ieee.std_logic_1164.all;
entity mux is
    port (in0, in1, sel : in std_logic;  z : out std_logic);
end;
```

不需要知道待测电路的结构。知道当 sel＝0 时，输入 sel 选择输入 in0，当 sel＝1 时，输入 sel 选择输入 in1，这样就足够了。

第一步是创建一个没有端口的实体和一个结构体，这个结构体内包含一个待测电路的元件例化。测试平台形成了一个封装，将待测电路完全封闭，这就是为什么测试平台实体上没有端口。另外，结构体内，有信号连接到待测电路的每个端口。约定信号采用与元件端口相同的名称和类型，以便测试平台具有可读性。

为实体和结构体命名时，最好让实体采用与待测电路相同的名称，再附上_test。结构体的名称应表明该结构体是测试平台，而不是行为描述。用 test_bench 作为结构体名称是一个很好的选择。

```
entity mux_test is
end;
library ieee;
use ieee.std_logic_1164.all;
architecture test_bench of mux_test is
    signal in0, in1, sel, z : std_logic;
begin
    CUT: entity work.mux port map (in0, in1, sel, z);
end;
```

这个例子不完整。到目前为止，它只包含待测电路(CUT)和信号，待测电路使用直接绑定作为元件，信号连接到待测电路的输入和输出。

注意：没有端口的实体根本没有端口规范，而不是端口规范为空，空的端口规范是错误的。

第二步是建立测试集和进程，这个进程在指定时间生成测试激励。这些都用到了以前未用过的 VHDL 特性。

定义一个可用于大多数设计的测试集合的推荐方法是声明一个常数数组激励。每个激励是一个记录,记录包含了测试中每个输入的数值。激励类型的记录包含 CUT 每个输入的一个域。再次约定在电路端口之后对每个驱动电路端口的域命名。类型声明在结构体的声明部分(在 begin 之前)。记录类型如下所示:

```
type sample is record
    in0 : std_logic;
    in1 : std_logic;
    sel : std_logic;
end record;
```

然后,需要有一个数组类型定义创建这个记录类型的数组。数组类型声明是非限定性的,可以创建包含任意大小测试集的数组:

```
type sample_array is array (natural range <>) of sample;
```

现在类型定义完整了,还可以声明一个常数数组,包含用于测试平台的激励数据样本。

```
constant test_data : sample_array :=
  (
   ('0', '0', '0'),
   ('0', '1', '0'),
   ('1', '0', '0'),
   ('1', '1', '0'),
   ('0', '0', '1'),
   ('0', '1', '1'),
   ('1', '0', '1'),
   ('1', '1', '1')
  );
```

解释一下这个常数声明。常数名称是 test_data,是 sample_array 类型。尽管这个类型是非限定性数组,但没有给出 test_data 的范围,因为在常数声明中,VHDL 分析器能根据已给数值的数目,计算出非限定性数组的范围。分析器的这种作法很好,因为测试集可能经常改变,为了给数组一个正确的范围,需要不断重数有多少测试集,这样很麻烦,而分析器可以完成这个工作。

常数值已经表示成两层集合体了。外层集合体与数组对应,这个例子中,它包含 8 个元素。元素类型是记录,每个元素自身是集合体。因此,内层集合体对应样本记录,依次包含 3 个 std_logic 数值,这里被表示成字符文字。这个例子中,测试集执行所有可能输入组合的测试。将测试数据存储在常数数组中,这样添加或者移去测试数据很简单。

建立测试平台的最后一步是写一个进程，将这个测试集应用到待测电路上。这个例子的测试驱动器进程如下所示：

```
process
begin
  for i in test_data 'range loop
    in0 <= test_data(i).in0;
    in1 <= test_data(i).in1;
    sel <= test_data(i).sel;
    wait for 10 ns;
  end loop;
  wait;
end process;
```

这个进程包含一个 for loop 语句，每次一个元素遍历 test_data 数组。使用 range 属性，如果添加或移去样本，循环会自动调整到测试集的大小。在这个循环内，连接到待测电路端口的信号由当前样本来赋值。

赋值语句值得仔细研究，考虑对 in0 的赋值：

```
in0 <= test_data(i).in0;
```

注意，常数数组 test_data 首先用循环常数 i 做下标，给出其中一个样本记录，然后由元素选择(.in0)来访问这个样本记录，得到一个 std_logic 值。其他赋值与之类似。

一旦将样本值赋给电路输入，进程就等待一个 10 ns 的时间延迟。因为直到进程暂停于 wait 语句，才更新信号，所以 wait 语句是必要的。当进程在 wait 语句处暂停时，信号被更新，样本值将应用到待测电路上。然后，CUT 会对新的激励做出相应，在输出端口创建一个新值。这个响应可以在仿真器的波形中看到。在使用下一个样本之前，延迟给了 CUT 时间来响应。

原则上，组合 RTL 模型只需要 δ 时间来响应，但最终电路中使用指定的时间延迟是好的做法，这样最终设计的波形输出具有的正确时序。使用这种方法，可以很容易理解波形和检查它的正确性。

测试进程的最后一个特点是循环完成后有一个无条件 wait 语句。如果没有这个 wait 语句，进程将被重启，并再次执行测试(一次又一次)。wait 语句使得进程一旦处理完所有样本，就完全停止，因此仿真停止。当没有要处理的事务时，仿真器总是停止的。

最好用这种方法来编写自动停止的测试平台，这样不需要对仿真器指定时间限制。这样，如果添加新的测试或者去掉冗余测试，也没有必要计算执行所有测试所需的仿真时间。实际上，测试平台会控制仿真时间。

前面已经分别介绍了各部分，作为总结，下面是完整的测试平台：

```
entity mux_test is
end;
library ieee;
use ieee.std_logic_1164.all;
architecture test_bench of mux_test is
  type sample is record
    in0 : std_logic;
    in1 : std_logic;
    sel : std_logic;
  end record;
  type sample_array is array (natural range <>) of sample;
  constant test_data : sample_array :=
    (
      ('0', '0', '0'),
      ('0', '1', '0'),
      ('1', '0', '0'),
      ('1', '1', '0'),
      ('0', '0', '1'),
      ('0', '1', '1'),
      ('1', '0', '1'),
      ('1', '1', '1')
    );
  signal in0, in1, sel, z : std_logic;
begin
  process
  begin
    for i in test_data'range loop
      in0 <= test_data(i).in0;
      in1 <= test_data(i).in1;
      sel <= test_data(i).sel;
      wait for 10 ns;
    end loop;
    wait;
  end process;
  CUT: entity work.mux port map (in0, in1, sel, z);
end;
```

对于组合电路,这个测试平台基本是完整的。然而,还需做一些改进来实现时钟信号、异步复位等。通过在样本数组中加入延迟时间,可以改变样本之间的时间延迟的。最简单的改进是检查待测电路的响应。接下来讨论这一点。

13.3　验证响应

当设计一个电路并探究它的行为时，一个只生成激励的测试平台很有用，因为这样更易于检查仿真器波形显示的响应，而且与手工计算结果相比，更易于确认响应是否正确。电路完成后最好在测试平台内加入响应数据。这个电路今后可以随时被测试，只需使用一个简单的可行/不可行测试。因此，测试平台变成了回归测试套件的一部分。如果测试平台没有发现响应错误，那么电路仍然正确工作。如果对设计的实现做了改变，并要求行为没有发生变化，这一点尤其有用。

通过扩展样本记录，将响应数据加入测试集。这个记录变为：

```
type sample is record
    in0  : std_logic;
    in1 : std_logic;
    sel : std_logic;
    z : std_logic;
end record;
```

现在，输出信号 z 在样本记录中获得一个入口。必须将响应数据添加到测试集，测试集变为：

```
constant test_data : sample_array :=
  (
    ('0', '0', '0 ', '0'),
    ('0', '1', '0 ', '0'),
    ('1', '0', '0 ', '1'),
    ('1', '1', '0 ', '1'),
    ('0', '0', '1 ', '0'),
    ('0', '1', '1 ', '1'),
    ('1', '0', '1 ', '0'),
    ('1', '1', '1 ', '1')
  );
```

为清晰起见，用一个额外的空格将激励域和响应域分开。这只是一个可读性的约定。

最后一个变化是在测试进程中加入响应检查。响应检查是一个使用 assert 语句的断言，以检查实际响应与期望响应是否相同。如果响应不匹配，将报告一个断言错误。如果仿真没有打印出错误报告，说明所有响应都正确。因此，不需要查看波形显示来检查电路行为。

```
process
begin
```

```
    for i in test_data 'range loop
      in0  <= test_data(i).in0;
      in1 <= test_data(i).in1;
      sel <= test_data(i).sel;
      wait for 10 ns;
      assert z = test_data(i).z
        report "output z is wrong!   "
        severity error;
    end loop;
    wait;
  end process;
```

注意:断言放在 wait 之后。样本的事件顺序需要进行说明。首先,将样本激励值赋给连接到待测电路输入的信号。当进程在 wait 语句暂停时,用新值来更新这些信号。这个例子中,wait 语句暂停 10 ns 给电路时间来响应。然后,根据期望响应来检查这个响应。

断言是一个对真条件的检查,所以,如果条件为真,就什么也不发生。但如果条件为假,就打印报告。这个逻辑与用来检查错误的 if 语句相反。有时,可以看到 assert 语句的简化 report 形式与 if 语句相结合,如下所示:

```
if z /= test_data(i).z then
    report "output z is wrong!" severity error;
end if;
```

注意:这个例子中,检查的逻辑被取反了。这是个人喜好的问题。一些设计师喜欢用正逻辑来思考,断言说"这个条件应当为真"。其他设计师喜欢使用负逻辑来思考,if 语句为"这个条件不应该发生"。有时,条件一部分为负,另一部分为正,这时可以将它们结合起来。例如:

```
if initialisation_complete then
    assert z = test_data(i).z
        report "output z is wrong!"
        severity error;
end if;
```

这样在电路初始化期间禁用检查,一旦初始化完成,启用检查。下面的逻辑与断言相比,更容易理解:

```
assert (not initialisation_complete) and (z = test_data(i).z)
    report "output z is wrong!"
    severity error;
```

如果待测电路是行为模型,那么它有一个零时间延迟,所以等待时间的选择完全是任意的。然而，如果有时间要求，最好以实际速度运行电路。也就是说同一个测试平台可用于测试被综合电路。

13.4　时钟和复位

到目前为止，例子都是组合电路。对于同步 RTL 设计，需要一个时钟，还可能需要一个复位控制。所以，可以扩展测试平台来生成这些信号。

最好在测试进程内生成时钟。优点在于，当测试停止时，时钟也会停止。记住，编写测试平台时，应该使仿真可以自停止，而这个准则在生成时钟的时候通常被打破。这是因为时钟生成器最常见的实现方式是一个独立的进程，这个进程永远周期性地切换时钟信号。这样的时钟生成器会使仿真器一直仿真下去。

在测试进程内实现一个时钟是非常容易的。多个时钟的实现也没有多少困难。这个例子只使用一个时钟。

测试计时电路时，测试平台唯一需要改变的是测试进程，其余部分不需要改变。尤其是测试集没有变化。

考虑一个简单的待测计时电路。为了简单起见，这个例子就是前面介绍的多路选择器的例子，但现在有一个寄存器化输出。电路如图 13.1 所示。

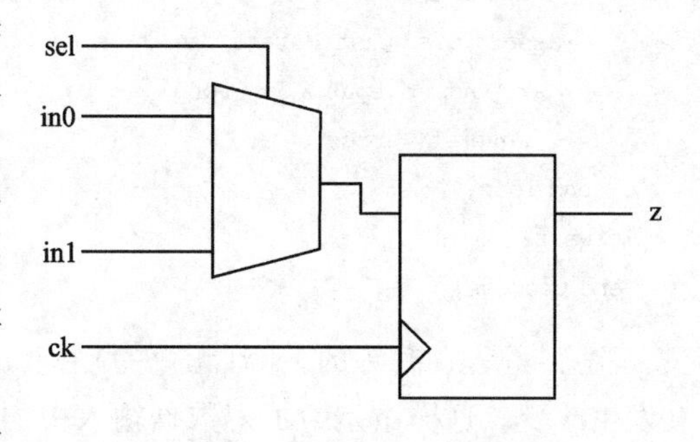

图 13.1　寄存器化多路选择器

多路选择器中的寄存器是一个上升沿敏感的寄存器。这个改动的电路显然需要添加一个时钟信号到实体中：

```
library ieee;
use ieee.std_logic_1164.all;
entity dmux is
  port (in0, in1, sel, ck : in std_logic;  z : out std_logic);
end;
```

而且，元件例化和测试平台结构体中声明的局部信号集也会相应改变：

```
entity dmux_test is
end;
library ieee;
use ieee.std_logic_1164.all;
architecture test_bench of dmux_test is
  signal in0, in1, sel, ck, z : std_logic;
begin
```

```
  CUT: entity work.dmux port map (in0, in1, sel, ck, z);
end;
```

测试集声明和前一个例子完全相同,所以测试平台部分不再重复。编写这个测试平台的最后一步是测试驱动器进程,它与测试进程的前一个版本类似,但现在使用时钟生成器:

```
process
begin
  for i in test_data 'range loop
    in0 <= test_data(i).in0;
    in1 <= test_data(i).in1;
    sel <= test_data(i).sel;
    ck <= '0';
    wait for 5 ns;
    ck <= '1';
    wait for 5 ns;
    assert z = test_data(i).z
      report "output z is wrong! "
      severity error;
  end loop;
  wait;
end process;
```

注意:进程在时钟的下降(无效的)沿上建立新激励。因此,这时寄存器的输出不会发生改变。这样做是为了把数据输入中的变化与有效时钟沿分开,这样当寄存器被计时时,数据输入上的变化不会带来问题。问题可能由行为设计引起,也可能是由门级设计引起。在行为设计中,时钟信号传播经过的中间信号赋值通常比数据通路少,所以时钟信号比数据值提前一个或多个 δ 周期,到达寄存器进程。也就是说正确的数据值不会被加载到寄存器中。

对时钟的两个赋值,每个赋值之后有一个 wait 语句,意味着测试循环每执行一次,就生成一个完整的时钟周期。在时钟上升(有效)沿之后 5 ns 才检查响应。通过改变 wait 语句中的延迟时间,可调整两个时钟沿与采样时间之间的确切关系。

如果这个电路需要异步复位,可添加在测试循环之前:

```
process
begin
  rst <= '1';
  wait for 5 ns;
  rst <= '0';
  wait for 5 ns;
  for i in test_data 'range loop
```

因为在复位阶段,时钟没有运行,所以这只对异步复位有效。对于同步复位,可以将时钟生成器和复位生成器结合起来使用。例如,为复位信号设置 5 个时钟周期的高电平:

```
process
begin
  rst <= '1';
  for i in 1 to 5 loop
    ck <= '0';
    wait for 5 ns;
    ck <= '1';
    wait for 5 ns;
  end loop;
  rst <= '0';
  for i in test_data 'range loop
```

这样实现了同步复位。

13.5　其他标准类型

到目前为止,所有例子都采用 std_logic 类型。然而,待测电路上的端口类型并没有约束。这个编写测试平台的技巧可与任一端口类型一起使用。关键是样本记录中的类型与待测电路端口的类型要匹配。数组端口甚至也可以用这种方式来处理。

举例说明,考虑下列待测电路,它是组合电路,用来统计输入总线中二进制位为'1'的总数。

```
library ieee;
use ieee.std_logic_1164.all;
use ieee.numeric_std.all;
entity count_ones is
  port (a : in std_logic_vector (15 downto 0);
        count : out unsigned(4 downto 0));
end;
```

这个电路的测试平台与多路选择器例子的测试平台是一样,count_ones 电路是组合电路,所以没有时钟生成部分。主要区别在于测试集与测试平台内部信号的类型应该与待测电路端口类型相匹配。

```
entity count_ones_test is
end;
library ieee;
```

```
use ieee.std_logic_1164.all;
use ieee.numeric_std.all;
architecture test_bench of count_ones_test is
  type sample is record
    a : std_logic_vector (15 downto 0);
    count : unsigned(4 downto 0);
  end record;
  type sample_array is array (natural range <>) of sample;
  constant test_data : sample_array :=
    (
      ("0000000000000000", "00000"),
      ("0000000000001111", "00100"),
      ("0000111100000000", "00100"),
      ("0000111111110000", "01000"),
      ("0001001000110100", "00101"),
      ("0111011001010100", "01000"),
      ("1111111111111111", "10000")
    );
  signal a : std_logic_vector (15 downto 0);
  signal count : unsigned(4 downto 0);
begin
  process begin
    for i in test_data'range loop
      a <= test_data(i).a;
      wait for 10 ns;
      assert count = test_data(i).count
        report "output count is wrong!"
        severity error;
    end loop;
    wait;
  end process;
  CUT: entity work.count_ones port map (a, count);
end;
```

注意:输入的样本数据使用字符串表示法,写成了二进制的形式。也可以用十六进制表示样本,采用位串表示法,而不是用字符串表示法写出全位宽的 std_logic_vector。样本数组的十六进制形式如下所示:

```
constant test_data : sample_array :=
  (
    (X"0000", "00000"),
    (X"000F", "00100"),
```

```
    (X"0F00", "00100"),
    (X"0FF0", "01000"),
    (X"1234", "00101"),
    (X"7654", "01000"),
    (X"FFFF", "10000")
  );
```

因为count输出是5位宽，而十六进制位串只能用于位宽是4的倍数的信号，所以响应值仍然用二进制表示。响应代表一个整数值，所以可以用整数响应数据编写测试平台，然后用类型转换to_unsigned将期望响应转换成与待测电路输出相同的类型。这种方法使测试平台更具可读性，因此不易出错。最终的样本记录和测试数据如下所示。

```
type sample is record
  a : std_logic_vector (15 downto 0);
  count : integer;
end record;
constant test_data : sample_array :=
  (
    ("0000000000000000", 0),
    ("0000000000001111", 4),
    ("0000111100000000", 4),
    ("0000111111110000", 8),
    ("0001001000110100", 5),
    ("0111011001010100", 8),
    ("1111111111111111", 16)
  );
```

检查期望响应的断言现在需要加入类型转换：

```
assert count = to_unsigned(test_data(i).count,count 'length)
  report "output count is wrong!"
  severity error;
```

13.6 无关输出

许多电路并不是在每个时钟周期都输出有效数据。例如，当流水线流水时，最初几个时钟周期，流水线生成的输出没有意义。类似地，对于用多个周期计算一个结果的电路，当计算中间值时，电路生成无效输出。有许多例子，由于某种原因，电路的输出是无效的。这些情况下，应当设计测试平台，使其忽略无效输出，只检查有效响应。

一种方法是给样本记录添加一个额外域,指出是否将这个样本的结果看作一个有效响应。这个 valid 标志是 boolean 类型,如果是有效响应,可将它置为真,反之,置为假。

举一个例子,这个电路是一个一位寄存器流水线,它将寄存器的输入延迟了 3 个时钟周期。也就是说,仿真开始时,流水线需要清空,所以最初两个响应是无效的。这个流水线例子的接口如下所示,这个电路的测试平台与前面的测试平台类似,所以只说明引入 valid 标志后的区别。

第一个变化是样本记录类型:

```
type sample is record
  d : std_logic;
  q : std_logic;
  valid : boolean;
end record;
```

然后,对于测试集中的每个样本,应根据响应是否对那个样本有效来设置标志:

```
constant test_data : sample_array :=
  (
    ('1', '0',false),
    ('0', '0',false),
    ('1', '1',true),
    ('1', '0',true),
    ('0', '1',true),
    ('1', '1',true)
  );
```

对于测试平台,最后一个变化是当 valid 标志为假时,应关闭响应数据的检查。可读性最好的方法是在断言外添加一个 if 语句:

```
if test_data(i).valid then
  assert test_data(i).q = q report "q is invalid" severity error;
end if;
```

只有 if 语句上的条件为真,并且这个断言条件为假时,才会报告一个断言错误。如果 valid 标志为假,那么不会检查这个断言。换句话说,禁止响应检查。另一方面,如果 valid 标志为真,那么这个断言将检查 q 输出是否与期望响应匹配。

当响应不是第 6 章介绍的综合类型时,可使用另一种办法。这些程序包为这些类型中的每个类型定义了一个函数集,称为 std_match,它包含‘-’值,可以用它依据期望值来检查响应。这样可以代替 valid 标志。要关闭响应检查,只要使期望响应数据包含‘-’值即可。它可以和一些技巧结合使用,通过在期望响应域中放置‘-’值,可忽略个别二进制位,所以只需检查其余二进制位。

现在样本记录不需要 valid 标志了：

```
type sample is record
  d : std_logic;
  q : std_logic;
end record;
```

这样，对于测试集中的每个样本，应根据响应是否对那个样本有效，将响应设置成实际值或‘-’：

```
constant test_data : sample_array :=
  (
    ('1', '-'),
    ('0', '-'),
    ('1', '1'),
    ('1', '0'),
    ('0', '1'),
    ('1', '1')
  );
```

然后，assert 语句直接使用 std_match 函数：

```
assert std_match(test_data(i).q, q)
  report "q is invalid"
  severity error;
```

更具体地说明，如果被比较的任一值中的任意二进制位包含元逻辑值‘U’、‘X’、‘Z’或者‘W’，std_match 函数返回假。对于这个函数的数组形式，如果参数尺寸不同，也返回假。如果两个参数的元素一一匹配，函数返回真，值‘-’被当作一个通配符处理，与任何其余值都匹配。注意‘L’只与‘L’匹配，与‘0’不匹配，弱值和它们的强等价形式不匹配。

‘Z’值被认为是一个不能与任何值匹配的元逻辑值，这是这些函数的最大缺点，所以即使期望结果包含‘Z’，检查也会报错，换句话说，‘Z’与‘Z’不匹配。这一点使得这些函数难以用于检查三态总线。不考虑这个限制时，这些函数对于编写测试平台是非常有用的。

13.7　打印响应值

到目前为止，检测到错误时，所有的例子都仅仅打印“q is not valid”或者类似的信息，这对于诊断问题不是很有帮助。仿真器可以打印出发生错误的仿真时间，从仿真时间可以中得出测试集中的第几个测试失败了，但是这种做法还是很难的。打印出期望值和实际值作用更大。

改进报告的关键是要认识到断言的 report 部分可以是任意字符串表达式。也就是说,可以通过使用“&”运算符将一系列的字符串连接到一起来建立一个报告。

VHDL-2008 有一个可用于所有类型的完整重载函数集,名为 to_string。这提供了一种将任意类型转换成字符串表示的方式。

注意:如果使用 VHDL－1993,to_string 函数可以在 additions 程序包中找到,这些程序包可以被下载,并与定点程序包和浮点程序包一起安装,如第 6 章中所示。例如,standard_additions 包含的 to_string 函数可用于程序包 standard 中定义的类型:integer、bit、real、boolean、character 和 time。类似地,numeric_std_additions 包含的 to_string 函数可用于 VHDL－2008 中 numeric_std 的 signed 和 unsigned 类型。这些 additions 程序包能被编译进 ieee_proposed,使用 use 子句可将它们用于测试平台。

用于 std_ulogic(也包括 std_logic)的 to_string 函数在 std_logic_1164(或 std_logic_1164_additions)中可以找到,这个函数有下列接口:

```
function to_string (arg : std_ulogic)  return string;
```

这样,断言的报告部分可以更加复杂:

```
assert test_data(i).q = q
  report "q: expected = " & to_string(test_data(i).q) &
        ", actual = " & to_string(q)
  severity error;
```

报告中打印的字符串由用“&”运算符连接的子字符串构成。

有一种方法更方便于将矢量类型(如 signed 和 unsigned)显示为整数。最好的方法是使用从数组类型到 integer 的类型转换。可以用整数的 to_string 函数将它打印出来。而且,有时将 integer 值显示成二进制数组可能更有用,通过反向类型转换来实现。类型转换在 6.7 节中进行了介绍。

例如,可将 signed 值转换成 integer,然后使用 integer 的 to_string 函数来给出十进制表示:

```
assert q = data(i).q
  report "q:  expected = " & to_string(to_integer(q))  &
        ",  actual = " & to_string(to_integer(data(i).q))
  severity error;
```

也可以用这些函数的 to_hstring 和 to_ostring 版本,将可综合数组类型(std_logic_vector、signed、unsigned、sfixed、ufixed 和 float)的值打印成十六进制字符串或八进制字符串。例如,使用十六进制打印无符号数值:

```
assert q = data(i).q
    report "q:  expected = " & to_hstring(q)  &
```

```
        ", actual = " & to_hstring (data(i).q)
    severity error;
```

为了保持一致，存在 to_bstring 函数，它与 to_string 函数完全相同。

这些函数还有长名称形式：to_binary_string、to_hex_string 和 to_octal_string，这些长名称增加了模型的可读性。

13.8　使用 TextIO 读数据文件

到目前为止，测试平台的所有例子都是完整的。所有激励和响应数据都包含在测试平台自身内。有一些情况，从数据文件中读取激励和响应数据更有意义。举个例子，测试数据由自动工具生成。仿真期间，直接从数据文件中读取测试数据会更好，而不是繁琐地将测试数据编辑进测试平台。

VHDL 有一个 I/O 系统允许这样做。用于执行文本 I/O 的内置过程被包含在名为 textio 的程序包中，这个程序包是 VHDL 标准的一部分，所以可在 std 库中找到。

程序包 textio 提供了足够的读数据文件的功能，使用这个程序包时不会产生歧义。然而，应当注意到 VHDL 中的文本 I/O 与其他（软件）语言中的 I/O 很不一样。

附录 A.10 列出了 textio 程序包，以供参考。这个例子中用到的基本子程序如下所示：

```
procedure file_open (file f : text;
                     name : in string;
                     kind : in file_open_kind := read_mode);
procedure file_close (file f : text);
function endfile (file f : text)  return boolean;
procedure readline (file f : text;  l : inout line);
procedure read (l : inout line; value : out type);
```

子程序中使用了两个特殊类型：text 和 line。text 类型表示文本文件，而 line 类型表示那个文件中的一行文字。

处理文本文件的基本顺序是：打开文件，只要有待处理的文本，就从文件中读取一整行文字。使用 readline 过程，每次只能读取一行文本。读取一个文本行以后，用一系列 read 过程将文本行分解为元素，并将元素转换成 VHDL 类型。在上述简化的接口中，这个类型用 read 过程的最后一个参数表示，type 可由 textio 支持的任一 VHDL 类型替代。

为了说明实际中 textio 的用法，使用 textio 重新编写本章开头用于说明基本测试平台结构的测试平台。先使用 bit 类型端口编写这个例子，稍后使用 std_logic 类型重新编写这个例子。这个两阶段的描述是必要的,因为 textio 不直接支持 std_logic,所以先用被 textio 直接支持的 bit 类型来说明基本用法。

像其他所有测试平台一样,第一步是声明元件例化,元件的每个端口都连接了信号。下面给出了最基本的测试平台:

```
entity mux_test is
end;
use std.textio.all;
architecture test_bench of mux_test is
  signal in0, in1, sel, z : bit;
begin
  CUT: entity work.mux port map (in0, in1, sel, z);
end;
```

注意,通过 use 子句使 textio 程序包可见,这样它可用于编写测试平台。

与前面的例子不同,没有测试集或数据结构来存储测试数据。因此,剩下唯一要做的事情是写测试进程。测试进程如下所示:

```
process
  file data : text;
  variable sample : line;
  variable in0_var, in1_var, sel_var, z_var : bit;
begin
  file_open(data, "mux.dat", read_mode);
  while not endfile(data) loop
    readline (data, sample);
    read (sample, in0_var);
    read (sample, in1_var);
    read (sample, sel_var);
    read (sample, z_var);
    in0 <= in0_var;
    in1 <= in1_var;
    sel <= sel_var;
    wait for 10 ns;
    assert z = z_var report "z incorrect" severity error;
  end loop;
  file_close(data);
  wait;
end process;
```

需要对这个进程进行一些解释。

在进程开头声明了一个文件,在进程开始时使用 file_open 过程打开它。使用 text 类型的标识符 data 和 read_mode 类(只读)打开,并与名为“mux.dat”的文件相关联。

进程包含一个 while loop。之前未涉及 while loop，因为它是不可综合的。while loop 只要条件一直为真就会持续循环。这个例子中，条件是：not endfile (data)。这个表达式首先是一个函数 endfile，判断标识为 data 的文件是否结束。not 取反，只要这个文件未结束，循环就会持续。

在这个循环内，第一步将一行数据读入变量 sample 中，这个变量是 line 类型。通过调用 readline 过程来完成。然后，进行一系列的 read 操作，每一个 read 操作从这一行中读一个二进制位。注意，read 操作从这行中读，而不是从文件中读。read 操作读取这行的每一个值，所以每个 read 接着前一个 read 离开的地方读取。如果读取本行之外的数值，或者读取一个错误类型的数值，会产生断言错误。

read 操作需要把读到的数值传给一个变量。必须是一个变量而不是一个信号，即参数是一个 variable 类的 out 参数。这就是为什么这个例子对中间变量有单独的 read 操作，然后这些中间变量被立即赋给信号。待测电路的输出可直接与变量比较，正如这个例子中断言所示。

进程结束时，使用 file_close 过程关闭文件。文件自身会包含一系列文本行，每个文本行包含与读取数值类型匹配的数值。这个例子中，因为正被读取的类型是 bit，所以正确数值是 0 或 1。注意，这些数值是数字 0 和 1，没有引号。忽略数值之间的空白区(空格或制表符)。

例如，这个测试平台的典型数据文件如下所示：

```
000 0
010 0
100 1
110 1
001 0
011 1
101 0
111 1
```

这个例子中，为了清楚起见，将激励分组，并使用空白区来分开响应数据。

考虑一个测试平台，使用相同的测试数据测试两次。这个例子没有这个必要，但有时一个电路需要使用相同的测试数据在许多不同模式下进行测试。同一测试文件可以用于不同模式。这个例子中，测试集外加了外层 for 循环，这样可以很容易实现使用同一数据集两次。

```
process
  file data : text;
  ...
begin
  for i in 1 to 2 loop
```

```
      file_open(data, "mux.dat", read_mode);
      while not endfile (data)  loop
      ...
      end loop;
      file_close(data);
    end loop;
    wait;
  end process;
```

13.9 读标准类型

程序包 textio 没有限制,仅使用 bit 类型。read 操作可以读取来自程序包 standard 的所有可综合类型。具体地说,如下所示:

```
bit
bit_vector
boolean
character
string
integer
```

也支持不可综合的类型:

```
real
time
```

它们在测试平台内都可用,尽管它们不能用于可综合设计中。

当读字符类型 bit 和 character 时,read 操作只从行中读一个字符,然后试着将它与类型匹配。对于 bit,首先跳过前面的空白区(空格和制表符)。对于 character,不跳过空白区,因为空白区字符是 character 的有效成员。

当读字符串类型 bit_vector 和 string 时,read 操作读取与变量长度相等的字符数,然后试着将这些字符与元素类型匹配。换句话说,read 操作适应变量的位宽。再次说明,对于 bit_vector,跳过第一个有效字符之前的空白区(但不是字符串值中后面的空白区字符),而对于 string,不跳过空白区,因为空白区字符是 string 的有效成员。

下面的例子读一个 8 位 bit_vector:

```
process
  variable byte : bit_vector (7 downto 0);
  ...
begin
```

```
    ...
    read(sample, byte);
```

当读 integer 类型时，读取符号位后面的数值数字，直到一个非数值数字为止，然后将结果转换成 integer。首先跳过前面的空白区。通常，在数据文件中，结束一个 integer 最好的方法是使用空白区。

编写测试平台时，最后一个类型是 time 类型，它可被读取，但不可综合。也就是说，可从数据文件中读取用于 wait 语句的延迟来控制测试。下面是一个读取 time 的模板，然后用在 wait 语句中：

```
process
  variable delay : time;
  ...
begin
  ...
  read(sample, delay);
  wait for delay;
```

在 VHDL 中，时间的文件格式相同，数字表示时间，后跟一个空格，然后是一个表示单位的字符串。数字本身不是有效时间，因此会导致错误。而且，数字和单位之间的空格是必需的。例如，下面给出一个数据文件，时间值在行尾：

```
000 0 10 ns
010 0 10 ns
100 1 10 ns
110 1 10 ns
001 0 10 ns
011 1 10 ns
101 0 10 ns
111 1 10 ns
```

注意，时间是相对时间。换句话说，在这个例子中，每个延迟是额外的 10 ns。要使用绝对时间（从仿真开始计算），只要从 wait 语句的 delay 中减去时间 now：

```
process
  variable delay : time;
  ...
begin
  ...
  read (sample, delay);
  wait for delay - now;
```

now 指代一个没有参数的函数，返回当前仿真时间。注意，如果 delay 小于 now，减法的结果是负数，就产生了错误，因为等待时间不可能为负。因此，必须按时间顺序排列文件中的样本：

```
000 0 10 ns
010 0 20 ns
100 1 30 ns
110 1 40 ns
001 0 50 ns
011 1 60 ns
101 0 70 ns
111 1 80 ns
```

13.10 TextIO 错误处理

实际上，每个类型有两个 read 操作：

```
procedure read(l : inout line; value : out type);
procedure read(l : inout line; value : out type;
                good : out boolean);
```

前一个例子使用的是基本 read 操作，是第一个过程。当读取类型出现错误时，会发出一个严重错误的断言。

第二个 read 过程返回一个 boolean 类型的标志，名为 good，表明读操作是否成功，而不会提出错误。这样可以允许测试平台跳过数据文件中的空白行或注释。对例子进行简单修改，如果读第一个二进制位失败了，允许测试平台跳过一行：

```
process
  file data : text;
  variable sample : line;
  variable in0_var, in1_var, sel_var, z_var : bit;
  variable OK : boolean;
begin
  file_open(data, "mux.dat", read_mode);
  while not endfile (data) loop
    readline (data, sample);
    read (sample, in0_var, OK);
    if OK then
      read (sample, in1_var);
      read (sample, sel_var);
      read (sample, z_var);
      in0 <= in0_var;
      in1 <= in1_var;
      sel <= sel_var;
      wait for 10 ns;
```

```
      assert z = z_var report "z incorrect" severity error;
    end if;
  end loop;
  file_close(data);
  wait;
end process;
```

这样可以给数据文件附加注释并排版,可读性更好:

```
# test set for the exhaustive simulation of MUX
# in0 inl sel z
  0   0   0  0
  0   1   0  0
  1   0   0  1
  1   1   0  1
  0   0   1  0
  0   1   1  1
  1   0   1  0
  1   1   1  1
```

因为 read 操作只读到样本中的最后一个值,所以可对每行添加注释。在移到下一行之前,不必读完整行,所以行尾处的注释字符串可以被忽略。

13.11 综合类型的 TextIO

textio 的内置读操作涵盖了 VHDL 的标准内置类型,但没有涵盖其他常用类型,尤其是没有涵盖 std_ulogic 和一些综合类型。这一节描述用于综合类型的 textio 标准扩展。

在综合程序包 std_logic_1164 和 numeric_std 的最初标准中,没有定义 I/O 操作。许多供应商提供了一个名为 std_logic_textio 的非标准 I/O 程序包,来为 std_logic_1164 类型提供 I/O。但这个程序包不是标准的,不能保证可用。现在,std_logic_textio 过时了,不建议使用它。

VHDL - 2008 中的所有综合程序包自身包括 I/O 操作。

VHDL - 1993 中新程序包 fixed_pkg 和 float_pkg 的兼容版本有内置 I/O 操作。std_logic_1164 和 numeric_std,additions 程序包的提供方式和来源与第 6 章介绍的定点程序包和浮点程序包相同。

下面列出了有 I/O 过程的类型。包括 VHDL - 2008 程序包和 VHDL - 1993 additions 程序包所涵盖的类型,VHDL - 1993 additions 程序包为旧系统提供 I/O 操作:

```
std_logic_1164 (VHDL - 1993: std_logic_1164_additions)
```

```
        std_ulogic
        std_logic_vector
        std_ulogic_vector
    numeric_std (VHDL - 1993: numeric_std_additions)
        unsigned
        signed
    fixed_pkg
    ufixed
        sfixed
    float_pkg
        float
```

这些程序包提供了下列过程：

```
procedure read (l : inout line; value : out type);
procedure read (l : inout line; value : out type;
                good : out boolean);
procedure write (l : inout line; value : in type;
                 justified : in side := right;
                 field : in width := 0);
```

type 是一种综合类型,依赖 I/O 程序包。

读基本类型 std_ulogic 时,read 操作只从行中读取一个字符,然后试着将它与类型匹配。首先跳过前面的空白处(空格和制表符)。

注意,因为 std_logic 只是 std_ulogic 的一个子类型,所以 std_ulogic 的 I/O 程序也能用于更常用的 std_logic。

此外,I/O 操作的范围已经被拓展,可以支持二进制、八进制和十六进制的位数组类型。这些程序包还专为数组类型提供了下列过程：

```
procedure oread (l : inout line; value : out type);
procedure oread (l : inout line; value : out type;
                 good : out boolean);
procedure hread (l : inout line; value : out type);
procedure hread (l : inout line; value : out type;
                 good : out boolean);
procedure owrite (l : inout line;  value : in type;
                  justified : in  side := right;
                  field : in width   := 0);
procedure hwrite (l : inout line;  value : in type;
                  justified : in  side   := right;
                  field : in width   := 0);
```

读数组类型时,read 操作读取与传给 read 过程的变量等长的字符数,并试着将它们与元素类型匹配。跳过第一个有效字符之前的空白处，而不跳过字符之间的空白处。在八进制(oread)和十六进制(hread)形式中，从文件中读到的数值被拓展成一个位串，并赋给变量。对于八进制，变量长度必须是 3 的倍数，对于十六进制，必须是 4 的倍数。

13.12 自定义类型的 TextIO

对于逻辑综合，建议将综合类型用于大多数数据通路，所以很少需要写 I/O 过程。然而，有时需要自定义类型，也需要为这些类型提供 I/O 过程。

最难书写的 read 过程是命名枚举类型的 read 过程，如用于有限状态机(第 12.2 节)的枚举类型。一个快捷办法是读取表示位置值的整数，然后使用 val 属性将这个值转换成目标枚举类型。缺点是将枚举类型的值作为整数存在数据文件中，变得不可读，但它是一个快的解决办法。

有时将枚举值作为字符串值写入文件很有用，在这个例子中，必须找到一种匹配枚举值和字符串值的方式。实际上，这是读 boolean 类型的方式。boolean 的文件表示法使用字符串“true”和“false”(当然，没有引号)。为了说明读取枚举数值的方法，给出 read 过程的一种可能实现方式，用于读取下列枚举类型：

```
type light_type is (red, amber, green);
```

read 过程先要跳过前面的空白处，然后试着将枚举数值的字符串表示与行的内容匹配。

```
procedure read (l : inout line;  value : out light_type;
                good : out boolean)  is
begin
  skipwhite(l);
  if (l.all 'length >= 3 and
      l.all(l.all 'left to l.all 'left + 2)  = "red")
  then
    value := red;
    skip (l, 3, good);
  elsif (l.all 'length >= 5 and
         l.all(l.all 'left to l.all 'left + 4) = "amber")
  then
    value := amber;
    skip (l, 5, good);
  elsif (l.all 'length >= 5 and
         l.all(l.all 'left to l.all 'left + 4) = "green")
  then
```

```
    value := green;
    skip (l, 5, good);
  else
    value := red;
    good := false;
  end if;
end;
```

textio 中的 line 类型是字符串的访问类型(软件术语中是指针),这个过程利用了这一点。本书没有介绍访问类型,但这里使用了它。知道.all 用来引用指针并访问字符串就足够了。这个例子中,将这一行的一部分与文本中表示 light_type 类型数值的字符串值进行比较。注意,过程中可以使用大写表示。

上面的 read 过程用一个过程跳过空白。首先计算需要跳过的空白处的字符数量,然后使用内置的用于字符串的 read 过程读取一个该长度的字符串,来跳过这一行的空白。这比一次跳过一个字符要高效(即快)。skipwhite 过程如下所示:

```
procedure skip (l : inout line;  length : in natural)  is
  variable str : string (1 to length);
  variable good : boolean;
begin
  read (l, str, good);
end;
procedure skipwhite (l : inout line)  is
  variable length : natural := 0;
begin
  for i in l.all 'range loop
    exit when l.all(i) /= ''  and l.all(i) /= HT;
    length := length + 1;
  end loop;
  if length > 0 then
    skip (l, length);
  end if;
end;
```

注意:skipwhite 过程跳过空格和制表符(由字符文字 HT 表示制表符,它是水平制表符 Horizontal Tab)。

然而,这个 read 进程显然很笨拙,因为每个比较中使用了相同的逻辑。用循环实现可能更好:

```
procedure do_compare(l : inout line;
                     value : in light_type;
                     found : out boolean)  is
  constant image : string := value 'image;
```

```
begin
  if ( (l.all 'length >= image 'length)  and
      (l.all(l.all 'left to l.all 'left + image 'length) = image))
  then
    skip (l, image 'length);
    found := true;
  else
    found := false;
  end if;
end;
procedure read (l : inout line; value : out light_type;
                good : out boolean)  is
  variable found : boolean := false;
begin
  good := true;
  skipwhite (l);
  for possible in light_type 'range loop
    do_compare(l, possible, found);
    value := possible;
    exit when found;
  end loop;
  if not found then
    good := false;
  end if;
end;
```

read 过程循环遍历了枚举类型的所有可能值，对每个值，都调用 do_compare 过程。如果发现匹配，那么将结果设置成匹配的数值，并退出循环。否则，一直循环直到试遍所有值。试遍所有值后，如果还没有找到匹配，设置 good 标志为假，表明读取失败。

do_compare 过程首先声明一个局部常数字符串，然后用该类型的一个可能值来初始化这个局部常数字符串。这样做是因为字符串的长度因过程的调用不同而不同，并且这是在局部常数中捕获一个未知长度数组的常用方法，使得它能被多次引用。然后，用 if 语句比较字符串值和文件行的内容。如果匹配，就跳过行中要求的字符数，并设置 found 标志。

13.13　样　例

这个例子开发了一个测试平台来测试 10.7 节研究的脉动处理器。测试数据将在处理器中进行一次计算，当得到结果时，测试数据就会检查结果。

测试集如下所示：

$$\begin{pmatrix}1 & 2 & 3\\4 & 5 & 6\\7 & 8 & 9\end{pmatrix}\begin{pmatrix}1\\2\\3\end{pmatrix}=\begin{pmatrix}14\\32\\50\end{pmatrix}$$

待测试的原始实体如下所示：

```
library ieee;
use ieee.std_logic_1164.all;
use ieee.numeric_std.all;
entity systolic_multiplier is
  port (d : in signed (15 downto 0);
       ck, rst : in std_logic;
       q : out signed (15 downto 0));
end;
```

为了使测试平台更具可读性，测试集中的数值用整数表示。将这些整数值转换成 signed 类型，这是脉动处理器的端口类型。使用来自程序包 numeric_std 的 to_unsigned 来执行类型转换。因为在测试期间有许多输出是无关的，而在整数表示中表示无关的方式，所以使用 valid 标志。

这个电路的测试平台如下所示：

```
entity systolic_multiplier_test is
end;
library ieee;
use ieee.std_logic_1164.all;
use ieee.numeric_std.all;
architecture test_bench of systolic_multiplier_test is
  type sample is record
    d : integer;
    rst : std_logic;
    q : integer;
    valid : boolean;
  end record;
  type sample_array is array (natural range <>) of sample;
  constant test_data : sample_array :=
    (
      (0,  '1',  0,  false), -- reset
      (1,  '0',  0,  false), -- ld_a11
      (2,  '0',  0,  false), -- ld_a12
      (3,  '0',  0,  false), -- ld_a13
      (4,  '0',  0,  false), -- ld_a21
      (5,  '0',  0,  false), -- ld_a22
```

```
        (6,  '0',  0,  false), - - ld_a23
        (7,  '0',  0,  false), - - ld_a31
        (8,  '0',  0,  false), - - ld_a32
        (9,  '0',  0,  false), - - ld_a33
        (1,  '0',  0,  false), - - ld_b1
        (2,  '0',  0,  false), - - ld_b2
        (3,  '0',  0,  false), - - ld_b3
        (0,  '0',  0,  false), - - calc1
        (0,  '0',  0,  false), - - calc2
        (0,  '0',  0,  false), - - calc3
        (0,  '0',  0,  false), - - calc4
        (0,  '0',  14,  true), - - calc5
        (0,  '0',  0,  false), - - calc6
        (0,  '0',  32,  true), - - calc7
        (0,  '0',  0,  false), - - calc8
        (0,  '0',  50,  true)   - - calc9
      );
    signal d, q : signed (15 downto 0);
    signal ck, rst : std_logic;
  begin
    process
    begin
      for i in test_data'range loop
        d <= to_unsigned(test_data(i).d, d'length);
        rst <= test_data(i).rst;
        ck <= '0';
        wait for 5 ns;
        ck <= '1';
        wait for 5 ns;
        if test_data(i).valid then
          assert to_unsigned(test data(i).q, q'length) = q
            report "q: expected = " &
                    to_string(to_unsigned(test_data(i).q)) &
                  ", actual = " & to_string(q);
            severity error;
        end if;
      end loop;
      wait;
    end process;
    CUT: entity work.systolic_multiplier
      port map (d, ck, rst, q);
  end;
```

第 14 章

库

在 VHDL 中,库是一个重要的概念,可是,它们似乎为 VHDL 用户带来了许多问题和困惑。为此,本书利用这一章对库进行简要概述,并对如何在库中组织工作提出建议。

14.1 库

可将库看作一个容器,它包含了被编译的设计单元。还可将库看作 VHDL 编译器的目标。

当 VHDL 源文件被编译(或*被分析*,这似乎是 VHDL 领域的首选术语)进 VHDL 系统中时,源文件被分成单独的设计单元。比方说,如果源文件包含 10 个设计单元,那么这个文件将被分成 10 部分。对每个设计单元单独分析,并将中间形式的编译结果保存到一个库中。分析结束时,这个库将包含 10 个设计单元。

当运行仿真时,设计单元直接在它的库中进行仿真,所以仿真过程中不涉及原始源文件。将模型中所有设计单元的所有中间形式组装到一起,得到一个可运行的模型。

通常,仿真器将 VHDL 源解析成目标代码,所以目标代码是中间形式。然后,仿真将目标代码链接进程序中,最后运行这个程序。然而,这不是唯一可行的方法,一些仿真器使用不同技术来实现。

仿真器和综合器使用相同的基本机制,主要区别是设计单元根据库来综合,而不根据库来仿真。综合器使用的中间形式和仿真器不同。换言之,必须分别在不同库中进行仿真和综合。同样的,原始源文件不参与综合过程。这说明 VHDL 的每个工具都有自己的库,因为每个工具使用各自不同的中间形式把设计单元保存到它的库中。所以,例如,仿真器的 ieee 库与综合器的 ieee 库是两个不同的库。

对于 VHDL 用户，库的主要好处是使用了一种自然的方式，将设计分割成设计的子系统。每个主要的子系统可以在它自己的库中被单独设计。这个库会包含子系统自身，还包含所有用于那个子系统单元测试的测试平台。然后可从另一个库中组装整个设计，将子系统库用作资源。顶层库只包含对其他子系统的引用，而不是副本，因此确保每个元件只存在一个正式副本。顶层库包含整个系统测试的测试平台。

所有 VHDL 系统都使用这个库系统，因为它是 VHDL 标准的一部分。然而，标准没有说明如何实现这个库系统，仅声明在 VHDL 里，它应作为一个纯抽象的概念出现。

实际上，库总是用目录来实现，这个目录可放在文件系统中的任何地方。目录包含文件，VHDL 系统使用这些文件来表示被编译的设计单元。它们通常对系统用户不可见，因为用户不需要知道在 VHDL 库目录中发生了什么。文件的格式对于创建文件的 VHDL 系统是特定的，所以库在不同 VHDL 系统之间是不可移植的。

14.2 库　名

每个 VHDL 库都有一个名称，通过库名引用 VHDL 库，不管它在文件系统中的位置。例如，ieee 库已在前几章引用过了，它以 library 子句的形式多次出现在例子的 VHDL 源代码中：

```
library ieee;
```

library 子句使库内的所有设计单元都可用于当前设计单元。如果 library 子句出现在实体之前，那么实体可使用库中的任意定义来定义端口，相关联的结构体也可使用这个库的定义，因为结构体从对应实体中继承了 library 子句。

library 子句与 use 子句结合使用。下列组合已经用在许多例子中了：

```
library ieee;
use ieee.std_logic_1164.all;
entity ...
```

首先使 ieee 库可用于以下实体及其结构体中，然后使库中 std_logic_1164 程序包的所有定义都可用。这样 std_logic、std_logic_vector 和所有相关联的运算符都可用。这是一个经典的例子：使资源可用于设计单元中，这是一个两阶段的进程。首先，使包含这个资源的库可用，其次，使这个资源自身可用。

ieee 库是包含了 IEEE 标准 VHDL 元件，这些元件不直接属于 VHDL 标准，但已被标准化，用在 VHDL 的应用领域中。14.4 节讨论 ieee 库的具体内容。

问题是 ieee 库在哪里？关于这点，VHDL 定义没有说，并且语言中没有机制指明库的位置，所以 VHDL 分析器如何找到库，是由仿真器或者综合器指定的。所有

VHDL 系统必须有某个机制将库名映射到包含这个库的目录上。这超出了这个语言定义,有很多不同的方法,最常见的方法是映射文件,这个文件包含一系列库映射。通常,每个工作目录都有一个这样的文件,所以,读者可以对每个工作目录使用一个不同的库映射集。

创建自己的工作库时,应该给它命名。大多数 VHDL 系统要求这样做,所以不能创建一个没有名字的库。用库的名称来指明库的用途很有帮助。例如,可将实用函数的库命名为 utilities,而将包含 FIR 滤波器部分的库命名为 fir_filter 或者只是 fir。

库名存在约束。因为 VHDL 会引用库名,所以名称必须遵守 VHDL 名称的规则。换言之,必须以一个字母开始,只包含字母、数字和下划线,不能有两个连续的下划线。最后,一定不可以是 VHDL 关键字或者保留库名 work。附录 B.1 列出了 VHDL 关键字,以供参考。下一节将介绍保留库名 work。

14.3 工作库

work 是保留的库名,用于指明当前工作所用的库。其实它只是那个库的一个化名或笔名,因为那个库也有一个自己的名称。可将名称 work 看作指针或者对库的引用,而不是库本身。所有编译、仿真和综合都在库 work 中实现。

以下面这个设计为例来说明库的用法:该设计是一个双向通信设备,包含一个发射机和一个接收机。设计的顶层是整个通信系统,集成了发射机和接收机。这样一个设计不可避免地包含一些组件之间可以共享的常用实用函数和子组件。可以看到它自然地分为了 4 个库。在 transmitter 库中开发发射机,在 receiver 库中开发接收机,将实用函数汇集到 utilities 库中,然后在 system 库中组装整个系统。翻看附录 B.2 可知,这些名称都不是 VHDL 关键字。

发射机部分的设计师设置 work 库指向 transmitter 库。接收机部分的设计师设置 work 库指向 receiver。这种组织可以使两个设计师独立工作。他们都可以使用 utilities 库中的内容,库中元件的位置必须由他们共同管理,但这两个主要系统库 transmitter 和 receiver 中的设计工作可并行进行。当这两个子系统完成后,或者至少足以组装一个原型时,就可以写 system 组件,将这两个子系统作为组件纳入设计中。不需要复制这两个子系统的源代码,可通过库名引用库,将这两个子系统的库直接用于 system 设计中。通过简单地引用库 receiver 中的组件,可将 receiver 的顶层设计单元用作整个系统中的组件。

这里唯一的问题是何时用 work 引用库,何时用真实名称来引用它。通常,某子系统的所有子组件应当在一个库中。两个子组件之间用库名 work 相互引用。如果是设计单元本身所在的库,就不应该使用库名。这个策略说明一个库可以重新命名,例如为了解决名称冲突，只有引用了这个库的系统设计才需要修改源代码。

例如，假定发射机有一个名为 transmitter_types 的程序包和一个名为 transmitter 的顶层设计单元。使顶层设计的名称与库名相同或相似是好的作法。这可以提醒哪个设计单元是顶层设计单元。顶层实体如下所示：

```
use work.transmitter_types.all;
entity transmitter is
  port (a : in transmitter_data(15 downto 0);
  ...
```

这个例子中，因为程序包 transmitter_types 总是与实体在同一个库中编译，所以用库名 work 而不是库名 transmitter 来引用程序包。

当引用 work 库时，另一个特殊处理是不使用 library 子句。work 库总是可用于设计中，所以没有必要使用 library work 子句。这种组织意味着，如果出于某种原因，库名不得不改变，库内的组件仍然可以正确地相互引用，并且不需要改变任何源代码。例如，receiver 库中的所有组件使用名称 work 来相互引用，而不是名称 receiver。

14.4 标准库

有两个库已标准化，库中的任何组件都可以成为设计 VHDL 系统的一部分。这两个库分别被称为 std 和 ieee 程序包。这两个库中的设计单元集都已经标准化。std 程序包自从 VHDL 在 1987 年被标准化后，标准程序包基本没变，只在 1993 年和 2008 年程序包自身稍微做了些修订。而 ieee 程序包得到发展，现在包含了许多可应用于综合的程序包。下面只介绍与综合相关的程序包。

一些工具尚未支持 VHDL－2008 特性(解释见第 6 章)，当使用 VHDL－1993 兼容程序包为这些工具提供 VHDL－2008 特性时，可以使用名为 ieee_proposed 的临时库。ieee_proposed 最终会被完全合并到 ieee 库中。

14.4.1 标准库 std

std 库是 VHDL 标准不可分割的一部分，它很重要，所以编译任何设计单元时都默认 library std 子句早已存在。换言之，程序中根本不需要写 library std 子句。std 库有两个设计单元：

```
package standard;
package textio。
```

标准程序包 standard 定义了标准类型的基本集。附录 A.1 中列出了这个程序包。标准程序包 standard 与 VHDL 语言密不可分(例如,if 语句必须有 boolean 表达式),以至于每个设计单元的编译都使用默认的 std 库,以便使程序包 standard 可用于该设计单元。

总之,在每个设计单元之前,都默认下列 VHDL 语句存在:

```
library std;
use std.standard.all;
```

没有必要显式地声明它们,并且建议不要声明它们。

程序包 textio 也是库 std 的一部分。这是一个文本 I/O 子系统,它允许读和写文件,并允许将报告打印到屏幕上。它包括重载的 read 操作和 write 操作,这些操作用于程序包 standard 中定义的标准类型。它对于综合没有直接用途,因为没有综合 I/O 操作的方式。然而,它被广泛用于测试平台的开发中,正如 13 章介绍的那样。

14.4.2 ieee 库

ieee 库是一个包含 IEEE 标准设计单元的库,这些设计单元形成这门语言的扩展,用于某些特定应用领域。因为它不是语言所必需的,没有针对它的隐式 library 子句,所以必须使用一个显式的 library 子句:

```
library ieee;
```

ieee 库中有 6 个标准的与综合相关的程序包,已在前面的章节中对所有这些程序包进行了描述,主要在第 6 章。这些程序包包括:

```
package std_logic_1164
package numeric_bit
package numeric_std
package fixed_float_types
package fixed_pkg
package float_pkg
```

添加到 ieee 库的第一个设计单元是程序包 std_logic_1164,如此称呼这个程序包是因为它包含了标准逻辑类型 std_logic 的定义,并且这个程序包最初由 IEEE 标准号 1164 定义,尽管它现在是 VHDL 标准的一部分。然而,它是一个相当笨拙的名字和一个完全不容易记住的数。猜猜当设计委员会决定在名字中加入标准号时,他们期望得到多少个其他的标准逻辑程序包? 这是很有趣的事情! 幸运的是,今后会经常输入这个名字,以至于它可能会变成第二天性或者成为一个编辑宏。

6.3 节介绍了程序包 std_logic_1164,附录 A.3 中列出了这个程序包。6.4 节介绍了程序包 numeric_bit 和 numeric_std。根据逻辑建模使用的基类型,选用其中一个程序包。numeric_bit 程序包很少使用，并且不推荐使用，附录 A.5 中列出了程序包 numeric_std。

fixed_pkg 和 float_pkg 都使用补充程序包 fixed_float_types 来定义它们的舍入模式。附录 A.7 中列出了这个程序包。6.5 节中曾介绍程序包 fixed_pkg，并在附录 A.8 中列出。6.5 节也介绍了程序包 float_pkg，并在附录 A.9 中列出。

ieee 库的所有其他可综合设计单元是非标准的，本不应该在那里，因为数值程序包已被标准化。然而，由于历史原因，有些程序包经常可以在那里找到。由于现在很多设计使用它们，所以淘汰这些程序包还需要一些时间。这些程序包包括：

```
package std_logic_unsigned
package std_logic_signed
package std_logic_arith
package std_logic_misc
package std_logic_textio
```

程序包 std_logic_unsigned 和 std_logic_signed 是有些过时的位算术运算程序包。它们放在一起基本等价于 std_logic_arith，但有一个根本的设计缺陷，使它们几乎无法用于实际中。永远不应该使用它们，本书将不会涉及它们。程序包 std_logic_arith 是 Synopsys 公司的私有程序包，但可用于大多数 VHDL 系统中，因为 Synopsys 做了一个明智的决定，这个程序包可免费使用，从而它获得广泛使用。它非常类似于 numeric_std，并且实际上是 numeric_std 的模型，尽管设计委员会可能并不承认。第 7 章中讨论了 std_logic_arith，但现在不赞成使用它了。新的设计应该优先使用 numeric_std。程序包 std_logic_misc 包含一些实用函数，这些实用函数略微扩展了 std_logic_1164 的功能。最后，std_logic_textio 将 I/O 扩展到 std_logic_1164 类型。由于现在的发展，它也已经过时，也不赞成使用它。

ieee 库中的其他程序包是非标准的(既不是 IEEE 标准，也不是事实标准)，并且根本不应该在那里。IEEE VITAL 标准的标准化程序包除外，它是一个解决门级仿真问题的标准。VITAL 定义了一种编写门的库的方式，这样在门级仿真期间，它们可以使用时序数据被自动反标，给出正确的时序模型。它们与用于综合的 RTL 设计阶段无关，所以超出了本书范围。

14.4.3　推荐的 ieee 库(ieee_proposed)

ieee_proposed 库包含了推荐的 IEEE 标准设计单元，这些设计单元形成了语言的扩展。尤其是，它包含了第 6 章描述的新 VHDL-2008 综合程序包的 VHDL-1993 兼容版本，还包含了对现存标准程序包做了扩展的 additions 程序包。因为对于这门语言而言，它不是必需的，没有关于它的隐式 library 子句，所以必须使用一个显式 library 子句：

```
library ieee_proposed;
```

如果在使用 VHDL-1993 兼容程序包,那么下列与综合相关的程序包将会被编译进这个库:

```
package standard_additions
package std_logic_1164_additions
package numeric_std_additions
package fixed_float_types
package fixed_pkg
package float_pkg
```

additions 程序包增加了测试平台中缺失的 I/O 和字符串格式设置函数,正如 13.11 节所介绍的那样。最后的两个程序包是系统的定点和浮点程序包的 VHDL-1993 版本,库 ieee 中尚未提供它们的 VHDL-2008 形式。

14.5 组织你的文件

将库中所有设计单元的所有源文件存储于一个目录中,这是常见的做法,也是明智的做法。随后,库映射文件可放在同一个目录下,这个库映射文件包含了设计单元集的库依赖。此外,库本身通常也存储在那个目录里(作为一个子目录),以便无论何时库的内容发生变化,所有相关信息都可以在一个地方找到。

当使用来自不同供应商(有时甚至来自同一个供应商)的综合和仿真时,需要两个库。库的内部格式是供应商特有的,也通常是工具特有的,所以用于仿真系统的库不能用于综合系统。实际上,用于某一个仿真器的库也不能用于另一个仿真器。需要使用仿真器编译所有源文件,并使用综合器编译同样的文件,不包括测试平台。两个库和两个库映射文件应该保存在同一个目录中,不同的库使用不同的子目录。这种组织确保 VHDL 的源代码只有一个副本。

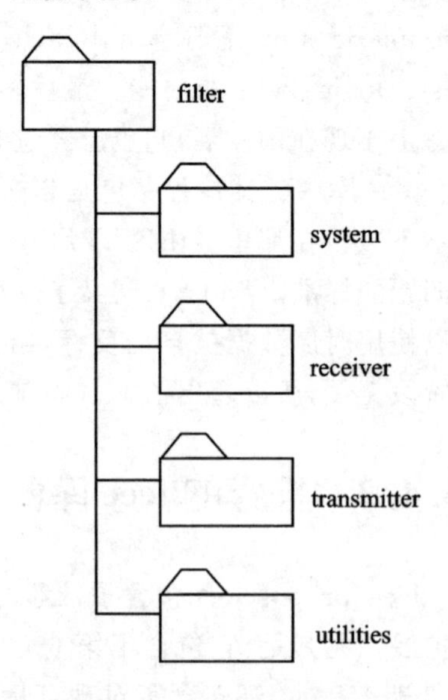

图 14.1 项目目录结构

为了说明这一点,用前面的滤波器设计来说明如何用库细分任务。在那个例子中,有 4 个库:utilities、transmitter、receiver 和 system。每个库保存在一个单独的目录中。这个项目的典型目录结构如图 14.1 所示:

这个例子将所有库目录包含在一个项目目录中。这也是一个好的做法，因为它将整个项目存放在一个地方，同时允许不同设计者在每个库上工作。

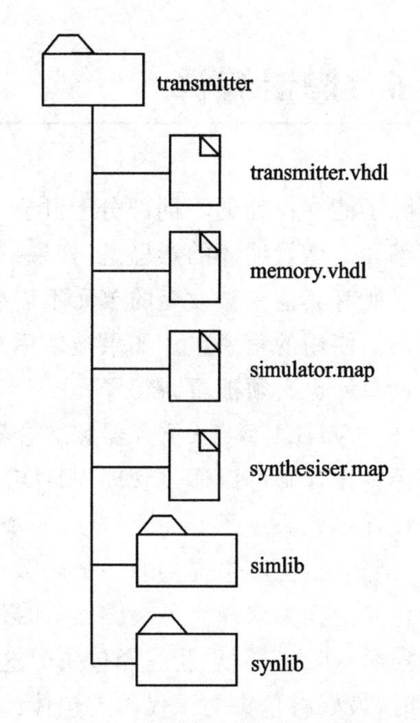

图 14.2　项目子目录内容

考虑 transmitter 部分，假定这个组件只有两个源文件，transmitter. vhdl 和 memory. vhdl。这个元件不仅使用 std 和 ieee 的标准程序包，还使用库 utilities 的子组件。因此，除了这个组件的 work 库之外，还有 3 个其他库被用作资源。设计目录的内容如图 14.2 所示。

仿真库和综合库应该使用相同的 VHDL 名称，即使它们在不同的子目录中。仿真库存放在 simlib 子目录中，而综合库存放在 synlib 子目录中。为了避免任何供应商特有的信息，假定仿真器使用 simulator. map 库映射文件，综合器使用 synthesiser. map 库映射文件。

仿真器的库映射文件 simulator. map 包含一组库映射，这组库映射包括了用于 transmitter 组件的工作库和 transmitter 组件所用的 3 个资源库。最终的库映射文件如下所示：

```
transmitter = ./simlib
utilities = ../utilities/simlib
ieee = /simulator/libs/ieee
std = /simulator/libs/std
work : transmitter
```

综合器的库映射文件 synthesiser. map 将库名映射到这些库的综合版本上：

```
transmitter = ./synlib
utilities = ../utilities/synlib
ieee = /synthesiser/libs/ieee
std = /synthesiser/libs/std
work : transmitter
```

这个说明包括了 std 库的映射和 ieee 库的映射。大多数 VHDL 系统不要求明确指定这些映射，因为这些库被预定义为全局库。再次记住每个库有两个版本，一个版本用于仿真器，而另一个用于综合器。

14.6 增量编译

除了能在设计的不同部分上独立工作外,VHDL 库系统的一个额外优点是允许增量编译。增量编译的意思是,如果一个设计单元有变化,那么只需要重新编译那个单元。所有其他未被改变的单元不需要重新编译。这是一种简化。所有设计单元依赖于它们使用的程序包。如果被使用的程序包发生改变,那么*依赖*那个程序包的所有设计单元也必须被重新编译。

许多 VHDL 系统(仿真器和综合器)会自动计算相关性,并自动执行这些相关的重编译。设计师可以通过管理 VHDL 代码,帮助减少这种重编译的复杂度。

设计单元添加了 use 子句后,那个单元只依赖包头,而不依赖包体。如果改变了包体,例如,在程序包提供的一个函数中修正了一个错误,那么只重新编译包体就可以避免其他相关编译。另一方面,如果改变了包头,例如,添加新的声明或者改变现存的声明,那么必须重新编译包头。这会强制重新编译所有相关单元。因此,使用程序包时,最好将包头的源代码与包体的源代码分开。通过这个简单技巧,可以减少重编译的数量和程度。

实体和结构体之间也有类似的相关性。当一个元件在结构体内被例化时,这个元件通过配置规范绑定到它的实体上。这样在那个实体上创建了相关性。如果出于某种原因,这个实体被重新编译,那么所有包含了绑定到这个实体的元件例化的结构体都必须重新编译。然而,实体上的结构体可被单独重新编译,而相关单元不需要重新编译。

将实体和结构体存放到不同文件中,可使改变的影响降到最小。如果有任何变化,只有最小的文件集合需要被重编译。这就是为什么 VHDL 有单独的基本单元和二级单元。基本单元的改变(实体和包头)强制所有依赖它们的设计单元重新编译。然而,与二级单元相比,基本单元相对很少发生变化。二级单元(结构体和包体)可被改变和被重新编译,而不强制重编译其他设计单元。通过将基本单元和二级单元存放到不同文件中,可使设计变化对仿真和综合编译开销的影响降到最小。

第 15 章 案例分析

本章汇集了本书其余部分的所有原则，包括同步系统的 RTL 设计、测试平台的设计以及测试结果。

本案例介绍了一个低通数字滤波器的设计过程，分析并展示如何将原始规范逐步转换成可用于逻辑综合的 RTL 设计，探索并找到所设计滤波器的最佳计算数据表示和最佳精度。该例子也说明了如何为这个设计写测试平台，该设计研究滤波器的频率响应，并验证是否满足规范。

15.1 规 范

规范要求低通数字滤波器具有下列特性：

最高频率：80 kHz；

截止频率：20 kHz；

过渡带宽：10 kHz；

阻带衰减：18 dB。

最高频率是滤波器可处理的最大的输入频率。截止频率是通带的边界点，增益在该频率开始下降。过渡带宽是通带边界点的截止频率与阻带开始之间的频率间隔。阻带衰减指阻带频域内信号功率的减少。

该例子的截止频率设置为 20 kHz，过渡带宽为 10 kHz，所以阻带开始于 30 kHz，在这个点，规范要求至少有 18 dB 的衰减。可以用图 15.1 中的通带图说明。

该滤波器用一个简单的有限脉冲响应(FIR)数字滤波器设计来实现。FIR 滤波器由一个简单的公式表示，将当前输入样点 x_n 和之前的样点 x_{n-1}、x_{n-2} 等，与滤波器系数 c_0、c_1、c_2 等组合，计算出当前输出。

$$z_n = x_n * c_0 + x_{n-1} * c_1 + \cdots + x_{n-i} * c_i + \cdots$$

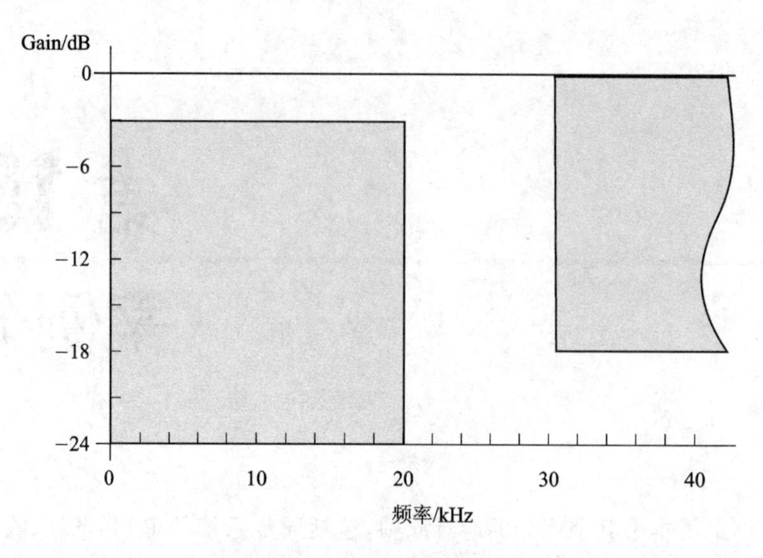

图 15.1 低通滤波器通带图

可以对上式做简化,用样点的延迟替代这些样点,用 s_i 存储前面的第 i 个输入样点。因此,s_0 是当前样点,s_1 是前一个样点等。换句话说,s_i 保存值 x_{n-i}。对每个新样点,移动已经存储的样点,使新值变成 s_0,前一个 s_0 变成 s_1 等。简化后的公式变为:

$$z_n = s_0 * c_0 + s_1 * c_1 + \cdots + s_i * c_i + \cdots$$

如图 15.2 中的框图所示。

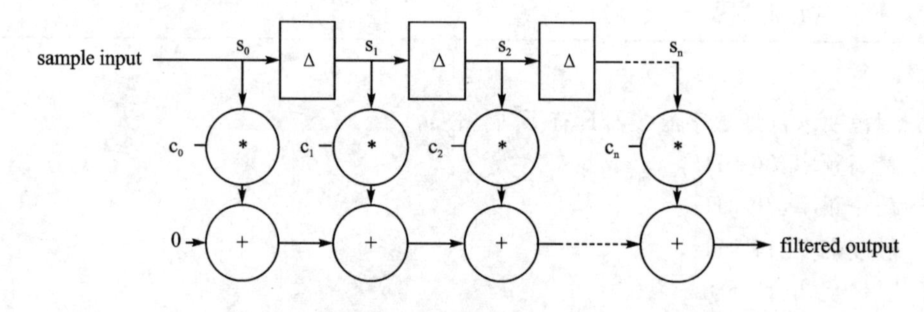

图 15.2 FIR 滤波器框图

15.2 系统级设计

数字滤波器的原理超出了本书的范围。在线教程(Robin, 2005)深入地解释了系统级设计的相关理论。

系统级设计的第一步是决定当选择滤波器系数使用哪个窗口函数。该窗口函数完成两件事情。首先,它限制了系数的个数,理论上系数的个数是无限的。其次,使用合适的锥度(taper),这样旧样点对输出的影响小于新样点。与不使用锥度相比,滤波器的通带更加平坦,阻带衰减更高。有许多具有不同锥度的窗口函数,它们的滤波特性不同。然而,有锥度的窗口函数的代价是滤波器增加了更多阶数。为简单起见,这个例子使用矩形窗口函数。它是最简单的阶数有限、无锥度的窗口函数。它有一个缺点是通带并非完全平坦:在通带的频率响应中有大约 1～2 dB 的变化。在阻带矩形窗口滤波器的最大衰减限制为 21 dB,但对于这个设计是足够的。

下一步是确定滤波器的级数,称为滤波器阶数。阶数 N 与窗口函数直接相关,有两个关键频率:最大频率 F_{max}和过渡带宽 F_T。

$$F_T = k * F_{max}/N$$

值 k 是一个依赖于窗口函数的比例因子。转换得到 N 的公式:

$$N = k * F_{max}/F_T$$

对于矩形窗口函数,$k=1.84$。将设计目标代入这个滤波器,得到:

$$N = 1.84 * 80\ 000/10\ 000$$

$$N = 14.7$$

滤波器阶数必须是偶数,为了满足这个规范,N 至少等于 16。当前样点加上 16 个之前的样点,得到 17 个系数。

系统级设计的最后一步是计算系数。这是一个复杂的计算,涉及快速傅里叶变换(FFT)。所以,本例使用在线滤波器设计程序(Robin, 2005)自动完成这一步。程序给出的系数列在表 15.1 中。

表 15.1　低通滤波器的滤波系数

阶	系　数	阶	系　数
0	0.0368626	9	0.2445255
1	0.019574609	10	0.13902785
2	−0.023181587	11	0.02388607
3	−0.05903686	12	−0.04914286
4	−0.04914286	13	−0.05903686
5	0.02388607	14	−0.023181587
6	0.13902785	15	0.019574609
7	0.2445255	16	0.0368626
8	0.28715014		

注意,滤波系数以第 8 个系数为中心成镜像对称分布。例如,系数 0 与系数 16 相同。这是使用矩形窗口函数的结果。

15.3 RTL 设计

下一步是决定如何将这个理论的系统级设计实现为 RTL 设计。滤波器的基本计算是一个 17 级乘法累加计算。在硬件设计中,因为乘法器是大电路,所以关键是决定使用多少乘法器。对于高性能设计,可能需要若干个甚至 17 个乘法器。对于低性能设计,一个乘法器可能就足够了。

从最大频率可立即推断出一个设计特性:

最小采样频率:160 kHz

这是因为,对于 DSP 应用,最低采样频率总是系统最大频率的两倍。因为规范中的最高频率是 80 kHz,所以最低采样频率是 160 kHz。这是一个低采样频率,甚至对于基于 FPGA 的设计而言也如此,这暗示了该设计可以只用一个乘法器实现。

15.3.1 框图

计算输出样点需要存储 17 个样点。每个计算需要 3 步。

(1) 移入新样点;

(2) 进行一个 17 级乘法累加循环;

(3) 输出结果。

样点存储在移位寄存器中。当一个新样点进入滤波器时,所有值沿着寄存器移位。累加周期可以使用所有寄存器存储的值,而不仅是最后一个元素。

乘法累加循环使用一个乘法器和一个累加寄存器,执行 17 个时钟周期。乘法累加器的输入从 17 个被存储的样点和 17 个系数中进行多路选择。在计算下一个输出期间,输出需要保持稳定,所以需要有一个输出寄存器。

图 15.3 显示了滤波器硬件的基本框图。整体上需要一个控制器来协调各元件。从这些设计参数中可看到从样点获得输出的整个过程至少需要 19 个时钟周期,这给出了一个最小时钟频率的初步估计。

为了满足设计需求,滤波器必须以 160 k 样点/秒的速率来处理样点。

$$F_s = 160\ 000$$

基本滤波器算法需要 19 个时钟周期来处理一个样点。滤波器在两个样点之间处于等待状态。

两个样点之间的时钟周期要大于 19 个。因此滤波器可采用其他时钟频率。最小时钟频率是:

$$F_{ck} \geqslant 19 * 160\ 000\ \text{Hz}$$

$$F_{ck} \geqslant 3.04\ \text{MHz}$$

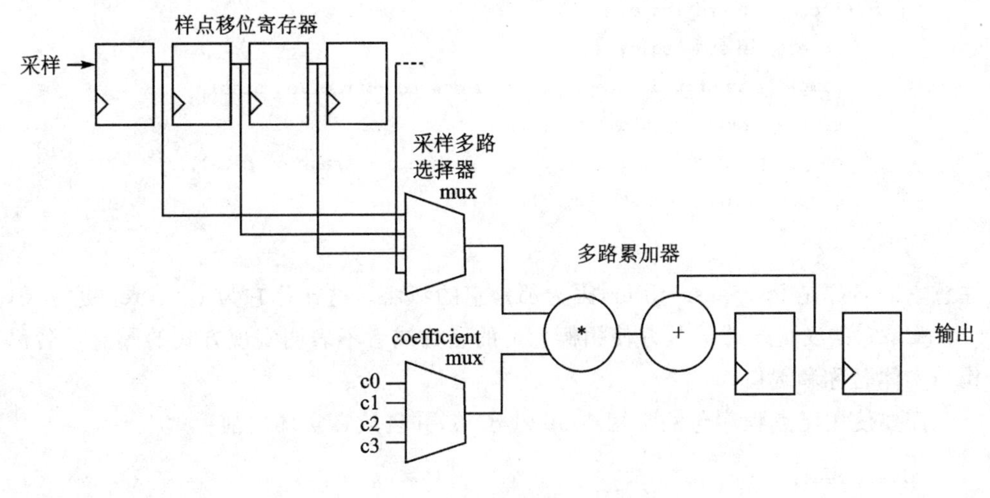

图 15.3 滤波器硬件框图

对于现代设备而言,这个时钟很慢,这也证实了前面的使用一个乘法器的决定。

15.3.2 接 口

下一步是设计滤波器电路的接口。换言之要选择输入和输出是什么,还要选择使用什么类型来表示数据。6.5 节描述的定点综合类型是一个好的选择。使用定点算术执行所有计算。要求输入样点和滤波的输出都在范围－1 到＋1 内。这意味着要使用有符号类型,并且整数部分的位宽是 2。注意,这个范围不包括实际值＋1,但包括值－1。如果需要实际值＋1,那么整数部分需要为 3 位。为了在必要时进行修改,将整数部分做成通用的。另外,在这个阶段,数据通路小数部分的位宽不能确定,但也将它做成通用的。尝试不同精度,并进行比较,以便在精度和噪声之间做一个合适的折衷。换言之,精度越低,舍入时引入的误差就越大,并且这个误差会作为输出噪声出现。可调整样点精度,意味着,可以用不同精度来测量噪声特性,并选择最好的折衷作为结果。

设计采用握手方式。换言之,当样点准备好时,滤波器的驱动电路使用一个单比特输入作为指示信号。滤波器读取样点,作为该信号的响应。当下一个输出值计算出来后,滤波器发出一周期的单比特输出信号,来表明结果已经准备好了。所以,在接口中,需要一个时钟输入、一个复位输入、一个样点输入和一个滤波输出。另外,需要两个握手信号,一个是输入信号,告诉滤波器样点何时准备好,一个是输出信号,表明结果何时准备好。

这样得到了下面的实体:

```
entity low_pass_filter is
  generic (integer_bits : integer;  fraction_bits : integer);
```

```
  port (clock : in std_logic;
        reset : in std_logic;
        sample : in sfixed(integer_bits - 1 downto - fraction_bits);
        sample_ready : in std_logic;
        output : out sfixed(integer_bits - 1 downto - fraction_bits);
        output_ready : out std_logic);
end;
```

注意它的名称是 low_pass_filter,因为那是它的功能。这比称它为 fir_filter 更好,fir_filter 是它的实现方式。最好使用概念上的名称或者不表明实现方式的黑盒子名称作为实体名称和端口。

需要使用定点程序包的常用 context 子句,并且放在实体之前:

```
library ieee;
use ieee.std_logic_1164.all;
use ieee.numeric_std.all;
use ieee.fixed_float_types.all;
use ieee.fixed_pkg.all;
```

15.3.3 结构体概要

这个阶段还可写一个结构体概要:

```
architecture behaviour of low_pass_filter is
  constant order : natural := 16;
  constant counter_bits : natural := 5;
begin
end;
```

第一个常数 order 是滤波器阶数,给出样点储存的数目。和滤波器阶数的惯用定义不太一样,样点储存数比阶数大一。换言之,在输出计算中,阶数为 16 的滤波器使用 17 个样点,因此需要 17 个元素的样点储存,下标为 0~16。第二个常数 counter_bits 是计数器的二进制位数,用来索引样点储存,因此它必须能从 0 到 order 进行计数。

自始至终,设计的数据通路宽度相同,所以可在结构体中声明一个子类型,用于定义数据通路中用到的所有变量和信号:

```
subtype datapath_type is
  sfixed(integer_bits - 1 downto - fraction_bits);
```

这个子类型与样点和实体输出端口具有相同的范围。

15.3.4　系数储存器

15.2 节计算得到的浮点滤波器系数需要先转换成定点数，才能纳入设计。因为推迟了精度的决定，所以需要将系数转换成可能需要的最高精度。这样在使用时，它们可以舍入到所需的位宽。对于有符号 2.32 位（即 34 位）定点表示，2 位整数部分和 32 位小数部分被选作最高精度。

浮点值是不可综合的，在可综合模型中，不能完成从浮点到定点的转换。系数必须分别转换，将得到的定点值用于设计。手工完成从定点到浮点的转换是极其困难的，所以使用 VHDL 模型执行这个计算要容易些。模型只用来进行计算，因此不要求是可综合的，它可以使用 fixed_pkg 中提供的浮点到定点（即 real 到 sfixed）的转换。用下面的结构体来进行计算：

```
library ieee;
use ieee.std_logic_1164.all;
use ieee.numeric_std.all;
use ieee.fixed_float_types.all;
use ieee.fixed_pkg.all;
use std.textio.all;
entity low_pass_filter_calculator is
end;
architecture info of low_pass_filter_calculator is
  type coeff_array_type is array (natural range <>)  of real;
  constant coefficients : coeff_array_type :=
    (
      0.0368626,
      0.019574609,
      -0.023181587,
      -0.05903686,
      -0.04914286,
      0.02388607,
      0.13902785,
      0.2445255,
      0.28715014,
      0.2445255,
      0.13902785,
      0.02388607,
      -0.04914286,
      -0.05903686,
      -0.023181587,
```

```
            0.019574609,
            0.0368626
        );
begin
    process
        variable l : line;
    begin
        for i in coefficients 'range loop
            write(l, i);
            write(l, string '(":"));
            write(l, coefficients(i));
            write(l, string '(":"));
            write(l, to_sfixed(coefficients(i), 1, - 32));
            writeline(output, l);
        end loop;
        wait;
    end process;
end;
```

这里使用了 TextIO,将被转换的滤波器系数打印到仿真器的标准输出。在仿真器中运行这个模型,得到表 15.2 中的输出结果,为便于阅读,它已经被重新排版成表格。

表 15.2 实数系数到定点的转换

索 引	实 数	定 点
0	3.686260e-002	00.00001001011011111101001111001101
1	1.957461e-002	00.00000101000000101101011101110001
2	−2.318159e-002	11.11111010000100001100010110000010
3	−5.903686e-002	11.11110000111000101111010111011001
4	−4.914286e-002	11.11110011011010110101111110100000
5	2.388607e-002	00.00000110000111010110010111000001
6	1.390279e-001	00.00100011100101110101010001000101
7	2.445255e-001	00.00111110100110010011100100100010
8	2.871501e-001	00.01001001100000101010101111101100
9	2.445255e-001	00.00111110100110010011100100100010
10	1.390279e-001	00.00100011100101110101010001000101
11	2.388607e-002	00.00000110000111010110010111000001
12	−4.914286e-002	11.11110011011010110101111110100000
13	−5.903686e-002	11.11110000111000101111010111011001

续表 15.2

索　引	实　数	定　点
14	−2.318159e-002	11.11111010000100001100010110000010
15	1.957461e-002	00.00000101000000101101011101110001
16	3.686260e-002	00.00001001011011111101001111001101

现在将这些数值粘贴到系数储存器中，然后将系数储存器添加到结构体的声明部分：

```
subtype coeff_type is sfixed(1 downto - 32);
type coeff_array_type is
  array (natural range 0 to order) of coeff_type;
constant coefficients : coeff_array_type : =
  (
    B"00_00001001011011111101001111001101",
    B"00_00000101000000101101011101110001",
    B"11_11111010000100001100010110000010",
    B"11_11110000011100010111101011011001",
    B"11_11100110110101101010111110100000",
    B"00_00000110000111010110010111000001",
    B"00_00100011100101110101010001000101",
    B"00_00111110100110010011100100100010",
    B"00_01001001100000101010101111101100",
    B"00_00111110100110010011100100100010",
    B"00_00100011100101110101010001000101",
    B"00_00000110000111010110010111000001",
    B"11_11100110110101101010111110100000",
    B"11_11110000011100010111101011011001",
    B"11_11111010000100001100010110000010",
    B"00_00000101000000101101011101110001",
    B"00_00001001011011111101001111001101"
  );
```

定点系数已经被转换成位串，并使用下划线来表示二进制小数点的位置。

15.3.5　样点储存器

样点储存器是一个包含 17 个寄存器的移位寄存器。它使用和系数储存器相似的数组类型。样点储存器的寄存器位宽等于数据通路宽度，而不等于系数位宽：

```
type sample_array_type is
  array (natural range 0 to order) of datapath_type;
signal samples : sample_array_type;
```

寄存器堆使用 12.3 节介绍的寄存器堆模板。寄存器堆使用下面的进程:

```
process
begin
  wait until rising_edge(clock);
  if samples_shift = '1' then
    samples(0) <= sample;
    for i in 1 to order loop
      samples(i) <= samples(i - 1);
    end loop;
  end if;
end process;
```

可见,它使用了标准寄存器化进程模版。在进程内,移位运算由输入控制信号 samples_shift 来控制:

```
signal samples_shift : std_logic;
```

这遵循了一个惯例,即结构的控制信号使用信号名称的第一部分作为结构名称。这样便于理解信号在设计中的功能。

当这个信号是低电平时,什么也不做,寄存器堆只是保持它的内容。当控制信号变成高电平时,移位寄存器工作,捕捉寄存器 0 中的当前样点,并沿着寄存器移动所有的现存样点。控制信号由控制器生成。寄存器堆要求这个控制信号的高电平仅维持一个时钟周期,因为如果它停留在高电平时间较长,移位寄存器会再次移位。移位器的这个要求成为了控制器的设计约束。

15.3.6 计算和累加器

下一步是设计累加器电路。将累加器寄存器声明为信号,这个信号的位宽与其余数据通路相同:

```
signal accumulator : datapath_type;
```

在寄存器化进程内,使用中间变量赋值,来完成乘法-累加器序列每个周期的计算:

```
sample := samples(to_integer(address));
coefficient :=
    resize(coefficients(to_integer(address)), coefficient);
product := resize(sample * coefficient, product);
```

为了简化和明确计算,使用了中间变量。

第一个变量赋值从样点储存器中获取被索引的样点。不需要调整位宽,因为它和数据通路的位宽相等。这个临时变量只用于明确地址索引。注意,首先使用 to_integer 函数将 unsigned 地址转换成 integer,正如 6.1 节建议的那样,然后用这个地址索引样点储存数组。

第二个变量赋值从系数储存器中获得系数,使用与样点相同的数组索引技巧,系数位宽从它的最大位宽调整到数据通路宽度。只在小数部分中缩减,所以不会发生溢出,但可能出现下溢。位宽调整使用默认的下溢行为,换言之数值将被舍入。

第三个变量赋值执行乘法。它用 * 运算符计算样点和系数的积,这个运算符得到了一个双倍位宽的结果。调用 resize 函数将它的位宽缩减到数据通路位宽时,采用环绕式处理。使用了默认的溢出和下溢参数,因为两种溢出都可能发生,换言之乘积溢出时采取饱和模式,下溢时采取舍入模式。

在具有控制信号的寄存器化进程中,这个计算需要环绕式处理,控制信号决定何时对累加器复位,何时执行累加。假定控制器以正确的顺序生成相应的控制信号。需要两个控制信号:一个信号将累加器复位到零,一个信号使计算有效。另外,地址生成器还生成样点储存器和系数储存器的访问地址。控制器负责使地址计数器与累加器控制信号同步。

累加器是一个具有同步复位的寄存器化进程:

```
process
  variable coefficient : datapath_type;
  variable sample : datapath_type;
  variable product : datapath_type;
begin
  wait until rising_edge(clock);
  if accumulator_clear = '1'  then
    accumulator <= (others => '0');
  elsif accumulator_calculating = '1'  then
    sample := samples(to_integer(address));
    coefficient :=
      resize(coefficients(to_integer(address)),
          coefficient);
    product :=
      resize(sample *  coefficient, product);
    accumulator <=
      resize(accumulator + product,  accumulator);
  end if;
end process;
```

复位分支很简单,使用一个具有 others 子句的集合体将累加器设置为零。这里不能使用字符串文字,因为数据通路的位宽没有指定,这个位宽由类属参数控制。集合体将调整至累加器的位宽。

在主 if 语句的计算分支中,进行了一步累加计算。乘积的计算前面已经解释过了。完整的过程还包括累加计算,在 resize 调用中,它也采用环绕式处理。

15.3.7 地址生成器

根据控制器的要求,地址生成器需要从 0 向上计数到 16(滤波器阶数)。乘法-累加器块使用地址生成器来访问系数储存器和样点储存器。

地址信号是 unsigned 类型,计数范围在样点储存器和系数储存器范围内。它的位宽由类属参数 counter_bits 控制:

```
signal address : unsigned(counter_bits - 1 downto 0);
```

地址生成器是一个简单的计数寄存器,当禁用时,计数寄存器的值保持,当启用时,向上计数。它有一个同步复位,将地址设置为零:

```
process
begin
  wait until rising_edge(clock);
  if address_clear = '1' then
    address <= (others => '0');
  elsif address_counting = '1' then
    address <= address + 1;
  end if;
end process;
```

这个计数器由两个控制信号控制,这两个信号由控制器生成。对于地址计数器,当到达范围的最大值时,不需要停止计数;完成乘法累加计算后,控制器禁用 address_counting,计数停止。

15.3.8 输出寄存器

计算结束时,输出寄存器储存累加器的结果,这样它可以在整个样点周期保持不变。还生成一个输出握手信号来表明输出何时改变。

约定寄存器使用内部信号,并将 out 端口的组合赋值与其余部分分开。所以,创建一个内部信号来构成寄存器,用这个寄存器保持输出值和握手信号:

```
signal result : datapath_type;
signal result_ready : std_logic;
```

将输出端口连接到这些内部信号上：

```
output <= result;
output_ready <= result_ready;
```

用内部信号定义输出寄存器：

```
process
begin
  wait until rising_edge(clock);
  result_ready <= '0';
  if result_save = '1'  then
    result <= accumulator;
    result_ready <= '1';
  end if;
end process;
```

尽管由于额外的 result_ready 信号，输出寄存器有点复杂，但它的行为十分简单。当控制器将 result_save 信号设置为高电平时，寄存器将累加器的输出存储到 result 中。其余时间，它的值保持。进程还包括握手信号的逻辑。当新的结果被保存到输出寄存器时，添加的一位寄存器 result_ready 被设置成只有一个时钟周期的高电平。实际上，它的高电平时间和 result_save 的高电平时间相等，但控制器要求只是一个周期。通过寄存 result_ready 信号而不是以组合的方式来对它译码，使其与输出寄存器同步。

15.3.9　控制器

设计的最后一步是设计控制器。滤波器经历了一系列的状态，所以用有限状态机(FSM)来设计控制器是有意义的，有限状态机在 12.2 节进行了介绍。FSM 将使用两进程模型：一个寄存器化进程用来更新状态，一个组合进程用来译码下一个状态的逻辑和控制信号的逻辑。

有 6 个状态：

(1) waiting：是默认状态，等待样点，当样点到达时，进入 sampling 状态。

(2) sampling：当样点移位寄存器被移位时，捕捉新样点，在这个状态只停留一个周期，然后立即进入 calculating_first 状态。

(3) calculating_first：开始计算，对累加器和地址寄存器清零，用一个周期来计算第一个乘积，然后立即进入 calculating 状态。

(4) calculating：执行累加，用地址计数器遍历各个样点。在这个状态停留到计算的倒数第二步，然后进入 calculating_last 状态。

(5) calculating_last：在最后一个周期禁用地址计数器，但仍然进行累加，得到结果中的最后一个乘积后立即进入 outputting 状态。

(6) outputting:在这个状态只停留一个周期,更新输出寄存器,然后返回到 waiting 状态。

状态转移在时钟沿进行,因为状态信号已经被寄存器化。

捕捉输入样点时有一个 sampling 状态。FSM 需要一个时钟周期从 waiting 状态进入 sampling 状态。换言之,样点在 sample_ready 信号变成高电平一个时钟周期之后被捕捉。为了使样点捕捉与 sample_ready 信号在同一个周期发生,移位寄存器使能必须以组合的方式从初级输入中译码,这可能产生一个潜在的竞争冒险。

计算中使用的 3 个状态反映了地址寄存器和累加器的不同时序。计算开始之前,它们都需要复位到零。然后,开始计算,启动地址计数器,但在设置地址和累加样点计算之间有一个时钟周期延迟。这一个周期的延迟意味着当地址计数器到达最后一个样点时,停止计数,但累加器还需要一个周期来累加最后一个乘积。

为了可读性和启动 FSM 推断,使用枚举状态类型,将这个状态存储在寄存器化信号中:

```
type state_type is
  (waiting,
   sampling,
   calculating_first, calculating, calculating_last,
   outputting);
signal state, next_state : state_type;
```

下面的进程描述了 FSM 的寄存器化进程:

```
process
begin
  wait until rising_edge(clock);
  if reset = '1' then
    state <= waiting;
  else
    state <= next_state;
  end if;
end process;
```

该进程包括了一个同步复位。这个设计遵循 RTL 设计中的约定,通过对控制器复位,来对系统复位。这个设计还遵循另一个约定,复位应该是同步的,除非有一个非常令人信服的理由来使用异步复位。

控制器中的第二个进程以组合的方式对这些状态译码,得到用于其他滤波器元件的控制信号:

```
process(state, address, sample_ready)
```

```
begin
  samples_shift <= '0';
  address_counting <= '0';
  address_clear <= '0';
  accumulator_calculating <= '0';
  accumulator_clear <= '0';
  result_save <= '0';
  case state is
    when waiting =>
      if sample_ready = '1' then
        next_state <= sampling;
      end if;
    when sampling =>
      samples_shift <= '1';
      next_state <= calculating_first;
    when calculating_first =>
      accumulator_clear <= '1';
      address_clear <= '1';
      next_state <= calculating;
    when calculating =>
      address_counting <= '1';
      accumulator_calculating <= '1';
      if address = order - 1 then
        next_state <= calculating_last;
      end if;
    when calculating_last =>
      accumulator_calculating <= '1';
      next_state <= outputting;
    when outputting =>
      next_state <= waiting;
      result_save <= '1';
  end case;
end process;
```

注意:只有状态改变以输入为条件,所有控制输出只依赖状态本身。这使它成为一个 Moore 机(见 12.2 节),并确保所有内部控制信号与时钟同步。译码器的方式遵循了一个常见约定,在 case 语句之前,将所有控制输出初始化为低电平,但随后在适当的条件下,使用高电平来重载。

状态转移逻辑实现了之前描述的状态转移。复位使 FSM 进入 waiting 状态。输入样点时,控制器发现 sample_ready 信号变成高电平,触发状态转移进入 sampling 状态。在 sampling 状态只停留一个时钟周期,在这期间,样点储存器移入新值。接着无条件进入 calculating_first 状态,复位累加器和地址计数器。然后,进入 calculating 状态,启动地址生成器,启动累加器开始计算下一个输出。它停留在 calculating 状态,直到地址发生器到达计数结尾,进入 calculating_last 状态。这时禁用地址计数器,但继续累加最后一个乘积。最后,无条件转移到 outputting 状态。它在 outputting 状态只停留一个周期,启动输出寄存器,以便捕获累加器的输出,无条件地使状态再次转移到 waiting 状态。

注意,当滤波器处于 waiting 状态时,它只对 sample_ready 信号做出响应。其余时间,输入被忽略,因此输入不会中断计算。

这个控制器需要 22 个时钟周期来处理一个样点。这不同于最初估计的 19 个时钟周期,添加了 3 个周期使控制器成为一个简单的同步设计。为了满足规范,需要修订系统的最小时钟频率:

$$F_{ck} \geqslant 22 * 160\ 000 \text{ Hz}$$

$$F_{ck} \geqslant 3.52 \text{ MHz}$$

原则上,如果设计的速度必须尽可能地快,可通过将累加器复位和累加器计算的开始重叠,优化控制器来消除这 3 个添加的周期。结果寄存器也可以与下一个样点重叠。这样可以使控制器减少到 19 个周期。然而,这个案例中,设计不需要尽可能地快,控制器的设计对于这个任务是足够的。

15.4 尝试综合

开始写仿真测试平台之前,将设计编译进仿真器系统和综合系统,看这两个系统是否报错,对这个设计进行测试。

这个滤波器设计是通用的。所以对设计进行综合,需要一个非通用的顶层。下面是一个 16 位滤波器,使用了一个通用滤波器的实例:

```
library ieee;
use ieee.std_logic_1164.all;
use ieee.numeric_std.all;
use ieee.fixed_float_types.all;
use ieee.fixed_pkg.all;
entity low_pass_filter_16 is
  port (clock : in std_logic;
        reset : in std_logic;
        sample : in sfixed(1 downto -14);
        sample_ready : in std_logic;
        output : out sfixed(1 downto -14);
        output_ready : out std_logic);
```

```
end;
architecture behaviour of low_pass_filter_16 is
begin
  LPF16 : entity work.low_pass_filter
    generic map(2,14)
    port map (clock, reset,
              sample, sample_ready,
              output, output_ready);
end;
```

然后综合这个设计。

设计编译成功,但综合阶段发出了警告:控制器需要锁存器。这不是所期望的,因为目的是要设计一个纯粹的同步译码器。特别地,next_state 信号需要锁存器,这表明在组合控制器进程中,这个信号并非在所有情况下都被赋值。这会引起锁存器推断的调用,正如 8.6 节解释的那样。锁存器只能从组合进程中被推断,这一点有助于缩小 FSM 组合进程中的错误寻找范围。

根据对进程的检查,表明状态机的译码逻辑有一部分分支的状态转移条件没有使用 else 子句和默认值。这表明有的存储在进程执行之间进行。这是设计中的一个错误。

期望的行为是,状态保持不变,除非需要状态转移。通过在 case 语句之前,对 next_state 信号赋值,可添加默认行为:

```
next_state <= state;
case state is  ...
```

然后,在 case 语句内,在要求状态转移的情况下重载默认行为。

重新综合修改后的设计,这次得到了一个纯同步电路,与预期的相同。当然,还要再次运行所有的测试平台,确保修改没有引入另外的错误。这说明检测设计错误时,不仅需要使用仿真,还需要使用综合。仿真不能发现这个错误,因为 VHDL 中的信号保留之前的值,除非对它们赋值。然而,综合电路不像预期的那样。综合电路中存在锁存器,表明设计有错误。最好提前确定设计中是否需要锁存器,如果需要,需要多少个锁存器。然后,检查综合报告以确保生成了预期数量的锁存器。而且,在设计过程中,最好尽可能早地执行综合运行,以便发现综合中特有的错误。

15.5 测试设计

使用一系列的测试平台来测试设计。首先测试电路的基本功能,找出设计中的错误,并验证电路的行为和预期相同。为了得到一个最优设计,需要写一个更复杂的测试平台来测试滤波器的噪声特性。

每个测试平台用一个不同的结构体来实现,它们的实体相同,都为空。

基本框架如下所示:

```
library ieee;
use ieee.std_logic_1164.all;
use ieee.numeric_std.all;
use ieee.fixed_float_types.all;
use ieee.fixed_pkg.all;
use ieee.math_real.all;
entity low_pass_filter_test is
end;
```

然后,每个结构体添加一个测试到测试集中。注意,程序包 math_real 已经被添加到 use 子句中。之前没有介绍这个程序包,因为它是完全不可综合的,但它对于写这些测试平台是非常有用的,这一点稍后会变得清晰。附录 A.13 中列出了程序包 math_real。

为了满足设计需求,滤波器必须以 160 k 样点/秒的速率来处理样点。

$$F_s = 160\ 000$$

可以得到样点周期:

$$T_s = 1/F_s$$

$$T_s = 6.25\ \mu s$$

基本滤波器算法需要 22 个时钟周期来处理一个样点。在样点之间,滤波器进入 waiting 状态,样点之间的时钟周期数可以任意,至少是 22 个。这个滤波器能适应更高的时钟频率。最小时钟频率是:

$$F_{ck} \geqslant 22 * 160\ 000\ \text{Hz}$$

$$F_{ck} \geqslant 3.52\ \text{MHz}$$

可以得到最大时钟周期:

$$T_{ck} \leqslant 1/F_{ck}$$

$$T_{ck} \leqslant 284\ \text{ns}$$

为了测试,使用一个速度至少这么快的时钟生成器,但它与以 160 k 样点/秒的速度工作的样点生成器互相独立。

为了了解滤波器的频率响应与样点频率的关联,可以参考下面的计算:

- 截止频率 20 kHz 等价于 8 个样点内的一个完整正弦波。
- 阻带频率 30 kHz 等价于 5.3 个样点内的一个完整正弦波。
- 最高频率 80 kHz 等价于 2 个样点内的一个完整正弦波。

第一步是开发测试平台,测试设计的基本功能。

15.5.1　基本测试

该测试平台只检查滤波器的基本功能。它发送样点给滤波器，根据预期行为来查看和检查内部信号。

第一步是创建待测电路的基本结构体和连接到它的信号：

```
architecture basic_test of low_pass_filter_test is
  constant integer_bits : natural := 2;
  constant fraction_bits : natural := 32;
  subtype datapath_type is
    sfixed(integer_bits - 1 downto - fraction_bits);
  signal clock : std_logic;
  signal reset : std_logic;
  signal sample : datapath_type;
  signal sample_ready : std_logic;
  signal result : datapath_type;
  signal result_ready : std_logic;
begin
  CUT : entity work.low_pass_filter
    generic map (integer_bits,fraction_bits)
    port map (clock, reset,
              sample, sample_ready,
              result, result_ready);
end;
```

设计的目的是驱动滤波器时钟，它与样点生成相互独立，这样它们能以不同的速率独立运行。所以，有两个独立的生成器进程。

时钟生成器运行，直到样点生成器发出停止信号，这样当生成了所有样点时，整个仿真停止。

```
process
  constant clock_period : time := 250 ns;
  procedure generate_clock_cycle is
    constant high_time : time := clock_period / 2;
    constant low_time : time := clock_period - high_time;
  begin
    clock <= '0';
    wait for low_time;
    clock <= '1';
    wait for high_time;
  end;
begin
  reset <= '1';
```

```
    generate_clock_cycle;
    reset <= '0';
    while clock_running loop
      generate_clock_cycle;
    end loop;
    wait;
  end process;
```

进程生成一个时钟周期的复位信号，然后继续生成时钟，直到控制信号 clock_running 变为假。如果时钟周期是分辨率极限的奇数倍，高低电平时间的计算，可以确保时钟周期不会由于舍入误差而改变。

控制信号是 boolean 类型：

```
signal clock_running : boolean := true;
```

样点生成器在滤波器的整个频率范围内，以不同频率产生正弦波。

这个进程十分复杂，所以将它分解成几部分。进程的基本框架如下所示：

```
process
  constant sample_period : time := 6.25 us;
begin
  ... perform tests
  clock_running <= false;
  wait;
end process;
```

可以从样点周期得到 160 k 样点/秒(ksps)的采样速率。这个例子首先需要一个过程来管理样点发送，为 sample_ready 标志设置一个固定时间周期的高电平，然后样点周期的其余时间设置为低电平。这与时钟生成器过程类似：

```
procedure generate_sample(value : real)  is
  constant ready_time : time := 500 ns;
  constant wait_time : time := sample_period - ready_time;
begin
  sample_real <= value;
  sample_ready <= '1';
  wait for ready_time;
  sample_ready <= '0';
  wait for wait_time;
end;
```

将这个声明放在进程声明部分内，用于获取 sample_period 值。

这个过程产生的样点是 real 类型的信号：

```
signal sample_real : real;
```

与定点值相比，它更容易生成，也更容易观察，因大多数仿真器可以用波形显示 real

值，而滤波器设计中的定点类型还不能被大多数仿真器观察到。

在结构体内，通过并发信号赋值，将实数样点赋给滤波器的定点输入：

```
sample <= to_sfixed(sample_real, sample);
```

同样，为了用波形显示滤波器输出，通过另一个并发信号赋值，将输出信号类型从定点转换成 real：

```
result_real <= to_real(result);
```

下一步是生成各种频率的样点。用一对嵌套循环来实现。外层循环生成测试频率，内层循环生成一系列该频率的样点。

```
for f in 1 to 40 loop
  step := real(f) * math_pi / 80.0;
  for i in 1 to 160 loop
    generate_sample(sin(step * real(i)));
  end loop;
end loop;
```

外层循环频率以 kHz 为单位，范围为 1～40 kHz。每个频率生成 160 个样点，代表 1 ms 的真实时间。每个样点由 math_real 的 sin 函数生成。它以弧度为单位，计算得到输入的正弦。

程序包 math_real 提供常见的数学运算，如实数的正弦和余弦，它完全不可综合，但有时用于测试平台的编写，正如这个例子一样。附录 A. 13 列出了这个程序包。

为了算出样点之间的步长，将频率转换成旋转角/样点。第一步将频率 f 转换成以弧度/秒为单位的角速度 R：

$$R = 2\pi f$$

样点频率 f_s 等于样点之间的角距离 ΔR，ΔR 以弧度/秒为单位：

$$\Delta R = 2\pi f / f_s$$

步长大小的计算可以在外层循环中看到。内层循环通过将步长大小与样点数相乘，生成样点。

为了测试频率响应，可检查仿真器屏幕上的波形，找出每个频率的最大输出。用测试平台来计算更容易。想法是记录每个频率的最大输出幅度。可以通过在内层样点循环周围添加下列代码来完成：

```
minmax := 0.0;
for i in 1 to 160 loop
  generate_sample(sin(step * real(i)));
  if i > 50 then
    minmax :=
      realmax(minmax, sign(result_real) * result_real);
```

```
    end if;
  end loop;
  write (l, f);
  write(l, string '(" kHz = "));
  write(l, minmax);
  writeline(output, l);
```

minmax 是 real 类型的变量。在内层循环之前，minmax 被初始化为零。在循环内，如果滤波器当前结果的幅值比 minmax 当前值的幅值大，更新 minmax 值。公式：

```
sign(result_real) * result_real
```

产生一个实数的绝对值。如果是负数，math_real 的 sign 函数返回 −1.0，如果是正数，返回 1.0(如果是零，返回 0.0)。用样点乘以这个数，得到一个等于幅值的正数。

最大幅值的测试被延迟 50 个样点，这样可以使滤波器在频率改变后稳定下来。当频率改变时，输入波形上有一个急剧变化，会对输出产生一个脉冲，需要几个周期才能稳定下来。最后，内层循环完成运行后，使用 TextIO 输出该频率的结果。得到的结果是一组来自仿真器的文本输出，如下所示：

```
1 kHz = 9.502971E-01
2 kHz = 9.449322E-01
3 kHz = 9.369100E-01...
```

输出幅值用下面的公式转换成以 dB 为单位的功率增益：

```
gain = 20 * log10(magnitude)
```

将增益值绘成图表，画在通带图上，如图 15.4 所示。

至此，基本功能的测试平台已经完成了。

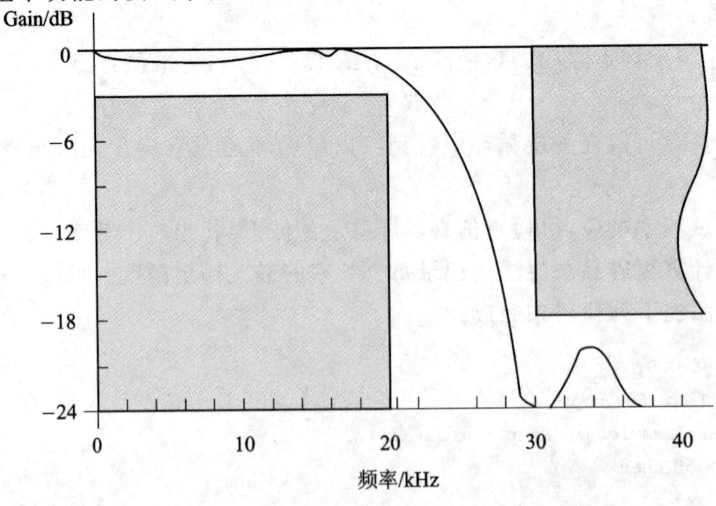

图 15.4　低通滤波器的实际频率响应

15.5.2 噪声计算

这节写第二个测试平台,来测量不同定点表示精度对电路噪声特性的影响。这个例子使人感兴趣的是在计算输出期间由舍入引入的噪声。

测试平台的主要目的是测量不同精度的滤波器的输出噪声。为了进行比较,使用两个待测电路,一个使用最大精度,一个使用缩减精度。这样可以对输出进行比较,并得到相对噪声图。

测试平台使用与基本测试平台相同的时钟和样点生成器。然而,它有两个待测电路,以便能对它们进行比较:

```
reference_sample <= to_sfixed(sample_real, reference_sample);
reference : entity work.low_pass_filter
    generic map (2,reference_fraction)
    port map (clock, reset, reference_sample, sample_ready,
              reference_result, reference_result_ready);
reference_real <= to_real(reference_result);
actual_sample <= to_sfixed(sample_real, actual_sample);
actual : entity work.low_pass_filter
    generic map (2,actual_fraction)
    port map (clock, reset, actual_sample, sample_ready,
              actual_result, actual_result_ready);
actual_real <= to_real(actual_result);
difference <= actual_real - reference_real;
```

通过并发信号赋值,将样点转换成定点类型。参考样点是 2.32 位,这是设计允许的最大值。实际样点在每次运行时可以改变它的小数位数。最后一行计算两个滤波器输出之间的差值,将这个差值赋给 difference 信号,以便在仿真波形观察器中观察它。

它们相应的信号声明相同:

```
constant reference_fraction : integer := 32;
signal reference_sample   :
    sfixed(1 downto -reference_fraction);
signal reference_result   :
    sfixed(1 downto -reference_fraction);
signal reference_result_ready : std_logic;
signal reference_real : real;

constant actual_fraction : integer := 16;
signal actual_sample : sfixed(1 downto -actual_fraction);
signal actual_result : sfixed(1 downto -actual_fraction);
signal actual_result_ready : std_logic;
```

```
signal actual_real : real;
signal difference : real;
```

actual_fraction 常数控制实际滤波器的小数部分位宽，每次运行之间可以改变。所有连接到实际滤波器的信号可相应地缩放。

在样点生成器的主循环中，添加了代码来记录整个运行中的最大差值。因此，样点生成的循环变成下面的形式：

```
minmax := 0.0;
for f in 1 to 40 loop
    step := real(f) * math_pi / 80.0;
    for i in 1 to 160 loop
        generate_sample(sin(step * real(i)));
        minmax := realmax(minmax, sign(difference) * difference);
    end loop;
end loop;
write(l, actual_fraction);
write(l, string'(" = "));
write(l, minmax);
writeline(output, l);
```

最后一部分打印了实际小数部分的位宽和最大误差。

可将每次仿真运行的结果编译成表格，每次运行使用不同的小数位宽。每个结果用两个有效数字来表示，如表 15.3 所列。12 位小数部分（即 2.12 位有符号定点格式）产生 0.0013 的误差，表示范围的 13%或者 58 dB 的信噪比。增加 4 位得到 16 位小数（即 2.16 位有符号定点格式），信噪比增加到 82 dB。

表 15.3　不同定点位宽的最大误差

位　宽	误　差	信号/噪声(dB)
2.16 (18)	0.000077	82
2.14 (16)	0.00025	72
2.12 (14)	0.0013	58
2.8 (10)	0.020	34
2.6 (8)	0.080	22

15.6　浮点版本

本章一开始就说滤波器应该是定点设计。为了证明这是个很好的设计，对设计进行转换，使用 6.6 节介绍的可综合浮点程序包来实现。转换很简单：首先对实体进行转换，使用不同的类属参数，端口使用 float 类型，位宽由类属参数来调整：

```
library ieee;
use ieee.std_logic_1164.all;
use ieee.numeric_std.all;
use ieee.fixed_float_types.all;
use ieee.fixed_pkg.all;
use ieee.float_pkg.all;
entity low_pass_filter_float is
    generic (
        exponent_bits : natural;
        fraction_bits : natural);
    port (
        clock : in std_logic;
        reset : in std_logic;
        sample : in float(exponent_bits downto - fraction_bits);
        sample_ready : in std_logic;
        output : out float(exponent_bits downto - fraction_bits);
        output_ready : out std_logic);
end;
```

然后，在结构体内，改变数据通路信号的类型：

```
subtype datapath_type is
    float(exponent_bits downto - fraction_bits);
```

最后，使用系数计算器模型的修改版本，生成定点系数，然后将系数转换成 8:23 浮点格式的位串值：

```
subtype coeff_type is float32;
type coeff_array_type is array (natural range 0 to order)
  of coeff_type;
constant coefficients : coeff_array_type :=
  (
    0 => B"0_01111010_00101101111110100111101",
    1 => B"0_01111001_01000000101101011101110",
    2 => B"1_01111001_01111011110011101010000",
    3 => B"1_01111010_11100011101000010100010",
    4 => B"1_01111010_10010010100101000000110",
    5 => B"0_01111001_10000111010110010111000",
    6 => B"0_01111100_00011100101110101010001",
    7 => B"0_01111100_11110100110010011100101",
    8 => B"0_01111101_00100110000010101011000",
    9 => B"0_01111100_11110100110010011100101",
```

```
    10 => B"0_01111100_00011100101110101010001",
    11 => B"0_01111001_10000111010110010111000",
    12 => B"1_01111010_10010010100101000000110",
    13 => B"1_01111010_11100011101000010100010",
    14 => B"1_01111001_01111011110011101010000",
    15 => B"0_01111001_01000000101101011101110",
    16 => B"0_01111010_00101101111110100111101"
  );
```

乘法器-累加器的唯一变化是使用来自浮点程序包中的运算符。与定点相比,浮点的不同之处是运算结果与参数的位宽相同,不需要调整位宽来得到固定数据通路宽度。修改后的计算如下所示:

```
sample := samples(to_integer(address));
coefficient :=
  resize(coefficients(to_integer(address)), coefficient);
product := sample * coefficient;
accumulator <= accumulator + product;
```

两个测试平台以同样的方式转换成了浮点。

浮点版本的频率响应与定点版本完全相同。然而,噪声特性不同。表 15.4 显示了不同数据位宽的噪声测量结果:

表 15.4 不同浮点位宽的最大误差

位　宽	误　差	信号/噪声(dB)
6:9 (16)	0.0027	51
4:11 (16)	0.00088	61
6:7 (14)	0.012	38
4:9 (14)	0.0029	51

使用不同的指数位宽和小数位宽进行折衷,结果表明,对于相同字长,指数部分越短,小数部分越长,噪声越低。有趣的是,在每种情况下,对于相同字长,定点版本的噪声因子最低。例如,2:14(16 位)定点滤波器信噪比是 72 dB,而两个 16 位浮点版本的噪声因子分别是 51 dB 和 61 dB。

15.7 最终的综合

既然这是一个案例分析,就需要实现若干个版本进行比较。选择了 4 个版本,使用定点或浮点、16 位或 32 位样点之间的组合。将 4 个版本综合成相同 FPGA 工艺,以便对它们进行比较。这意味着要创建 4 个顶层设计来实例化通用滤波器电路，电路使用类属参数。根据 6.10 节解释的可综合顶层电路的约定，这些顶层设计将接口缩减成简单的 std_logic 和 std_logic_vector 类型，以确保后端综合网表的接口相同。

以 4:11(16 位)浮点版本为例：

```
library ieee;
use ieee.std_logic_1164.all;
entity low_pass_filter_float_16 is
  port (clock : in std_logic;
        reset : in std_logic;
        sample : in std_logic_vector(15 downto 0);
        sample_ready : in std_logic;
        output : out std_logic_vector(15 downto 0);
        output_ready : out std_logic);
end;
use ieee.numeric_std.all;
use ieee.fixed_float_types.all;
use ieee.fixed_pkg.all;
use ieee.float_pkg.all;
architecture behaviour of low_pass_filter_float_16 is
begin
  LPF16 : entity work.low_pass_filter_float
    generic map(4,  11)
    port map (clock => clock,
              reset => reset,
              sample => to_float(sample, 4, 11),
              sample_ready => sample_ready,
              to_slv(output) => output,
              output_ready => output_ready);
end;
```

注意数组端口上的类型转换。

4 个设计以相同的方式生成并综合。表 15.5 给出了 4 个设计的统计信息。从这些统计信息可以看到，浮点版本的速度大约是定点版本速度的一半，它的逻辑单元数量是定点版本的 3～4 倍。对于特定的字大小，浮点版本的噪声性能较低。这证实了定点算术运算是正确的选择。然而，它也证实了综合浮点算术运算是切实可行的。

对于目标工艺，综合器报告了设计的最大时钟频率是 67 MHz，如果使用 16 位定点版本，这在 3.52 MHz 设计要求之内。即使考虑了对综合器时序的低估，这表明滤波器能以 10 倍以上的目标频率运行。

表 15.5 低通滤波器的综合结果

数据通路类型	位宽(bits)	最大时钟(MHz)	逻辑单元	寄存器单元	I/O 引脚
sfixed	2.14 (16)	67	281	315	36
sfixed	2.30 (32)	55	478	619	68
float	4:11 (16)	31	1027	315	36
float	8:23 (32)	24	2083	626	68

15.8 通用版本

这个设计实现了一个具体的滤波器,有一组具体系数。然而,核心的乘法-累加器电路和它的控制器是通用的,并能转换成通用滤波器设计。为了实现这一点,系数储存器必须在设计的外部完成,提供额外的端口对这个外部系数储存器进行访问。这种重新组织后的设计允许不同的设计使用不同的系数集,但使用相同的滤波器核。实际上这意味着,如果给定正确的系数,这个核可以用于实现低通、高通和带通滤波器。为此,选择一个更通用的名称,称实体为 filter_core。

第一步是定义滤波器通用核的接口:

```
library ieee;
use ieee.std_logic_1164.all;
use ieee.numeric_std.all;
use ieee.fixed_float_types.all;
use ieee.fixed_pkg.all;
entity filter_core is
  generic(
    integer_bits : natural;
    fraction_bits : natural;
    counter_bits : natural;
    order : natural);
  port(
    clock : in std_logic;
    reset : in std_logic;
    sample : in
      sfixed(integer_bits - 1 downto - fraction_bits);
    sample_ready : in std_logic;
    coefficient_address : out
      unsigned(counter_bits - 1 downto 0);
    coefficient : in
```

```
        sfixed(integer_bits - 1 downto - fraction_bits);
      output : out
        sfixed(integer_bits - 1 downto - fraction_bits);
      output_ready : out std_logic);
  end;
```

这个实体有两个类属参数来控制滤波器阶数和计数器大小,计数器用于系数储存器的地址。这个实体还有两个额外端口,用于系数储存器的地址输出和来自系数储存器的系数输入。

创建结构体时,复制现有结构体并重命名:

```
architecture behaviour of filter_core is
```

在设计的开始,将低通滤波器的现有设计复制到这个结构体内。移去系数储存器,并将两个新端口纳入这个设计中。所以,计算变为:

```
sample := samples(to_integer(address));
product := resize(sample * coefficient, product);
accumulator <= resize(accumulator + product, accumulator);
```

注意,现在使用系数输入端口来计算乘积,而不是使用被移去的局部系数变量来计算。而且,必须将地址计数器连接到系数地址输出,在结构体结尾处使用简单并发赋值:

```
coefficient_address <= address;
```

现在,可创建一个低通滤波器的新版本,它使用了通用滤波器核的一个实例。系数储存器被纳入这一级中,并经由两个新端口连接到核上。结构体如下所示:

```
architecture behaviour of low_pass_filter is
  constant order : natural := 16;
  constant counter_bits : natural := 5;
  -- coefficient store
  subtype coeff_type is sfixed(1 downto - 32);
  type coeff_array_type is array (natural range 0 to order)
    of coeff_type;
  constant coefficients : coeff_array_type :=
    (
      B"00_0000100101101111110100111100110l",
      B"00_000001010000000101101011101110001",
      B"11_111110100001000011000101100000010",
      B"11_111100001110001011110101110110 01",
      B"11_111100110110101101011111110100000",
      B"00_000001100001110101100101110000 01",
      B"00_001000111001011101010100010001 01",
```

```
      B"00_00111110100110010011100100100010",
      B"00_01001001100000101010101111101100",
      B"00_00111110100110010011100100100010",
      B"00_00100011100101110101010001000101",
      B"00_00000110000111010110010111000001",
      B"11_11110011011010110101111110100000",
      B"11_11110000111000101111010111011001",
      B"11_11111010000100001100010110000010",
      B"00_00000101000000101101011101110001",
      B"00_00001001011011111110100111001101"
    );
  -- internal signals
  signal address :
    unsigned(counter_bits - 1 downto 0);
  signal coefficient :
    sfixed(integer_bits - 1 downto - fraction_bits);
begin
  filter : entity work.filter_core
    generic map(integer_bits, fraction_bits,
                counter_bits, order)
    port map (clock, reset,
              sample, sample_ready,
              address, coefficient,
              output, output_ready);
  coefficient <=
    resize(coefficients(to_integer(address)), coefficient);
end;
```

注意如何使用滤波器的地址输出从系数储存器中选择系数。

使用所有测试平台对这个设计重新仿真并重新综合,以确保重新组织后没有引入错误。

15.9 结 论

在综合的第一步之后,设计过程已经停止。电路对设备的适用性、指定引脚输出等,十分依赖于具体的工具和工艺,并与综合工具的用户手册有关。

这个设计是一个数字滤波器的完整实现过程,数字滤波器本身是一个简单的电路。只尝试了 4 种可能的设计实现方式,只改变了类型和数据通路运算符的位宽。这个设计还可以尝试许多其他组合:

- 对于高频运算，可以使用多个乘法器。
- 可使用系数的对称性来减少一半乘法数量，减少计算累加时所需的时钟周期数。
- 可对乘法器-累加器进行流水，增加吞吐率，在乘法器和累加器之间使用流水寄存器。
- 本例假定溢出时应该使用饱和模式。环绕式处理会导致溢出时，从极正到极负发生急剧的变化，而饱和模式避免了这一点。在性能关键的设计中，使用环绕模式可能是一个可接受的折衷。
- 本例假定下溢时使用舍入模式。这减少了由舍入误差产生的噪声。没有进行实验来计算截断模式的噪声因子。截断结果可能会得到一个高性能设计，通过添加1～2个小数位来补偿噪声输出。
- 一些控制器状态可以重叠，以减少每次计算所需的周期数。

数字滤波器随采样速率相应缩放。例如，给定相同的系数集，这个滤波器可以使用下列规范：

采样频率：　1.6 M样点/秒；

最大频率：　800 kHz；

截止频率：　200 kHz；

阻带：　300 kHz；

阻带衰减：　18 dB；

最小时钟频率：35.2 MHz。

这个案例分析中所实现的设计也能够以这个速度运行。这也说明了为什么必须准确地控制采样速率。如果以任意速度对输入采样，而不是160k样点/秒，那么通带与采样频率成比例移动。

附录 A

程序包列表

附录 A 列出了 std 和 ieee 库中所有与综合相关的标准程序包的包头。

A.1 程序包 Standard

程序包 standard 定义了 VHDL 在所有情况下提供的基本类型。这是 VHDL-1993 版本,由程序包 standard_additions(见附录 A.2)进行补充。VHDL-2008 版本中,将 additions 并入程序包 standard 中。

```
package standard is

    type boolean is (false,true);
    function "and" (l, r: boolean) return boolean;
    function "or" (l, r: boolean) return boolean;
    function "nand" (l, r: boolean) return boolean;
    function "nor" (l, r: boolean) return boolean;
    function "xor" (l, r: boolean) return boolean;
    function "xnor" (l, r: boolean) return boolean;
    function "not" (l: boolean) return boolean;
    function "=" (l, r: boolean) return boolean;
    function "/=" (l, r: boolean) return boolean;
    function "<" (l, r: boolean) return boolean;
    function "<=" (l, r: boolean) return boolean;
    function ">" (l, r: boolean) return boolean;
    function ">=" (l, r: boolean) return boolean;

    type bit is ('0', '1');
```

```
function "and" (l, r: bit) return bit;
function "or" (l, r: bit) return bit;
function "nand" (l, r: bit) return bit;
function "nor" (l, r: bit) return bit;
function "xor" (l, r: bit) return bit;
function "xnor" (l, r: bit) return bit;
function "not" (l: bit) return bit;
function "=" (l, r: bit) return boolean;
function "/=" (l, r: bit) return boolean;
function "<"(l, r: bit)  return boolean;
function "<="(l, r: bit)  return boolean;
function ">"(l, r: bit)  return boolean;
function ">="(l, r: bit)  return boolean;

type character is (...);   -- ascii 8-bit values
function "="(l, r: character)  return boolean;
function "/="(l, r: character)  return boolean;
function "<"(l, r: character)  return boolean;
function "<="(l, r: character)  return boolean;
function ">"(l, r: character)  return boolean;
function ">="(l, r: character)  return boolean;

type severity_level is (note, warning, error, failure);
function "="(l, r: severity_level)  return boolean;
function "/="(l, r: severity_level)  return boolean;
function "<"(l, r: severity_level)  return boolean;
function "<="(l, r: severity_level)  return boolean;
function ">"(l, r: severity_level)  return boolean;
function ">="(l, r: severity_level)  return boolean;

-- universal types cannot be used but are implicit
type _uni_int is range implementation_defined;
function "="(l, r: _uni_int)  return boolean;
function "/="(l, r: _uni_int)  return boolean;
function "<"(l, r: _uni_int)  return boolean;
function "<="(l, r: _uni_int)  return boolean;
function ">"(l, r: _uni_int)  return boolean;
function ">="(l, r: _uni_int)  return boolean;
function "+"(l: _uni_int)  return _uni_int;
function "-"(l: _uni_int)  return _uni_int;
function "abs"(l: _uni_int)  return  _uni_int;
function "+"(l, r: _uni_int)  return _uni_int;
```

```
function "-"(l, r: _uni_int)  return _uni_int;
function "*"(l, r: _uni_int)  return _uni_int;
function "/"(l, r: _uni_int)  return _uni_int;
function "mod"(l, r: _uni_int)  return _uni_int;
function "rem"(l, r: _uni_int)  return _uni_int;

type _uni_real is range implementation_defined;
function "="(l, r: _uni_real)  return boolean;
function "/="(l, r: _uni_real)  return boolean;
function "<"(l, r: _uni_real)  return boolean;
function "<="(l, r: _uni_real)  return boolean;
function ">"(l, r: _uni_real)  return boolean;
function ">="(l, r: _uni_real)  return boolean;
function "+"(l: _uni_real)  return _uni_real;
function "-"(l: _uni_real)  return _uni_real;
function "abs"(l: _uni_real)  return _uni_real;
function "+"(l, r: _uni_real)  return _uni_real;
function "-"(l, r: _uni_real)  return _uni_real;
function "*"(l, r: _uni_real)  return _uni_real;
function "/"(l, r: _uni_real)  return _uni_real;
function "*"(l: _uni_real;  anonymous: _uni_int)return   _uni_real;
function "*"(l: _uni_int; anonymous: _uni_real)return _uni_real;
function "/"(l: _uni_real;  anonymous:  _uni_int)return _uni_real;
type integer is range implementation_defined;
function "**"(l: _uni_int;  anonymous:  integer)return   _uni_int;
function "**"(l: _uni_real;  anonymous:  integer)return   _uni_real;
function "="(l, r: integer)  return boolean;
function "/="(l, r: integer)  return boolean;
function "<"(l, r: integer)  return boolean;
function "<="(l, r: integer)  return boolean;
function ">"(l, r: integer)  return boolean;
function ">="(l, r: integer)  return boolean;
function "+"(l: integer)  return integer;
function "-"(l: integer)  return integer;
function "abs"(l: integer)  return integer;
function "+"(l, r: integer)  return integer;
function "-"(l, r: integer)  return integer;
function "*"(l, r: integer)  return integer;
function "/"(l, r: integer)  return integer;
function "mod"(l, r: integer)  return integer;
function "rem"(l, r: integer)  return integer;
function "**"(l: integer;  anonymous: integer)  return integer;
```

```
type real is range implementation_defined;
function "="(l, r: real)  return boolean;
function "/="(l, r: real)  return boolean;
function "<"(l, r: real)  return boolean;
function "<="(l, r: real)  return boolean;
function ">"(l, r: real)  return boolean;
function ">="(l, r: real)  return boolean;
function "+"(l: real)  return real;
function "-"(l: real)  return real;
function "abs"(l: real)  return real;
function "+"(l, r: real)  return real;
function "-"(l, r: real)  return real;
function "*"(l, r: real)  return real;
function "/"(l, r: real)  return real;
function "**"(l: real;  r: integer)  return real;

type time is range implementation_defined
    units
      fs;
      ps = 1000 fs;
      ns = 1000 ps;
      us = 1000 ns;
      ms = 1000 us;
      sec = 1000 ms;
      min = 60 sec;
      hr = 60 min;
    end units;
function "="(l, r: time)  return boolean;
function "/="(l, r: time)  return boolean;
function "<"(l, r: time)  return boolean;
function "<="(l, r: time)  return boolean;
function ">"(l, r: time)  return boolean;
function ">="(l, r: time)  return boolean;
function "+"(l: time)  return time;
function "-"(l: time)  return time;
function "abs"(l: time)  return time;
function "+"(l, r: time)  return time;
function "-"(l, r: time)  return time;
function "*"(l: time;  r: integer)  return time;
function "*"(l: time;  r: real)  return time;
function "*"(l: integer;  r: time)  return time;
```

```
function " * "(l: real;  r: time)  return time;
function "/"(l: time;  r: integer)  return time;
function "/"(l: time;  r: real)  return time;
function "/"(l, r: time)  return  _uni_int;

subtype delay_length is time range 0 fs to time'high;
pure function now return delay_length;

subtype natural is integer range 0 to integer'high;
subtype positive is integer range 1 to integer'high;

type string is array (positive range <>)  of character;
function " = "(l, r: string)  return boolean;
function "/ = "(l, r: string)  return boolean;
function "<"(l, r: string)  return boolean;
function "< = "(l, r: string)  return boolean;
function ">"(l, r: string)  return boolean;
function "> = "(l, r: string)  return boolean;
function "&"(l: string;  r: string)  return string;
function "&"(l: string;  r: character)  return string;
function "&"(l: character;  r: string)  return string;
function "&"(l: character;  r: character)return string;

type bit_vector is array (natural range <>)  of bit;
function "and"(l, r: bit_vector)  return bit_vector;
function "or"(l, r: bit_vector)  return bit_vector;
function "nand"(l, r: bit_vector)  return bit_vector;
function "nor"(l, r: bit_vector)  return bit_vector;
function "xor"(l, r: bit_vector)  return bit_vector;
function "xnor"(l, r: bit_vector)  return bit_vector;
function "not"(l: bit_vector)  return bit_vector;
function "sll"(l: bit_vector;  r: integer)return bit_vector;
function "srl"(l: bit_vector;  r: integer) return bit_vector;
function "sla"(l: bit_vector;  r: integer)return bit_vector;
function "sra"(l: bit_vector;  r: integer)return bit_vector;
function "rol"(l: bit_vector;  r: integer)return bit_vector;
function "ror"(l: bit_vector;  r: integer)return bit_vector;
function " = "(l, r: bit_vector)  return boolean;
function "/ = "(l, r: bit_vector)  return boolean;
function "<"(l, r: bit_vector)  return boolean;
function "< = "(l, r: bit_vector)  return boolean;
function ">"(l, r: bit_vector)  return boolean;
```

```
    function ">="(l, r: bit_vector)   return boolean;
    function "&"(l: bit_vector;  r: bit_vector)return bit_vector;
    function "&"(l: bit_vector;  r: bit)   return bit_vector;
    function "&"(l: bit;   r: bit_vector)   return bit_vector;
    function "&"(l: bit;   r: bit)    return bit_vector;

    type file_open_kind is (read_mode, write_mode, append_mode);
    function "="(l, r: file_open_kind)   return boolean;
    function "/="(l, r: file_open_kind)   return boolean;
    function "<"(l, r: file_open_kind)   return boolean;
    function "<="(l, r: file_open_kind)   return boolean;
    function ">"(l, r: file_open_kind)   return boolean;
    function ">="(l, r: file_open_kind)   return boolean;

    type file_open_status is
        (open_ok, status_error, name_error, mode_error);
    function "="(l, r: file_open_status)return boolean;
    function "/="(l, r: file_open_status)return boolean;
    function "<"(l, r: file_open_status)return boolean;
    function "<="(l, r: file_open_status)return boolean;
    function ">"(l, r: file_open_status)return boolean;
    function ">="(l, r: file_open_status)return boolean;

    attribute foreign:  string;
end;
```

A.2 程序包 Standard_Additions

程序包 standard_additions 是对 VHDL-1993 版程序包 standard(见附录 A.1)的补充。在 VHDL-2008 中,additions 被并入程序包 standard 中,所以这个程序包是空的。

```
package standard_additions is


  -- std_match operators
  -- implemented as extended-named functions in VHDL-1993
  -- implemented as operators in VHDL-2008
  function \?  =\  (l, r : boolean)
    return boolean;
  function \? /=\ (l, r : boolean)
```

```
  return boolean;
function \?<\ (l, r   : boolean)
  return boolean;
function \?<=\ (l, r : boolean)
  return boolean;
function \?>\ (l, r   : boolean)
  return boolean;
function \?>=\ (l, r : boolean)
  return boolean;
function \?=\ (l, r  : bit)
  return bit;
function \?/=\ (l, r : bit)
  return bit;
function \?<\ (l, r : bit)
  return bit;
function \?<=\ (l, r : bit)
  return bit;
function \?>\ (l, r : bit)
  return bit;
function \?>=\ (l, r : bit)
  return bit;
function \??\ (l : bit)
  return boolean;
function \?=\ (l, r : bit_vector)
  return bit;
function \?/=\ (l, r : bit_vector)
  return bit;

-- minimum/maximum functions
function minimum   (l, r : boolean)
  return boolean;
function maximum   (l, r : boolean)
  return boolean;
function minimum   (l, r : bit)
  return bit;
function maximum   (l, r : bit)
  return bit;
function minimum   (l, r :  character)
  return character;
function maximum   (l, r :  character)
  return character;
function minimum   (l, r :  severity_level)
```

```
  return severity_level;
function maximum   (l, r :  severity_level)
  return severity_level;
function minimum   (l, r :  integer)
  return integer;
function maximum   (l, r :  integer)
  return integer;
function minimum   (l, r :  real)
  return real;
function maximum   (l, r :  real)
  return real;.
function minimum   (l, r : time)
  return time;
function maximum   (l, r :  time)
  return time;
function minimum   (l, r :  string)
  return string;
function maximum   (l, r :  string)
  return string;
function minimum   (l :  string)
  return character;
function maximum   (l :  string)
  return character;
function minimum   (l, r : bit_vector)
  return bit_vector;
function maximum   (l, r : bit_vector)
  return bit_vector;
function minimum   (l : bit_vector)
  return bit;
function maximum   (l : bit_vector)
  return bit;
function minimum   (l, r : file_open_kind)
  return file_open_kind;
function maximum   (l, r : file_open_kind)
  return file_open_kind;
function minimum   (l, r : file_open_status)
  return file_open_status;
function maximum   (l, r : file_open_status)
  return file_open_status;

-- edge detection for possible clock types
function rising_edge (signal s : boolean)
```

```
  return boolean;
function falling_edge (signal s : boolean)
  return boolean;
function rising_edge (signal s : bit)
  return boolean;
function falling_edge (signal s : bit)
  return boolean;

-- selecting boolean operators
function "and" (l   : bit_vector;  r : bit)
  return bit_vector;
function "and" (l   : bit;  r : bit_vector)
  return bit_vector;
function "or" (l   : bit_vector;  r : bit)
  return bit_vector;
function "or" (l   : bit;  r : bit_vector)
  return bit_vector;
function "nand" (l : bit_vector;  r : bit)
  return bit_vector;
function "nand" (l : bit;  r : bit_vector)
  return bit_vector;
function "nor" (l   : bit_vector;  r : bit)
  return bit_vector;
function "nor" (l   : bit;  r : bit_vector)
  return bit_vector;
function "xor" (l   : bit_vector;  r : bit)
  return bit_vector;
function "xor" (l   : bit;  r : bit_vector)
  return bit_vector;
function "xnor" (l : bit_vector;  r : bit)
  return bit_vector;
function "xnor" (l : bit;  r : bit_vector)
  return bit_vector;

-- reducing boolean operators
-- implemented as functions in VHDL-1993
-- implemented as boolean operators in VHDL-2008
function and_reduce (l : bit_vector)
  return bit;
function or_reduce (l : bit_vector)
  return bit;
function nand_reduce (l : bit_vector)
```

```
  return bit;
function nor_reduce (l : bit_vector)
  return bit;
function xor_reduce (l : bit_vector)
  return bit;
function xnor_reduce (l : bit_vector)
  return bit;

-- arithmetic operations
function "mod" (l, r : time)
  return time;
function "rem" (l, r : time)
  return time;

-- String formatting functions
function to_string (value : bit_vector)
  return string;
alias to_bstring is
  to_string [bit_vector return string];
alias to_binary_string is
  to_string [bit_vector return string] ;
function to_ostring (value : bit_vector)
  return string;
alias to_octal_string is
  to_ostring [bit_vector return string] ;
function to_hstring (value : bit_vector)
  return string;
alias to_hex_string is
  to_hstring [bit_vector return string] ;
function to_string (value : boolean)
  return string;
function to_string (value : bit)
  return string;
function to_string (value : character)
  return string;
function to_string (value : severity_level)
  return string;
function to_string (value : integer)
  return string;
function to_string (value : real)
  return string;
function to_string (value : time)
```

```
  return string;
function to_string (value : file_open_kind)
  return string;
function to_string (value : file_open_status)
  return string;
function to_string (value : real;  digits : natural)
  return string;
function to_string (value : real;  format : string)
  return string;
function to_string (value :  time; unit : time)
  return string;

-- new type boolean_vector
type boolean_vector is array (natural range <>)  of boolean;
function "and" (l, r   : boolean_vector)
  return boolean_vector;
function "or" (l, r   : boolean_vector)
  return boolean_vector;
function "nand" (l, r : boolean_vector)
  return boolean_vector;
function "nor" (l, r : boolean_vector)
  return boolean_vector;
function "xor" (l, r : boolean_vector)
  return boolean_vector;
function "xnor" (l, r : boolean_vector)
  return boolean_vector;
function "not" (l : boolean_vector)
  return boolean_vector;
function "and" (l : boolean_vector;  r : boolean)
  return boolean_vector;
function "and" (l : boolean;  r : boolean_vector)
  return boolean_vector;
function "or" (l : boolean_vector;  r : boolean)
  return boolean_vector;
function "or" (l : boolean;  r : boolean_vector)
  return boolean_vector;
function "nand" (l : boolean_vector;  r : boolean)
  return boolean_vector;
function "nand" (l : boolean;  r : boolean_vector)
  return boolean_vector;
function "nor" (l : boolean_vector;  r : boolean)
  return boolean_vector;
```

```
function "nor" (l : boolean;  r : boolean_vector)
  return boolean_vector;
function "xor" (l : boolean_vector;  r : boolean)
  return boolean_vector;
function "xor" (l : boolean;  r : boolean_vector)
  return boolean_vector;
function "xnor" (l : boolean_vector;  r : boolean)
  return boolean_vector;
function "xnor" (l : boolean;  r : boolean_vector)
  return boolean_vector;
function and_reduce (l : boolean_vector)
  return boolean;
function or_reduce (l : boolean_vector)
  return boolean;
function nand_reduce (l : boolean_vector)
  return boolean;
function nor_reduce (l : boolean_vector)
  return boolean;
function xor_reduce (l : boolean_vector)
  return boolean;
function xnor_reduce (l : boolean_vector)
  return boolean;
function "sll" (l : boolean_vector;  r : integer)
  return boolean_vector;
function "srl" (l : boolean_vector;  r : integer)
  return boolean_vector;
function "sla" (l : boolean_vector;  r : integer)
  return boolean_vector;
function "sra" (l : boolean_vector;  r : integer)
  return boolean_vector;
function "rol" (l : boolean_vector;  r : integer)
  return boolean_vector;
function "ror" (l : boolean_vector;  r : integer)
  return boolean_vector;
function "=" (l, r  : boolean_vector)
  return boolean;
function "/=" (l, r : boolean_vector)
  return boolean;
function "<" (l, r  : boolean_vector)
  return boolean;
function "<=" (l, r : boolean_vector)
  return boolean;
```

```
function ">" (l, r  : boolean_vector)
  return boolean;
function ">=" (l, r : boolean_vector)
  return boolean;
function \?=\ (l, r  : boolean_vector)
  return boolean;
function \?/=\ (l, r : boolean_vector)
  return boolean;
function "&" (l : boolean_vector;  r : boolean_vector)
  return boolean_vector;
function "&" (l : boolean_vector;  r : boolean)
  return boolean_vector;
function "&" (l : boolean;  r : boolean_vector)
  return boolean_vector;
function "&" (l : boolean;  r : boolean)
  return boolean_vector;
function minimum (l, r : boolean_vector)
  return boolean_vector;
function maximum (l, r : boolean_vector)
  return boolean_vector;
function minimum (l : boolean_vector)
  return boolean;
function maximum (l : boolean_vector)
  return boolean;

-- New type integer_vector
type integer_vector is array (natural range <>) of integer;
function "=" (l, r  :  integer_vector)
  return boolean;
function "/=" (l, r  :  integer_vector)
  return boolean;
function "<" (l, r  :  integer_vector)
  return boolean;
function "<=" (l, r  :  integer_vector)
  return boolean;
function ">" (l, r  :  integer_vector)
  return boolean;
function ">=" (l, r  :  integer_vector)
  return boolean;
function "&" (l : integer_vector;  r : integer_vector)
  return integer_vector;
function "&"  (l  :  integer_vector;  r  :  integer)
```

```
    return integer_vector;
function "&"  (l   :  integer;  r   :  integer_vector)
    return integer_vector;
function "&"  (l   :  integer;  r   :  integer)
    return integer_vector;
function minimum   (l,  r :  integer_vector)
    return integer_vector;
function maximum   (l,  r   :  integer_vector)
    return integer_vector;
function minimum   (l   :  integer_vector)
    return integer;
function maximum   (l   :  integer_vector)
    return integer;

-- New type real_vector
type real_vector is array  (natural range <>)  of real;
function " = "  (l,  r    :  real_vector)
    return boolean;
function "/ = "  (l,  r    :  real_vector)
    return boolean;
function "<"  (l,  r    :  real_vector)
    return boolean;
function "< = "  (l,  r    :  real_vector)
    return boolean;
function ">"  (l,  r    :  real_vector)
    return boolean;
function "> = "  (l,  r    :  real_vector)
    return boolean;
function "&"  (l   :  real_vector;  r   :  real_vector)
    return real_vector;
function "&"  (l   :  real_vector;  r   :  real)
    return real_vector;
function "&"  (l   :  real;  r   :  real_vector)
    return real_vector;
function "&"  (l   :  real;  r   :  real)
    return real_vector;
function minimum   (l,  r   :  real_vector)
    return real_vector;
function maximum   (l,  r   :  real_vector)
    return real_vector;
function minimum   (l   :  real_vector)
    return real;
```

```
function maximum   (l  :  real_vector)
  return real;

-- New type time_vector
type time_vector is array  (natural range <>)  of time;
function "="  (l,  r   :  time_vector)
  return boolean;
function "/="  (l,  r   :  time_vector)
  return boolean;
function "<"  (l,  r   : time_vector)
  return boolean;
function "<="  (l,  r   :  time_vector)
  return boolean;
function ">"  (l,  r   :  time_vector)
  return boolean;
function ">="  (l,  r   :  time_vector)
  return boolean;
function "&"  (l   :  time_vector;  r :  time_vector)
  return time_vector;
function "&"  (l   :  time_vector;  r :  time)
  return time_vector;
function "&"  (l   :  time;  r   :  time_vector)
  return time_vector;
function "&"  (l   :  time;  r   :  time)
  return time_vector;
function minimum   (l,  r   :  time_vector)
  return time_vector;
function maximum   (l,  r   :  time_vector)
  return time_vector;
function minimum   (l   :  time_vector)
  return time;
function maximum   (l   :  time_vector)
  return time;
end;
```

A.3 程序包 Std_Logic_1164

程序包 std_logic_1164 定义了 9 值逻辑类型 std_ulogic 及其数组。如下是 VHDL-1993 版本,程序包 std_logic_1164_additions(见附录 A.4)对其进行了补充。

在 VHDL－2008 中，将 additions 并入程序包 std_logic_1164 中。

```
package std_logic_1164 is

  -- logic state system
  type std_ulogic is   ('U',  -- Uninitialised
                        'X',  -- Forcing Unknown
                        '0',  -- Forcing   0
                        '1',  -- Forcing   1
                        'Z',  -- High Impedance
                        'W',  -- Weak Unknown
                        'L',  -- Weak 0
                        'H',  -- Weak 1
                        '-',  -- Don't care
                        );
  function resolved   (s   :  std_ulogic_vector)   return std_ulogic;
  subtype std_logic is resolved std_ulogic;

  type std_ulogic_vector is array   (natural range <>)   of std_ulogic;
  type std_logic_vector is array   (natural range <>)   of std_logic;

  -- common subtypes

  subtype X01 is resolved std_ulogic range   'X'   TO   '1';
  subtype X01Z is resolved std_ulogic range   'X'   TO   'Z';
  subtype UX01 is resolved std_ulogic range   'U'   TO   '1';
  subtype UX01Z is resolved std_ulogic range   'U'   TO   'Z';

  -- overloaded logical operators

  function "and"    (l   :  std_ulogic;  r   :  std_ulogic)   return UX01;
  function "nand"   (l   :  std_ulogic;  r   :  std_ulogic)   return UX01;
  function "or"     (l   :  std_ulogic;  r   :  std_ulogic)   return UX01;
  function "nor"    (l   :  std_ulogic;  r   :  std_ulogic)   return UX01;
  function "xor"    (l   :  std_ulogic;  r   :  std_ulogic)   return UX01;
  function "xnor"   (l   :  std_ulogic;  r   :  std_ulogic)   return UX01;
  function "not"    (l   :  std_ulogic)   return UX01;

  -- vectorized overloaded logical operators

  function "and"    (l,  r   :  std_logic_vector)
    return std_logic_vector;
```

```
function "and"  (l, r  : std_ulogic_vector)
  return std_ulogic_vector;

function "nand"  (l, r  : std_logic_vector)
  return std_logic_vector;
function "nand"  (l, r : std_ulogic_vector)
  return std_ulogic_vector;

function "or"    (l, r  : std_logic vector)
  return std_logic_vector;
function "or"    (l, r : std_ulogic_vector)
  return std_ulogic_vector;

function "nor"  (l, r : std_logic_vector)
  return std_logic_vector;
function "nor"  (l, r : std_ulogic_vector)
  return std_ulogic_vector;

function "xor"  (l, r  : std_logic vector)
  return std_logic_vector;
function "xor"  (l, r  : std_ulogic_vector)
  return std_ulogic_vector;

function "xnor"  (l, r  : std_logic_vector)
  return std_logic_vector;
function "xnor"  (l, r : std_ulogic_vector)
  return std_ulogic_vector;

function "not"  (l  : std_logic vector)
  return std_logic_vector;
function "not"  (l  : std_ulogic_vector)
  return std_ulogic_vector;

 -- conversion functions

function To_bit  (s  : std_ulogic;  xmap  : bit  := '0')
  return bit;

function To_bitvector  (s  : std_logic_vector;  xmap  : bit  :=  '0')
  return bit_vector;

function To_bitvector  (s  : std_ulogic_vector;  xmap  : bit  :=  '0')
```

```
    return bit_vector;

  function To_StdULogic     (b : bit)
    return std_ulogic;
  function To_StdLogicVector    (b : bit_vector)
    return std_logic_vector;
  function To_StdLogicVector    (s   :   std_ulogic_vector)
    return std_logic_vector;
  function To_StdULogicVector    (b    : bit_vector)
    return std_ulogic_vector;
  function To_StdULogicVector    (s    :   std_logic_vector)
    return std_ulogic_vector;

  -- strength strippers and type convertors

  function To_X01     (s  :  std_logic_vector)
    return    std_logic_vector;
  function To_X01     (s    :  std_ulogic_vector)
    return    std_ulogic_vector;
  function To_X01     (s    :   std_ulogic)
    return   X01;
  function To_X01     (b : bit_vector)
    return   std_logic_vector;
  function To_X01     (b : bit_vector)
    return    std_ulogic_vector;
  function To_X01     (b    : bit)
    return   X01;

  function To_X01Z   (s    :  std_logic_vector)
    return    std_logic_vector;
  function To_X01Z   (s    :  std_ulogic_vector)
    return    std_ulogic_vector;
  function To_X01Z   (s    :  std_ulogic)
    return    X01Z;
  function To_X01Z   (b : bit_vector)
    return    std_logic_vector;
  function To_X01Z   (b : bit_vector)
    return    std_ulogic_vector;
  function To_X01Z   (b : bit)
    return   X01Z;

  function To_UX01     (s   :  std_logic_vector)
```

```
    return    std_logic_vector;
  function To_UX01    (s   :  std_ulogic_vector)
    return    std_ulogic vector;
  function To_UX01    (s   :  std_ulogic)
    return   UX01;
  function To_UX01    (b : bit_vector)
    return    std_logic_vector;
  function To_UX01    (b : bit_vector)
    return    std_ulogic_vector;
  function To_UX01    (b : bit)
    return   UX01;

  -- edge detection

  function rising_edge    (signal s   :  std_ulogic)   return boolean;
  function falling_edge   (signal s   :  std_ulogic)   return boolean;

  -- object contains an unknown

  function Is_X   (s   :  std_ulogic_vector)   return   boolean;
  function Is_X   (s   :  std_logic_vector)   return   boolean;
  function Is_X   (s   :  std_ulogic)   return   boolean;
end;
```

A.4 程序包 Std_Logic_1164_Additions

程序包 std_logic_1164_additions 是对 VHDL-1993 版程序包 std_logic_1164(见附录 A.3)的补充 。在 VHDL-2008 中,additions 被并入程序包 std_logic_1164 中,所以这个程序包是空的。

```
package std_logic_1164_additions is

  -- std_match operators
  -- implemented as extended-named functions in VHDL-1993
  -- implemented as operators in VHDL-2008
  function \? =\  (l,  r :  std_ulogic)   return std_ulogic;
  function \? =\ (l,   r   :  std_logic_vector)   return std_ulogic;
  function \? =\  (l,   r   :  std_ulogic_vector)   return std_ulogic;
  function \? /=\  (l,   r   :  std_ulogic)   return std_ulogic;
  function \? /=\  (l,   r   :  std_logic_vector)   return std_ulogic;
```

```
function \?/=\ (l, r : std_ulogic_vector) return std_ulogic;
function \?>\ (l, r : std_ulogic) return std_ulogic;
function \?>=\ (l, r : std_ulogic) return std_ulogic;
function \?<\ (l, r : std_ulogic) return std_ulogic;
function \?<=\ (l, r : std_ulogic) return std_ulogic;
function \??\ (s : std_ulogic) return boolean;

-- minimum/maximum functions
function maximum (l, r : std_ulogic_vector)
  return std_ulogic_vector;
function maximum (l, r : std_logic_vector)
  return std_logic_vector;
function maximum (l, r : std_ulogic)
  return std_ulogic;
function minimum (l, r : std_ulogic_vector)
  return std_ulogic_vector;
function minimum (l, r : std_logic_vector)
  return std_logic_vector;
function minimum (l, r : std_ulogic)
  return std_ulogic;

-- selecting boolean operators
function "and" (l : std_logic_vector; r : std_ulogic)
  return std_logic_vector;
function "and" (l : std_ulogic_vector; r : std_ulogic)
  return std_ulogic_vector;
function "and" (l : std_ulogic; r : std_logic_vector)
  return std_logic_vector;
function "and" (l : std_ulogic; r : std_ulogic_vector)
  return std_ulogic_vector;
function "nand" (l : std_logic_vector; r : std_ulogic)
  return std_logic_vector;
function "nand" (l : std_ulogic_vector; r : std_ulogic)
  return std_ulogic_vector;
function "nand" (l : std_ulogic; r : std_logic_vector)
  return std_logic_vector;
function "nand" (l : std_ulogic; r : std_ulogic_vector)
  return std_ulogic_vector;
function "or" (l : std_logic_vector; r : std_ulogic)
  return std_logic_vector;
function "or" (l : std_ulogic_vector; r : std_ulogic)
  return std_ulogic_vector;
```

```
function "or"  (l : std_ulogic; r : std_logic_vector)
  return std_logic_vector;
function "or"  (l  :  std_ulogic;  r  :  std_ulogic_vector)
  return std_ulogic_vector;
function "nor"  (l   :  std_logic_vector;  r   :  std_ulogic)
  return std_loglc_vector;
function "nor"  (l   :  std_ulogic_vector;  r   :  std_ulogic)
  return std_ulogic_vector;
function "nor"  (l   :  std_ulogic;  r   :  std_logic_vector)
  return std_logic_vector;
function "nor" (l   :  std_ulogic;  r   :  std_ulogic_vector)
  return std_ulogic_vector;
function "xor"  (l   :  std_logic_vector;  r :  std_ulogic)
  return std_logic_vector;
function "xor"  (l   :  std_ulogic_vector;  r :  std_ulogic)
  return std_ulogic_vector;
function "xor"  (l   :  std_ulogic;  r   :  std_logic_vector)
  return std_logic_vector;
function "xor"  (l   :  std_ulogic;  r :  std_ulogic_vector)
  return std_ulogic_vector;
function "xnor"  (l   :  std_logic_vector;  r   :  std_ulogic)
  return std_logic_vector;
function "xnor"  (l  :  std_ulogic_vector;  r :  std_ulogic)
  return std_ulogic_vector;
function "xnor"  (l   :  std_ulogic;  r   :  std_logic_vector)
  return std_logic_vector;
function "xnor"  (l   :  std_ulogic;  r   :  std_ulogic_vector)
  return std_ulogic_vector;

-- reducing boolean operators
-- implemented as functions in VHDL - 1993
-- implemented as boolean operators in VHDL - 2008
function and_reduce  (l   :  std_logic_vector)
  return std_ulogic;
function and_reduce  (l   :  std_ulogic_vector)
  return std_ulogic;
function nand_reduce  (l   :  std_logic_vector)
  return std_ulogic;
function nand_reduce  (l   :  std_ulogic_vector)
  return std_ulogic;
function or_reduce  (l   :  std_logic_vector)
  return std_ulogic;
```

```
function or_reduce   (l   :  std_ulogic_vector)
  return std_ulogic;
function nor_reduce   (l   :  std_logic_vector)
  return std_ulogic;
function nor_reduce   (l   :  std_ulogic_vector)
  return std_ulogic;
function xor_reduce   (l   :  std_logic_vector)
  return std_ulogic;
function xor_reduce   (l   :  std_ulogic_vector)
  return std_ulogic;
function xnor_reduce   (l   :  std_logic_vector)
  return std_ulogic;
function xnor_reduce   (l   :  std_ulogic_vector)
  return std_ulogic;

-- shift operators
function "sll"  (l   :  std_logic_vector;  r   :  integer)
  return std_logic_vector;
function "sll"  (l   :  std_ulogic_vector;  r   :  integer)
  return std_ulogic_vector;
function "srl"  (l   :  std_logic_vector;  r   :  integer)
  return std_logic_vector;
function "srl"  (t   :  std_ulogic_vector;  r   :  integer)
  return std_ulogic_vector;
function "rol"  (l   :  std_logic_vector;  r   :  integer)
  return std_logic_vector;
function "rol"  (l   :  std_ulogic_vector;  r   :  integer)
  return std_ulogic_vector;
function "ror"  (l   :  std_logic_vector;  r   :  integer)
  return std_logic_vector;
function "ror"  (l   :  std_ulogic_vector;  r   :  integer)
  return std_ulogic_vector;

-- type conversions
alias to_bv is
  ieee.std_logic_1164.to_bitvector
  [ std_logic_vector,  bit return bit_vector] ;
alias to_bv is
  ieee.std_logic_1164.to_bitvector
  [ std_ulogic_vector,  bit return bit_vector] ;
alias to_bit_vector is
  ieee.std_logic_1164.to_bitvector
```

```
  [ std_logic_vector,  bit return bit_vector] ;
alias to_bit_vector is
  ieee.std_logic_1164.to_bitvector
  [ std_ulogic_vector,  bit return bit_vector] ;
alias to_slv is
  ieee.std_logic_1164.to_stdlogicvector
  [ bit_vector return std_logic_vector] ;
alias to_slv is
  ieee.std_logic_1164.to_stdlogicvector
  [ std_ulogic_vector return std_logic_vector] ;
alias to_std_logic_vector is
  ieee.std_logic_1164.to_stdlogicvector
  [bit_vector return std_logic_vector] ;
alias to_std_logic_vector is
  ieee std_logic_1164.to_stdlogicvector
  [ std_ulogic_vector return std_logic_vector] ;
alias to_suv is
  ieee.std_logic_1164.to_stdulogicvector
  [bit_vector return std_ulogic_vector] ;
alias to_suv is
  ieee.std_logic_1164.to_stdulogicvector
  [ std_logic_vector return std_ulogic_vector] ;
alias to_std_ulogic_vector is
  ieee.std_logic_1164.to_stdulogicvector
  [ bit_vector return std_ulogic_vector] ;
alias to_std_ulogic_vector is
  ieee.std_logic_1164.to_stdulogicvector
  [ std_logic_vector return std_ulogic_vector] ;

-- String formatting functions
function to_string  (value  :  std_ulogic)
  return string;
function to_string  (value  :  std_ulogic_vector)
  return string;
function to_string  (value  :  std_logic_vector)
  return string;
alias to_bstring is
  to_string [ std_ulogic_vector return string] ;
alias to_bstring is
  to_string [ std_logic_vector return string] ;
alias to_binary_string is
  to_string [ std_ulogic_vector return string] ;
```

```
alias to_binary_string is
  to_string [ std_logic_vector return string] ;
function to_ostring   (value   :  std_ulogic_vector)
  return string;
function to_ostring   (value   :  std_logic_vector)
  return string;
alias to_octal_string is
  to_ostring [ std_ulogic_vector return string] ;
alias to_octal_string is
  to_ostring [ std_logic_vector return string] ;
function to_hstring   (value   :  std_ulogic_vector)
  return string;
function to_hstring   (value   :  std_logic_vector)
  return string;
alias to_hex_string is
  to_hstring [ std_ulogic_vector return string] ;
alias to_hex_string is
  to_hstring [ std_logic_vector return string] ;

-- Text I/O procedures
procedure read  (l   :  inout line;
                 value   :  out std_ulogic;
                 good : out boolean);
procedure read  (l   :  inout line;
                 value   :  out std_ulogic);
procedure read  (l   :  inout line;
                 value   :  out std_ulogic_vector;
                 good :  out boolean);
procedure read  (l   :  inout line;
                 value   :  out std_ulogic_vector);
procedure read  (l   :  inout line;
                 value   :  out std_logic_vector;
                 good :  out boolean);
procedure read  (l   :  inout line;
                 value   :  out std_logic_vector);
alias bread is
  read [line,  std_ulogic_vector,  boolean] ;
alias bread is
  read [ line,  std_ulogic_vector] ;
alias bread is
  read [ line,  std_logic_vector,  boolean] ;
alias bread is
```

```
  read [ line,  std_logic_vector] ;
alias binary_read is
  read [ line,  std_ulogic_vector,  boolean] ;
alias binary_read is
  read [ line,  std_ulogic_vector] ;
alias binary_read is
  read [ line,  std_logic_vector,  boolean] ;
alias binary_read is
  read [ line,  std_logic_vector] ;

procedure oread  (l    :  inout line;
                  value   :  out std_ulogic_vector;
                  good :  out boolean);
procedure oread  (l    :  inout line;
                  value   :  out std_ulogic_vector);
procedure oread  (l    :  inout line;
                  value   : out std_logic_vector;
                  good : out boolean);
procedure oread  (l    :  inout line;
                  value   :  out std_logic_vector);
alias octal_read is
  oread [ line,  std_ulogic_vector,  boolean] ;
alias octal_read is
  oread [ line,  std_ulogic_vector] ;
alias octal_read is
  oread [line,  std_logic_vector,  boolean];
alias octal_read is
oread [line,  std_logic_vector] ;

procedure hread  (l    :  inout line;
                  value   :  out std_ulogic_vector;
                  good :  out boolean);
procedure hread  (l    :  inout line;
                  value   :  out std_ulogic_vector);
procedure hread  (l    :  inout line;
                  value   :  out std_logic_vector;
                  good :  out boolean);
procedure hread  (l    :  inout line;
                  value   :  out std_logic_vector);
alias hex_read is
  hread [line,  std_ulogic_vector,  boolean] ;
alias hex_read is
```

```
  hread [line, std_ulogic_vector] ;
alias hex_read is
  hread [line, std_logic_vector, boolean] ;
alias hex_read is
  hread [line, std_logic_vector] ;
procedure write  (l  :  inout line;
                  value  :  in std_ulogic;
                  justified : in     side := right;
                  field : in width := 0);
procedure write  (l  :  inout line;
                  value  :  in std_ulogic_vector;
                  justified : in     side := right;
                  field :  in width   := 0);
procedure write  (l  :  inout line;
                  value  :  in std_logic_vector;
                  justified : in  side := right;
                  field :  in width := 0);
alias bwrite is,
  write [ line, std_ulogic_vector, side, width] ;
alias bwrite is
  write [ line, std_logic_vector, side, width] ;
alias binary_write is
  write [ line, std_ulogic_vector, side, width] ;
alias binary_write is
  write [ line, std_logic_vector, side, width] ;
procedure owrite  (l  :  inout line;
                   value  :  in std_ulogic_vector;
                   justified : in     side := right;
                   field : in width := 0);
procedure owrite  (l  :  inout line;
                   value :  in std_logic_vector;
                   justified :  in    side   := right;
                   field : in width := 0);
alias octal_write is
  owrite [ line, std_ulogic_vector, side, width] ;
alias octal_write is
  owrite [line, std_logic_vector, side, width] ;
procedure hwrite  (l  :  inout line;
                   value  :  in std_ulogic_vector;
                   justified :  in     side := right;
                   field :  in width := 0);
procedure hwrite  (l  :  inout line;
```

```
                value   :  in std_logic_vector;
                justified :  in      side := right;
                field : in width := 0);
alias hex_write is
   hwrite [line,  std_ulogic_vector,  side,  width] ;
alias hex_write is
   hwrite [line,  std_logic_vector,  side, width] ;
end;
```

A.5 程序包 Numeric_Std

程序包 numeric_std 提供了可综合的任意精度整数算术类型 signed 和 unsigned。如下是 VHDL - 1993 版本,程序包 numeric_std_additions(见附录 A.6)对其进行了补充。在 VHDL - 2008 中,additions 被并入程序包 numeric_std。

```
package numeric_std is
      ------------------------------------------------------------------
      -- numeric array type definitions
      ------------------------------------------------------------------
      type unsigned is array   (natural range <>)   of std_logic;
      type signed    is array   (natural range <>)   of std_logic;
      ------------------------------------------------------------------
      -- arithmetic operators:
      ------------------------------------------------------------------
      function "abs" (l:  signed)  return signed;
      function "-" (l:  signed)  return signed;
      ------------------------------------------------------------------
      function "+" (l,  r: unsigned)  return unsigned;
      function "+" (l,  r:  signed)  return signed;
      function "+" (l: unsigned;  r: natural)  return unsigned;
      function "+" (l:  natural;  r: unsigned)  return unsigned;
      function "+" (l:  integer;  r:  signed)  return signed;
      function "+" (l:  signed;  r:  integer)  return signed;
      ------------------------------------------------------------------
      function "-" (l,  r: unsigned)  return unsigned;
      function "-" (l,  r:  signed)  return signed;
      function "-" (l: unsigned;r: natural)  return unsigned;
      function "-" (l:  natural;  r:  unsigned)  return unsigned;
      function "-" (l:  signed;  r:  integer)  return signed;
      function "-" (l:  integer;  r:  signed)  return signed;
```

```
------------------------------------------------------------
function " * " (l,  r: unsigned)  return unsigned;
function " * " (l,  r:  signed)  return signed;
function " * " (l: unsigned;  r: natural)  return unsigned;
function " * " (l:  natural;  r: unsigned)  return unsigned;
function " * " (l:  signed;  r:  integer)  return signed;
function " * " (l:  integer;  r:  signed)  return signed;
------------------------------------------------------------
function "/" (l,  r: unsigned)  return unsigned;
function "/" (l,  r:  signed)  return signed;
function "/" (l: unsigned;  r: natural)  return unsigned;
function "/" (l: natural;  r: unsigned)  return unsigned;
function "/" (l:  signed;  r:  integer)  return signed;
function "/" (l:  integer;  r:  signed)  return signed;
------------------------------------------------------------
function "rem" (l,  r: unsigned)  return unsigned;
function "rem" (l,  r:  signed)  return signed;
function "rem" (l: unsigned;  r: natural)  return unsigned;
function "rem" (l: natural;  r:. unsigned)  return unsigned;
function "rem" (l:  signed;  r:  integer)  return signed;
function "rem" (l:  integer;  r:  signed)  return signed;
------------------------------------------------------------
function "mod" (l.  r: unsigned) return unsigned;
function "mod" (l,  r:  signed)  return signed;
function "mod" (l: unsigned;  r: natural)  return unsigned;
function "mod" (l: natural;  r:  unsigned)  return unsigned;
function "mod" (l:  signed;  r:  integer)  return signed;
function "mod" (l:  integer;  r:  signed)  return signed;
------------------------------------------------------------
-- comparison operators
------------------------------------------------------------
function ">" (l,  r: unsigned)  return boolean;
function ">" (l,  r:  signed)  return boolean;
function ">" (l: natural;  r:  unsigned)  return boolean;
function ">" (l:  integer;  r:  signed)  return boolean;
function ">" (l:  unsigned;  r:  natural)  return boolean;
function ">" (l:  signed;  r:  integer)  return boolean;
------------------------------------------------------------
function "<" (l,  r:  unsigned)  return boolean;
function "<" (l,  r:  signed)  return boolean;
function "<" (l: natural;  r: unsigned)  return boolean;
function "<" (l:  integer;  r:  signed)  return boolean;
```

```
function "<" (l: unsigned;   r:  natural)  return boolean;
function "<" (l:  signed;  r:  integer)  return boolean;
-----------------------------------------------------------------
function "<=" (l,  r: unsigned)  return boolean;
function "<=" (l,  r:  signed)  return boolean;
function "<=" (l:  natural;  r:  unsigned)  return boolean;
function "<=" (l:  integer;  r:  signed)  return boolean;
function "<=" (l:  unsigned;  r: natural)  return boolean;
function "<=" (l:  signed;  r:  integer)  return boolean;
-----------------------------------------------------------------
function ">=" (l,  r: unsigned)  return boolean;
function ">=" (l,  r:  signed)  return boolean;
function ">=" (l:  natural;  r: unsigned)  return boolean;
function ">=" (l: integer;  r:  signed)  return boolean;
function ">=" (l:  unsigned;  r: natural)  return boolean;
function ">=" (l:  signed;  r:  integer)  return boolean;
-----------------------------------------------------------------
function "=" (l,  r: unsigned)  return boolean;
function "=" (l,  r:  signed)  return boolean;
function "=" (l:  natural;  r: unsigned)  return boolean;
function "=" (l:  integer;  r:  signed)  return boolean;
function "=" (l: unsigned;  r:  natural)  return boolean;
function "=" (l:  signed;  r:  integer)  return boolean;
-----------------------------------------------------------------
function "/=" (l,  r: unsigned)  return boolean;
function "/=" (l,  r:  signed)  return boolean;
function "/=" (l: natural;  r: unsigned)  return boolean;
function "/=" (l:  integer;  r:  signed)  return boolean;
function "/=" (l: unsigned;  r:  natural)  return boolean;
function "/=" (l:  signed;  r:  integer)  return boolean;
-----------------------------------------------------------------
-- shift and rotate functions
-----------------------------------------------------------------
function shift_left(l: unsigned;  n: natural)  return unsigned;
function shift_right(l: unsigned;  n:  natural)  return unsigned;
function shift_left(l:  signed;  n:  natural)  return signed;
function shift_right(l:  signed;  n: natural)  return signed;
function rotate_left(l: unsigned;  n:  natural)  return unsigned;
function rotate_right(l: unsigned;  n:  natural)  return unsigned;
function rotate_left(l:  signed;  n:  natural)  return signed;
function rotate_right(l:  signed;  n:  natural)  return signed;
function "sll"(l: unsigned;  n:  integer)  return unsigned;
```

```
function "sll"(l: signed;  n:  integer)  return signed;
function "srl"(l: unsigned;  n:  integer)  return unsigned;
function "srl"(l: signed;  n:  integer)  return signed;
function "rol"(l: unsigned;  n:  integer)  return unsigned;
function "rol"(l: signed; n:  integer)  return signed;
function "ror"(l: unsigned;  n:  integer)  return unsigned;
function "ror"(l: signed;  n:  integer)  return signed;
------------------------------------------------------
-- resize functions
------------------------------------------------------
function resize(l:  signed;  s: natural)  return signed;
function resize(l: unsigned;  s: natural)  return unsigned;
------------------------------------------------------
-- conversion functions
------------------------------------------------------
function to_integer(l: unsigned)  return natural;
function to_integer(l:  signed)  return integer;
function to_unsigned(l: natural;  s: natural)  return unsigned;
function to_signed(l:  integer;  s: natural)  return signed;
------------------------------------------------------
-- logical operators
------------------------------------------------------
function "not"(l: unsigned)  return unsigned;
function "and"(l,  r: unsigned)  return unsigned;
function "or"(l,  r: unsigned)  return unsigned;
function "nand"(l,  r:  unsigned)  return unsigned;
function "nor"(l,  r: unsigned)  return unsigned;
function "xor"(l,  r: unsigned)  return unsigned;
function "xnor"(l,  r:  unsigned)  return unsigned;
function "not"(l:  signed)  return signed;
function "and"(l,  r:  signed)  return signed;
function "or"(l,  r:  signed)  return signed;
function "nand"(l,  r:  signed)  return signed;
function "nor"(l,  r:  signed)  return signed;
function "xor"(l,  r:  signed)  return signed;
function "xnor"(l,  r:  signed)  return signed;
------------------------------------------------------
-- match functions
------------------------------------------------------
function std_match(l,  r:  std_ulogic)  return boolean;
function std_match(l,  r: unsigned)  return boolean;
function std_match(l,  r:  signed)  return boolean;
```

```
    function std_match(l,  r:  std_logic_vector)  return boolean;
    function std_match(l,  r:  std_ulogic_vector)  return boolean;
    ----------------------------------------------------------------
    -- translation functions
    ----------------------------------------------------------------
    function to_01(s:  unsigned;  xmap:  std_logic  :=  '0')
      return unsigned;
    function to_01(s:  signed;  xmap:  std_logic  :=  '0')
      return signed;
end;
```

A.6 程序包 Numeric_Std_Additions

程序包 numeric_std_additions 是对 VHDL - 1993 版程序包 numeric_std(见附录 A.5)的补充 。在 VHDL - 2008 中,additions 被并入程序包 numeric_std 中,所以这个程序包是空的。

```
library ieee;
use ieee.std_logic_1164.all;
use ieee.numeric_std.all;
use std_textio.all;

package numeric_std_additions is

  -- unresolved variant of signed/unsigned
  -- these are only unresolved in VHDL - 2008
  -- in VHDL - 1993 they are subtypes of the resolved type
  subtype unresolved_unsigned is unsigned;
  subtype unresolved_signed is signed;
  subtype u_unsigned is unsigned;
  subtype u_signed is signed;

  -- add and subtract with a one - bit value
  function "+" (l   : unsigned;  r  :  std_ulogic)
    return unsigned;
  function "+" (l   :  std_ulogic;  r   : unsigned)
    return unsigned;
  function "+" (l   :  signed;  r  :  std_ulogic)
    return signed;
  function "+" (l   :  std_ulogic;  r   :  signed)
```

```
    return signed;
  function "-" (l   : unsigned;  r   :  std_ulogic)
    return unsigned;
  function "-" (l   :  std_ulogic;  r   : unsigned)
    return unsigned;
  function "-" (l   :  signed;  r   :  std_ulogic)
    return signed;
  function "-" (l   :  std_ulogic;  r   :  signed)
    return signed;

  -- std_match operators
  -- implemented as extended-named functions in VHDL-1993
  -- implemented as operators in VHDL-2008
  function \?=\  (l,  r : unsigned)
    return std_ulogic;
  function \?/=\ (l,  r : unsigned)
    return std_ulogic;
  function \?>\  (l,  r : unsigned)
    return std_ulogic;
  function \?>=\ (l,  r : unsigned)
    return std_ulogic;
  function \?<\  (l,  r : unsigned)
    return std_ulogic;
  function \?<=\  (l,  r : unsigned)
    return std_ulogic;
  function \?=\  (l   : unsigned;  r   :  natural)
    return std_ulogic;
  function \?/=\  (l   :  unsigned;  r   :  natural)
    return std_ulogic;
  function \?>\  (l   : unsigned;  r   :  natural)
    return std_ulogic;
  function \?>=\  (l   : unsigned;  r   :  natural)
    return std_ulogic;
  function \?<\  (l   : unsigned;  r :  natural)
    return std_ulogic;
  function \?<=\  (l   :  unsigned;  r   :  natural)
    return std_ulogic;
  function \?=\  (l   :  natural;  r : unsigned)
    return std_ulogic;
  function \?/=\  (l   :  natural;  r   :  unsigned)
    return std_ulogic;
  function \?>\  (l   : natural;  r : unsigned)
```

```
  return std_ulogic;
function \? >=\  (l  : natural; r : unsigned)
  return std_ulogic;
function \? <\  (l  : natural; r : unsigned)
  return std_ulogic;
function \? <=\  (l  : natural; r : unsigned)
  return std_ulogic;

function \? =\  (l, r : signed)
  return std_ulogic;
function \? /=\  (l, r : signed)
  return std_ulogic;
function \? >\  (l, r : signed)
  return std_ulogic;
function \? >=\  (l, r : signed)
  return std_ulogic;
function \? <\  (l, r : signed)
  return std_ulogic;
function \? <=\  (l, r : signed)
  return std_ulogic;
function \? =\  (l  : signed; r  : integer)
  return std_ulogic;
function \? /=\  (l  : signed; r : integer)
  return std_ulogic;
function \? >\  (l  : signed; r  : integer)
  return std_ulogic;
function \? >=\  (l : signed; r  : integer)
  return std_ulogic;
function \? <\  (l  : signed; r  : integer)
  return std_ulogic;
function \? <=\  (l  : signed; r  : integer)
  return std_ulogic;
function \? =\  (l  : integer; r  : signed)
  return std_ulogic;
function \? /=\  (l  : integer; r  : signed)
  return std_ulogic;
function \? >\  (l  : integer; r  : signed)
  return std_ulogic;
function \? >=\  (l  : integer; r  : signed)
  return std_ulogic;
function \? <\  (l  : integer; r  : signed)
  return std_ulogic;
```

```
function \?<=\ (l : integer; r : signed)
  return std_ulogic;

-- selecting boolean operators
function "and" (l : std_ulogic; r : unsigned)
  return unsigned;
function "and" (l : unsigned; r : std_ulogic)
  return unsigned;
function "or" (l : std_ulogic; r : unsigned)
  return unsigned;
function "or" (l : unsigned; r : std_ulogic)
  return unsigned;
function "nand" (l : std_ulogic; r : unsigned)
  return unsigned;
function "nand" (l : unsigned; r : std_ulogic)
  return unsigned;
function "nor" (l : std_ulogic; r : unsigned)
  return unsigned;
function "nor" (l : unsigned; r : std_ulogic)
  return unsigned
function "xor" (l : std_ulogic; r : unsigned)
  return unsigned
function "xor" (l : unsigned; r : std_ulogic)
  return unsigned
function "xnor" (l : std_ulogic; r : unsigned)
  return unsigned;
function "xnor" (l : unsigned; r : std_ulogic)
  return unsigned;
function "and" (l : std_ulogic; r : signed)
  return signed;
function "and" (l : signed; r : std_ulogic)
  return signed;
function "or" (l : std_ulogic; r : signed)
  return signed;
function "or" (l : signed; r : std_ulogic)
  return signed;
function "nand" (l : std_ulogic; r : signed)
  return signed;
function "nand" (l : signed; r : std_ulogic)
  return signed;
function "nor" (l : std_ulogic; r : signed)
  return signed;
```

```
function "nor"  (l   :  signed;  r :  std_ulogic)
  return signed;
function "xor"  (l   :  std_ulogic;  r   :  signed)
  return signed;
function "xor"  (l   :  signed;  r :  std_ulogic)
  return signed;
function "xnor"  (l   :  std_ulogic;  r   :  signed)
  return signed;
function "xnor"  (l   :  signed;  r :  std_ulogic)
  return signed;

-- reducing boolean operators
-- implemented as reduction functions in VHDL - 1993
-- proper operators in VHDL - 2008
function and_reduce(l   :  signed)
  return std_ulogic;
function nand_reduce(l   :  signed)
  return std_ulogic;
function or_reduce(l   :  signed)
  return std_ulogic;
function nor_reduce(l   :  signed)
  return std_ulogic;
function xor_reduce(l   :  signed)
  return std_ulogic;
function xnor_reduce(l   :  signed)
  return std_ulogic;
function and_reduce(l   : unsigned)
  return std_ulogic;
function nand_reduce(l   : unsigned)
  return std_ulogic
function or_reduce(l   : unsigned)
  return std_ulogic
function nor_reduce (l   : unsigned)
  return std_ulogic
function xor_reduce (l   : unsigned)
  return std_ulogic
function xnor_reduce(l   : unsigned)
  return std_ulogic

-- arithmetic shift operators
function "sla"  (arg :  signed;  count   :  integer)
  return signed;
```

```
function "sla"  (arg : unsigned;  count  :  integer)
  return unsigned;
function "sra"  (arg  :  signed;  count  :  integer)
  return signed;
function "sra"  (arg  : unsigned;  count  :  integer)
  return unsigned;

-- maximum - minimum functions
function maximum  (l,  r  :  unsigned)
  return unsigned;
function maximum  (l,  r :  signed)
  return signed;
function minimum  (l,  r : unsigned)
  return unsigned;
function minimum  (l,  r :  signed)
  return signed;
function maximum  (l  : unsigned;  r  :  natural)
  return unsigned;
function maximum  (l  :  signed;  r :  integer)
  return signed;
function minimum  (l  : unsigned;  r  :  natural)
  return unsigned;
function minimum  (l  :  signed;  r  :  integer)
  return signed;
function maximum  (l  : natural;  r  : unsigned)
  return unsigned;
function maximum  (l  :  integer;  r  :  signed)
  return signed;
function minimum  (l  : natural;  r  : unsigned)
  return unsigned;
function minimum  (l  :  integer;  r  :  signed)
  return signed;

function find_rightmost  (arg  : unsigned;  y :  std_ulogic)
  return integer;
function find_rightmost  (arg :  signed;  y :  std_ulogic)
  return integer;
function find_leftmost  (arg : unsigned;  y :  std_ulogic)
  return integer;
function find_leftmost  (arg :  signed;  y :  std_ulogic)
  return integer;
```

```
-- type conversions
function to_unresolved_unsigned  (arg,  size  :  natural)
  return unresolved_unsigned;
alias to_u_unsigned is
  to_unresolved_unsigned
  [natural,  natural return unresolved_unsigned];
function to_unresolved_signed  (arg :  integer;  size  :  natural)
  return unresolved_signed;
alias to_u_signed is
  to_unresolved_signed
  [natural,  natural return unresolved_signed];

-- strength changers - not synthesisable
function to_x01  (s  : unsigned)
  return unsigned;
function to_x01  (s  :  signed)
  return signed;
function to_x01z  (s  : unsigned)
  return unsigned;
function to_x01z  (s  :  signed)
  return signed;
function to_ux01  (s  : unsigned)
  return unsigned;
function to_ux01  (s  :  signed)
  return signed;
function is_x  (s  : unsigned)
  return boolean;
function is_x  (s  :  signed)
  return boolean;

-- printable string values
function to_string  (value  : unsigned)
  return string;
function to_string  (value  :  signed)
  return string;
alias to_bstring is
  to_string [unsigned return string] ;
alias to_bstring is
  to_string [signed return string];
alias to_binary_string is
  to_string [unsigned return string];
alias to_binary_string is
```

```
  to_string [signed return string];
function to_ostring   (value   : unsigned)
  return string;
function to_ostring   (value    :  signed)
  return string;
alias to_octal_string is
  to_ostring [ unsigned return string] ;
alias to_octal_string is
  to_ostring [ signed return string] ;
function to_hstring   (value    :  unsigned)
  return string;
function to_hstring   (value    :  signed)
  return string;
alias to_hex_string is
  to_hstring [unsigned return string] ;
alias to_hex_string is
  to_hstring [ signed return string] ;

 -- Text I/O extensions
procedure read(l    :  inout line;
               value   : out unsigned;
               good : out boolean);
procedure read(l    :  inout line;
               value   : out unsigned);
procedure read(l    :  inout line;
               value   : out signed;
               good : out boolean);
procedure read(l    :  inout line;
               value   :  out signed);
alias binary_read is
  read [line,  unsigned,  boolean];
alias binary_read is
  read [line,  signed,  boolean];
alias binary_read is
  read [line,  unsigned];
alias binary_read is
  read [line,  signed];

procedure oread   (l   :  inout line;
                   value   :  out unsigned;
                   good :  out boolean);
procedure oread   (l   :  inout line;
```

```
                    value     :  out signed;
                    good :  out boolean);
procedure oread   (l    :  inout line;
                    value     :  out unsigned);
procedure oread   (l    :  inout line;
                    value     :  out signed);
alias octal_read is
  oread [line,  unsigned,  boolean];
alias octal_read is
  oread [line,  signed,  boolean];
alias octal_read is
  oread [line,  unsigned];
alias octal_read is
  oread [line,  signed];

procedure hread   (l    :  inout line;
                    value     :  out unsigned;
                    good :  out boolean);
procedure hread   (l    :  inout line;
                    value     :  out signed;
                    good :  out boolean);
procedure hread   (l    :  inout line;
                    value     : out unsigned);
procedure hread   (l    :  inout line;
                    value     :  out signed);
alias hex_read is
  hread [line,  unsigned, boolean] ;
alias hex_read is
  hread [ line,  signed,  boolean] ;
alias hex_read is
  hread [line, unsigned] ;
alias hex_read is
  hread [line,  signed] ;

procedure write   (l    :  inout line;
                    value     :  in unsigned;
                    justified :  in side    := right;
                    field : in width := 0);
procedure write   (l    :  inout line;
                    value     :  in signed;
                    justified :  in side    := right;
                    field :  in width := 0);
```

```
    alias binary_write is
      write [line,  unsigned,  side,  width];
    alias binary_write is
      write [ line,  signed,  side, width] ;

    procedure owrite  (l   :  inout line;
                       value   :  in unsigned;
                       justified :  in side := right;
                       field :  in width := 0);
    procedure owrite  (l   :  inout line;
                       value   :  in signed;
                       justified : in side := right;
                       field : in width := 0);
    alias octal_write is
      owrite [ line, unsigned,  side, width] ;
    alias octal_write is
      owrite [ line,  signed,  side, width] ;

    procedure hwrite  (l   :  inout line;
                       value   :  in unsigned;
                       justified :  in side := right;
                       field : in width := 0);
    procedure hwrite  (l   :  inout line;
                       value   :  in signed;
                       justified : in side := right;
                       field : in width := 0);
    alias hex_write is
      hwrite [ line, unsigned,  side, width] ;
    alias hex_write is
      hwrite [ line,  signed,  side,  width] ;

  end;
```

A.7 程序包 Fixed_Float_Types

程序包 fixed_float_types 用于定义枚举类型，枚举类型用作 fixed_generic_pkg 和 float_generic_pkg 的类属参数。为了一致，在这里仍然为这些程序包的 VHDL-1993 兼容版本定义枚举类型，即使它们没有类属参数。

```
  package fixed_float_types is
```

```
  -- used in fixed_pkg
  type fixed_round_style_type is
    (fixed_round,  fixed_truncate);
  type fixed_overflow_style_type is
    (fixed_saturate,  fixed_wrap);

  -- used in float_pkg
  type round_type is
    (round_nearest,  round_inf,  round_neginf,  round_zero);
end;
```

A.8 程序包 Fixed_Pkg

这里列出的程序包 fixed_pkg 是 fixed_generic_pkg 的 VHDL - 2008 实例化的 VHDL - 1993 兼容版本，使用默认类属参数进行实例化。因此，它可用于 VHDL - 1993 系统和 VHDL - 2008 系统，不需要改变。

```
package fixed_pkg is

    -- generics converted into constants for VHDL - 1993
    constant fixed_round_style    :  fixed_round_style_type    := 
      fixed_round;
    constant fixed_overflow_style   :  fixed_overflow_style_type   := 
      fixed_saturate;
    constant fixed_guard_bits   :  natural   := 3;
    constant no_warning : boolean   := false;

    type unresolved_ufixed is array   (integer range <>)   of std_ulogic;
    type unresolved_sfixed is array   (integer range <>)   of std_ulogic;

    subtype u_ufixed is unresolved_ufixed;
    subtype u_sfixed is unresolved_sfixed;

    subtype ufixed is u_ufixed;
    subtype sfixed is u_sfixed;

    ------------------------------------------------------------------
    -- arithmetic operators
```

```
-- ufixed
function "+"  (l, r  : ufixed) return ufixed;
function "-"  (l, r  : ufixed) return ufixed;
function "*"  (l, r  : ufixed) return ufixed;
function "/"  (l, r  : ufixed) return ufixed;
function "rem"  (l, r : ufixed) return ufixed;
function "mod"  (l, r : ufixed) return ufixed;

procedure add_carry  (
  l, r   : in  ufixed; c_in  : in  std_ulogic;
  result  : out ufixed; c_out  : out std_ulogic);

function divide  (l, r  : ufixed;
  round_style  : fixed_round_style_type  : =
    fixed_round_style;
  guard_bits : natural  : = fixed_guard_bits)
  return ufixed;

function reciprocal  (arg : ufixed;
  round_style  : fixed_round_style_type  : =
    fixed_round_style;
  guard_bits  : natural  : = fixed_guard_bits)
  return ufixed;

function remainder  (l, r  : ufixed;
  round_style  : fixed_round_style_type  : =
    fixed_round_style;
  guard_bits  : natural  : = fixed_guard_bits)
  return ufixed;

function modulo  (l, r  : ufixed;
  round_style  : fixed_round_style_type  : =
    fixed_round_style;
  guard_bits  : natural  : = fixed_guard_bits)
  return ufixed;

function scalb  (y :  ufixed; n  :  integer)  return ufixed;
function scalb  (y :  ufixed; n :  signed)  return ufixed;

-- sfixed
function is_negative  (arg :  sfixed)  return boolean;
```

```
function "abs"  (arg  :  sfixed)  return sfixed;
function " - "  (arg :  sfixed) return sfixed;
function " + "  (l,  r  :  sfixed)  return sfixed;
function " - "  (l,  r :  sfixed)  return sfixed;
function " * "  (l,  r  :  sfixed)  return sfixed;
function "/"  (l,  r :  sfixed)  return sfixed;
function "rem"  (l,  r :  sfixed)  return sfixed;
function "mod"  (l,  r  :  sfixed)  return sfixed;

procedure add_carry  (
  l,  r  :  in  sfixed;  c_in  :  in  std_ulogic;
  result  :  out sfixed;  c_out  :  out std_ulogic);

function divide  (l,  r :  sfixed;
  round_style  :  fixed_round_style_type  :=
    fixed_round_style;
  guard_bits  : natural  := fixed_guard_bits)
  return sfixed;

function reciprocal  (arg :  sfixed;
  round_style  :  fixed_round_style_type  :=
    fixed_round_style;
  guard_bits  :  natural  := fixed_guard_bits)
  return sfixed;

function remainder  (l,  r  :  sfixed;
  round_style  :  fixed_round_style_type  :=
    fixed_round_style;
  guard_bits  : natural  := fixed_guard_bits)
  return sfixed;

function modulo  (l,  r  :  sfixed;
  overflow_style  :  fixed_overflow_style_type  :=
    fixed_overflow_style;
  round_style  :  fixed_round_style_type  :=
    fixed_round_style;
  guard_bits  : natural  := fixed_guard_bits)
  return sfixed;

function scalb  (y :  sfixed; n  :  integer)  return sfixed;
function scalb  (y :  sfixed; n  :  signed)  return sfixed;
```

```
-------------------------------------------------------------------
-- comparison operators

-- ufixed
function ">"    (l, r : ufixed)  return boolean;
function "<"    (l, r : ufixed)  return boolean;
function "<="   (l, r : ufixed)  return boolean;
function ">="   (l, r : ufixed)  return boolean;
function "="    (l, r : ufixed)  return boolean;
function "/="   (l, r : ufixed)  return boolean;

function \?=\   (l, r : ufixed)  return std_ulogic;
function \?/=\  (l, r : ufixed)  return std_ulogic;
function \?>\   (l, r : ufixed)  return std_ulogic;
function \?>=\  (l, r : ufixed)  return std_ulogic;
function \?<\   (l, r : ufixed)  return std_ulogic;
function \?<=\  (l, r : ufixed)  return std_ulogic;
function std_match  (l, r : ufixed)  return boolean;

function maximum  (l, r : ufixed)  return ufixed;
function minimum  (l, r : ufixed)  return ufixed;

-- sfixed
function ">"    (l, r : sfixed)  return boolean;
function "<"    (l, r : sfixed)  return boolean;
function "<="   (l, r : sfixed)  return boolean;
function ">="   (l, r : sfixed)  return boolean;
function "="    (l, r : sfixed)  return boolean;
function "/="   (l, r : sfixed)  return boolean;

function \?=\   (l, r : sfixed)  return std_ulogic;
function \?/=\  (l, r : sfixed)  return std_ulogic;
function \?>\   (l, r : sfixed)  return std_ulogic;
function \?>=\  (l, r : sfixed)  return std_ulogic;
function \?<\   (l, r : sfixed)  return std_ulogic;
function \?<=\  (l, r : sfixed)  return std_ulogic;
function std_match  (l, r : sfixed)  return boolean;

function maximum  (l, r : sfixed)  return sfixed;
function minimum  (l, r : sfixed)  return sfixed;

-------------------------------------------------------------------
```

```
-- shift and rotate functions

-- ufixed
function "sll"  (l  : ufixed;  n  :  integer)  return ufixed;
function "srl"  (l  : ufixed;  n  :  integer)  return ufixed;
function "rol"  (l  : ufixed;  n  :  integer)  return ufixed;
function "ror"  (l  : ufixed;  n  :  integer)  return ufixed;
function "sla"  (l  : ufixed;  n  :  integer)  return ufixed;
function "sra"  (l  : ufixed;  n  :  integer)  return ufixed;

function shift_left   (l  : ufixed; n   : natural)  return ufixed;
function shift_right  (l  : ufixed; n   : natural)  return ufixed;

-- sfixed
function "sll"  (l  :  sfixed;  n :  integer)  return sfixed;
function "srl"  (l  :  sfixed;  n :  integer)  return sfixed;
function "rol"  (l  :  sfixed;  n :  integer)  return sfixed;
function "ror"  (l  :  sfixed;  n :  integer)  return sfixed;
function "sla"  (l  :  sfixed;  n :  integer)  return sfixed;
function "sra"  (l  :  sfixed;  n :  integer)  return sfixed;

function shift_left   (l  :  sfixed;  n   :  natural)  return sfixed;
function shift_right  (l  :  sfixed;  n   :  natural)  return sfixed;

---------------------------------------------------------------
-- logical functions

-- ufixed
function "not"   (l       : ufixed)  return ufixed;
function "and"   (l,  r   : ufixed)  return ufixed;
function "or"    (l,  r : ufixed)  return ufixed;
function "nand"  (l,  r   : ufixed)  return ufixed;
function "nor"   (l,  r   : ufixed)  return ufixed;
function "xor"   (l,  r   : ufixed)  return ufixed;
function "xnor"  (l,  r   : ufixed)  return ufixed;

function and_reduce   (l  : ufixed)  return std_ulogic;
function nand_reduce  (l  : ufixed)  return std_ulogic;
function or_reduce   (l  : ufixed)  return std_ulogic;
function nor_reduce   (l  : ufixed)  return std_ulogic;
function xor_reduce   (l  : ufixed)  return std_ulogic;
function xnor_reduce  (l  : ufixed)  return std_ulogic;
```

```
function find_leftmost   (arg : ufixed;  y :  std_ulogic)
  return integer;
function find_rightmost   (arg : ufixed;  y :  std_ulogic)
  return integer;

-- sfixed
function "not"   (l       :  sfixed)  return sfixed;
function "and"   (l,  r   :  sfixed)  return sfixed;
function "or"    (l,  r   :  sfixed)  return sfixed;
function "nand"  (l,  r   :  sfixed)  return sfixed;
function "nor"   (l,  r   :  sfixed)  return sfixed;
function "xor"   (l,  r   :  sfixed)  return sfixed;
function "xnor"  (l,  r   :  sfixed)  return sfixed;

function and_reduce   (l   :  sfixed)  return std_ulogic;
function nand_reduce   (l   :  sfixed)  return std_ulogic;
function or_reduce   (l   :  sfixed)  return std_ulogic;
function nor_reduce   (l   :  sfixed)  return std_ulogic;
function xor_reduce   (l   :  sfixed)  return std_ulogic;
function xnor_reduce   (l   :  sfixed)  return std_ulogic;

function find_leftmost   (arg :  sfixed;  y :  std_ulogic)
  return integer;
function find_rightmost   (arg :  sfixed;  y :  std_ulogic)
  return integer;

-------------------------------------------------------------------
-- resize functions

-- ufixed
function resize   (arg : ufixed;
  left_index         :  integer;
  right_index        :  integer;
  overflow_style     :  fixed_overflow_style_type   := 
    fixed_overflow_style;
  round_style        :  fixed_round_style_type   := 
    fixed_round_style)
  return ufixed;

function resize   (arg : ufixed;
  size_res         : ufixed;
```

```
    overflow_style    :  fixed_overflow_style_type   :=
      fixed_overflow_style;
    round_style       :  fixed_round_style_type   :=
      fixed_round_style)
    return ufixed;

  -- sfixed
  function resize   (arg :  sfixed;
    left_index        :  integer;
    right_index       :  integer;
    overflow_style    :  fixed_overflow_style_type   :=
      fixed_overflow_style;
    round_style       :  fixed_round_style_type   :=
      fixed_round_style)
    return sfixed;

  function resize   (arg :  sfixed;
    size_res          :  sfixed;
    overflow_style    :  fixed_overflow_style_type   :=
      fixed_overflow_style;
    round_style       :  fixed_round_style_type   :=
      fixed_round_style)
    return sfixed;

  ------------------------------------------------------------------------
  -- conversion functions

  -- ufixed

  function to_ufixed   (arg :  natural;
    left_index        :  integer;
    right_index       :  integer   := 0;
    overflow_style    :  fixed_overflow_style_type   :=
      fixed_overflow_style;
    round_style       :  fixed_round_style_type   :=
      fixed_round_style)
    return ufixed;
  function to_ufixed   (arg :  natural;
    size_res          : ufixed;
    overflow_style    :  fixed_overflow_style_type   :=
      fixed_overflow_style;
    round_style       :  fixed_round_style_type   :=
```

```
    fixed_round_style)
  return ufixed;

function to_ufixed  (arg : unsigned)  return ufixed;

function to_unsigned  (arg : ufixed;
  size           : natural;
  overflow_style :  fixed_overflow_style_type  : =
    fixed_overflow_style;
  round_style    :  fixed_round_style_type  : =
    fixed_round_style)
  return unsigned;

function to_unsigned  (arg :  ufixed;
  size_res       : unsigned;
  overflow_style :  fixed_overflow_style_type  : =
    fixed_overflow_style;
  round_style    :  fixed_round_style_type  : =
    fixed_round_style)
  return unsigned;

function to_real  (arg : ufixed)  return real;

function to_integer  (arg : ufixed;
  overflow_style :  fixed_overflow_style_type  : =
    fixed_overflow_style;
  round_style    :  fixed_round_style_type  : =
    fixed_round_style)
  return natural;

function ufixed_high  (left_index,  right_index  :  integer;
  operation      :  character  : =  'X';
  left_index2    :  integer    : = 0;
  right_index2 :  integer      : = 0)
  return integer;

function ufixed_high  (size_res   : ufixed;
  operation   : character  : =  'X';
  size_res2   : ufixed)
  return integer;
function ufixed_low  (left_index,  right_index :  integer;
```

```
  operation      :  character   := 'X';
  left_index2    :  integer     := 0;
  right_index2   :  integer     := 0)
  return integer;

function ufixed_low   (size_res    : ufixed;
  operation   :  character   :=  'X';
  size_res2   :  ufixed)
  return integer;

function saturate   (left_index,  right_index   :   integer)
  return ufixed;
function saturate   (size_res   : ufixed)   return ufixed;

-- sfixed
function to_sfixed   (arg :  integer;
  left_index       :  integer;
  right_index      :  integer   := 0;
  overflow_style :  fixed_overflow_style_type   :=
    fixed_overflow_style;
  round_style      :  fixed_round_style_type   :=
    fixed_round_style)
  return sfixed;

function to_sfixed   (arg :  integer;
  size_res          :  sfixed;
  overflow_style    :  fixed_overflow_style_type   :=
    fixed_overflow_style;
  round_style       :  fixed_round_style_type   :=
    fixed_round_style)
  return sfixed;

 function to_sfixed   (arg :  signed)  return sfixed;
 function to_sfixed   (arg :  ufixed)  return sfixed;

 function to_signed   (arg :  sfixed;
  size              :  natural;
  overflow_style   :  fixed_overflow_style_type   :=
    fixed_overflow_style;
  round_style       :  fixed_round_style_type   :=
    fixed_round_style)
  return signed;
```

```
function to_signed (arg : sfixed;
  size_res : signed;
  overflow_style : fixed_overflow_style_type := 
    fixed_overflow_style;
  round_style : fixed_round_style_type := 
    fixed_round_style)
  return signed;

function to_real (arg : sfixed) return real;

function to_integer (arg : sfixed;

overflow_style : fixed_overflow_style_type := 
   fixed_overflow_style;
  round_style : fixed_round_style_type := 
   fixed_round_style)
  return integer;

function sfixed_high (left_index, right_index : integer;
  operation : character := 'X';
  left_index2 : integer := 0;
  right_index2 : integer := 0)
  return integer;

function sfixed_low (left_index, right_index : integer;
  operation : character := 'X';
  left_index2 : integer := 0;
  right_index2 : integer := 0)
  return integer;

function sfixed_high (size_res : sfixed;
  operation : character := 'X';
  size_res2 : sfixed)
  return integer;

function sfixed_low (size_res : sfixed;
  operation : character := 'X';
  size_res2 : sfixed)
  return integer;

function saturate (left_index, right_index : integer)
```

```
  return sfixed;
function saturate  (size_res   :  sfixed)
  return sfixed;

-----------------------------------------------------------------

-- translation functions

-- ufixed
function to_01   (s   : ufixed;  xmap   :  std_ulogic := '0')
  return ufixed;
function is_x      (arg :  ufixed)  return boolean;
function to_x01    (arg :  ufixed)  return ufixed;
function to_x01z   (arg :  ufixed)  return ufixed;
function to_ux01   (arg :  ufixed)  return ufixed;

function to_slv    (arg : ufixed)
  return std_logic_vector;
alias to_stdlogicvector is
  to_slv [ ufixed return std_logic_vector] ;
alias to_std_logic_vector is
  to_slv [ ufixed return std_logic_vector] ;

function to_sulv   (arg : ufixed)
  return std_ulogic_vector;
alias to_stdulogicvector is

  to_sulv [ ufixed return std_ulogic_vector] ;
alias to_std_ulogic_vector is
  to_sulv [ ufixed return std_ulogic_vector] ;

function to_ufixed   (arg :  std_ulogic_vector;
  left_index     :  integer;
  right_index    :  integer)
  return ufixed;

function to_ufixed   (arg :  std_ulogic_vector;
  size_res    : ufixed)
  return ufixed;

function to_ufixed   (arg :  std_logic_vector;
  left_index     :  integer;
  right_index    :  integer)
```

```
  return ufixed;

function to_ufixed   (arg :  std_logic_vector;
  size_res   : ufixed)
  return ufixed;

function to_ufix   (arg :  std_ulogic_vector;
  width       : natural;
  fraction    : natural)
  return ufixed;

function to_ufix   (arg :  std_logic_vector;
  width       :  natural;
  fraction    :  natural)
  return ufixed;

function ufix_high   (width,  fraction   :  natural;
  operation   :  character   := 'X';
  width2      :  natural     := 0;
  fraction2   :  natural     := 0)
  return integer;

function ufix_low   (width,  fraction   :  natural;
  operation   :  character   := 'X';
  width2      :  natural     := 0;
  fraction2   :  natural     := 0)
  return integer;

 -- sfixed
 function to_01    (s   :  sfixed; xmap :  std_ulogic   := '0')
   return sfixed;
 function is_x       (arg :  sfixed)   return boolean;
 function to_x01     (arg :  sfixed)   return sfixed;
 function to_x01z    (arg :  sfixed)   return sfixed;
 function to_ux01    (arg :  sfixed)   return sfixed;
 function to_slv   (arg :  sfixed)   return std_logic_vector;
 alias to_stdlogicvector is

to_slv [ sfixed return std_logic_vector] ;
alias to std_logic_vector is
  to_slv [ sfixed return std_logic_vector];
```

```
function to_sulv   (arg :  sfixed)  return std_ulogic_vector;
alias to_stdulogicvector is
  to_sulv [ sfixed return std_ulogic_vector] ;
alias to_std_ulogic_vector is
  to_sulv [ sfixed return std_ulogic_vector] ;

function to_sfixed   (arg :  std_ulogic_vector;
  left_index   :  integer;
  right_index :  integer)
  return sfixed;

function to_sfixed   (arg :  std_ulogic_vector;
  size_res   :  sfixed)
  return sfixed;

function to_sfixed   (arg   :  std_logic_vector;
  left_index    :  integer;
  right_index   :  integer)
  return sfixed;

function to_sfixed   (arg :  std_logic_vector;
  size_res   :  sfixed)
  return sfixed;

function to_sfix   (arg :  std_ulogic_vector;
  width      :  natural;
  fraction   :  natural)
  return sfixed;

function to_sfix   (arg :  std_logic_vector;
  width       : natural;
  fraction    : natural)
  return sfixed;

function sfix_high   (width,  fraction   :  natural;
  operation :  character    := 'X';
  width2     :  natural      := 0;
  fraction2 :  natural      := 0)
  return integer;

 function sfix_low :(width,  fraction  :  natural;
   operation   : character  := 'X';
```

```
    width2       : natural      := 0;
    fraction2    : natural      := 0)
    return integer;

  -----------------------------------------------------------------
  -- textio functions

  -- ufixed

procedure read(l        :  inout line;
           value    :  out ufixed);
alias bread is read [ line,  ufixed] ;
alias binary_read is read [line,  ufixed] ;

procedure read(l        :  inout line;
           value    :  out   ufixed;
           good     :  out   boolean);
alias bread is read [line,  ufixed,  boolean] ;
alias binary_read is read [ line,  ufixed,  boolean] ;

procedure write   (l          :  inout line;
               value      :  in    ufixed;
               justified  :  in    side    := right;
               field      :  in    width   := 0);
alias bwrite is write [ line,  ufixed,  side,  width] ;
alias binary_write is write [ line,  ufixed,  side,  width] ;

procedure oread(l        :  inout line;
            value    :  out   sfixed);
alias octal_read is oread [line,  ufixed] ;

procedure oread(l        :  inout line;
            value    :  out   sfixed;
            good     :  out   boolean);
alias octal_read is oread [ line,  ufixed,  boolean] ;

procedure owrite    (l              :  inout line;
                       value        :  in    ufixed;
                       justified    :  in    side    := right;
                       field        :  in    width   := 0);
alias octal_write is owrite [ line,  ufixed,  side,  width] ;
```

```
procedure hread(l       :  inout line;
            value  :  out   ufixed);
alias hex_read is hread [ line,  ufixed] ;

procedure hread(l       :  inout line;
            value  :  out   ufixed;
            good   :  out   boolean);
alias hex_read is hread [line,  ufixed,  boolean] ;

procedure hwrite   (l             :  inout line;
               value        :  in    ufixed;
               justified    :  in    side    : = right;
               field        :  in    width : = 0);
alias hex_write is hwrite [ line,  ufixed,  side,  width] ;

-- sfixed
procedure read(l        :  inout line;
           value   :  out sfixed);
alias bread is read [line,  sfixed] ;
alias binary_read is read [ line,  sfixed] ;

procedure read(l        :  inout line;
           value   :  out   sfixed;
           good    :  out   boolean);
alias bread is read [line,  sfixed, boolean] ;
alias binary_read is read [line,  sfixed,  boolean] ;

procedure write   (l            :  inout line;
              value       :  in    sfixed;
              justified :  in    side    : = right;
              field       :  in    width : = 0);
alias bwrite is write [line,  sfixed,  side, width] ;
alias binary_write is write [ line,  sfixed,  side, width] ;

procedure oread(l       :  inout line;
            value  :  out   ufixed);
alias octal_read is oread [line,  sfixed] ;

procedure oread(l       :  inout line;
            value  :  out   ufixed;
            good   :  out   boolean);
alias octal_read is oread [line,  sfixed, boolean] ;
```

```
procedure owrite   (l          : inout line;
                    value      : in    sfixed;
                    justified : in    side   := right;
                    field      : in    width := 0);
alias octal_write is owrite [line,  sfixed,  side,  width] ;

procedure hread(l          : inout line;
                value      : out   sfixed);
alias hex_read is hread [line,  sfixed] ;

procedure hread(l          : inout line;
                value      : out   sfixed;
                good       : out   boolean);
alias hex_read is hread [line,  sfixed, boolean] ;

procedure hwrite   (l          : inout line;
                    value      : in    sfixed;
                    justified : in    side   := right;
                    field      : in    width := 0);
alias hex_write is hwrite [ line,  sfixed,  side,  width] ;

--------------------------------------------------------------
-- string functions

-- ufixed
function to_string   (value  : ufixed)  return string;
alias to_bstring is to_string [ ufixed return string] ;
alias to_binary_string is to_string [ ufixed return string] ;

function to_ostring   (value   : ufixed)  return string;
alias to_octal_string is to_ostring [ ufixed return string] ;

function to_hstring   (value   : ufixed)  return string;
alias to_hex_string is to_hstring [ufixed return string] ;

function from_string   (bstring :  string;
  left_index   :  integer;
  right_index :  integer)
  return ufixed;
alias from_bstring is
  from_string [ string,  integer,  integer return ufixed] ;
```

```
alias from_binary_string is
  from_string [string,  integer,  integer return ufixed] ;

function from_string  (bstring :  string;
  size_res   : ufixed)
  return ufixed;
alias from_bstring is
  from_string [ string,  ufixed return ufixed] ;
alias from_binary_string is
  from_string [string,  ufixed return ufixed] ;

function from_string  (bstring :  string)  return ufixed;
alias from_bstring is from_string [ string return ufixed] ;
alias from_binary_string is from_string [ string return ufixed] ;

function from_ostring  (ostring   :  string;
  left_index   :  integer;
  right_index :  integer)
  return ufixed;
alias from_octal_string is
  from_ostring [string,  integer,  integer return ufixed] ;

function from_ostring  (ostring :  string;
  size_res   : ufixed)
  return ufixed;
alias from_octal_string is
  from_ostring [string,  ufixed return ufixed] ;

function from_ostring  (ostring :  string)  return ufixed;
alias from_octal_string is from_ostring [string return ufixed] ;

function from_hstring  (hstring :  string;
  left_index   :  integer;
  right_index :  integer)
  return ufixed;
alias from_hex_string is
  from_hstring [string,  integer,  integer return ufixed] ;

function from_hstring  (hstring :  string;
  size_res   : ufixed)
  return ufixed;
alias from_hex_string is
```

```
  from_hstring [ string,  ufixed return ufixed] ;

function from_hstring  (hstring :  string)  return ufixed;

alias from_hex_string is from_hstring [ string return ufixed] ;

-- sfixed
function to_string  (value  :  sfixed)  return string;
alias to_bstring is to_string [ sfixed return string] ;
alias to_binary_string is to_string [ sfixed return string] ;

function to_ostring  (value  :  sfixed)  return string;
alias to_octal_string is to_ostring [ sfixed return string] ;

function to_hstring  (value  :  sfixed)  return string;
alias to_hex_string is to_hstring [ sfixed return string] ;

function from_string  (bstring       :  string;
  left_index  :  integer;
  right_index :  integer)
  return sfixed;
alias from_bstring is
  from_string [string,  integer,  integer return sfixed] ;
alias from_binary_string is
  from_string [string,  integer,  integer return sfixed] ;

function from_string  (bstring  :  string;
  size_res  :  sfixed)
  return sfixed;
alias from_bstring is
  from_string [string,  sfixed return sfixed] ;
alias from_binary_string is
  from_string [ string,  sfixed return sfixed] ;

function from_string  (bstring :  string)  return sfixed;
alias from_bstring is from_string [ string return sfixed] ;
alias from_binary_string is from_string [string return sfixed] ;

function from_ostring  (ostring :  string;
  left_index   :  integer;
  right_index  :  integer)
  return sfixed;
```

```
    alias from_octal_string is
      from_ostring [ string,   integer,   integer return sfixed] ;

    function from_ostring   (ostring   :  string;
      size_res   :  sfixed)
      return sfixed;
    alias from_octal_string is
      from_ostring [ string,   sfixed return sfixed] ;

    function from_ostring   (ostring :  string)  return sfixed;
    alias from_octal_string is from_ostring [ string return sfixed] ;

    function from_hstring   (hstring   :  string;
      left_index   :  integer;
      right_index :  integer)
      return sfixed;

    alias from_hex_string is
      from_hstring [string,   integer,   integer return sfixed] ;

    function from_hstring   (hstring :  string;
      size_res   :  sfixed)
      return sfixed;
    alias from_hex_string is
      from_hstring [string,   sfixed return sfixed] ;

    function from_hstring   (hstring :  string)  return sfixed;
    alias from_hex_string is from_hstring [string return sfixed] ;

end;
```

A.9 程序包 Float_Pkg

这里列出的程序包 float_pkg 是 float_generic_pkg 的 VHDL - 2008 实例化的 VHDL - 1993 兼容版本,使用默认的类属参数进行实例化。因此,它可用于 VHDL - 1993 系统和 VHDL - 2008 系统,不需要改变。

```
package float_pkg is

    ------------------------------------------------------------------
```

```
constant float_exponent_width :  natural       := 8;
constant float_fraction_width :  natural       := 23;
constant float_round_style    :  round_type    := round_nearest;
constant float_denormalize    :  boolean       := true;
constant float_check_error    :  boolean       := true;
constant float_guard_bits     :  natural       := 3;
constant no_warning           :  boolean       := false;

----------------------------------------------------------------------

type unresolved_float is array  (integer range <>)  of std_ulogic;
subtype u_float is unresolved_float;

subtype float is unresolved_float;

subtype unresolved_float32 is unresolved_float(8 downto -23);
alias u_float32 is unresolved_float32;
subtype float32 is float(8 downto -23);

subtype unresolved_float64 is unresolved_float(11 downto -52);
alias u_float64 is unresolved_float64;
subtype float64 is float(11 downto -52);

subtype unresolved_float128 is unresolved_float(15 downto -112);
alias u_float128 is unresolved_float128;
subtype float128 is float(15 downto -112);

----------------------------------------------------------------------

type valid_fpstate is  (nan,
                        quiet_nan,
                        neg_inf,
                        neg_normal,
                        neg_denormal,
                        neg_zero,
                        pos_zero,
                        pos_denormal,
                        pos_normal,
                        pos_inf,
                        isx);
```

```
function classfp  (x  :  float;  check_error  : boolean := true)
return valid_fpstate;

--------------------------------------------------------------------

function "abs"  (arg :  float)   return float;
function "-"    (arg :  float)   return float;
function "+"    (l, r :  float)  return float;
function "-"    (l, r :  float)  return float;
function "*"    (l, r :  float)  return float;
function "/"    (l, r :  float)  return float;
function "rem" (l, r :  float)   return float;
function "mod" (l, r :  float)   return float;

function add (l,  r :  float;
  round_style  : round_type   := round_nearest;
  guard        : natural      := 3;
  check_error  : boolean      := true;
  denormalize  : boolean      := true)
  return float;

function subtract  (l,  r  :  float;
  round_style  : round_type   := round_nearest;
  guard        : natural      := 3;
  check_error  : boolean      := true;
  denormalize  : boolean      := true)
  return float;

 function multiply  (l,  r :  float;
   round_style : round_type   := round_nearest;
   guard       : natural      := 3;
   check_error : boolean      := true;
   denormalize : boolean      := true)
   return float;

 function divide  (l,  r :  float;
   round_style : round_type   := round_nearest;
   guard       : natural      := 3;
   check_error : boolean      := true;
   denormalize : boolean      := true)
   return float;
```

```
function remainder  (l,  r :  float;
  round_style : round_type  := round_nearest;
  guard       : natural      := 3;
  check_error : boolean      := true;
  denormalize : boolean      := true)
  return float;

function modulo  (l,  r  :  float;
  round_style   : round_type  := round_nearest;
  guard         : natural      := 3;
  check_error   : boolean      := true;
  denormalize   : boolean      := true)
  return float;

function reciprocal  (arg :  float;
  round_style   : round_type  := round_nearest;
  guard         : natural      := 3;
  check_error   : boolean      := true;
  denormalize   : boolean      := true)
  return float;

function dividebyp2  (l,  r   :  float;
  round_style   : round_type  := round_nearest;
  guard         : natural      := 3;
  check_error   : boolean      := true;
  denormalize   : boolean      := true)
  return float;

function mac  (l,  r,  c :  float;
  round_style   : round_type  := round_nearest;
  guard         : natural      := 3;
  check_error   : boolean      := true;
  denormalize   : boolean      := true)
  return float;

function sqrt  (arg   :  float;
  round_style   : round_type  := round_nearest;
  guard         : natural      := 3;
  check_error   : boolean      := true;
  denormalize   : boolean      := true)
  return float;
```

```
function is_negative  (arg :  float)  return boolean;

---------------------------------------------------------------

function "="   (l,  r   :  float)  return boolean;
function "/="  (l,  r   :  float)  return boolean;
function ">="  (l,  r   :  float)  return boolean;
function "<="  (l,  r   :  float)  return boolean;
function ">"   (l,  r   :  float)  return boolean;
function "<"   (l,  r   :  float)  return boolean;

function eq  (l,  r  :  float;
  check_error  : boolean := true;

denormalize  : boolean  := true)
  return boolean;

function ne  (l,  r :  float;
  check_error  : boolean  := true;
  denormalize  : boolean  := true)
  return boolean;

function lt  (l,  r  :  float;
  check_error  : boolean  := true;
  denormalize  : boolean  := true)
  return boolean;

function gt  (l,  r  :  float;
  check_error  : boolean  := true;
  denormalize  : boolean  := true)
  return boolean;

function le  (l,  r :  float;
  check_error  : boolean  := true;
  denormalize  : boolean  := true)
  return boolean;

function ge  (l,  r :  float;
  check_error  : boolean  := true;
  denormalize  : boolean  := true)
  return boolean;
```

```
function \? =\   (l,  r :  float)  return std_ulogic;
function \? /=\  (l,  r :  float)  return std_ulogic;
function \? >\   (l,  r :  float)  return std_ulogic;
function \? >=\  (l,  r :  float)  return std_ulogic;
function \? <\   (l,  r :  float)  return std_ulogic;
function \? <=\  (l,  r :  float)  return std_ulogic;

function std_match  (l,  r  :  float)  return boolean;
function find_rightmost  (arg :  float;  y :  std_ulogic)
  return integer;
function find_leftmost  (arg :  float;  y :  std_ulogic)
  return integer;
function maximum  (l,  r :  float)  return float;
function minimum  (l,  r :  float)  return float;

--------------------------------------------------------------------

function resize  (arg :  float;
  exponent_width  : natural      := 8;
  fraction_width  : natural      := 23;
  round_style     : round_type   := round_nearest;
  check_error     : boolean      := true;
  denormalize_in  : boolean      := true;
  denormalize     : boolean      := true)
  return float;

function resize  (arg :  float;
  size_res        : float;
  round_style     : round_type  := round_nearest;
  check_error     : boolean     := true;
  denormalize_in  : boolean     := true;
  denormalize     : boolean     := true)
  return float;

function to_float32  (arg :  float;
  round_style     : round_type  := round_nearest;
  check_error     : boolean     := true;
  denormalize_in  : boolean     := true;
  denormalize     : boolean     := true)
  return float32;

function to_float64  (arg :  float;
```

```
    round_style      : round_type  := round_nearest;
    check_error      : boolean     := true;
    denormalize_in   : boolean     := true;
    denormalize      : boolean     := true)
    return float64;

  function to_float128  (arg :  float;
    round_style      : round_type  := round_nearest;
    check_error      : boolean     := true;
    denormalize_in   : boolean     := true;
    denormalize      : boolean     := true)
    return float128;

  --------------------------------------------------------------------------

  function to_slv  (arg :  float)  return std_logic_vector;
  alias to_stdlogicvector is
    to_slv [ float return std_logic_vector] ;
  alias to_std_logic_vector is
    to_slv [ float return std_logic_vector] ;

  function to_sulv  (arg :  float)  return std_ulogic_vector;
  alias to_stdulogicvector is
    to_sulv [ float return std_ulogic_vector] ;
  alias to_std_ulogic_vector is
    to_sulv [ float return std_ulogic_vector] ;

  function to_float  (arg :  std_ulogic_vector;
    exponent_width : natural  := 8;
    fraction_width : natural  := 23)
    return float;

  function to_float  (arg :  integer;
    exponent_width : natural      := 8;
    fraction_width : natural      := 23;
    round_style     : round_type  := round_nearest)
    return float;

  function to_float  (arg :  real;
    exponent_width : natural      := 8;
    fraction_width : natural      := 23;
    round_style     : round_type  := round_nearest;
```

```
  denormalize     : boolean      := true)
  return float;

function to_float  (arg : unsigned;
  exponent_width : natural      := 8;
  fraction_width : natural      := 23;
  round_style    : round_type   := round_nearest)
  return float;

function to_float  (arg :  signed;
  exponent_width : natural      := 8;
  fraction_width : natural      := 23;
  round_style    : round_type   := round_nearest)
  return float;

function to_float  (arg : ufixed;
  exponent_width : natural      := 8;
  fraction_width : natural      := 23;
  round_style    : round_type   := round_nearest;
  denormalize    : boolean      := true)
  return float;

function to_float  (arg :  sfixed;
  exponent_width : natural      := 8;
  fraction_width : natural      := 23;
  round_style    : round_type   := round_nearest;
  denormalize    : boolean      := true)
  return float;

function to_float  (arg :  integer;
  size_res       :  float;
  round_style    :  round_type  := round_nearest)
  return float;

function to_float  (arg  :  real;
  size_res       :  float;
  round_style    :  round_type  := round_nearest;
  denormalize    :  boolean     := true)
  return float;

function to_float  (arg : unsigned;
  size_res       :  float;
```

```
    round_style   :  round_type   := round_nearest)
    return float;

  function to_float   (arg   :  signed;
    size_res       :  float;
    round_style   :  round_type   := round_nearest)
    return float;
  function to_float   (arg :  std_ulogic_vector;
    size_res   :  float)

    return float;

  function to_float   (arg : ufixed;
    size_res       :  float;
    round_style   :  round_type   := round_nearest;
    denormalize   :  boolean      := true)
    return float;

  function to_float   (arg :  sfixed;
    size_res       :  float;
    round_style   :  round_type   := round_nearest;
    denormalize   :  boolean        := true)
    return float;

  function to_float   (arg   :  std_logic_vector;
    exponent_width   : natural  := 8;
    fraction_width   : natural  := 23)
    return float;

  function to_float   (arg :  std_logic_vector;
    size_res   :  float)
    return float;

  function to_unsigned   (arg :  float;
    size           : natural;
    round_style   : round_type   := round_nearest;
    check_error   : boolean      := true)
    return unsigned;

  function to_signed   (arg :  float;
    size           : natural;
    round_style   : round_type   := round_nearest;
```

```
    check_error   : boolean      := true)
    return signed;

  function to_ufixed  (arg :  float;
    left_index       :  integer;
    right_index      :  integer;
    overflow_style   :  fixed_overflow_style_type    := fixed_saturate;
    round_style      :  fixed_round_style_type       := fixed_round;
    check_error      :  boolean                      := true;
    denormalize      :  boolean                      := true)
    return ufixed;

  function to_sfixed  (arg :  float;
    left_index       : integer;
    right_index      : integer;
    overflow_style   : fixed_overflow_style_type    := fixed_saturate;
    round_style      : fixed_round_style_type       := fixed_round;
    check_error      : boolean                      := true;
    denormalize      : boolean                      := true)
    return sfixed;

  function to_unsigned   (arg :  float;
    size_res       : unsigned;

  round_style    : round_type    := round_nearest;
    check_error    : boolean      := true)
    return unsigned;

  function to_signed   (arg :  float;
    size_res       : signed;
    round_style    : round_type    := round_nearest;
    check_error    : boolean       := true)
    return signed;

  function to_ufixed   (arg :  float;
    size_res         : ufixed;
    overflow_style   : fixed_overflow_style_type    := fixed_saturate;
    round_style      : fixed_round_style_type       := fixed_round;
    check_error      : boolean                      := true;
    denormalize      : boolean                      := true)
    return ufixed;
```

```
function to_sfixed   (arg :  float;
  size_res          : sfixed;
  overflow_style    : fixed_overflow_style_type     := fixed_saturate;
  round_style       : fixed_round_style_type        := fixed_round;
  check_error       : boolean                       := true;
  denormalize       : boolean                       := true)
  return sfixed;

function to_real    (arg :  float;
  check_error : boolean      := true;
  denormalize : boolean      := true)
  return real;

function to_integer   (arg :  float;
  round_style    : round_type := round_nearest;
  check_error    : boolean    := true)
  return integer;

--------------------------------------------------------------

function realtobits   (arg :  real)  return std_ulogic_vector;
function bitstoreal   (arg :  std_ulogic_vector)  return real;
function realtobits   (arg :  real)  return std_logic_vector;
function bitstoreal   (arg :  std_logic_vector) return real;

function to_01    (arg :  float; xmap :  std_logic   := '0')
  return float;
function is_x   (arg    :  float)  return boolean;
function to_x01   (arg :  float)  return float;
function to_x01z   (arg :  float)  return float;
function to_ux01   (arg :  float)  return float;

--------------------------------------------------------------

procedure break_number   (
  arg           :  in   float;

  denormalize   :  in   boolean := true;
  check_error   :  in   boolean := true;
  fract         :  out unsigned;
  expon         :  out signed;
  sign          :  out std_ulogic);
```

```
procedure break_number    (
  arg              :  in  float;
  denormalize      :  in  boolean   := true;
  check_error      :  in  boolean   := true;
  fract            :  out ufixed;
  expon            :  out signed;
  sign             :  out std_ulogic);

function normalize    (
  fract              : unsigned;
  expon              : signed;
  sign               : std_ulogic;
  sticky             : std_ulogic := '0';
  exponent_width : natural       := 8;
  fraction_width : natural       := 23;
  round_style        : round_type := round_nearest;
  denormalize        : boolean      := true;
  nguard             : natural      := 3)
  return float;

function normalize    (
  fract              : ufixed;
  expon              : signed;
  sign               : std_ulogic;
  sticky             : std_ulogic    := '0';
  exponent_width     : natural       := 8;
  fraction_width     : natural       := 23;
  round_style        : round_type    := round_nearest;
  denormalize        : boolean       := true;
  nguard             : natural       := 3)
  return float;

function normalize    (
  fract              : unsigned;
  expon              : signed;
  sign               : std_ulogic;
  sticky             : std_ulogic    := '0';
  size_res           : float;
  round_style        : round_type   := round_nearest;
  denormalize        : boolean       := true;
  nguard             : natural       := 3)
```

```
    return float;

  function normalize  (
    fract            : ufixed;
    expon            : signed;
    sign             : std_ulogic;
    sticky           : std_ulogic := '0';

  size_res      : float;
    round_style   : round_type    := round_nearest;
    denormalize   : boolean       := true;
    nguard        : natural       := 3)
    return float;

  ------------------------------------------------------------

  function "+"    (l  :  float;   r  :  real)   return float;
  function "+"    (l  :  real;    r  :  float)  return float;
  function "+"    (l  :  float;   r  :  integer)  return float;
  function "+"    (l  :  integer;  r  :  float)  return float;
  function "-"    (l  :  float;   r  :  real)   return float;
  function "-"    (l  :  real;    r  :  float)  return float;
  function "-"    (l  :  float;   r  :  integer)  return float;
  function "-"    (l  :  integer;  r  :  float)  return float;
  function "*"    (l  :  float;   r  :  real)   return float;
  function "*"    (l  :  real;    r  :  float)  return float;
  function "*"    (l  :  float;   r  :  integer)  return float;
  function "*"    (l  :  integer;  r  :  float)  return float;
  function "/"    (l  :  float;   r  :  real)   return float;
  function "/"    (l  :  real;    r  :  float)  return float;
  function "/"    (l  :  float;   r  :  integer)  return float;
  function "/"    (l  :  integer;  r  :  float)  return float;
  function "rem"  (l  :  float;   r  :  real)   return float;
  function "rem"  (l  :  real;    r  :  float)  return float;
  function "rem"  (l  :  float;   r  :  integer)  return float;
  function "rem"  (l  :  integer;  r  :  float)  return float;
  function "mod"  (l  :  float;   r  :  real)   return float;
  function "mod"  (l  :  real;    r  :  float)  return float;
  function "mod"  (l  :  float;   r  :  integer)  return float;
  function "mod"  (l  :  integer;  r  :  float)  return float;

  function "="    (l  :  float;   r  :  real)   return boolean;
```

```
function "/="  (l : float; r : real) return boolean;
function ">="  (l : float; r : real) return boolean;
function "<="  (l : float; r : real) return boolean;
function ">"   (l : float; r : real) return boolean;
function "<"   (l : float; r : real) return boolean;
function "="   (l : real; r : float) return boolean;
function "/="  (l : real; r : float) return boolean;
function ">="  (l : real; r : float) return boolean;
function "<="  (l : real; r : float) return boolean;
function ">"   (l : real; r : float) return boolean;
function "<"   (l : real; r : float) return boolean;
function "="   (l : float; r : integer) return boolean;
function "/="  (l : float; r : integer) return boolean;
function ">="  (l : float; r : integer) return boolean;
function "<="  (l : float; r : integer) return boolean;
function ">"   (l : float; r : integer) return boolean;
function "<"   (l : float; r : integer) return boolean;
function "="   (l : integer; r : float) return boolean;
function "/="  (l : integer; r : float) return boolean;
function ">="  (l : integer; r : float) return boolean;
function "<="  (l : integer; r : float) return boolean;
function ">"   (l : integer; r : float) return boolean;
function "<"   (l : integer; r : float) return boolean;
function \?=\  (l : float; r : real) return std_ulogic;
function \?/=\ (l : float; r : real) return std_ulogic;
function \?>\  (l : float; r : real) return std_ulogic;
function \?>=\ (l : float; r : real) return std_ulogic;
function \?<\  (l : float; r : real) return std_ulogic;
function \?<=\ (l : float; r : real) return std_ulogic;
function \?=\  (l : real; r : float) return std_ulogic;
function \?/=\ (l : real; r : float) return std_ulogic;
function \?>\  (l : real; r : float) return std_ulogic;
function \?>=\ (l : real; r : float) return std_ulogic;
function \?<\  (l : real; r : float) return std_ulogic;
function \?<=\ (l : real; r : float) return std_ulogic;
function \?=\  (l : float; r : integer) return std_ulogic;
function \?/=\ (l : float; r : integer) return std_ulogic;
function \?>\  (l : float; r : integer) return std_ulogic;
function \?>=\ (l : float; r : integer) return std_ulogic;
function \?<\  (l : float; r : integer) return std_ulogic;
function \?<=\ (l : float; r : integer) return std_ulogic;
function \?=\  (l : integer; r : float) return std_ulogic;
```

```
function \? /=\ (l : integer; r : float) return std_ulogic;
function \? >\  (l : integer; r : float) return std_ulogic;
function \? >=\ (l : integer; r : float) return std_ulogic;
function \? <\  (l : integer; r : float) return std_ulogic;
function \? <=\ (l : integer; r : float) return std_ulogic;

function maximum (l : float; r : real) return float;
function minimum (l : float; r : real) return float;
function maximum (l : real; r : float) return float;
function minimum (l : real; r : float) return float;
function maximum (l : float; r : integer) return float;
function minimum (l : float; r : integer) return float;
function maximum (l : integer; r : float) return float;
function minimum (l : integer; r : float) return float;

----------------------------------------------------------------

function "not"  (l    : float) return float;
function "and"  (l, r : float) return float;
function "or"   (l, r : float) return float;
function "nand" (l, r : float) return float;
function "nor"  (l, r : float) return float;
function "xor"  (l, r : float) return float;
function "xnor" (l, r : float) return float;

function "and" (l : std_ulogic; r : float) return float;
function "and" (l : float; r : std_ulogic) return float;
function "or" (l : std_ulogic; r : float) return float;
function "or" (l : float; r : std_ulogic) return float;
function "nand" (l : std_ulogic; r : float) return float;
function "nand" (l : float; r : std_ulogic) return float;
function "nor" (l : std_ulogic; r : float) return float;

function "nor" (l : float; r : std_ulogic) return float;
function "xor" (l : std_ulogic; r : float) return float;
function "xor" (l : float; r : std_ulogic) return float;
function "xnor" (l : std_ulogic; r : float) return float;
function "xnor" (l : float; r : std_ulogic) return float;

function and_reduce  (l : float) return std_ulogic;
function nand_reduce (l : float) return std_ulogic;
function or_reduce   (l : float) return std_ulogic;
```

```
function nor_reduce    (l   :  float)   return std_ulogic;
function xor_reduce    (l   :  float)   return std_ulogic;
function xnor_reduce   (l   :  float)   return std_ulogic;

---------------------------------------------------------------

function copysign   (x,  y :  float)   return float;

function scalb   (y :  float;  n    :  integer;
  round_style    :  round_type    := round_nearest;
  check_error    :  boolean       := true;
  denormalize    :  boolean       := true)
  return float;

function scalb   (y :  float; n :  signed;
  round_style    :  round_type    := round_nearest;
  check_error    :  boolean       := true;
  denormalize    :  boolean       := true)
  return float;

function logb   (x :  float)   return integer;
function logb   (x :  float)   return signed;

function nextafter   (x,  y :  float;
  check_error    : boolean := true;
  denormalize    : boolean := true)
  return float;.

function unordered   (x,  y :  float)   return boolean;
function finite   (x    :  float)   return boolean;
function isnan   (x :  float)   return boolean;

function zerofp   (
  exponent_width : natural    := 8;
  fraction_width : natural    := 23)
  return float;

function nanfp   (
  exponent_width : natural    := 8;
  fraction_width : natural    := 23)
  return float;
```

```
function qnanfp   (
  exponent_width   :  natural   := 8;
  fraction_width   :  natural   := 23)
  return float;

function pos_inffp   (
  exponent_width :  natural    := 8;
  fraction_width :  natural    := 23)
  return float;

function neg_inffp   (
  exponent_width :  natural    := 8;
  fraction_width :  natural    := 23)
  return float;

function neg_zerofp   (
  exponent_width :  natural    := 8;
  fraction_width :  natural    := 23)
  return float;

function zerofp   (size_res   :  float)   return float;
function nanfp   (size_res   :  float)   return float;
function qnanfp   (size_res   :  float)   return float;
function pos_inffp   (size_res   :  float)   return float;
function neg_inffp   (size_res   :  float)   return float;
function neg_zerofp   (size_res   :  float)   return float;

------------------------------------------------------------------

procedure read   (l        :  inout line;
                  value    :  out float);
alias bread is read [line,  float];
alias binary_read is read [line,  float,  boolean];

procedure read   (l        :  inout line;
                  value    :  out float;
                  good     :  out boolean);
alias bread is read [line,  float, boolean];
alias binary_read is read [line,  float];

procedure write   (l              :  inout line;
                   value          :  in     float;
```

```
                    justified    : in    side   := right;
                    field        : in    width := 0);
alias bwrite is write [ line,  float,  side, width] ;
alias binary_write is write [line,  float,  side,  width] ;

procedure oread   (l         :  inout line;
                   value     :  out float);
alias octal_read is oread [line,  float];

procedure oread   (l         :  inout line;
                   value     :  out float;
                   good      :  out boolean);
alias octal_read is oread [line,  float,  boolean];

procedure owrite   (l             :  inout line;
                    value         :  in    float;
                    justified     :  in    side   := right;
                    field         :  in    width := 0);

alias octal_write is owrite [line,  float,  side,  width] ;

procedure hread   (l         :  inout line;
                   value     :  out float);
alias hex_read is hread [line,  float] ;

procedure hread   (l         :  inout line;
                   value     :  out float;
                   good      :  out boolean);
alias hex_read is hread [line,  float,  boolean] ;

procedure hwrite   (l             : inout line;
                    value         : in    float;
                    justified     : in    side    := right;
                    field         : in    width   := 0);
alias hex_write is hwrite [line,  float,  side,  width] ;

---------------------------------------------------------------

function to_string   (value    :  float)   return string;
alias to_bstring is to_string [ float return string] ;
alias to_binary_string is to_string [ float return string] ;
```

```
function to_hstring   (value   :   float)  return string;
alias to_hex_string is to_hstring [ float return string] ;

function to_ostring   (value   :   float)  return string;
alias to_octal_string is to_ostring [ float return string] ;

function from_string   (bstring :   string;
  exponent_width    : natural    : = 8;
  fraction_width    : natural    : = 23)
  return float;
alias from_bstring is
  from_string [string,  natural,  natural return float];
alias from_binary_string is
  from_string [string,  natural,  natural return float];

function from_ostring   (ostring :   string;
  exponent_width    : natural    : = 8;
  fraction_width    : natural    : = 23)
  return float;
alias from_octal_string is
  from_ostring [ string,  natural,  natural return float] ;

function from_hstring   (hstring :   string;
  exponent_width   :   natural    : = 8;
  fraction_width   :   natural    : = 23)
  return float;
alias from_hex_string is
  from_hstring [string,  natural,  natural return float] ;

function from_string   (bstring :   string;
  size_res   :   float)

  return float;
alias from_bstring is
  from_string [ string,  float return float] ;
alias from_binary_string is
  from_string [ string,  float return float] ;

function from_ostring   (ostring   :   string;
  size_res   :   float)
  return float;
alias from_octal_string is
```

```
    from_ostring [ string,  float return float] ;

  function from_hstring  (hstring  :  string;
    size_res :  float)
    return float;
  alias from_hex_string is
    from_hstring [ string,  float return float] ;

  -----------------------------------------------------------------

end;
```

A.10 程序包 TextIO

程序包 textio 定义了 VHDL 所提供的基本 I/O。这是 VHDL－1993 版本，由程序包 standard_textio_additions（见附录 A.11）对其进行了补充 。在 VHDL－2008 中，将 additions 并入了程序包 textio 中。

```
package textio is

  type line is access string;
  function "=" (l,  r:  line)  return boolean;
  function "/=" (l,  r:  line)  return boolean;

  type text is file of string;
  procedure file_open  (file f:  text;
                        external_name:  in string;
                        open_kind:  in file_open_kind := read_mode);
  procedure file_open  (status:  out file_open_status;
                        file f: text;
                        external_name:  in string;
                        open_kind:  in file_open_kind := read_mode);
  procedure file_close  (file f: text);
  procedure read  (file f:  text; value:  out string);
  procedure write  (file f:  text; value:  in string);
  function endfile  (file f:  text)  return boolean;

  type side is  (right,  left);
  function "=" (l,  r:  side)  return boolean;
  function "/=" (l,  r:  side)  return boolean;
```

```
function "<" (l, r: side)  return boolean;

function "<=" (l, r: side) return boolean;
function ">" (l, r: side)  return boolean;
function ">=" (l, r: side) return boolean;

subtype width is natural;

file input:text open read_mode is "std_input";
file output:text open write_mode is "std_output";

procedure readline  (file f: text; l: inout line);

procedure read  (l: inout line;value: out bit;
                 good: out boolean);
procedure read  (l: inout line;value: out bit);

procedure read  (l: inout line;value: out bit_vector;
                 good: out boolean);
procedure read  (l: inout line;value: out bit_vector);

procedure read  (l: inout line;value: out boolean;
                 good: out boolean);
procedure read  (l: inout line;value: out boolean);

procedure read  (l: inout line;value: out character;
                 good: out boolean);
procedure read  (l: inout line;value: out character);

procedure read  (l: inout line;value: out integer;
                 good: out boolean);
procedure read  (l: inout line;value: out integer);

procedure read  (l: inout line;value: out real;
                 good: out boolean);
procedure read  (l: inout line;value: out real);

procedure read  (l: inout line;value: out string;
                 good: out boolean);
procedure read  (l: inout line;value: out string);

procedure read  (l: inout line;value: out time;
```

```
                    good:  out boolean);
    procedure read   (l:  inout line;value:  out time);

    procedure writeline   (file f:  text;  l:  inout line);
    procedure write    (l:  inout line;
                        value:  in bit;
                        justified:  in side:= right;
                        field: in width := 0);
    procedure write    (l:  inout line;
                        value:  in bit_vector;
                        justified:  in side:= right;
                        field: in width := 0);
    procedure write    (l:  inout line;
                        value:  in boolean;

                        justified:  in side:= right;
                        field:  in width := 0);
    procedure write    (l:  inout line;
                        value:  in character;
                        justified:  in side:= right;
                        field:  in width := 0);
    procedure write    (l:  inout line;
                        value:  in integer;
                        justified:  in side:= right;
                        field:  in width := 0);
    procedure write    (l:  inout line;
                        value:  in real;
                        justified:  in side:= right;
                        field:  in width := 0;
                        digits:  in natural:= 0);
    procedure write    (l:  inout line;
                        value:  in string;
                        justified:  in side:= right;
                        field:  in width   := 0);
    procedure write    (l: inout line;
                        value:  in time;
                        justified:  in side:= right;
                        field: in width := 0;
                        unit:  in time:= ns);
end;
```

A.11 程序包 Standard_Textio_Additions

程序包 standard_textio_additions 是对程序包 textio(见附录 A.10)VHDL-1993 的补充。在 VHDL-2008 中,additions 被并入了程序包 textio 中,所以这个程序包是空的。

```
package standard_textio_additions is

    procedure deallocate   (p :  inout line);
    procedure flush   (file f   :  text);

    function minimum   (l,  r   :  side)  return side;
    function maximum   (l,  r   :  side)  return side;

    function to_string   (value   :  side)  return string;

    function justify   (value   :  string;
                        justified : side := right;
                        field : width   := 0)
      return string;

    procedure sread   (l   : inout line;
                       value   :  out string;
                       strlen   :  out natural);

    alias string_read is sread [line,  string,  natural] ;
    alias bread is read [line, bit_vector, boolean] ;
    alias bread is read [line, bit_vector] ;
    alias binary_read is read [line, bit_vector, boolean] ;
    alias binary_read is read [line, bit_vector] ;

    procedure oread (l : inout line;
                     value : out bit_vector;
                     good : out boolean);
    procedure oread   (l   :  inout line;
                       value   :  out bit_vector);
    alias octal_read is oread [ line, bit_vector, boolean] ;
    alias octal_read is oread [ line, bit_vector] ;
```

```
    procedure hread   (l   :  inout line;
                       value : out bit_vector;
                       good : out boolean);
    procedure hread   (l   :  inout line;
                       value   :  out bit_vector);
    alias hex_read is hread [line, bit_vector, boolean] ;
    alias hex_read is hread [line, bit_vector] ;

    procedure tee   (file f   :  text;  l   :  inout line);

    procedure write   (l   :  inout line;
                       value : in real;
                       format : in      string);
    alias swrite is write [line,  string,  side,  width] ;
    alias string_write is write [ line,  string,  side, width] ;
    alias bwrite is write [line, bit_vector,  side, width] ;
    alias binary_write is write [ line, bit_vector,  side, width] ;

    procedure owrite   (l   :  inout line;
                        value   :  in bit_vector;
                        justified : in    side := right;
                        field : in width := 0);
    alias octal_write is owrite [ line, bit_vector,  side, width] ;

    procedure hwrite   (l : inout line;
                        value :  in bit_vector;
                        justified :  in    side := right;
                        field :  in width := 0);
    alias hex_write is hwrite [ line, bit_vector,  side, width] ;

end;
```

A.12 程序包 Std_Logic_Arith

在标准化程序包 numeric_std 成为首选的用于任意精度整数程序包之前，程序包 std_logic_arith 是原来的任意精度整数程序包，它来自 Synopsys 公司。现在不赞成使用 std_logic_arith，这里列出来，以便在更改原来的设计时，可作为参考。

```
    ---------------------------------------------------------------
    --
```

```
-- Copyright (c) 1990,1991,1992 by Synopsys, inc.
-- all rights reserved.
--
-- this source file may be used and distributed without restriction
-- provided that this copyright statement is not removed from the
-- file and that any derivative work contains this copyright notice
--
------------------------------------------------------------------

library ieee;
use ieee.std_logic_1164.all;
package std_logic_arith is

    type unsigned is array (natural range <>) of std_logic;
    type signed is array  (natural range <>) of std_logic;
    subtype small_int is integer range 0 to 1;

    function "+" (l: unsigned;  r:  unsigned)  return unsigned;
    function "+" (l: signed;  r:  signed)  return signed;
    function "+" (l: unsigned;  r:  signed)  return signed;
    function "+" (l: signed; r: unsigned)  return signed;
    function "+" (l: unsigned;  r:  integer)  return unsigned;
    function "+" (l: integer; r: unsigned)  return unsigned;
    function "+" (l: signed; r: integer)  return signed;
    function "+" (l: integer; r: signed)  return signed;
    function "+" (l: unsigned; r: std_ulogic)  return unsigned;
    function "+" (l: std_ulogic;  r: unsigned)  return unsigned;
    function "+" (l: signed;  r:  std_ulogic)  return signed;
    function "+" (l: std_ulogic; r:  signed)  return signed;

    function "+" (l: unsigned;  r: unsigned)  return std_logic_vector;
    function "+" (l: signed; r:  signed)  return std_logic_vector;
    function "+" (l: unsigned; r: signed)  return std_logic_vector;
    function "+" (l: signed; r: unsigned)  return std_logic_vector;
    function "+" (l: unsigned;  r:  integer)  return std_logic_vector;
    function "+" (l: integer; r: unsigned)  return std_logic_vector;
    function "+" (l: signed;  r:  integer)  return std_logic_vector;
    function "+" (l: integer;  r:  signed)  return std_logic_vector;
    function "+" (l: unsigned; r: std_ulogic)  return std_logic_vector;
    function "+" (l: std_ulogic; r: unsigned)  return std_logic_vector;
    function "+" (l: signed; r:  std_ulogic)  return std_logic_vector;
    function "+" (l: std_ulogic; r: signed)  return std_logic_vector;
```

```
function "-" (l: unsigned; r: unsigned)  return unsigned;
function "-" (l: signed; r: signed)  return signed;
function "-" (l: unsigned;  r:  signed)  return signed;
function "-" (l: signed; r: unsigned)  return signed;
function "-" (l: unsigned;  r:  integer)  return unsigned;
function "-" (l: integer; r: unsigned)  return unsigned;
function "-" (l: signed;  r:  integer)  return signed;
function "-" (l: integer; r: signed)  return signed;
function "-" (l: unsigned;  r: std_ulogic)  return unsigned;
function "-" (l: std_ulogic;  r: unsigned)  return unsigned;

function "-" (l: signed;  r:  std_ulogic)  return signed;
function "-" (l: std_ulogic;  r:  signed)  return signed;

function "-" (l: unsigned;  r: unsigned)  return std_logic_vector;
function "-" (l: signed;  r:  signed)  return std_logic_vector;
function "-" (l: unsigned;  r:  signed)  return std_logic_vector;
function "-" (l: signed;  r: unsigned)  return std_logic_vector;
function "-" (l: unsigned;  r:  integer)  return std_logic_vector;
function "-""(l: integer;  r:  unsigned)  return std_logic_vector;
function "-" (l: signed;  r:  integer)  return std_logic_vector;
function "-" (l: integer;  r:  signed)  return std_logic_vector;
function "-" (l: unsigned;  r:  std_ulogic)  return std_logic_vector;
function "-" (l: std_ulogic;  r: unsigned)  return std_logic_vector;
function "-" (l: signed;  r:  std_ulogic)  return std_logic_vector;
function "-" (l: std_ulogic;  r:  signed)  return std_logic_vector;

function "+" (l: unsigned)  return unsigned;
function "+" (l: signed)  return signed;
function "-" (l: signed)  return signed;
function "abs" (l: signed)  return signed;

function "+" (l: unsigned)  return std_logic_vector;
function "+" (l: signed)  return std_logic_vector;
function "-" (l: signed) return std_logic_vector;
function "abs" (l: signed)  return std_logic_vector;

function "*" (l: unsigned;  r: unsigned)  return unsigned;
function "*" (l: signed;  r:  signed)  return signed;
function "*" (l: signed;  r: unsigned)  return signed;
function "*" (l: unsigned;  r:  signed)  return signed;
```

```
function "*" (l: unsigned;  r: unsigned)  return std_logic_vector;
function "*" (l: signed;  r:  signed)  return std_logic_vector;
function "*" (l: signed;  r:  unsigned)  return std_logic_vector;
function "*" (l: unsigned;  r:  signed)  return std_logic_vector;

function "<" (l: unsigned;, r: unsigned)  return boolean;
function "<" (l: signed; r: signed)  return boolean;
function "<" (l: unsigned;  r:  signed)  return boolean;
function "<" (l: signed; r: unsigned)  return boolean;
function "<" (l: unsigned;  r:  integer)  return boolean;
function "<" (l: integer;  r:  unsigned)  return boolean;
function "<" (l:  signed;  r:  integer)  return boolean;
function "<" (l: integer;  r:  signed) return boolean;

function "<=" (l: unsigned;  r: unsigned)  return boolean;
function "<=" (l: signed; r: signed)  return boolean;
function "<=" (l: unsigned;  r:  signed) return boolean;
function "<=" (l: signed;  r:  unsigned)  return boolean;
function "<=" (l: unsigned; r:  integer)  return boolean;
function "<=" (l: integer;  r: unsigned)  return boolean;
function "<=" (l: signed;  r:  integer)  return boolean;
function "<=" (l: integer;  r:  signed)  return boolean;

function ">" (l: unsigned;  r: unsigned)  return boolean;
  function ">" (l: signed;  r:  signed)  return boolean;
  function ">" (l: unsigned;  r:  signed)  return boolean;
  function ">" (l: signed;  r: unsigned)  return boolean;
  function ">" (l: unsigned;  r:  integer)  return boolean;
  function ">" (l: integer;  r: unsigned)  return boolean;
  function ">" (l: signed;  r:  integer)  return boolean;
  function ">" (l: integer;  r:  signed)  return boolean;

  function ">=" (l: unsigned;  r:  unsigned)  return boolean;
  function ">=" (l: signed;  r:  signed)  return boolean;
  function ">=" (l: unsigned;  r:  signed)  return boolean;
  function ">=" (l: signed;  r: unsigned)  return boolean;
  function ">=" (l: unsigned;  r:  integer)  return boolean;
  function ">=" (l: integer;  r: unsigned)  return boolean;
  function ">=" (l: signed;  r:  integer)  return boolean;
  function ">=" (l: integer;  r:  signed)  return boolean;
```

```
function "=" (l: unsigned; r: unsigned) return boolean;
function "=" (l: signed; r: signed) return boolean;
function "=" (l: unsigned; r: signed) return boolean;
function "=" (l: signed; r: unsigned) return boolean;
function "=" (l: unsigned; r: integer) return boolean;
function "=" (l: integer; r: unsigned) return boolean;
function "=" (l: signed; r: integer) return boolean;
function "=" (l: integer; r: signed) return boolean;

function "/=" (l: unsigned; r: unsigned) return boolean;
function "/=" (l: signed; r: signed) return boolean;
function "/=" (l: unsigned; r: signed) return boolean;
function "/=" (l: signed; r: unsigned) return boolean;
function "/=" (l: unsigned; r: integer) return boolean;
function "/=" (l: integer; r: unsigned) return boolean;
function "/=" (l: signed; r: integer) return boolean;.
function "/=" (l: integer; r: signed) return boolean;

function shl(arg: unsigned; count: unsigned) return unsigned;
function shl(arg: signed; count: unsigned) return signed;
function shr(arg: unsigned; count: unsigned) return unsigned;
function shr(arg: signed; count: unsigned) return signed;

function conv_integer(arg: integer)
  return integer;
function conv_integer(arg: unsigned)
  return integer;
function conv_integer(arg: signed)
  return integer;
function conv_integer(arg: std_ulogic)
  return small_int;

function conv_unsigned(arg: integer; size: integer)
  return unsigned;
function conv_unsigned(arg: unsigned; size: integer)
  return unsigned;

function conv_unsigned(arg: signed; size: integer)
  return unsigned;
function conv_unsigned(arg: std_ulogic; size: integer)
  return unsigned;
```

```
    function conv_signed(arg:  integer;  size:  integer)
      return signed;
    function conv_signed(arg:  unsigned;  size:  integer)
      return signed;
    function conv_signed(arg:  signed;  size:  integer)
      return signed;
    function conv_signed(arg:  std_ulogic;  size: integer)
      return signed;

    function conv_std_logic_vector(arg:  integer;  size:  integer)
      return std_logic_vector;
    function conv_std_logic_vector(arg: unsigned;  size:  integer)
      return std_logic_vector;
    function conv_std_logic_vector(arg:  signed;  size:  integer)
      return std_logic_vector;
    function conv_std_logic_vector(arg:  std_ulogic; size: integer)
      return std_logic_vector;

    function ext(arg: std_logic_vector; size: integer)
      return std_logic_vector;

    function sxt(arg:  std_logic_vector;  size:  integer)
      return std_logic_vector;

  end;
```

A.13 程序包 Math_Real

程序包 math_real 是完全不可综合的。它对于写测试平台很有用,正如第 15 章案例分析说明的那样,所以这里包括了它。

```
package math_real is

  constant math_e             :  real  := 2.71828_18284_59045_23536;
  constant math_1_over_e      :  real  := 0.36787_94411_71442_32160;
  constant math_pi            :  real  := 3.14159_26535_89793_23846;
  constant math_2_pi          :  real  := 6.28318_53071_79586_47693;
  constant math_1_over_pi     :  real  := 0.31830_98861_83790_67154;
  constant math_pi_over_2     :  real  := 1.57079_63267_94896_61923;
  constant math_pi_over_3     :  real  := 1.04719_75511_96597_74615;
  constant math_pi_over_4     :  real  := 0.78539_81633_97448_30962;
```

```
    constant math_3_pi_over_2      :  real   := 4.71238_89803_84689_85769;
    constant math_log_of_2         :  real   := 0.69314_71805_59945_30942;
    constant math_log_of_10        :  real   := 2.30258_50929_94045_68402;
    constant math_log2_of_e        :  real   := 1.44269_50408_88963_4074;
    constant math_log10_of_e       :  real   := 0.43429_44819_03251_82765;
    constant math_sqrt_2           :  real   := 1.41421_35623_73095_04880;

    constant math_1_over_sqrt_2   : real   := 0.70710_67811_86547_52440;
    constant math_sqrt_pi         : real   := 1.77245_38509_05516_02730;
    constant math_deg_to_rad      : real   := 0.01745_32925_19943_29577;
    constant math_rad_to_deg      : real   := 57.29577_95130_82320_87680;

    function sign   (x  :  in real)  return real;
    function ceil   (x  :  in real)  return real;
    function floor  (x :  in real)  return real;
    function round  (x :  in real)  return real;
    function trunc  (x :  in real)  return real;
    function "mod"  (x,  y :  in real)  return real;
    function realmax  (x,  y :  in real)  return real;
    function realmin  (x,  y :  in real)  return real;

    procedure uniform(variable seed1,  seed2   :  inout positive;
                      variable x :  out real);

    function sqrt   (x :  in real)  return real;
    function cbrt   (x :  in real)  return real;
    function "**"   (x :  in integer;  y :  in real)  return real;
    function "**"   (x :  in real;  y :  in real)  return real;
    function exp   (x :  in real)  return real;
    function log   (x :  in real)  return real;
    function log2   (x :  in real)  return real;
    function log   (x   :  in real; base  :  in real)  return real;
    function sin   (x   :  in real)  return real;
    function cos   (x   :  in real)  return real;
    function tan   (x   :  in real)  return real;
    function arcsin   (x :  in real)  return real;
    function arccos   (x :  in real)  return real;
    function arctan   (y :  in real)  return real;
    function arctan   (y :  in real; x :  in real)  return real;
    function sinh   (x :  in real)  return real;
    function cosh   (x :  in real)  return real;
    function tanh   (x :  in real)  return real;
    function arcsinh   (x :  in real)  return real;
    function arccosh   (x :  in real)  return real;
    function arctanh   (x :  in real)  return real;
end;
```

附录 B 语法参考

本附录给出本书中介绍的主要综合结构的语法。它只包括综合子集，而不是整个语言，不包括用于测试平台的结构。

B.1 关键字

下面是 VHDL 中的关键字。因为这些是保留字，它们不能用作信号名、变量名、函数名或者设计单元的名称。除了这个关键字集合之外，名称 work 不能用作库名。

```
abs access after alias all and architecture array assert assume
assume_guarantee attribute
begin block body buffer bus
case component configuration constant context cover
default disconnect downto
else elsif end entity exit
fairness file for force function
generate generic group guarded
if impure in inertial inout is
label library linkage literal loop
map mod
nand new next nor not null
of on open or others out
package parameter port postponed procedure process property pro-
tected pure
range record register reject release rem report restrict
restrict_guarantee return rol ror
select sequence severity shared signal sla sll sra srl strong
```

```
subtype then to transport type
unaffected units until use
variable vmode vprop vunit
wait when while with
xnor xor
```

B.2 设计单元

所有设计单元可位于 context 项目之前：

```
context  ::= { use_clause | library_clause | context_clause }
use_clause ::= use selected_name { , selected_name } ;
library_clause ::= library identifier { , identifier } ;
context_clause ::= context selected_name { , selected_name };
```

context 子句只能用在 VHDL-2008 中。

B.2.1 实 体

这个声明限于子程序，类型和子类型，常数和信号。并发语句必须是被动的，这就是说，它们不能更新任何信号。

```
entity ::=
    context
    entity identifier is
       [ generic ( generic_list ); ]
       [ port ( port_list ); ]
       declarations
    [ begin
          concurrent_statements ]
    end;
generic_list ::=
    constant_interface_declaration
    { ; constant_interface_declaration}
port_list ::=
    signal_interface_declaration
    { ; signal_interface_declaration}
```

B.2.2 结构体

这个声明限于子程序，类型和子类型，常数，信号，元件和配置规范。

```
context
architecture identifier of identifier is
    declarations
begin
    concurrent_statements
end;
```

B.2.3 程序包

```
context
package identifier is
    declarations
end;
```

这个声明限于子程序声明(但不是子程序体),类型和子类型,常数,信号和元件。

B.2.4 包　体

```
context
package body identifier is
    declarations
end;
```

这个声明限于子程序,类型,子类型和常数。程序包中声明的所有子程序必须在包体中具有子程序包体。

B.2.5 Context 声明

这只能用在 VHDL－2008 中。

```
context identifier is
    context
end;
```

B.3 并发语句

```
concurrent_statements   ::= {  concurrent_statement ; }
concurrent_statement   ::=
            block_statement  |
```

```
            process_statement   |
            concurrent_procedure_call   |
            concurrent_assertion   |
            concurrent_signal_assignment |
            component_instance   |
            generate_statement
block_statement   ::=
    label  : block
        declarations
    begin
        concurrent_statements
    end block
```

块语句中的声明和语句集合与结构体相同。

```
process_statement   ::=
    [  label   : ]  process [  ( sensitivity_list ) ]
        declarations
    begin
        sequential_statements
    end process
```

声明限于子程序、类型和子类型、常数和变量。具有敏感表的进程不能包含 wait 语句。没有敏感表的进程必须包含 wait 语句。

```
sensitivity_list   ::= name {  ,  name }
```

敏感表只能包含信号名、片和元素。

```
concurrent_procedure_call   ::= [  label   : ]  procedure_call
concurrent_assertion   ::= [  label   : ]  assertion
```

过程调用和断言是顺序语句。

```
concurrent_signal_assignment   ::=
    [  label   : ]  conditional_signal_assignment   |
    [  label   : ]  selected_signal_assignment
conditional_signal_assignment   ::=
    target <= {  expression when expression else }  expression
```

源表达式必须与目标类型匹配。when 表达式必须是 boolean。简单信号赋值是条件信号赋值的最小形式。

```
selected_signal assignment   ::=
    with expression select
        target <= {  expression when choices , }
```

```
            expression when choices
```

choices 必须与选择表达式的类型匹配。源表达式必须与目标类型匹配。

```
component_instance   ::=
    label  :  name
           [ generic map   ( association_list )  ]
           [ port map   ( association_list )  ]
generate_statement  ::= for_generate  |  if_generate
for_generate  ::=
    label  :  for identifier in discrete_range generate
             concurrent_statements
    end generate
```

离散范围必须是常数，

```
if_generate  ::=
    label  :  if expression generate
        concurrent_statements
    end generate
```

表达式必须是常数和 boolean。

B.4 顺序语句

```
sequential_statements  ::= {  sequential_statement ; }
sequential_statement  ::=
     wait_statement  |
     assertion  |
     signal_assignment  |
     variable_assignment
     procedure_call  |
     if_statement  |
     case_statement |
     for_loop  |
     next_statement  |
     exit_statement  |
     return_statement  |
     null_statement
wait_statement ::= wait [  on sensitivity_list ]  [  until expression ]
```

表达式必须是 boolean。

```
assertion  ::=
```

```
assert expression [ report expression ] [ severity expression ]
```

assertion 表达式必须是 boolean，report 表达式必须是字符串，severity 表达式必须是错误类型。

```
signal_assignment  ::= target <= expression
variable_assignment  ::= target  := expression
procedure_call  ::= identifier [  ( association_list )  ]
if_statement  ::=
          if expression then
             sequential_statements
         { elsif expression then
             sequential_statements }
         [ else
             sequential_statements ]
         end if
```

表达式必须是 boolean。

```
case_statement ::=
    case expression is
      when choices  =>
         sequential_statements
      { when choices  =>
          sequential_statements }
    end case
```

choices 必须与 case 表达式的类型匹配。

```
for_loop ::=
    [ label  : ] for identifier in discrete_range loop
          sequential_statements
    end loop
```

离散范围必须是常数。

```
next_statement  ::= next [ label ] [ when expression ]
exit_statement  ::= exit [ label ] [ when expression ]
```

表达式必须是 boolean。next 和 exit 语句只能用于循环内。标号决定哪个循环继续或退出。没有标号意味着退出或继续最内层循环。

```
return _statement  ::= function_return &verbar; procedure_return
function_return  ::= return expression
procedure_return  ::= return
```

return 表达式必须与函数的返回类型匹配。过程返回只能用在过程中，函数返回只能用在函数中。

```
null_statement  ::= null
```

B.5 表达式

```
expression  ::=
      relation {  and relation }
      relation {  or relation }
      relation {  xor relation }
      relation {  xnor relation }
      relation [  nand relation ]
      relation [  nor relation ]
relation  ::=
      shift_expression [  relational_operator shift_expression ]
relational_operator  ::=
      = |  /= | <  | <= | >| >=
shift_expression  ::=
      simple_expression [  shift_operator simple_expression ]
shift_operator  ::=
      sll  |  srl  |  sla  |  sra  |  rol  |  ror
simple_expression  ::=
      [  sign ]  term {  adding_operator  term }
sign ::=
      + | -
adding_operator  ::=
      + | - | &
term ::=
      factor {  multiplying_operator factor }
multiplying_operator  ::=
      *  |  /  | mod |  rem
factor ::=
      primary [  ** primary ]  |  abs primary  |  not primary
primary ::=
      name  |  literal  |  aggregate  |  function_call  |
      qualified_expression  |  type_conversion  |  ( expression )
name ::=
      identifier  |  operator_symbol  |  selected_name  |
      indexed_name  |  slice_name  |  attribute_name
```

```
operator_symbol   ::= string_literal
selected_name   ::= prefix . suffix
prefix   ::= name   |   function_call
suffix   ::= identifier   |   character_literal   |   operator_symbol   |   all
indexed_name   ::= prefix   ( expression {   ,   expression }   )
slice_name   ::= prefix   ( discrete_range )
attribute_name   ::= prefix   '   identifier [   ( expression )   ]
aggregate   ::=
      ( [   choices => ]   expression {   , [   choices => ]   expression }   )
function_call   ::= function_name [   ( association_list ) ]
function_name   ::= identifier   |   operator_symbol
qualified_expression   ::=
      identifier '   ( expression )   |   identifier ' aggregate
type_conversion ::= identifier   ( expression )
choices   ::= choice {   '|'   choice }
choice ::= identifier | simple_expression | discrete_range | others
```

Choices 必须是局部静态表达式——即常数。因此,允许简单的表达式,例如,可以使用-1。

```
association_list   ::= association_element {   ,   association_element }
association_element   ::= [   name => ]   actual_part
actual_part   ::= expression   |   open
discrete_range   ::= subtype_indication   |   range
subtype_indication   ::= identifier [   constraint ]
constraint   ::= range_constraint   |   index_constraint
range_constraint   ::= range range
index_constraint   ::=   ( discrete_range {   ,   discrete_range }   )
range   ::=
      attribute_name   |
      simple_expression direction simple_expression
direction   ::= to   |   downto
target   ::= name   |   aggregate
```

B.6 声 明

```
declarations   ::= {   declaration ; }
declaration   ::=
      function_declaration   |
      function_body   |
      procedure_declaration   |
```

```
        procedure_body   |
        type_declaration   |
        subtype_declaration   |
        constant_declaration    |
        variable_declaration    |
        signal_declaration   |
        component_declaration   |
        configuration_specification
    function_declaration   ::=
        function_designator [  ( interface_list )  ]  return identifier

    function_designator   ::= identifier   |  operator_symbol
    function_body ::=
      function_designator [  ( interface_list ) ]  return identifier is
          declarations
      begin
          sequential_statements
      end;
    procedure_declaration   ::=
      identifier [   ( interface_list )  ]
    procedure_body ::=
      identifier [  ( interface_list ) ]  is
          declarations
      begin
          sequential_statements
      end;
    interface_list ::= interface_declaration {  ; interface_declaration }
    interface_declaration   ::=
      constant_interface_declaration   |
      variable_interface_declaration   |
      signal_interface_declaration
    constant_interface_declaration   ::=
      [  constant ]  identifier_list : [  mode ]  subtype_indication
      [  := expression ]
    variable_interface_declaration   ::=
      [  variable ]  identifier_list  : [  mode ]  subtype_indication
      [  := expression ]
    signal_interface_declaration ::=
      [  signal ]  identifier_list : [  mode ]  subtype_indication
      [  := expression ]
    identifier_list  ::= identifier {  ,  identifier }
    mode  ::= in  |  out  |  inout  |  buffer
```

如果它是默认类型,可省略关键字 constant、variable 或 signal。实体端口默认为 signal,子程序默认为 in 参数,类属默认为 constant,其他子程序参数默认为 variable。如果使用缺省模式,可以省略模式,默认模式总是 in。模式 buffer 只能用于实体端口,不赞成使用它。

```
type_declaration  ::= type identifier is type_definition
type_definition ::=
    enumeration_type  |  integer_type  |  array_type  |  record_type
enumeration_type  ::=
    ( enumeration_literal [  ,  enumeration_literal ]  )
enumeration_literal  ::= identifier  |  character_literal
integer_type  ::= range range
array_type  ::= array  ( array_constraint )  of subtype_indication
array_constraint  ::= identifier range <>   discrete_range
record_type  ::=
    record
      identifier_list  : subtype_indication ;
      {  identifier_list  :  subtype_indication ;}
    end record
subtype_declaration  ::= subtype identifier is subtype_indication

constant_declaration  ::=
    constant identifier_list  :  subtype_indication  := expression
variable_declaration  ::=
    variable identifier_list : subtype_indication [  := expression ]
signal_declaration  ::=
    signal identifier_list  :  subtype_indication [  := expression ]
component_declaration  ::=
    component identifier
      [  generic  ( generic_list ); ]
      [  port  ( port_list ); ]
    end component
configuration_specification  ::=
    for instances  :  identifier
      use entity selected_name [  ( identifier ) ]
instances  ::= identifier {  ,  identifier }  |  all  |  others
```

参考文献

[1] Ashenden, P. and Lewis, J. (2008) VHDL-2008 - *Just the New Stuff*, Morgan Kaufman Publishers, Burlington, MA, USA, ISBN 978-0-12-374249-0.

[2] EDA Industry Working Groups (2009) *Fixed-Point and Floating Point Packages*, [Online] Available from http://www. eda. org/fphdl/, [Accessed: 19 July 2010].

[3] Horowitz, P. and Hill, W. (1989) *The Art of Electronics*, 2nd edn, Cambridge University Press, Cambridge, UK, ISBN 978-0-521370950.

[4] IEEE Design Automation Standards Committee (2008) Std 1076-2008, *IEEE Standard VHDL Language Reference Manual*, IEEE, New York, NY, USA, ISBN 978-0-7381-5800-6.

[5] IEEE Design Automation Standards Committee (1997) Std 1076. 3-1997, *IEEE Standard VHDL Synthesis Packages*, IEEE, New York, NY, USA, ISBN 1-55937-923-5.

[6] IEEE Design Automation Standards Committee (2004) Std 1076. 6-2004, *IEEE Standard VHDL Register Transfer-Level (RTL) Synthesis*, IEEE, New York, NY, USA, ISBN 0-7381-4064-3.

[7] IEEE Design Automation Standards Committee (1993) Std 1164-1993, *IEEE Standard Multivalue Logic System for VHDL Model Interoperability*, IEEE, New York, NY, USA, ISBN 1-55937-299-0.

[8] IEEE Microprocessor Standards Committee (2008) Std 754-2008, *IEEE Standard for Floating-Point Arithmetic*, IEEE, New York, NY, USA, ISBN 978-0-7381-5753-5.

[9] Open Cores (2010) *Open-source Hardware Library*, [Online] Available from http://opencores. org/, [Accessed: 19 July 2010].

[10] Robin, I. (2005) *Digital Signal Processing*, [Online] Available from http://www, dsptutor. freeuk. com/, [Accessed: 19 July 2010].